教材+教案+授课资源+考试系统+题库+教学辅助案例

一站式IT系列就业应用教程

U0316668

Android 移动应用基础教程

（Android Studio）（第2版）

黑马程序员◎编著

中国铁道出版社有限公司
CHINA RAILWAY PUBLISHING HOUSE CO., LTD.

内 容 简 介

本书以 Android Studio 为开发工具，详细全面地介绍了 Android 编程的核心技术，包括 Android 用户界面编程、Android 四大组件、数据存储、事件处理、网络与数据处理、图形图像处理、多媒体开发等知识。本书不限于介绍 Android 理论知识，而是从案例驱动的角度讲解理论。本书每章提供了大量实例，这些示范性的实例可帮助读者深刻理解知识点，除此之外，本书还精心设计了两个阶段案例和一个综合案例，这些案例贴合实际工作需求，能够使读者真正把书本中的知识应用到实际开发中。

本书附有配套视频、源代码、习题、教学课件等教学资源，同时为了帮助初学者更好地学习本书中的内容，还提供了在线答疑，希望能够得到更多读者的关注。

本书既可作为高等院校本、专科计算机相关专业的“移动互联网”课程专用教材，也可以作为 Android 移动开发的培训教材，是一本非常适合 Android 零基础读者的图书。

图书在版编目（CIP）数据

Android 移动应用基础教程 :Android Studio/ 黑马程序员编著 . —2 版 . —北京：中国铁道出版社有限公司，2019. 3（2023. 1 重印）

国家软件与集成电路公共服务平台信息技术紧缺人才培养工程指定教材

ISBN 978-7-113-25250-2

Ⅰ. ① A… Ⅱ. ①黑… Ⅲ. ①移动终端 - 应用程序 - 程序设计 - 高等学校 - 教材 Ⅳ. ① TN929. 53

中国版本图书馆 CIP 数据核字（2019）第 031603 号

书　　名：Android 移动应用基础教程（Android Studio）
作　　者：黑马程序员

策　　划：秦绪好　翟玉峰　　　　编辑部电话：（010）83517321
责任编辑：翟玉峰　贾淑媛
封面设计：王　哲
封面制作：刘　颖
责任校对：张玉华
责任印制：樊启鹏

出版发行：中国铁道出版社有限公司（100054，北京市西城区右安门西街 8 号）
网　　址：http://www. tdpress. com/51eds/
印　　刷：三河市宏盛印务有限公司
版　　次：2015 年 1 月第 1 版　2019 年 3 月第 2 版　2023 年 1 月第 12 次印刷
开　　本：787 mm×1 092 mm　1/16　印张：22. 25　字数：554 千
印　　数：112 001 ～ 122 000 册
书　　号：ISBN 978-7-113-25250-2
定　　价：59. 00 元

版权所有　侵权必究

凡购买铁道版图书，如有印制质量问题，请与本社教材图书营销部联系调换。电话：（010）63550836

打击盗版举报电话：（010）63549461

序

本书的创作公司——江苏传智播客教育科技股份有限公司（简称“传智教育”）作为第一个实现A股IPO上市的教育企业，是一家培养高精尖数字化专业人才的公司，公司主要培养人工智能、大数据、智能制造、软件、互联网、区块链、数据分析、网络营销、新媒体等领域的人才。公司成立以来紧随国家科技发展战略，在讲授内容方面始终保持前沿先进技术，已向社会高科技企业输送数十万名技术人员，为企业数字化转型、升级提供了强有力的人才支撑。

公司的教师团队由一批拥有10年以上开发经验，且来自互联网企业或研究机构的IT精英组成，他们负责研究、开发教学模式和课程内容。公司具有完善的课程研发体系，一直走在整个行业的前列，在行业内树立起了良好的口碑。公司在教育领域有2个子品牌：黑马程序员和院校邦。

一、黑马程序员——高端IT教育品牌

“黑马程序员”的学员多为大学毕业后想从事IT行业，但各方面条件还不成熟的年轻人。“黑马程序员”的学员筛选制度非常严格，包括了严格的技术测试、自学能力测试，还包括性格测试、压力测试、品德测试等。百里挑一的残酷筛选制度确保了学员质量，并降低了企业的用人风险。

自“黑马程序员”成立以来，教学研发团队一直致力于打造精品课程资源，不断在产、学、研三个层面创新自己的执教理念与教学方针，并集中“黑马程序员”的优势力量，有针对性地出版了计算机系列教材百余种，制作教学视频数百套，发表各类技术文章数千篇。

二、院校邦——院校服务品牌

院校邦以“协万千名校育人、助天下英才圆梦”为核心理念，立足于中国职业教育改革，为高校提供健全的校企合作解决方案。主要包括：原创教材、高校教辅平台、师资培训、院校公开课、实习实训、协同育人、专业共建、传智杯大赛等，形成了系统的高校合作模式。院校邦旨在帮助高校深化教学改革，实现高校人才培养与企业发展的合作共赢。

（一）为大学生提供的配套服务

（1）请同学们登录“高校学习平台”，免费获取海量学习资源。平台可以帮助高校学生解决各类学习问题。

高校学习平台

（2）针对高校学生在学习过程中的压力等问题，院校邦面向大学生量身打造了IT学习小助手——“邦小苑”，可提供教材配套学习资源。同学们快来关注“邦小苑”微信公众号。

“邦小苑”微信公众号

（二）为教师提供的配套服务

（1）院校邦为所有教材精心设计了“教案+授课资源+考试系统+题库+教学辅助案例”的系列教学资源。高校老师可登录“高校教辅平台”免费使用。

高校教辅平台

（2）针对高校教师在教学过程中存在的授课压力等问题，院校邦为教师打造了教学好帮手——“传智教育院校邦”，可搜索公众号“传智教育院校邦”，也可扫描“码大牛”老师微信（或QQ：2770814393），获取最新的教学辅助资源。

“码大牛”老师微信号

三、意见与反馈

为了让教师和同学们有更好的教材使用体验，如有任何关于教材的意见或建议请扫描下方二维码进行反馈，感谢对我们工作的支持。

“教材使用体验感反馈”二维码

黑马程序员

前言（第2版）

Android是Google公司开发的基于Linux的开源操作系统，主要应用于智能手机、平板电脑等移动设备。经过短短几年的发展，Android系统在全球得到了大规模推广，除智能手机和平板电脑外，还可用于穿戴设备、智能家具等领域。

本书是在第一版《Android移动应用基础教程》的基础上修订而成的，主要做了以下改进：

（1）全新的Android Studio开发工具，与真实开发环境保持一致。

（2）新增了RecyclerView控件的使用、自定义View、Android事件的处理、手势的创建与识别等更实用的知识模块。

（3）新增了两个阶段案例和一个综合案例，更有利于知识的巩固学习。

如何使用本书

本书是一本Android入门书籍，采用案例驱动式教学，通过50余个案例来讲解Android基础知识在开发中的运用。在学习本书之前，一定要具备Java基础知识，众所周知，Android开发使用的是Java语言。初学者在使用本书时，建议从头开始循序渐进地学习，并且反复练习书中的案例，以达到熟能生巧、为我所用的目的。如果是有基础的编程人员，则可以选择感兴趣的章节跳跃式地学习，不过书中的案例最好动手实践一下。如果在学习过程中遇到障碍，可以先回到前面的相关章节重新学习，然后依照关联性继续学习后续章节，依照这种方式学习能够让本书发挥最大的作用。

本书共分为15章，简单介绍如下：

- 第1~3章主要讲解Android的基础知识，包括Android起源、Android体系结构、开发环境搭建、JUnit单元测试、常见界面布局、常见界面控件等。通过这3章的学习，初学者可以创建简单的布局界面。
- 第4章主要讲解Activity与Fragment，包括生命周期、创建、使用等。通过本章的学习，初学者可以完成简单的界面交互操作，并且实现相应的点击事件。
- 第5章主要讲解Android中的数据存储，包括文件存储、SharedPreferences、SQLite数据库等知识，并提供保存QQ账号与密码、绿豆通讯录等实际开发中的案例。本章的知识非常重要，几乎每个Android程序都会涉及数据存储，因此要求初学者一定要熟练掌握这部分内容。

- 第6章主要讲解一个记事本项目，该项目总结了前面1~5章的知识点。在记事本项目的实现过程中熟悉了ListView控件的使用、数据库的相关操作、Activity的跳转以及数据回传等知识点，这些知识点在Android项目中会经常使用，因此要求大家能够熟练掌握本章内容，方便后续开发其他项目。
- 第7~9章主要讲解Android中的三个组件，分别是内容提供者、广播接收者以及服务，包括内容提供者的创建、访问其他应用程序、内容观察者、广播的创建、发送与接收、服务的创建、生命周期，并讲解了音乐播放器等案例。通过这三章的学习，初学者可以使用内容提供者、服务以及广播开发后台程序。
- 第10章主要讲解Android事件处理，包括基于回调机制的事件处理、基于监听接口机制的事件处理、手势以及Handler消息机制等知识，通过对本章的学习，可以掌握Android中常见的事件处理的知识。
- 第11章主要讲解Android中的网络编程，包括HTTP协议、HttpURLConnection访问网络、数据提交方式、使用WebView进行网络开发以及JSON解析等知识，并提供了天气预报等案例。通过本章的学习，初学者可以完成网络请求的过程，并解析获取的JSON数据等。
- 第12章主要讲解一个智能聊天机器人项目，该项目总结了7~11章的知识点，在智能聊天机器人项目的实现过程中熟悉了网络请求、JSON解析、Handler处理等知识点，这些知识点会在后来的Android项目中经常使用，因此要求初学者熟练掌握本章内容。
- 第13~14章主要讲解Android中的图形图像处理和多媒体应用开发的相关知识，包括绘图、动画、为图像添加特效、音频与视频的播放等知识，通过这两章的学习，初学者可以掌握视频播放器、音乐播放器、动画以及图像特效的开发原理。
- 第15章主要讲解一个网上订餐项目，该项目总结了1~14章的知识点，在网上订餐项目的实现过程中使用了异步线程访问网络、Tomcat服务器、Handler消息通信、JSON解析等知识，这些知识点在后来开发项目中是必须要使用的，因此希望读者认真分析每个模块的逻辑流程，并按照步骤完成项目。

致谢

本书的编写和整理工作由传智播客教育科技有限公司完成，主要参与人员有吕春林、高美云、柴永菲、闫文华等，研发小组全体成员在这近一年的编写过程中付出了很多辛勤的汗水，在此一并表示衷心的感谢。

意见反馈

尽管我们尽了最大的努力，但书中难免会有不妥之处，欢迎各界专家和读者朋友们来信提出宝贵意见，我们将不胜感激。您在阅读本书时，如发现任何问题或有不认同之处，可以通过电子邮件与我们取得联系。请发送电子邮件至：itcast_book@vip.sina.com。

黑马程序员

2018年12月于北京

目 录

第1章 Android基础入门

学习目标：

◎了解通信技术，熟悉1G~5G技术的发展。

◎掌握Android Studio开发环境的搭建。

◎学习编写简单的Android程序，熟悉Android程序的结构。

◎掌握资源的管理，能够灵活运用资源中的文件。

◎掌握单元测试以及LogCat的使用，能够对程序进行调试。

Android是Google公司基于Linux平台开发的手机及平板电脑的操作系统，它自问世以来，受到了前所未有的关注，并迅速成为移动平台最受欢迎的操作系统之一。Android手机随处可见，如果能加入Android开发者的行列，编写自己的应用程序供别人使用，想必是件诱人的事情。那么从现在开始，我们将带领你开启Android开发之旅，一步步引导你成为一名出色的Android开发者。

1.1 Android简介

1.1.1 通信技术

学习Android系统之前有必要了解一下通信技术。随着智能手机的发展，移动通信技术也在不断的升级，从最开始的1G、2G技术发展到现在的3G、4G、5G技术。接下来将针对这五种通信技术进行详细的讲解。

- 1G：第一代移动通信技术，它是指最初的模拟技术、仅限语音的蜂窝电话标准。摩托罗拉公司生产的第一代模拟制式手机使用的就是这个标准，类似于简单的无线电台，只能进行通话，并且通话是锁定在一定频率上的，这个频率也就是手机号码。这种标准存在一个很大的缺点，就是很容易被窃听。
- 2G：第二代移动通信技术，以数字语音传输技术为核心，代表是GSM。相对于1G技术来说，2G已经很成熟了，它增加了接收数据的功能。以前最常见的小灵通手机采用的就是2G技术，信号质量和通话质量都非常好。不仅如此，2G时代也有智能手机，可以支持一些简单的Java小程序，如UC浏览器、搜狗输入法等。

- 3G：第三代移动通信技术，指将无线通信与国际互联网等多媒体通信结合的新一代移动通信系统。它能够处理图像、音乐、视频流等多种媒体形式，提供包括网页浏览、电话会议、电子商务等多种信息服务。相比前两代通信技术来说，3G技术在传输声音和数据的速度上有很大的提升。
- 4G：第四代移动通信技术，该技术包含TD-LTE和FDD-LTE两种制式。LTE（Long Term Evolution）表示长期演变的过程。严格意义上来讲，LTE只是3.9G，尽管被宣传为4G无线标准，但还未达到4G的标准。只有升级版的LTE Advanced才满足国际电信联盟对4G的要求。4G是集3G与WLAN于一体，并能够快速传输数据，如高质量的音频、视频和图像等。4G能够以100 Mbit/s以上的速度下载，比目前的家用宽带ADSL（4 Mbit/s）快25倍，并能够满足几乎所有用户对于无线服务的要求。
- 5G：第五代移动通信技术。它是具有高速率、低时延和大连续特点的新一代宽带移动通信技术，是实现人、机、物互联的网络基础。2019年6月6日，工信部正式向中国电信、中国移动、中国联通、中国广电发放5G商用牌照，中国正式进入了5G商用元年。截至2022年4月末，中国已经累计建成5G基站161.5万个，成为全球首个基于独立组网模式规模建设5G网络的国家。未来，5G将渗透到经济社会的各行业与各领域，成为支撑经济社会数字化、网络化、智能化转型的关键基础设施。

以上五种通信技术，除了1G技术以外，其他四种技术最本质的区别就是传输速度越来越快。2G通信网的传输速度为9.6 kbit/s，3G通信网在室内、室外和行车的环境中能够分别支持至少2 Mbit/s、384 kbit/s以及144 kbit/s的传输速度，4G通信网可以达到10 Mbit/s至20 Mbit/s，最高甚至可以达到100 Mbit/s，5G网络意味着超快的数据传输速度，据说可达10 Gbit/s，这意味着手机用户在不到一秒时间内即可完成一部高清电影的下载。

1.1.2 Android发展历史

Android最初是由Andy Rubin（安迪•鲁宾）创立的一个手机操作系统，后来被谷歌收购，并让Andy Rubin继续负责Android项目。经过数年的研发，2007年11月，Google对外界展示了这款名为Android的操作系统，并与84家硬件制造商、软件开发商及电信营运商组建开放手机联盟共同研发改良Android系统。随后Google以Apache开源许可证的授权方式，发布了Android的源代码。

2009年5月，Google发布了Android1.5，该版本的Android界面非常豪华，吸引了大量开发者的目光。接下来，Android版本升级非常快，几乎每隔半年就会发布一个新的版本。目前，Android最新的版本已经达到8.1。Android各版本发布时间及其代号具体如下：

- 2009年4月30日，Android1.5 Cupcake（纸杯蛋糕）正式发布。
- 2009年9月15日，Android1.6 Donut（甜甜圈）版本发布。
- 2009年10月26日，Android2.0/2.1 Éclair（松饼）版本发布。
- 2010年5月20日，Android2.2/2.2.1 Froyo（冻酸奶）版本发布。
- 2010年12月7日，Android2.3 Gingerbread（姜饼）版本发布。
- 2011年2月2日，Android3.0 Honeycomb（蜂巢）版本发布。
- 2011年5月11日，Android3.1 Honeycomb（蜂巢）版本发布。
- 2011年7月13日，Android3.2 Honeycomb（蜂巢）版本发布。
- 2011年10月19日，Android4.0 Ice Cream Sandwich（冰激凌三明治）版本发布。
- 2012年6月28，Android4.1 Jelly Bean（果冻豆）版本发布。

- 2012年10月30，Android4.2 Jelly Bean（果冻豆）版本发布。
- 2013年7月25日，Android4.3 Jelly Bean（果冻豆）版本发布。
- 2013年9月4日，Android4.4 KitKat（奇巧巧克力）版本发布。
- 2014 年10月15日，Android5.0 Lollipop（棒棒糖）版本发布。
- 2015年9月30日，Android6.0 Marshmallow（棉花糖）版本发布。
- 2016年8月22日，Android7.0 Nougat（牛轧糖）版本发布。
- 2017年8月22日，Android8.0/8.1 Android Oreo（奥利奥）版本发布。

Android各版本对应的系统名称和图标如图1-1所示。

图1-1 Android各版本的名称和图标

多学一招：Android图标的由来

Android一词最早出现于法国作家利尔亚当（Auguste Villiers de l'Isle-Adam）在1886年发表的科幻小说《未来夏娃》中，将外表像人的机器起名为Android。Android本意指“机器人”，Google公司将Android的标识设计为一个绿色机器人，表示Android系统符合环保概念。Android图标如图1-2所示。

图1-2 Android图标

1.1.3 Android体系结构

Android系统采用分层架构，由高到低分为4层，依次是应用程序层（Applications）、应用程序框架层（Application Framework）、核心类库（Libraries）和Linux内核（Linux Kernel），如图1-3所示。

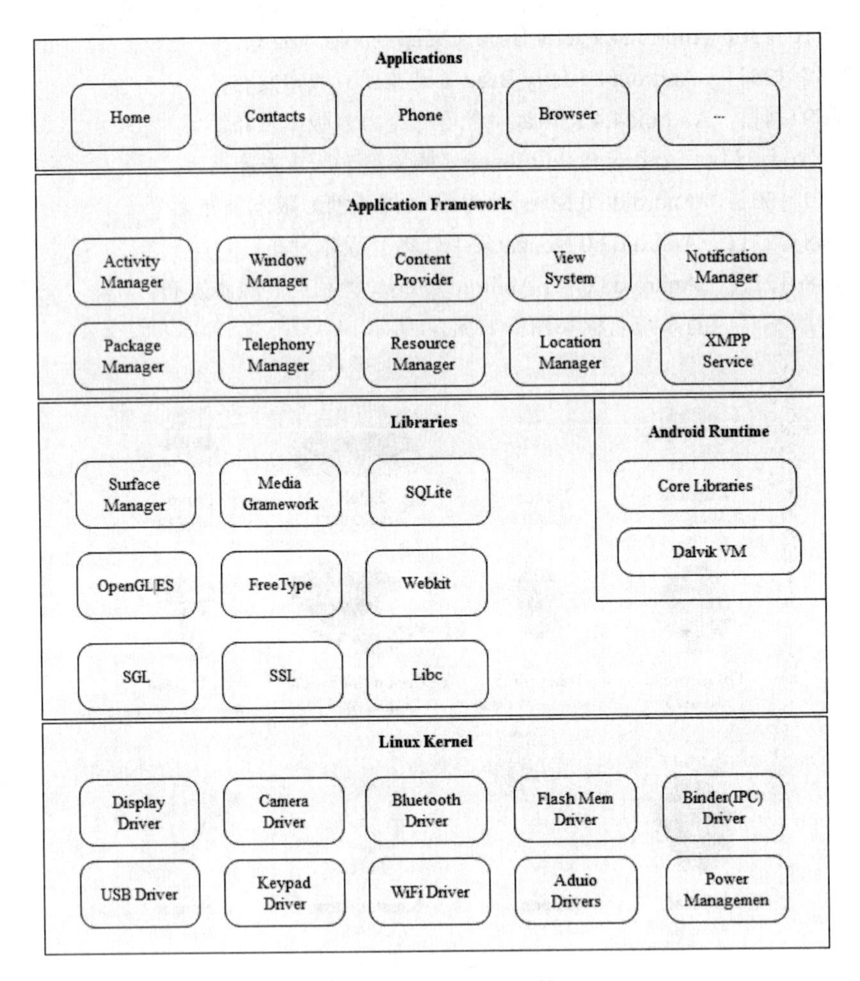

图1-3　Android体系结构

关于Android体系架构的介绍，具体如下：

1．应用程序层（Applications）

应用程序层是一个核心应用程序的集合，所有安装在手机上的应用程序都属于这一层，例如系统自带的联系人程序、短信程序，或者从Google Play上下载的小游戏等都属于应用程序层。

2．应用程序框架层（Application Framework）

应用程序框架层主要提供了构建应用程序时用到的各种API。Android自带的一些核心应用就是使用这些API完成的，例如活动管理器（Activity Manager）、通知管理器（Notification Manager）、内容提供者（Content Provider）等，开发者也可以通过这些API开发应用程序。

3．核心类库（Libraries）

核心类库中包含了系统库及Android运行环境（Android Runtime），其中：

（1）系统库主要是通过C/C++库来为Android系统提供主要的特性支持，如OpenGL/EL库提供了3D绘图的支持，Webkit库提供了浏览器内核的支持。

（2）Android运行时库主要提供了一些核心库，能够允许开发者使用Java语言来编写Android应用程序，另外，Android运行时库中还包括了Dalvik虚拟机，它使得每一个Android应用都能运行在独立的进程当中，并且拥有一个自己的Dalvik虚拟机实例，相较于Java虚拟机，Dalvik是专门为移动设备定制的，它针对手机内存、CPU性能等做了优化处理。

4．Linux内核（Linux Kernel）

Linux内核层为Android设备的各种硬件提供了底层的驱动，如显示驱动、音频驱动、照相机驱动、蓝牙驱动、电源管理驱动等。

1.1.4 Dalvik虚拟机

Android应用程序的主要开发语言是Java，它通过Dalvik虚拟机来运行Java程序。Dalvik是Google公司设计用于Android平台的虚拟机，其指令集基于寄存器架构，执行其特有的dex文件来完成对象生命周期管理、堆栈管理、线程管理、安全异常管理、垃圾回收等重要功能。

每一个Android应用在底层都会对应一个独立的Dalvik虚拟机实例，其代码在虚拟机的解释下得以执行，具体过程如图1-4所示。

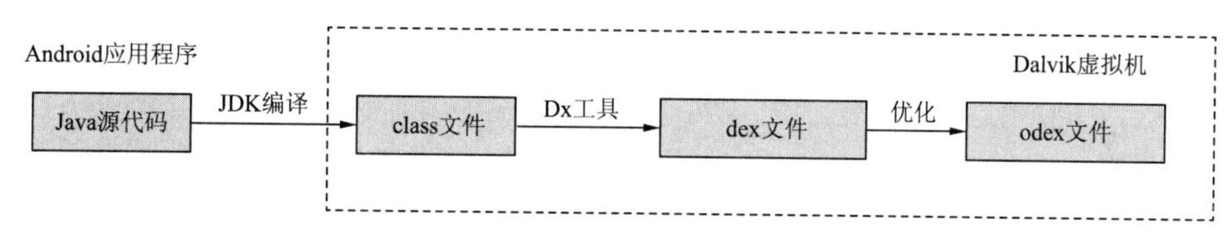

图1-4　Dalvik虚拟机编译文件过程

图1-4中，Java源文件经过JDK编译器编译成class文件之后，Dalvik虚拟机中的Dx工具会将部分（但不是全部）class文件转换成dex文件（dex文件包含多个类）。dex文件相比jar更加紧凑，但是为了在运行过程中进一步提高性能，dex文件还会进一步优化成odex文件。

需要注意的是，每个Android程序都运行在一个Dalvik虚拟机实例中，而每一个Dalvik虚拟机实例都是一个独立的进程空间，每个进程之间可以通信。Dalvik虚拟机的线程机制、内存分配和管理等都是依赖底层操作系统实现的，这里不做详解，感兴趣的读者可以自行研究。

多学一招：ART模式

ART模式英文全称为Android runtime，它是谷歌Android 4.4系统新增的一种应用运行模式。与传统的Dalvik模式不同，ART模式可以实现更为流畅的安卓系统体验，不过只能在安卓4.4以上系统中采用此模式。

事实上谷歌的这次优化源于其收购的一家名为Flexycore的公司，该公司一直致力于Android系统的优化，而ART模式也是在该公司的优化方案上演进而来。

ART模式与Dalvik模式最大的不同在于，在启用ART模式后，系统在安装应用的时候会进行一次预编译，在安装应用程序时会先将代码转换为机器语言存储在本地，这样在运行程序时就不会每次都进行一次编译了，执行效率也大大提升。

1.2 Android开发环境搭建

俗话说，“工欲善其事，必先利其器”。开发Android程序之前，先要搭建开发环境。最开始Android是使用Eclipse作为开发工具的，但是在2015年底，Google公司声明不再对Eclipse提供支持服务，Android Studio将全面取代Eclipse。接下来，本节将针对Android Studio开发工具的环境搭建进行讲解。

1.2.1 Android Studio安装

Android Studio是Google为Android提供的一个官方IDE工具，它集成了Android 所需的开发工具。需要注意的是，Android Studio对安装环境有一定的要求，其中JDK的最低版本是1.7，系统空闲内存至少为2 GB。

1. Android Studio的下载

Android Studio安装包可以从中文社区进行下载，下载网址为http://www.android-studio.org/。这里我们以Windows系统为例，下载最新Android Studio 3.2.0版本，该版本集成了SDK。具体如图1-5所示。

图1-5 Android Studio下载页

图1-5框中标识就是Windows系统对应的Android Studio 3.2.0版本，单击即可进入下载。

2. Android Studio的安装

成功下载Android Studio安装包后，双击.exe文件，进入Welcome to Android Studio Setup窗口，如图1-6所示。

图1-6 Welcome to Android Studio Setup窗口

在图1-6中，单击【Next】按钮，进入Choose Components窗口，如图1-7所示。

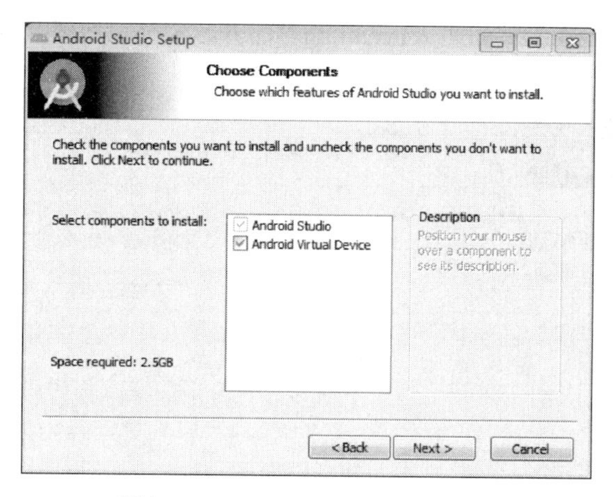

图1-7　Choose Components窗口

在图1-7中，单击【Next】按钮，进入Configuration Settings窗口，如图1-8所示。

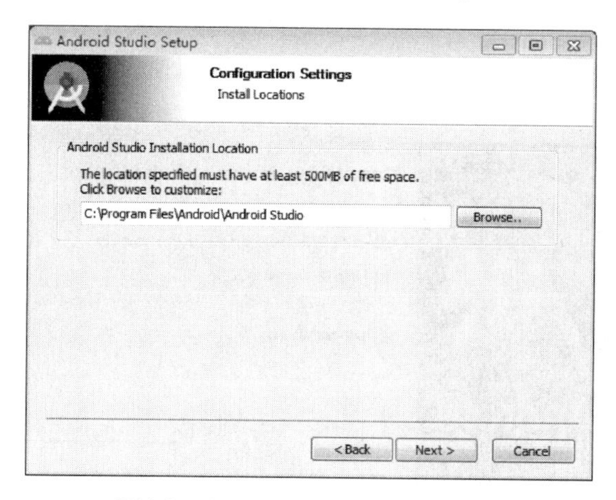

图1-8　Configuration Settings窗口

图1-8中的输入框用于设置Android Studio的安装路径，单击【Browse】按钮可更改安装路径。这里，我们选择不更改路径，使用系统默认设置的路径。单击【Next】按钮进入Choose Start Menu Folder窗口，该窗口用于设置在开始菜单中显示的文件夹名称，如图1-9所示。

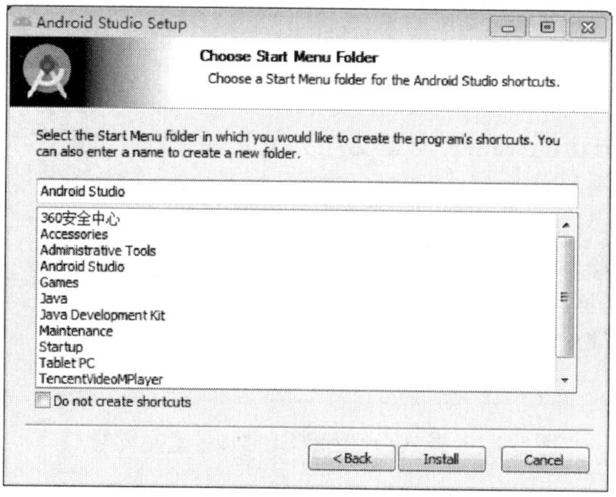

图1-9　Choose Start Menu Folder窗口

在图1-9中，单击【Install】按钮进入Installing界面开始安装，如图1-10所示。

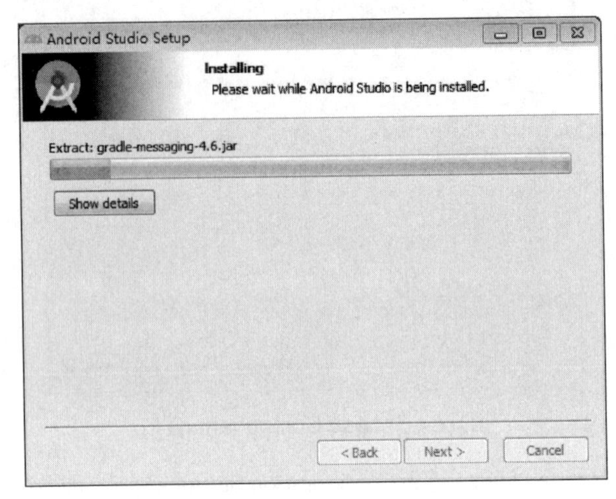

图1-10　Android Studio安装界面

安装完成后，单击【Next】按钮进入Completing Android Studio Setup窗口，如图1-11所示。

图1-11　Completing Android Studio Setup窗口

单击【Finish】按钮，至此，Android Studio的安装全部完成。

3. Android Studio的配置

如果我们在图1-11中勾选了Start Android Studio选项，安装完成之后Android Studio会自动启动，会弹出一个选择导入Android Studio配置文件夹位置的窗口，如图1-12所示。

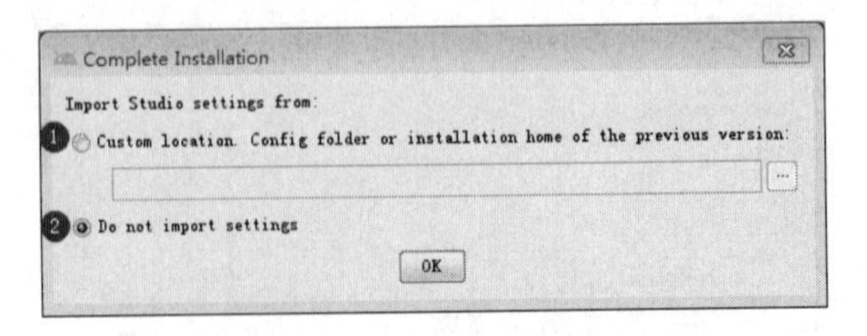

图1-12　导入Android Studio配置文件窗口

图1-12中包含2个选项，其中第1个选项表示自定义Android Studio配置文件夹的位置，第2个选

项表示不导入配置文件夹的位置。如果之前安装过Android Studio，想要导入之前的配置文件夹的位置，则可以选择第1项，否则，选择第2项，此处可以根据实际情况进行选择。我们选择第2项之后进入Android Studio的开启窗口，如图1-13所示。

图1-13 Android Studio的开启窗口

图1-13中的进度完成之后，弹出Android Studio First Run窗口，如图1-14所示。

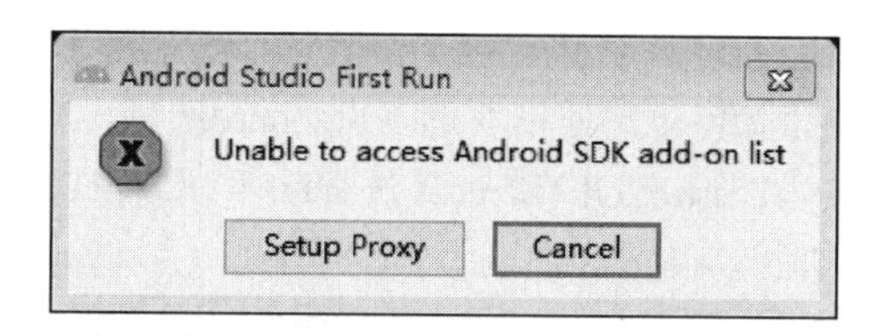

图1-14 Android Studio First Run窗口

弹出图1-14窗口的原因是第一次安装Android Studio，启动后检测到默认安装的文件夹中没有SDK，如果单击窗口中的【Setup Proxy】按钮，会立即在线下载SDK。单击【Cancel】按钮，暂时不下载SDK，稍后再下载或者导入提前下载好的SDK。由于在线下载SDK比较慢，因此我们选择单击【Cancel】按钮，在后续使用时再下载SDK。单击【Cancel】按钮之后进入Android Studio的欢迎窗口，如图1-15所示。

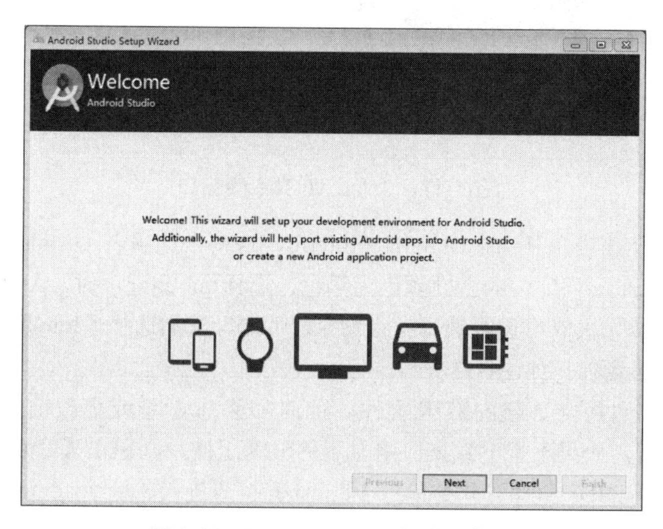

图1-15 Android Studio的欢迎窗口

在图1-15中，单击【Next】按钮进入Install Type窗口，如图1-16所示。

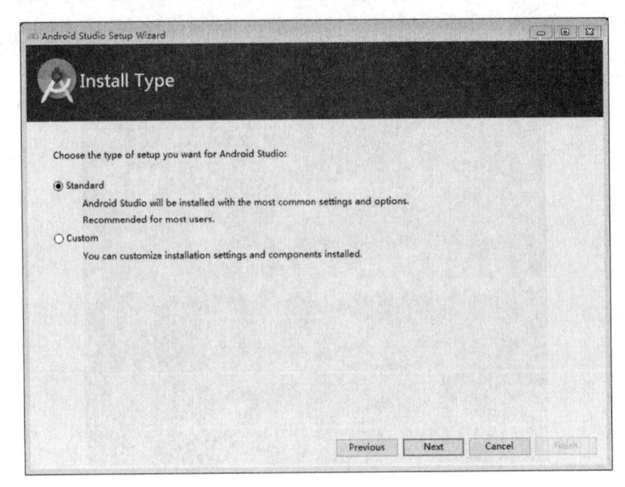

图1-16 Install Type窗口

图1-16中包含 Standard和Custom两个选项，分别表示安装Android Studio的标准设置与自定义设置。如果选择Standard选项，则程序会默认安装很多配置，满足基本的开发需求。如果选择Custom选项，则需要自己手动配置进行安装。此处推荐选择Standard选项，默认安装好开发Android程序需要的配置。单击【Next】按钮进入 Select UI Theme（选择UI主题）窗口，如图1-17所示。

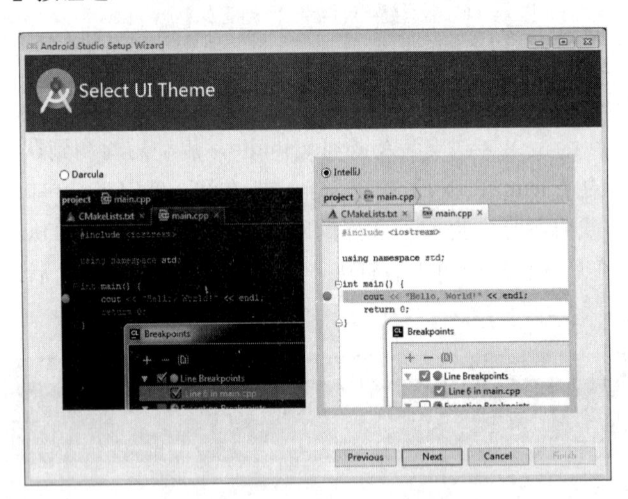

图1-17 Select UI Theme窗口

图1-17中包含两个选项，分别是Darcula和Intellij，这两个选项表示Android程序的主题。当选择Darcula选项时，Android程序中的主题颜色为黑色，选择Intellij选项时，Android程序中的主题颜色为白色。此处可根据个人喜好进行选择。由图1-17可知，我们选择了Intellij选项，单击【Next】按钮进入Verify Settings窗口，如图1-18所示。

图1-18中可以看到需要下载的SDK组件。此时如果想查看或更改前面的安装设置，单击【Previous】按钮即可，如果不想下载窗口中显示的SDK组件，则单击【Cancel】按钮即可，否则单击【Finish】按钮下载SDK组件。此处单击【Finish】按钮进入Downloading Components窗口，如图1-19所示。

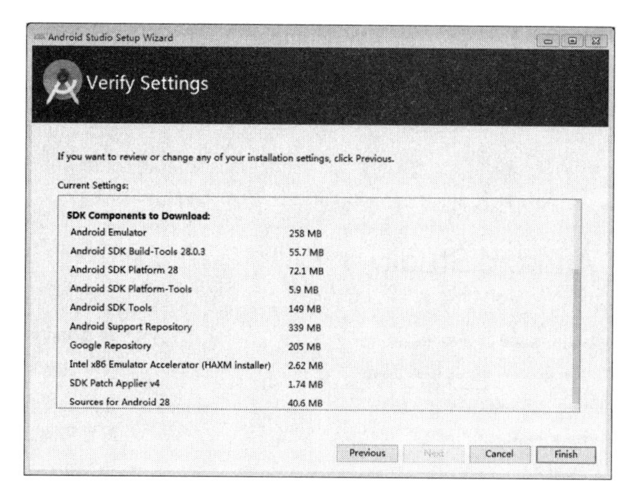

图1-18　Verify Settings窗口

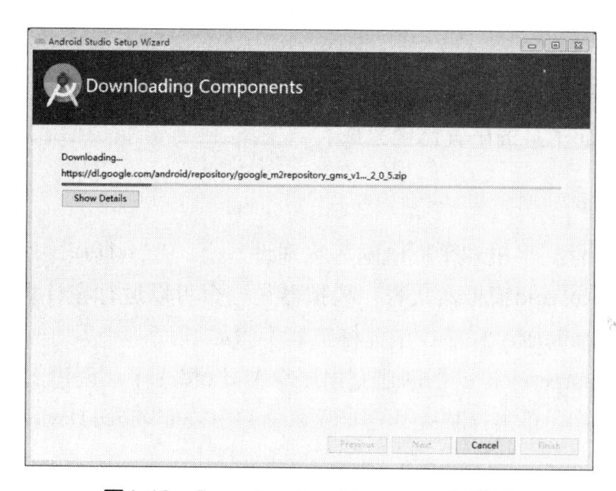

图1-19　Downloading Components窗口

下载完成后，会显示下载完成的窗口，如图1-20所示。

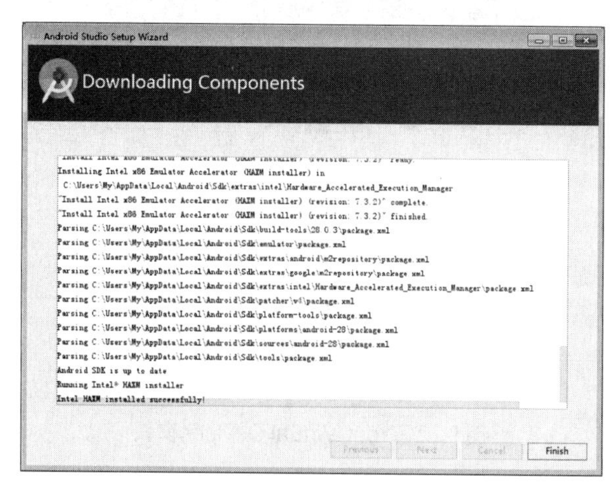

图1-20　Downloading Components完成窗口

在图1-20中，单击【Finish】按钮，进入Welcome to Android Studio窗口，如图1-21所示。

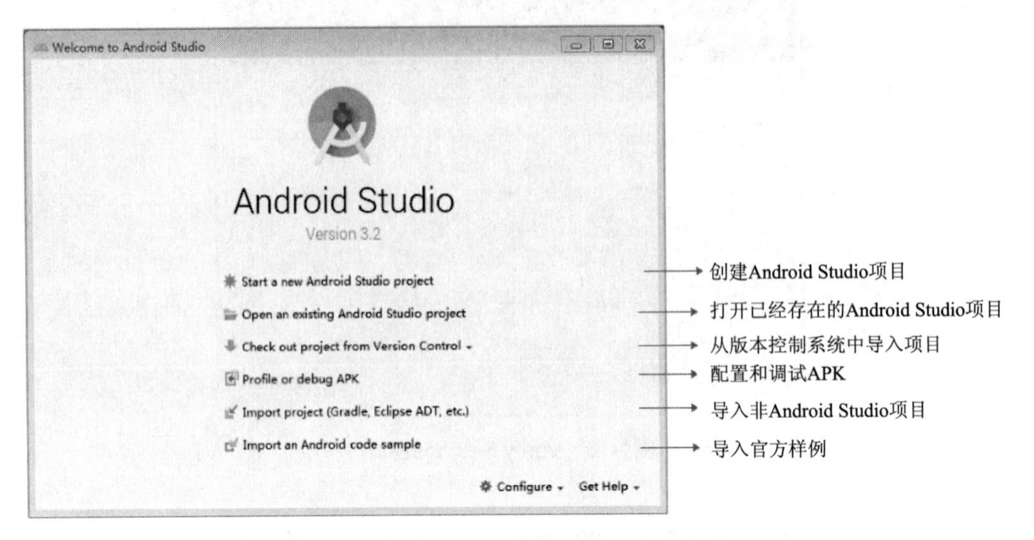

图1-21 Welcome to Android Studio窗口

至此，Android Studio工具的配置已经完成。

1.2.2 模拟器创建

Android程序可以运行到手机和平板电脑等物理设备上，当运行程序时，没有相应屏幕尺寸的物理设备时，可以使用Android模拟器代替。模拟器是一个可以运行在计算机上的虚拟设备。在模拟器上可预览和测试Android应用程序。创建模拟器步骤如下。

（1）单击ADV Manager标签。当创建完第一个Android程序（创建的具体过程在1.3小节中讲解）时，在Android Studio中，单击导航栏中的图标会弹出Your Virtual Devices窗口，如图1-22所示。

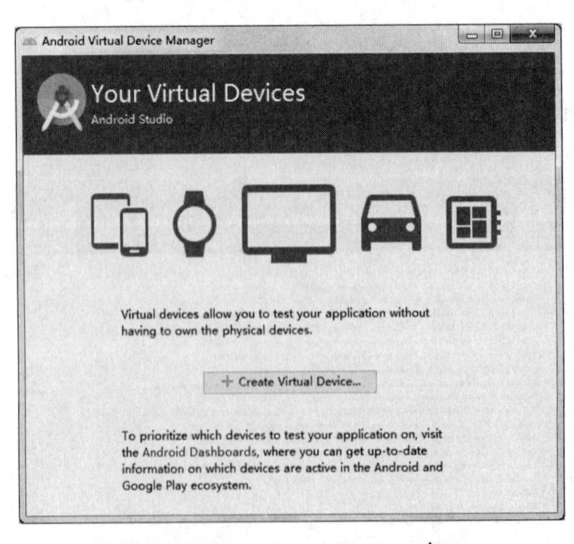

图1-22 Your Virtual Devices窗口

（2）选择模拟设备。单击图1-22中的【Create Virtual Device】按钮，此时会进入选择模拟设备的Select Hardware窗口，如图1-23所示。

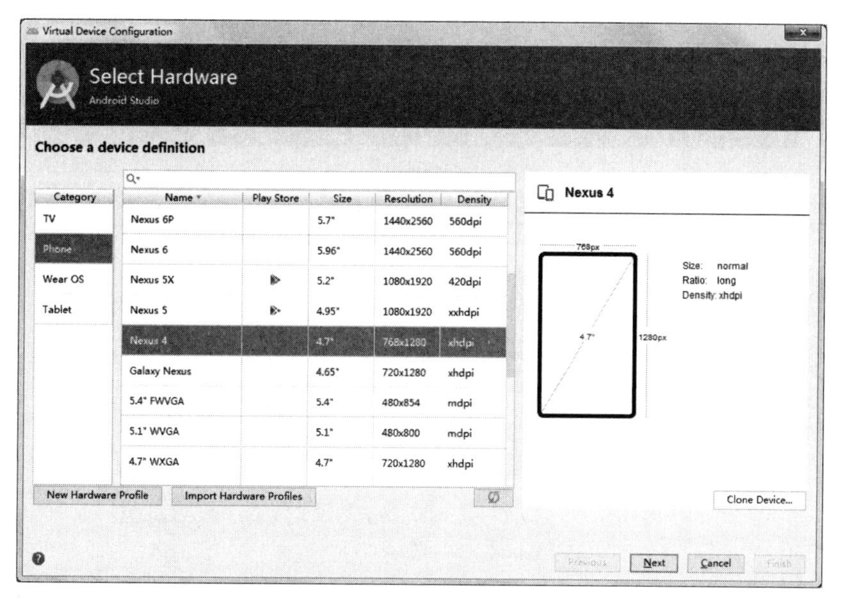

图1-23　Select Hardware窗口

（3）下载SDK System Image。在图1-23中，其左侧Category是设备类型，中间对应的是设备的名称、尺寸大小、分辨率、密度等信息，右侧是设备的预览图。这里，我们选择【Phone】→【Nexus 4】（此选项可根据自己需求选择不同屏幕分辨率的模拟器），单击【Next】按钮进入System Image窗口，如图1-24所示。

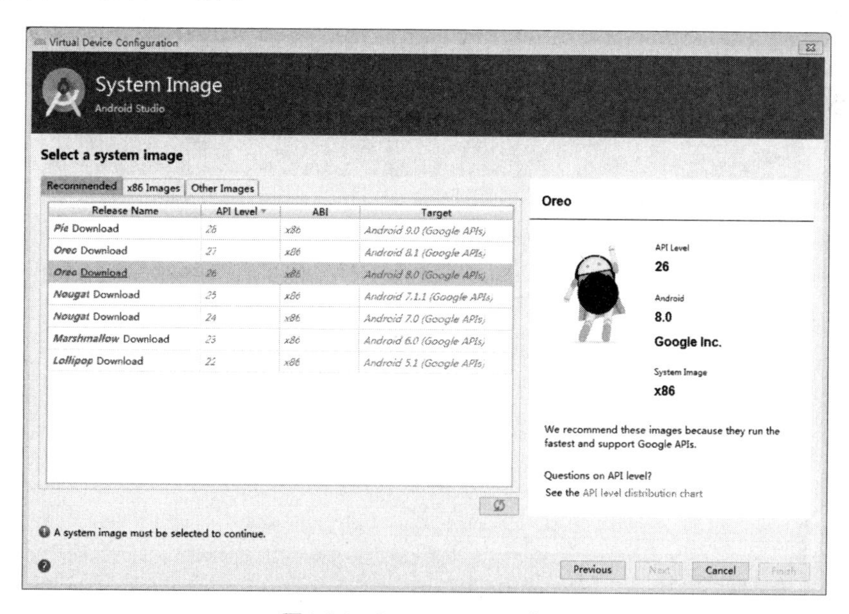

图1-24　System Image窗口

在图1-24中，左侧为推荐的Android系统镜像，右侧为选中的Android系统镜像对应的图标。此处我们选择8.0的系统版本进行下载。选中Orec的系统版本，单击【Download】进入License Agreement窗口，如图1-25所示。

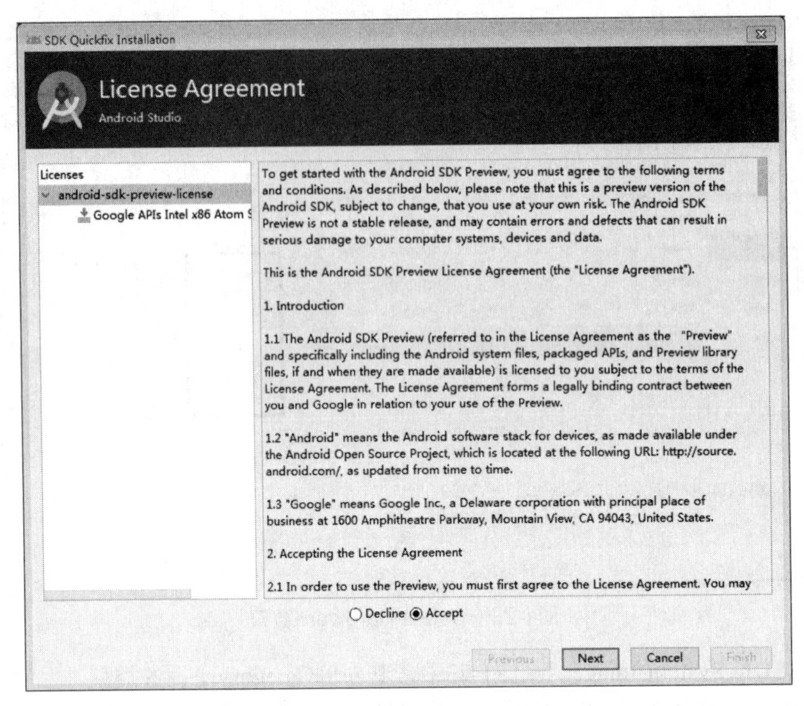

图1-25　License Agreement窗口

在图1-25中，选中【Accept】按钮接受窗口中显示的信息，单击【Next】按钮进入Component Installer下载窗口，如图1-26所示。

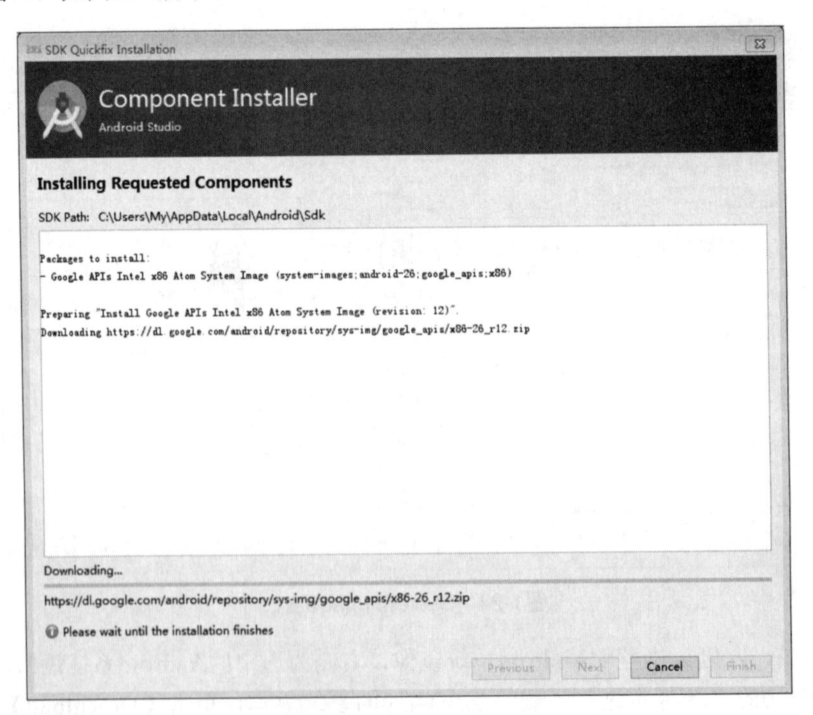

图1-26　Component Installer下载窗口

下载完成后的窗口如图1-27所示。

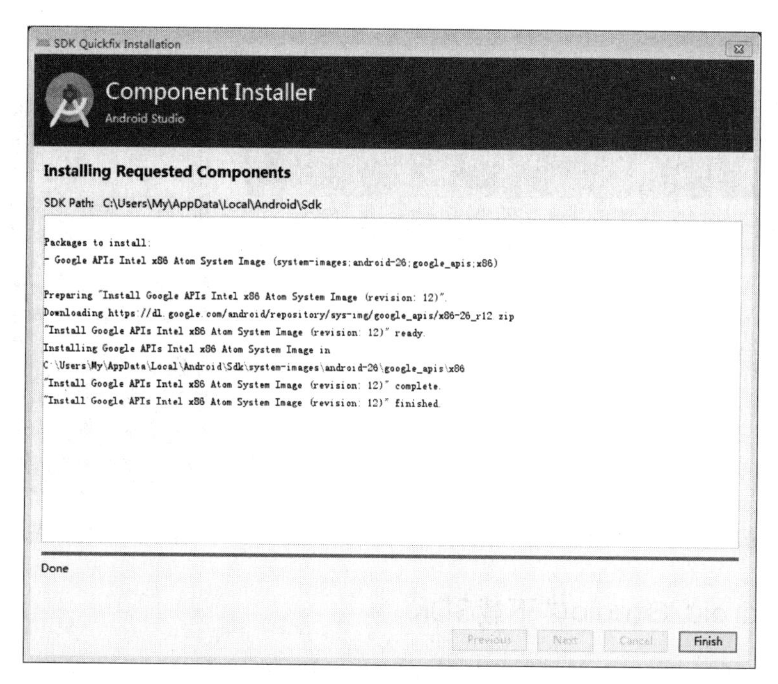

图1-27　Component Installer下载完成窗口

（4）创建模拟设备。在图1-27中，单击【Finish】按钮关闭当前窗口并返回System Image窗口，此时选中系统版本名称为Oreo的条目，单击【Next】按钮进入Android Virtual Device（AVD）窗口，如图1-28所示。

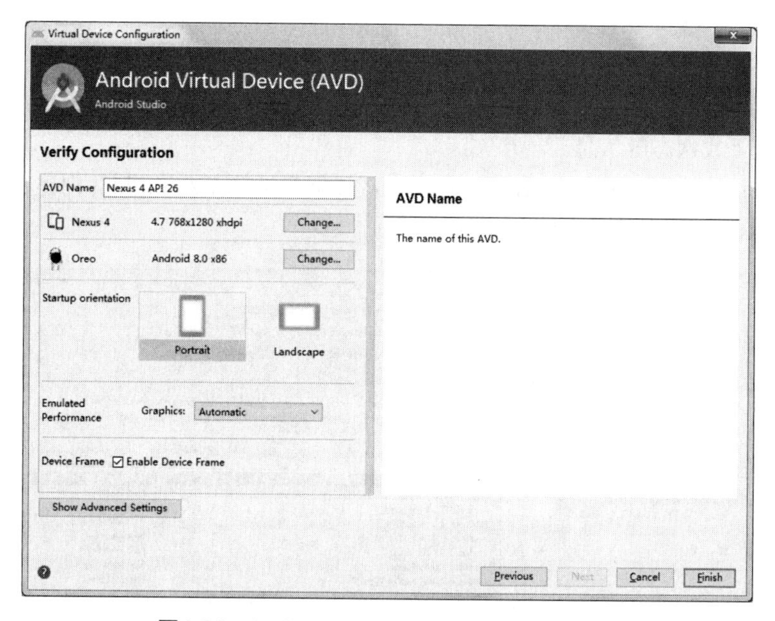

图1-28　Android Virtual Device（AVD）窗口

在图1-28中，单击【Finish】按钮，完成模拟器的创建。此时在Your Virtual Devices窗口中会显示创建完成的模拟器，如图1-29所示。

（5）打开模拟设备。单击图1-29中的启动按钮 ▶（位于图中右侧）启动模拟器，启动完成后的界面如图1-30所示。

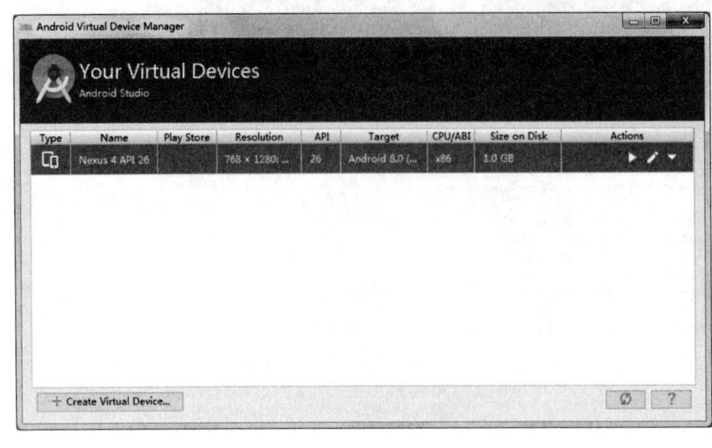

图1-29 Your Virtual Devices窗口

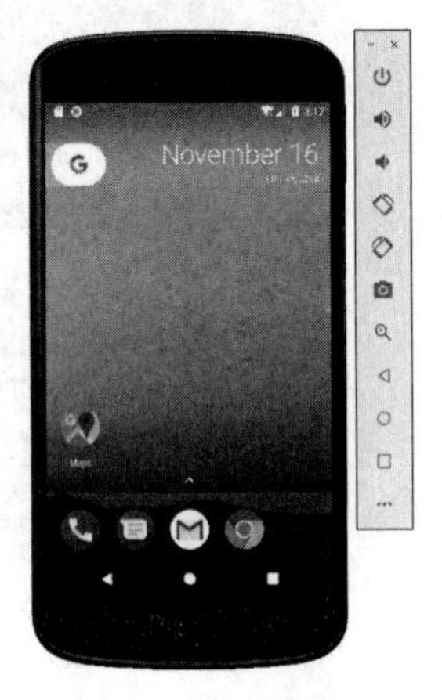

图1-30 模拟器窗口

1.2.3 在Android Studio中下载SDK

虽然安装Android Studio时已经附带安装了SDK，但是Google会对Android SDK进行不断的更新。如果想要安装最新版本或者之前版本的SDK，则需要重新下载相应版本的SDK。下载SDK的方式有很多种，最简单的就是在Android Studio中进行下载。打开Android Studio，单击导航栏中的图标，进入Default Settings窗口，如图1-31所示。

在图1-31所示窗口中，选择左侧的【Android SDK】，右侧对应的是Android SDK可设置的一些选项，其中：

- Android SDK Location：用于设置Android SDK的存储路径。
- SDK Platforms：表示Android SDK的版本信息，该标签下显示了所有SDK版本的名称、API级别以及下载状态等信息。
- SDK Tools：表示Android SDK的工具集合，该标签罗列了Android的构建工具Android SDK Build-tools、模拟器镜像等工具。

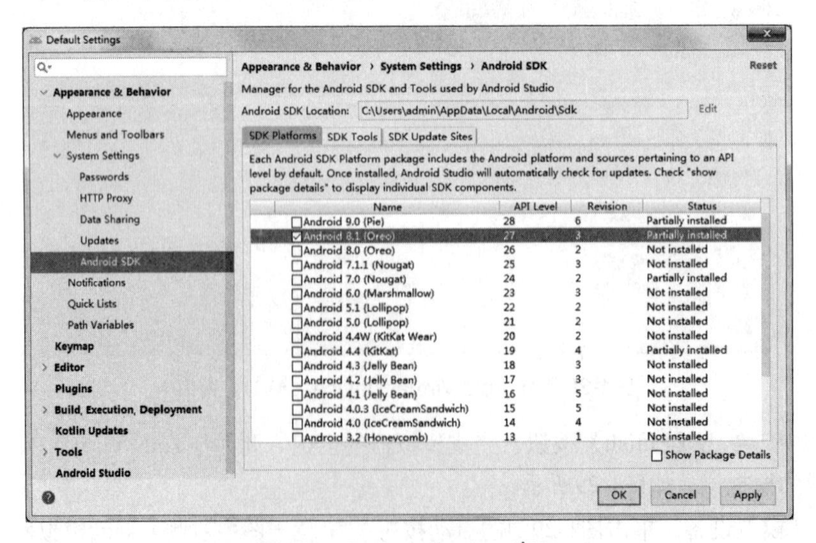

图1-31 Default Settings窗口

我们可以在SDK Platforms和SDK Tools选项中勾选要下载的对应SDK版本和Tools工具。这里，假设我们要下载SDK 8.1版本，具体步骤如下：

1．下载SDK版本

在SDK Platforms选项卡下选择Android 8.1（Oreo）条目，单击【OK】按钮会弹出确认安装SDK组件的Confirm Change窗口，如图1-32所示。

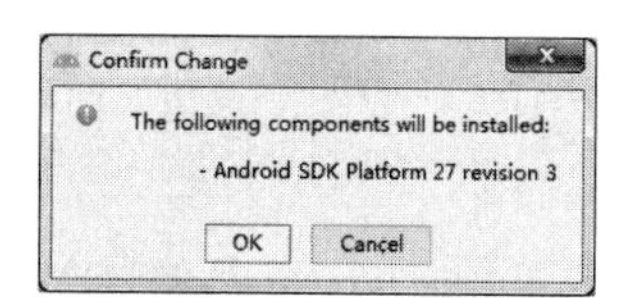

图1-32　Confirm Change窗口

在图1-32中单击【OK】按钮，进入Component Installer下载窗口，如图1-33所示。

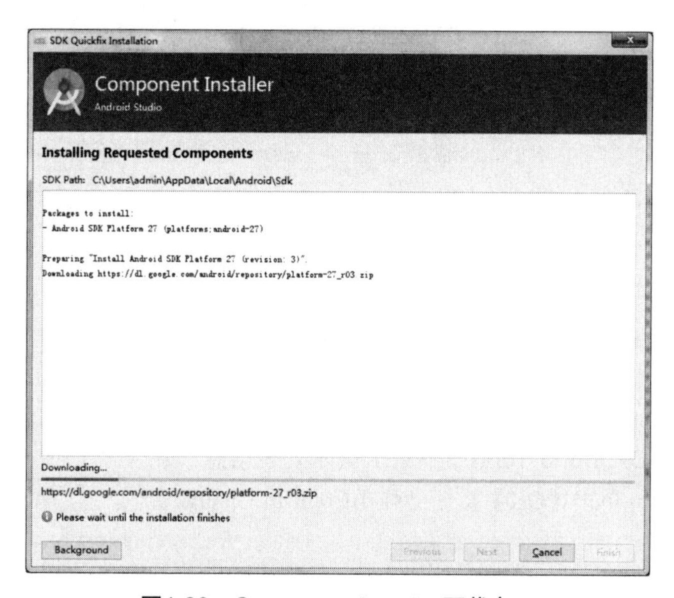

图1-33　Component Installer下载窗口

下载完成后的窗口如图1-34所示。

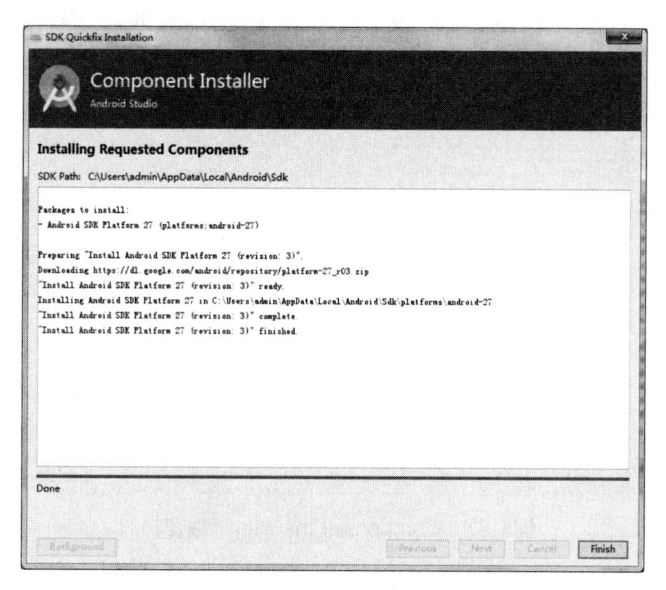

图1-34　Component Installer下载完成窗口

在图1-34中，单击【Finish】按钮关闭当前窗口。

2．下载Tools工具

在Default Settings窗口中的SDK Tools选项卡下，勾选Android SDK Build-Tools选项，如图1-35所示。

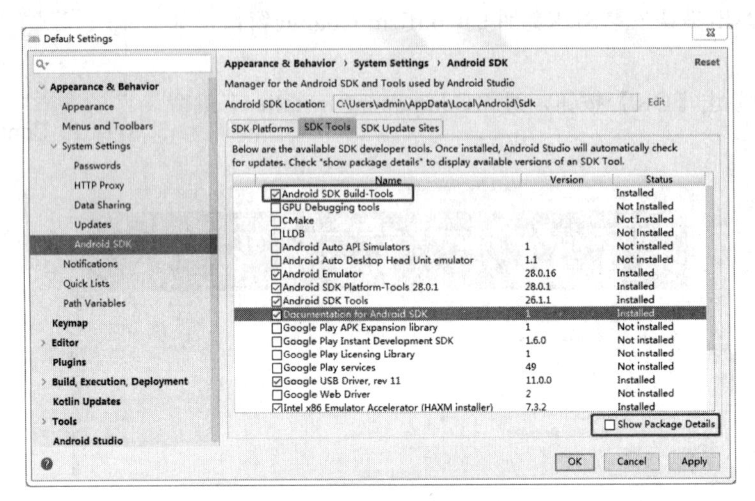

图1-35　Default Settings窗口

接着勾选Default Settings窗口右下角的Show Package Details选项，会打开Android SDK Build-Tools中的SDK版本列表信息，在列表中勾选27.0.0条目，单击【OK】按钮会弹出Confirm Change窗口，如图1-36所示。

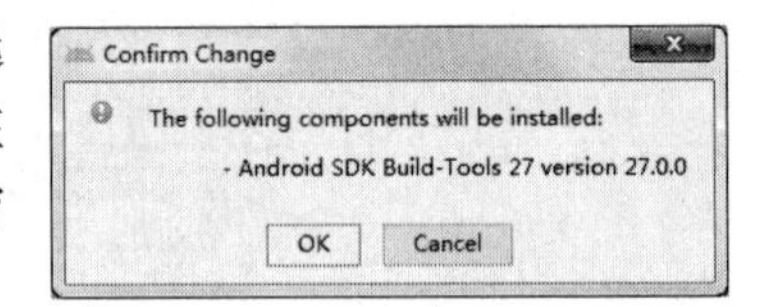

图1-36　Confirm Change窗口

在图1-36中，单击【OK】按钮进入Component Installer下载窗口，如图1-37所示。

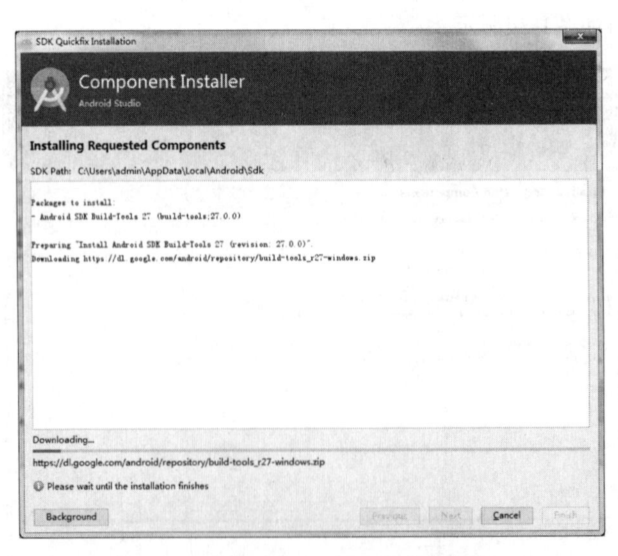

图1-37　Component Installer下载窗口

一段时间之后，SDK下载完成，下载完成的窗口显示如图1-38所示。

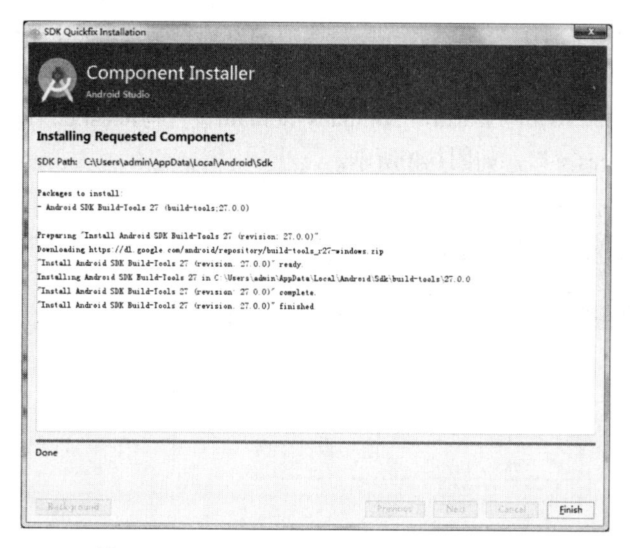

图1-38　Component Installer下载完成窗口

在图1-38中，单击【Finish】按钮关闭当前窗口，此时SDK 8.1版本的Tools工具已经下载完成。

1.3　开发第一个Android程序

上个小节已经搭建好了开发环境，接下来使用Android Studio工具开发第一个Android程序，具体步骤如下：

1．创建HelloWorld程序

单击Welcome to Android Studio窗口中的“Start a new Android Studio project”选项，进入Create New Project窗口，如图1-39所示。

图1-39　Create New Project窗口

在图1-39中，需要填写的信息主要有Application name、Company domain和Project location，这

些信息分别表示应用程序名称、公司域名和项目存放的本地目录。其中，Project location默认生成一个目录，当然我们也可单击Project location右侧的□按钮，自行选择项目存放的目录。这里，我们将Application name设置为HelloWorld，Company domain设置为itcast.cn后，单击【Next】按钮，进入Target Android Devices窗口，如图1-40所示。

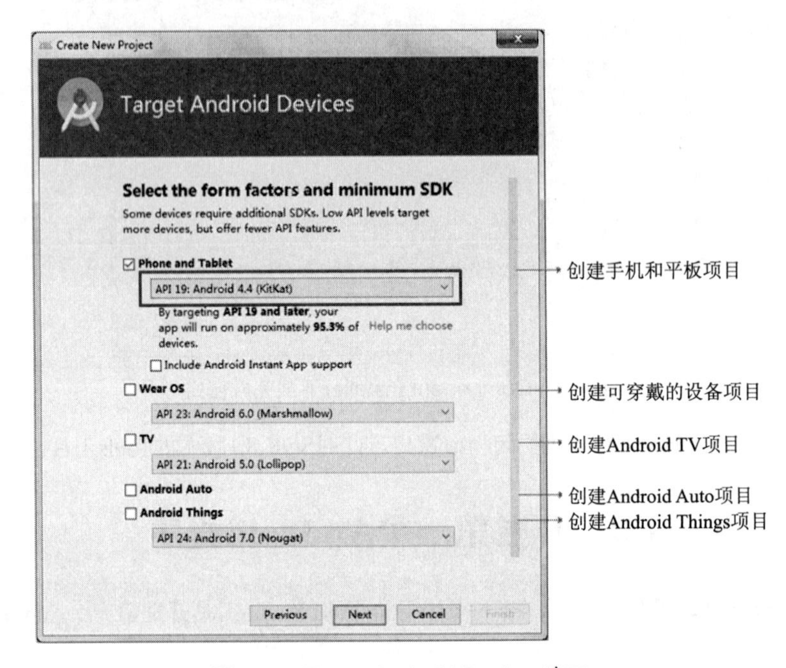

图1-40　Target Android Devices窗口

在图1-40中，框中设置的API 19:Android 4.4（KitKat）为Android程序的最小SDK版本，此处可根据需求选择不同的最小版本。接着单击【Next】按钮进入Add an Activity to Mobile窗口，如图1-41所示。

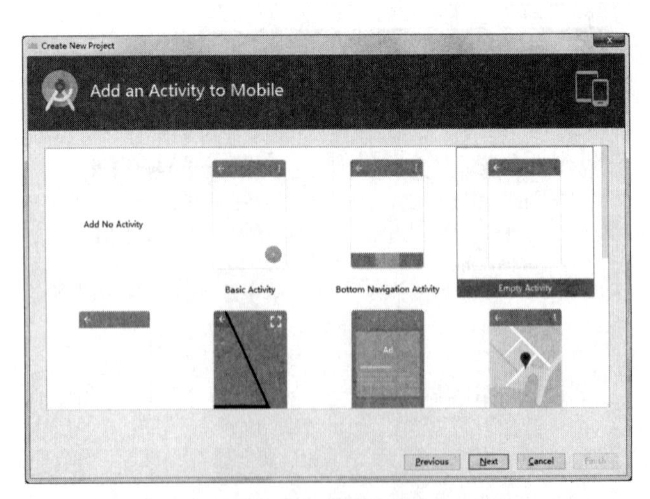

图1-41　Add an Activity to Mobile窗口

在图1-41中显示了不同类型的Activity，一般情况下会选择Empty Activity类型，该类型的Activity界面上没有放任何控件，方便我们开发程序。其他类型的Activity都是在Empty Activity类型的基础上添加了其他功能形成的，我们可以根据实际需求使用不同类型的Activity。选择完Activity之后单击【Next】按钮，进入Configure Activity窗口，如图1-42所示。

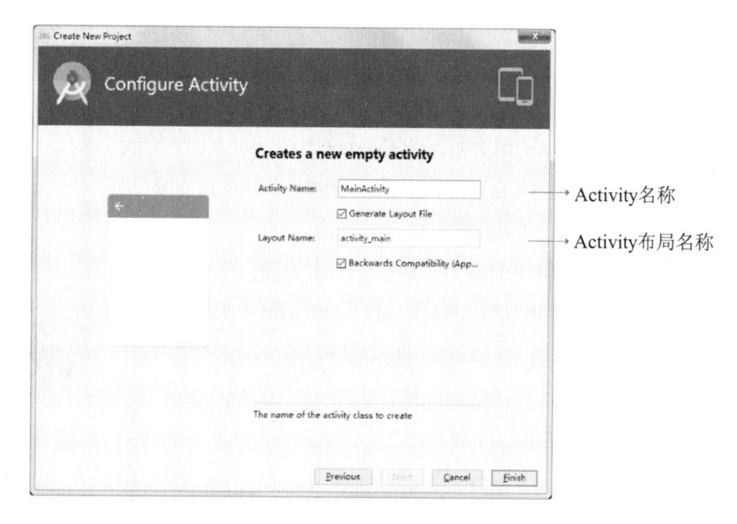

图1-42　Configure Activity窗口

在图1-42中，需要填写的信息有Activity Name和Layout Name，分别在对应的编辑框中填写Activity的类名和布局文件名。在创建项目时Android Studio会为Activity Name和Layout Name设置默认值，分别为MainActivity和activity_main。单击【Finish】按钮，项目创建完成。此时会进入Android Studio工具的代码编辑窗口，如图1-43所示。

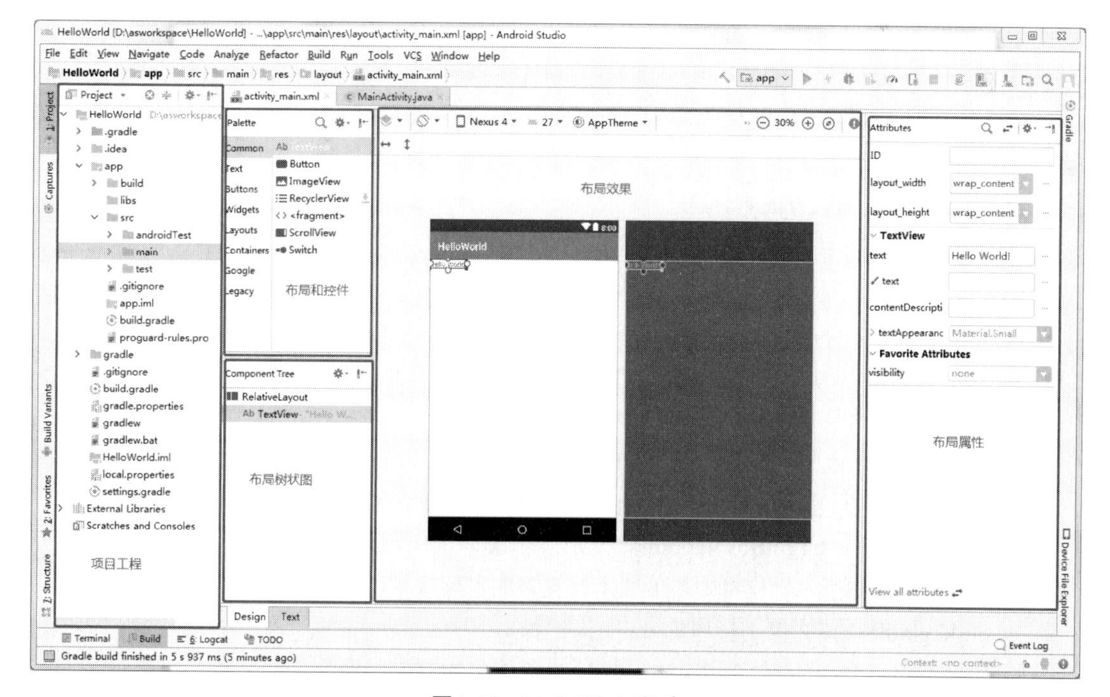

图1-43　HelloWorld程序

至此，HelloWorld程序的创建已全部完成。

2. 运行程序

HelloWorld程序创建成功后，我们暂时不添加任何的代码，直接运行程序。启动模拟器，单击工具栏中的运行按钮▶，程序就会运行在模拟器上，如图1-44所示。

图1-44 运行结果

之所以出现图1-44所示的结果，是因为当Android程序运行时，系统首先查找注册在AndroidManifest.xml文件中的MainActivity，接着在该Activity中找到OnCreate()方法，在该方法中通过setContentView()方法加载activity_main.xml布局文件，从而形成图1-44的界面。

需要注意的是，在AndroidManifest.xml文件中注册的Activity中，如果某个Activity标签中的<intent-filter>标签中添加了<category android:name="android.intent.category.LAUNCHER"/>，那么程序运行时会首先在AndroidManifest.xml文件中查找该Activity。该Activity对应的界面是程序运行后显示的第一个界面。

1.4 Android程序结构

创建完成Android程序后，Android Studio就为其构建了基本结构，设计者可以在此结构上开发应用程序。接下来，我们以上节创建的第一个Android程序——HelloWorld为例，介绍Android程序的主要组成结构。HelloWorld程序结构如图1-45所示。

```
Project
HelloWorld  D:\asworkspace\HelloWorld
  .gradle
  .idea
  app
    build
    libs
    src
      androidTest
      main
      test
    .gitignore
    app.iml
    build.gradle
    hs_err_pid2976.log
    proguard-rules.pro
  gradle
  .gitignore
  build.gradle
  gradle.properties
  gradlew
  gradlew.bat
  HelloWorld.iml
  local.properties
  settings.gradle
External Libraries
Scratches and Consoles
```

图1-45 Android程序结构

接下来，针对图1-45中常用的文件和文件夹进行详细介绍，具体如下：

（1）app：用于存放程序的代码和资源等内容，它包含很多子目录，具体如下：

- libs：用于存放第三方jar包。
- src/androidTest：用于存放测试的代码文件。
- src/main/java：用于存放程序的代码文件。
- src/main/res：用于存放程序的资源文件。
- src/AndroidManifest.xml：它是整个程序的配置文件，在该文件中配置程序所需权限和注册程序中用到的四大组件。
- app/build.gradle：该文件是App的gradle构建脚本。在该文件中有四个重要的属性，包括compileSdkVersion、buildToolsVersion、minSdkVersion、targetSdkVersion，分别表示编译的SDK版本、编译的Tools版本、支持的最低版本、支持的目标版本。

（2）build.gradle：该文件是程序的gradle构建脚本。

（3）local.properties：该文件用于指定项目中所使用的SDK路径。在该文件中可以通过sdk.dir的值指定Android SDK路径。如："sdk.dir=C\:\\Users\\admin\\AppData\\Local\\Android\\Sdk"，指定SDK存放的目录为C:\Users\admin\AppData\Local\Android\Sdk。Android SDK的这些路径在程序安

装时已经指定，一般不需要修改。

（4）setting.gradle：该文件用于配置在Android程序中使用到的子项目（Moudle），如：include ':app'表示配置的子项目为app。

1.5 资源的管理与使用

Android程序中资源指的是可以在代码中使用的外部文件，这些文件作为应用程序的一部分，被编译到App中。在Android程序中，资源文件都保存在res目录下。接下来，我们针对res目录下的资源进行详细介绍。

1.5.1 图片资源

Android中的图片资源包括扩展名为.png、.jpg、.gif、.9.png等文件。根据图片资源的用途不同分为应用图标资源和界面中使用的图片资源。其中，应用图标资源存放在以mipmap开头的文件夹中，界面中使用的图片资源存放在以drawable开头的文件夹中。

根据设备屏幕密度的不同，Android系统会自动匹配不同文件夹中的图片资源。res目录中的mipmap文件夹和drawable文件夹的匹配规则如表1-1所示。

表 1-1 匹配规则

密度范围值	mipmap 文件夹	drawable 文件夹
120~160 dpi	mipmap_mdpi	drawable_mdpi
160~240 dpi	mipmap_hdpi	drawable_hdpi
240~320 dpi	mipmap_xdpi	drawable_xdpi
320~480 dpi	mipmap_xxdpi	drawable_xxdpi
480~640 dpi	mipmap_xxxdpi	drawable_xxxdpi

如果想要调用表1-1中两个文件夹中的资源文件，调用方式有两种：一种是通过Java代码来调用，另一种是在XML布局文件中调用，具体如下：

1. 通过Java代码调用图片资源

在Activity的方法中可以通过getResources().getDrawable()方法调用图片资源，示例代码如下：

```
getResources().getDrawable(R.mipmap.ic_launcher); // 调用 mipmap 文件夹中资源文件
getResources().getDrawable(R.drawable.icon);  // 调用以 drawable 开头的文件夹中的
                                               // 资源文件
```

2. 在XML布局文件中调用图片资源

在XML布局文件中调用图片资源文件的示例代码如下：

```
@mipmap/ic_launcher      // 调用 mipmap 文件夹中的资源文件
@drawable/icon           // 调用以 drawable 开头的文件夹中的资源文件
```

1.5.2 主题和样式资源

Android中的样式和主题，都是用于为界面元素定义显示风格，它们的定义方式比较类似，具体介绍如下：

1. 主题

主题是包含一种或多种的格式化属性集合，在程序中调用主题资源可改变窗体的样式，对整个应用或某个Activity存在全局性影响。

主题资源定义在res/values目录下的styles.xml文件中，示例代码如下：

```
<resources>
    <!-- Base application theme. -->
    <style name="AppTheme" parent="Theme.AppCompat.Light.DarkActionBar">
        <!-- Customize your theme here. -->
        <item name="colorPrimary">@color/colorPrimary</item>
        <item name="colorPrimaryDark">@color/colorPrimaryDark</item>
        <item name="colorAccent">@color/colorAccent</item>
    </style>
</resources>
```

上述代码中，<style></style>标签用于定义主题，<style>标签中的name属性用于指定主题的名称，parent属性用于指定Android系统提供的父主题。<style></style>中包含的<item></item>标签用来设置主题的样式。

值得注意的是，在根元素<resources></resources>中可以包含多个<style></style>标签，每个<style></style>标签中也可以包含多个<item></item>标签。

如果在Android程序中，想要调用styles.xml文件中定义的主题，可以在AndroidManifest.xml中设置，也可以在代码中设置，具体介绍如下：

（1）在AndroidManifest.xml中设置主题的示例代码如下：

```
<application
    ......
    android:theme ="@style/AppTheme">
</application>
```

（2）在Java代码中设置主题的示例代码如下：

```
setTheme(R.style.AppTheme);
```

2. 样式

通过改变主题可以改变整个窗体样式，但是主题不能设置View控件的具体样式，因此我们需要创建一个样式来美化View控件，样式存放在res/values目录下的styles.xml文件中，示例代码如下：

```
<resources>
    <style name="textViewSytle">
        <item name="android:layout_width">20dp</item>
        <item name="android:layout_height">20dp</item>
        <item name="android:background">#f54e39</item>
    </style>
</resources>
```

上述代码中，通过<style>标签中的name属性设置样式的名称，通过<item>标签设置控件的样式，如设置宽高等。

在布局文件的View控件中通过style属性调用textViewStyle样式的示例代码如下：

```
<TextView
    ......
    style="@style/textViewSytle"/>
```

1.5.3 布局资源

在1.4小节的Android程序结构图中可以看到，在程序的res目录下有一个layout文件夹，该文件夹中存放的是程序中的所有布局资源文件，这些布局资源通常用于搭建程序中的各个界面。

当创建一个Android程序时，默认会在res/layout文件夹中生成一个布局资源文件activity_main.xml（该文件的名称可修改），也可在res/layout文件夹中创建新的布局资源文件。

如果想要在程序中调用布局资源文件，调用方式有两种：一种是通过Java代码来调用该文件，另一种是在XML布局文件中调用该文件。具体如下：

1．通过Java代码调用布局资源文件

在Activity中，找到onCreate()方法，在该方法中通过调用setContentView()方法来加载Activity对应的布局资源文件，如通过Java代码调用activity_main.xml文件，示例代码如下：

```
setContentView(R.layout.activity_main);
```

2．在XML布局文件中调用布局资源文件

在XML布局文件中可通过<include>标签调用其他的布局资源文件，例如在XML布局文件中调用activity_main.xml文件，示例代码如下：

```
<include layout="@layout/activity_main"/>
```

1.5.4　字符串资源

字符串可以说是使用频率最高的一种资源了，毕竟每一款应用都会用到一些文本提示信息或者标题文字等。为了开发过程中更加方便快捷地使用字符串，Android系统提供了强大的字符串资源，我们可以在res/values/目录中的strings.xml文件中定义字符串，示例代码如下：

```
<resources>
    <string name="app_name">字符串</string>
</resources>
```

上述代码中，<string></string>标签定义的就是字符串资源，其中name属性指定字符串资源的名称，两个标签中间就是字符串的内容。需要注意的是，strings.xml文件中只能有一个根元素，但是根元素中间可以包含多个<string></string>标签。

如果想要在程序中调用字符串资源，调用方式有两种：一种是通过Java代码来调用该字符串资源，另一种是在XML布局文件中调用该字符串资源，具体如下：

1．通过Java代码调用字符串资源

在Activity中，找到onCreate()方法，在该方法中通过调用getResources().getString()方法加载字符串资源，如通过Java代码调用名称为app_name的字符串资源，示例代码如下：

```
getResources().getString(R.string.app_name);
```

2．在XML布局文件中调用字符串资源

在XML布局文件中可通过@string调用字符串资源，例如在XML布局文件中调用名称为app_name字符串资源，示例代码如下：

```
@string/app_name
```

1.5.5　颜色资源

在Android程序中，View控件默认的颜色不足以满足设计需求，因此会使用颜色资源来改变View控件的颜色。颜色资源通常定义在res/values/colors.xml文件中，示例代码如下：

```
<?xml version="1.0" encoding="utf-8"?>
```

```
<resources>
    <color name="colorPrimary">#3F51B5</color>
    <color name="colorPrimaryDark">#303F9F</color>
    <color name="colorAccent">#FF4081</color>
</resources>
```

上述代码中，<color></color>标签用于定义颜色资源，其中 name属性用于指定颜色资源的名称，两个标签中间设置的是颜色值。在colors.xml中只能有一个根元素，根元素可以包含多个<color></color>标签。

如果想要在程序中调用颜色资源，调用方式有两种：一种是通过Java代码来调用该颜色资源，另一种是在XML布局文件中调用该颜色资源，具体如下：

1. 通过Java代码调用颜色资源文件

在Activity中，找到onCreate()方法，在该方法中通过调用getResources().getColor()方法加载颜色资源，如通过Java代码调用名称为colorPrimary的颜色资源，示例代码如下：

```
getResources().getColor(R.color.colorPrimary);
```

2. 在XML布局文件中调用颜色资源文件

在XML布局文件中可通过@color调用颜色资源，例如在XML布局文件中调用名称为colorPrimary的颜色资源，示例代码如下：

```
@color/colorPrimary
```

多学一招：定义颜色值

在Android中，颜色值是由RGB（红、绿、蓝）三原色和一个透明度（Alpha）表示，颜色值必须以“#”开头，“#”后面显示Alpha-Red-Green-Blue形式的内容。其中，Alpha值可以省略，如果省略，表示颜色默认是完全不透明的。一般情况下，使用以下4种形式定义颜色。

- #RGB：使用红、绿、蓝三原色的值定义颜色，其中，红、绿、蓝分别使用0~f的十六进制数值表示。例如，可以使用#f00表示红色。
- #ARGB：使用透明度以及红、绿、蓝三原色来定义颜色，其中，透明度、红、绿、蓝分别使用0~f的十六进制数值表示。例如，可以使用#8f00表示半透明的红色。
- #RRGGBB：使用红、绿、蓝三原色定义颜色，与#RGB不同的是，这里的红、绿、蓝使用00~ff两位十六进制数值表示。例如，可以使用#0000ff表示蓝色。
- #AARRGGBB：使用透明度以及红、绿、蓝三原色定义颜色，其中，透明度、红、绿、蓝分别使用00~ff两位十六进制数值表示。其中#00表示完全透明，ff表示完全不透明。例如，可以使用#8800ff00半透明的绿色。

值得注意的是，上述表示颜色的小写字母也可以换成大写字母。如红色用#f00表示，也可以用#F00表示。

1.5.6 尺寸资源

在Android界面中View的宽高和View之间的间距值是通过尺寸资源设置的。资源通常定义在res/values/dimens.xml文件中。

由于在Android Studio3.2版本中，没有默认创建dimens.xml文件，因此需要手动创建，右击values文件夹，选择【New】→【XML】→【Values XML File】，在弹出窗口的输入框中，输入

dimens创建dimens.xml文件，dimens.xml文件中的示例代码如下：

```
<resources>
    <dimen name="activity_horizontal_margin">16dp</dimen>
    <dimen name="activity_vertical_margin">16dp</dimen>
</resources>
```

在上述代码中，<dimen></dimen>标签用于定义尺寸资源，其中name属性指定尺寸资源的名称。标签中间设置的是尺寸大小。在dimens.xml文件中只能有一个根元素，根元素可以包含多个<dimen></dimen>标签。

如果想要在程序中调用尺寸资源，调用方式有两种：一种是通过Java代码调用该尺寸资源，另一种是在XML布局文件中调用该尺寸资源。具体如下：

1. 通过Java代码调用尺寸资源

在Activity中，找到onCreate()方法，在该方法中通过调用getResources().getDimension()方法加载尺寸资源，如通过Java代码调用activity_horizontal_margin的尺寸资源，示例代码如下：

```
getResources().getDimension(R.dimen.activity_horizontal_margin);
```

2. 在XML布局文件中调用尺寸资源

在XML布局文件中可通过@dimen调用尺寸资源，例如在XML布局文件中调用activity_horizontal_margin尺寸资源，示例代码如下：

```
@dimen/activity_horizontal_margin
```

多学一招：Android支持的尺寸单位

一段距离可以用米或者千米的长度单位表示，和长度单位相似，尺寸也可以用不同的单位表示。在Android中，支持的常用尺寸单位如下：

- px（pixels，像素）：每个px对应屏幕上的一个点。例如，720 × 1080的屏幕在横向有720个像素，在纵向有1080个像素。
- dp（density-independent pixels，设备独立像素）：dp与dip（density-independent pixels）的意义相同，是一种与屏幕密度无关的尺寸单位。在每英寸160点的显示器上，1dip=1px。当程序运行在高分辨率的屏幕上时，dp就会按比例放大，当运行在低分辨率的屏幕上时，dp就会按比例缩小。
- sp（scaled pixels，比例像素）：主要处理字体的大小，可以根据用户字体大小首选项进行缩放。sp和dp是比较相似的，都会在不同像素密度的设备上自动适配，但是sp还会随着用户对系统字体大小的设置进行比例缩放，换句话说，它能够跟随用户系统字体大小变化而改变。所以它更加适合作为字体大小的单位。
- in（inches，英寸）：标准长度单位。1英寸等于2.54厘米。例如，形容手机屏幕大小，经常说3.2（英）寸、3.5（英）寸、4（英）寸就是指这个单位。这些尺寸是屏幕对角线的长度。如果手机的屏幕是4英寸，表示手机的屏幕（可视区域）对角线长度是4 × 2.54 = 10.16（厘米）。
- pt（points，磅）：屏幕物理长度单位，1磅为1/72英寸。
- mm（millimeters，毫米）：屏幕物理长度单位。

1.6 程序调试

在实际开发中，每个Android程序都会进行一系列的测试工作，确保程序能够正常运行。测试Android程序有多种方式，例如单元测试和LogCat（日志控制台）等，本节将针对这两种调试方式进行详细讲解。

1.6.1 单元测试

在Android开发中，如果每次修改一个简单功能的代码后，都重新运行到设备中，再进入到修改功能的响应界面进行测试，会浪费大量时间，降低开发工作效率。如果使用单元测试的方法对某些功能进行测试，将会大大提高工作效率。

单元测试是指在Android程序开发过程中对最小的功能模块进行测试，单元测试包括Android单元测试和Junit单元测试。具体如下：

- Android单元测试：该测试方式执行测试的时候需要连接Android设备，速度比较慢，适合需要调用Android API的单元测试。
- Junit单元测试：该测试方式不需要依赖Android设备，在本地即可运行，速度快，适合只对Java代码功能进行的单元测试。

Android Studio 3.2版本在创建项目时，会默认在app/src/androidTest和app/src/test文件夹中创建Android单元测试类ExampleInstrumentedTest和Junit单元测试类ExampleUnitTest。接下来，分别对Android Studio单元测试类ExampleInstrumentedTest和Junit单元测试类ExampleUnitTest类的用法进行详细的讲解，具体如下：

1. Android单元测试

在ExampleInstrumentedTest.java文件中，分别使用@RunWith(AndroidJUnit4.class)注解ExampleInstrumentedTest类，@Test注解该类中的方法。ExampleInstrumentedTest.java的具体代码如【文件1-1】所示。

【文件1-1】 ExampleInstrumentedTest.java

```
1  package cn.itcast.helloworld;
2  import android.content.Context;
3  import android.support.test.InstrumentationRegistry;
4  import android.support.test.runner.AndroidJUnit4;
5  import org.junit.Test;
6  import org.junit.runner.RunWith;
7  import static org.junit.Assert.*;
8  @RunWith(AndroidJUnit4.class)
9  public class ExampleInstrumentedTest {
10     @Test
11     public void useAppContext() {
12         // Context of the app under test.
13         Context appContext = InstrumentationRegistry.getTargetContext();
14         assertEquals("cn.itcast.helloworld", appContext.getPackageName());
15     }
16 }
```

上述代码中，使用assertEquals()方法断言“cn.itcast.helloworld”字符串和appContext.getPackageName()得到的程序包名是否相同。

在方法useAppContext()上右击，在弹出框中选择【Run useAppContext()】。将程序运行到模拟器后，在Android Studio底部导航栏中单击 4: Run 图标查看结果，如图1-46所示。

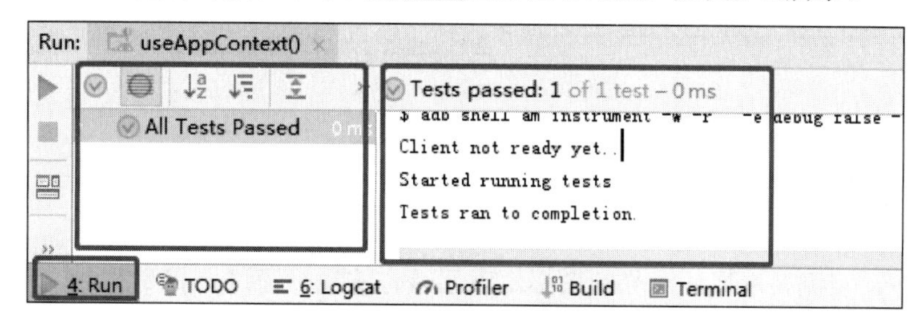

图1-46　运行成功结果

在图1-46中，测试窗口左侧框中显示All Tests Passed，即所有的方法都测试成功。右侧框中显示Test passed:1，即测试成功的个数。

接下来修改【文件1-1】中assertEquals()方法的参数，使测试useAppContext()方法时显示错误信息，修改的具体代码如下：

```
assertEquals("helloworld", appContext.getPackageName());
```

运行程序，结果如图1-47所示。

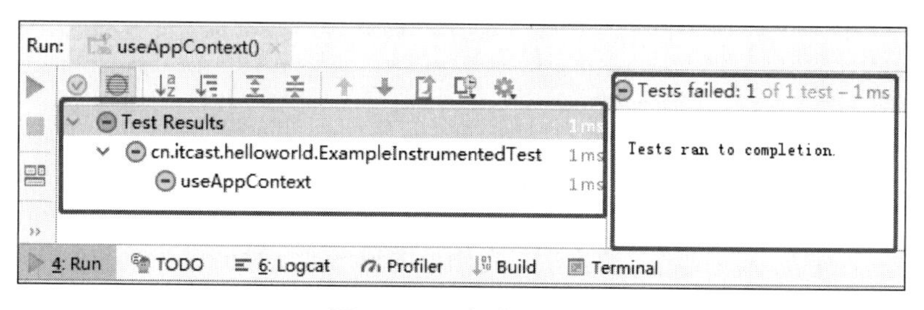

图1-47　运行失败结果

图1-47中，左侧框中显示测试失败的方法，右侧框中显示错误的方法个数。

2. Junit单元测试

在ExampleUnitTest.java文件中，使用@Test注解该类中的方法。ExampleUnitTest.java的具体代码如【文件1-2】所示。

【文件1-2】 ExampleUnitTest.java

```
1 package cn.itcast.helloworld;
2 import org.junit.Test;
3 import static org.junit.Assert.*;
4 public class ExampleUnitTest {
5     @Test
6     public void addition_isCorrect() {
7         assertEquals(4, 2 + 2);
8     }
9 }
```

在方法addition_isCorrect()上右击，在弹出框中选择【addition_isCorrect()】。程序运行结束后，在Android Studio底部导航栏中单击 4: Run 图标查看结果，如图1-48所示。

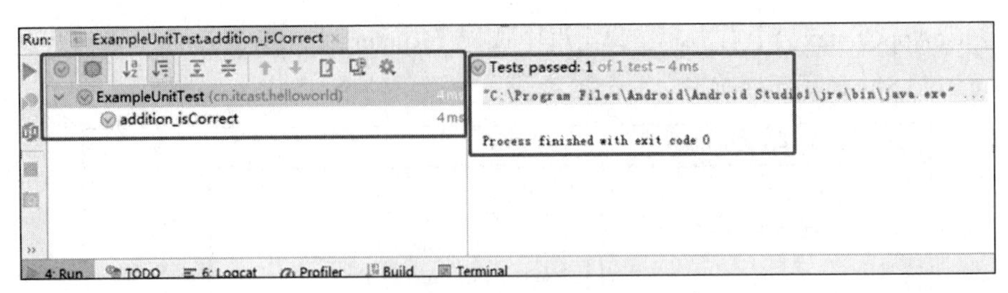

图1-48　运行成功结果

在图1-48中，左侧显示绿色对号的图标，表示该方法运行通过，右侧框中显示方法测试通过的个数。

接下来修改【文件1-2】中的assertEquals()方法中的参数，使测试addition_isCorrect()方法时，显示错误信息，修改的具体代码如下：

```
assertEquals(4, 1 + 2);
```

运行程序，结果如图1-49所示。

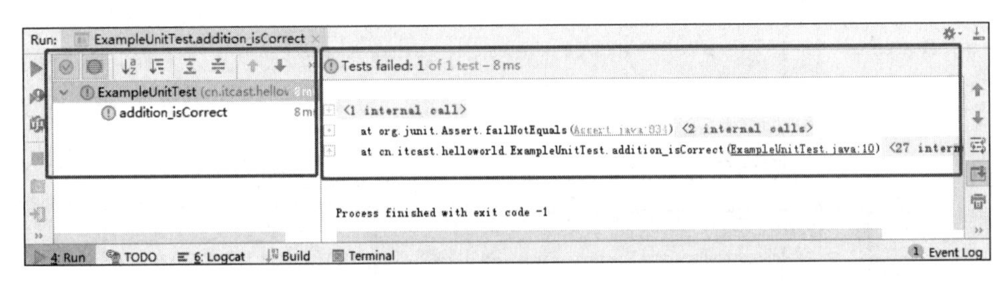

图1-49　运行失败结果

在图1-49中，左侧显示测试错误的方法，右侧框中显示方法中测试失败的位置。

需要注意的是，Android Studio 3.2.0版本在创建项目时，会自动在build.gradle文件中添加单元测试的支持库，如果在进行单元测试时，程序中的build.gradle文件中没有添加单元测试的支持库，则需要手动进行添加。在build.gradle文件中添加单元测试支持库的示例代码如下：

```
dependencies {
    ......
    testImplementation 'junit:junit:4.12'
    androidTestImplementation 'com.android.support.test:runner:1.0.2'
    androidTestImplementation
                'com.android.support.test.espresso:espresso-core:3.0.2'
}
```

1.6.2　LogCat的使用

LogCat是Android中的命令行工具，用于获取程序从启动到关闭的日志信息，Android程序运行在设备中时，程序的调试信息就会输出到该设备单独的日志缓冲区中，要想从设备日志缓冲区中取出信息，就需要学会使用LogCat。

Android使用android.util.Log类的静态方法实现输出程序的调试信息，Log类所输出的日志内容分为六个级别，由低到高分别是Verbose、Debug、Info、Warning、Error、Assert，这些级别分别对应Log类中的Log.v()、Log.d()、Log.i()、Log.w()、Log.e()、Log.wtf()静态方法。

接下来通过在HelloWorld程序中编译MainActivity代码打印Log信息，具体代码如【文件1-3】

所示。

【文件1-3】 MainActivity.java

```
1  package cn.itcast.HelloWorld;
2  import android.support.v7.app.AppCompatActivity;
3  import android.os.Bundle;
4  import android.util.Log;
5  public class MainActivity extends AppCompatActivity {
6      @Override
7      protected void onCreate(Bundle savedInstanceState) {
8          super.onCreate(savedInstanceState);
9          setContentView(R.layout.activity_main);
10         Log.v("MainActivity", "Verbose");
11         Log.d("MainActivity","Degug");
12         Log.i("MainActivity","Info");
13         Log.w("MainActivity", "Warning");
14         Log.e("MainActivity", "Error");
15         Log.wtf("MainActivity","Assert");
16     }
17 }
```

运行上述程序，此时LogCat窗口中打印的Log信息如图1-50所示。

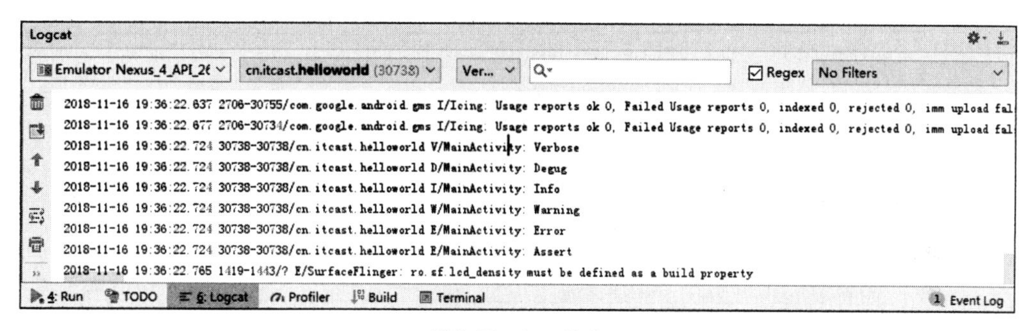

图1-50　Log信息

在图1-50中，由于LogCat输出的信息多而繁杂，找到所需的Log信息比较困难，因此可以使用过滤器，过滤掉不需要的信息。单击展开图1-50所示的No Filters下拉框，如图1-51所示。

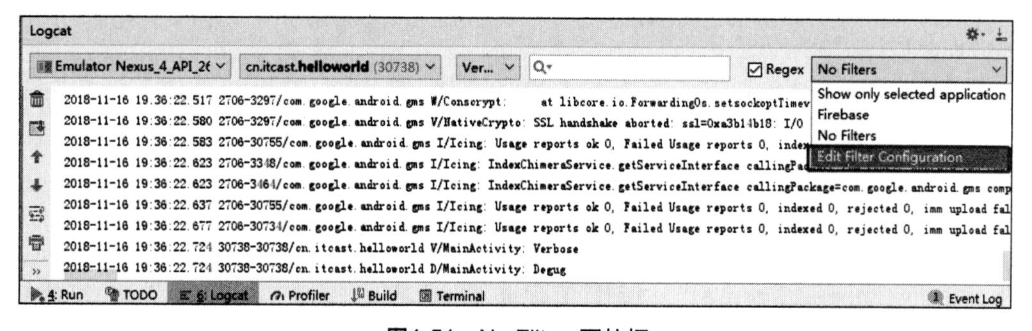

图1-51　No Filters下拉框

在图1-51中，单击下拉框中的Edit Filter Configuration选项，弹出LogCat过滤器窗口，如图1-52所示。

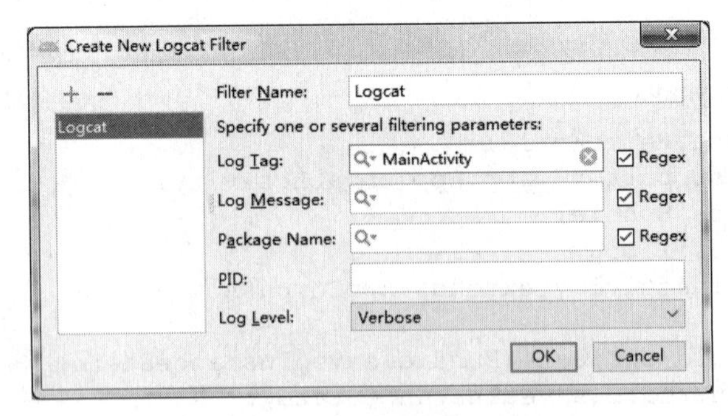

图1-52　LogCat过滤器窗口

日志过滤器共有六个条目，每个条目都有特定的功能，具体说明如下：

- Filter Name：过滤器的名称，同样使用项目名称。
- Log Tag：根据定义的TAG过滤信息，通常使用类名。
- Log Message：根据输出的内容过滤信息。
- Package Name：根据应用包名过滤信息。
- PID：根据进程ID过滤信息。
- Log Level：根据日志的级别过滤信息。

按照图1-52显示的信息设置后，Logcat中的信息如图1-53所示。

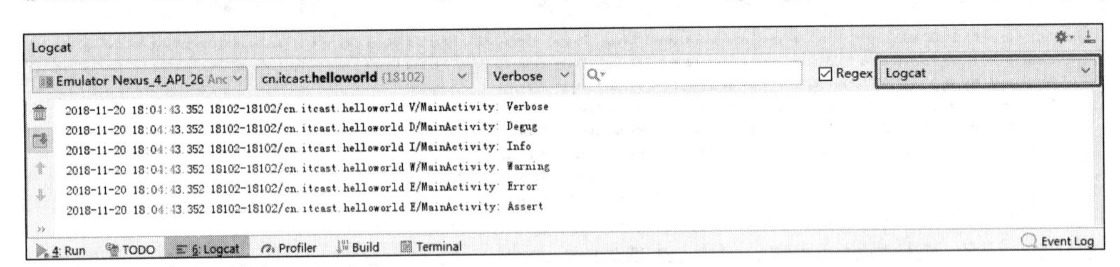

图1-53　Logcat过滤名称信息

图1-53中，框中显示的即为过滤器的名称，此时LogCat窗口中打印的Log信息的TAG都为MainActivity。

除了设置过滤器过滤所需的信息外，还可以在搜索框中输入TAG信息、根据Log级别等方式过滤信息，如图1-54所示。

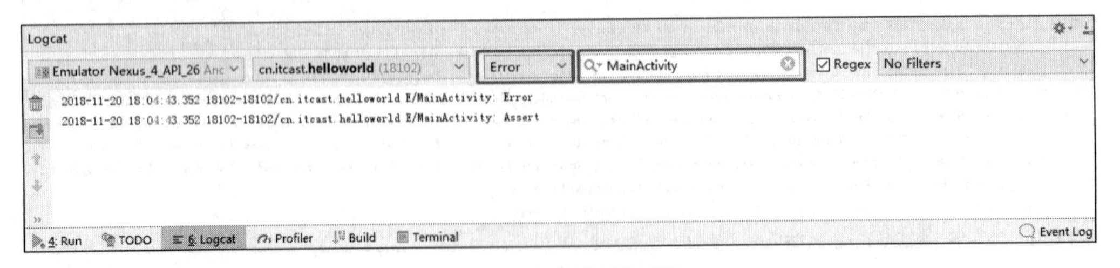

图1-54　根据级别过滤

图1-54中，单击LogCat窗口中左侧框的下拉框，在下拉列表可以选择日志级别。假如当前选择的日志级别为Error，在输入框中输入MainActivity，那么在日志窗口中显示的就只有TAG信息为MainActivity的错误级别的日志信息。LogCat区域中日志信息显示的颜色是不同的，表示不同的级别，具体级别如下：

- Verbose（V）：显示全部信息，黑色。
- Debug（D）：显示调试信息，蓝色。
- Info（I）：显示一般信息，绿色。
- Warning（W）：显示警告信息，橙色。
- Error（E）：显示错误信息，红色。
- Assert：显示断言失败后的错误消息，红色。

需要注意的是，Android中也支持通过“System.out.println("");”语句输出信息到LogCat控制台中，但不建议使用。因为程序中的Java代码比较多，使用这种方式输出的调试信息很难定位到具体代码中，打印时间无法确定，也不能添加过滤器，日志没有级别区分。

本章小结

本章主要讲解了Android的基础知识，首先介绍了Android的发展历史及体系结构，然后讲解Android开发环境的搭建，接着开发了一个HelloWorld程序，帮助大家了解Android项目的创建、程序的结构，以及资源文件的使用。最后介绍了程序调试，包括单元测试和LogCat的使用。通过本章的学习，希望读者能对Android有一个大致的了解，并会独立搭建Android开发环境，为后续学习Android知识做好铺垫。

本章习题

一、填空题

1．Dalvik中的Dx工具会把部分class文件转换成__________文件。

2．如果希望在XML布局文件中调用颜色资源，可以使用__________调用。

3．Android程序入口的Activity是在__________文件中注册的。

4．Android中查看应用程序日志的工具是__________。

二、判断题

1．Dalvik是Google公司设计的用于Android平台的虚拟机。 (　　)

2．Android应用程序的主要语言是Java。 (　　)

3．Android系统采用分层架构，分别是应用程序层、应用程序框架层、核心类库和Linux内核。 (　　)

4．第三代移动通信技术（3G）包括TD-LTE和FDD-LTE两种制式。 (　　)

5．Android程序中，Log.e()用于输出警告级别的日志信息。 (　　)

6．每个Dalvik虚拟机实例都是一个独立的进程空间，并且每个进程之间不可以通信。 (　　)

三、选择题

1．Dalvik虚拟机是基于（　　）的架构。

A．栈　　B．堆　　C．寄存器　　D．存储器

2．Android项目中的主题和样式资源，通常放在（　　）目录。

A．res/drawable　　B．res/layout

C．res/values　　　　D．assets

3．下列关于AndroidManifest.xml文件的说法中，错误的是（　　）。

A. 它是整个程序的配置文件

B. 可以在该文件中配置程序所需的权限

C. 可以在该文件中注册程序用到的组件

D. 该文件可以设置UI布局

4．Dalvik虚拟机属于Android系统架构中的（　　）。

A. 应用程序层　　　　B. 应用程序框架层

C. 核心类库层　　　　D. Linux内核层

5．Android中短信、联系人管理、浏览器等属于Android系统架构中的（　　）。

A. 应用程序层　　　　B. 应用程序框架层

C. 核心类库层　　　　D. Linux内核层

四、简答题

1. 简述如何搭建Android开发环境。
2. 简述Android源代码的编译过程。
3. 简述Android系统架构包含的层次以及各层的特点。

第2章 Android常见界面布局

学习目标：

◎了解View与ViewGroup的作用和关联。

◎掌握界面布局在XML文件中与Java代码中的编写方式。

◎掌握常见界面布局的特点及使用。

在Android应用中，界面是由布局和控件组成的，布局好比是建筑里的框架，控件相当于建筑里的砖瓦。针对界面中控件不同的排列位置，Android定义了相应的布局进行管理。本章将针对Android界面中常见的布局进行详细的讲解。

2.1 View 视图

Android所有的UI元素都是通过View与ViewGroup构建的，对于一个Android应用的用户界面来说，ViewGroup作为容器盛装界面中的控件，它可以包含普通的View控件，也可以包含ViewGroup。接下来通过一个图描述界面中ViewGroup布局和View控件的包含关系，如图2-1所示。

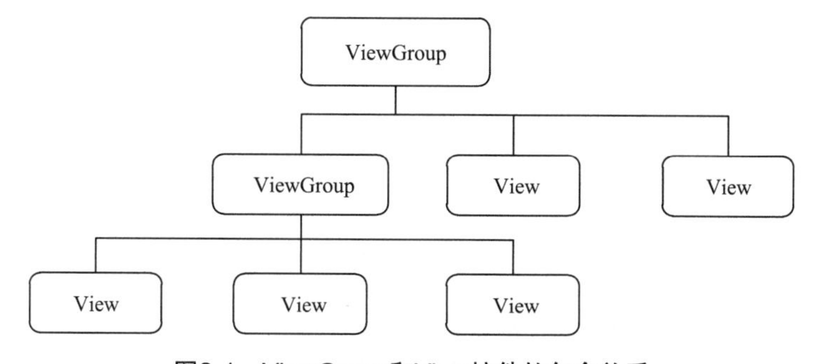

图2-1 ViewGroup和View控件的包含关系

需要注意的是，Android应用的每个界面的根元素必须有且只有一个ViewGroup容器。

2.2 界面布局编写方式

2.2.1 在XML文件中编写布局

Android可以使用XML布局文件控制界面布局，从而有效地将界面中布局的代码和Java代码隔离，使程序的结构更加清晰。因此多数Android程序采用这种方式编写布局。

前面讲过，布局文件通常放在res/layout文件夹中，我们可以在该文件夹的XML文件中编写布局，下面是activity_main.xml的布局代码，具体如【文件2-1】所示。

【文件2-1】activity_main.xml

```
1  <?xml version="1.0" encoding="utf-8"?>
2  <RelativeLayout xmlns:android="http://schemas.android.com/apk/res/android"
3      xmlns:tools="http://schemas.android.com/tools"
4      android:layout_width="match_parent"
5      android:layout_height="match_parent"
6      tools:context=".MainActivity">
7      <TextView
8          android:layout_width="wrap_content"
9          android:layout_height="wrap_content"
10         android:text="使用 XML 布局文件控制 UI 界面 "
11         android:textColor="#ff0000"
12         android:textSize="18sp"
13         android:layout_centerInParent="true"/>
14 </RelativeLayout>
```

上述代码中，定义了一个相对布局RelativeLayout，在该布局中定义了一个TextView控件。其中，RelativeLayout继承自ViewGroup，TextView继承自View。

2.2.2 在Java代码中编写布局

Android程序的布局不仅可以在XML布局文件中编写，还可以在Java代码中编写。在Android中所有布局和控件的对象都可以通过new关键字创建出来，将创建的View控件添加到ViewGroup布局中，从而实现View控件在布局界面中显示。

接下来，我们将2.2.1小节使用XML布局文件编写的布局，使用Java代码改写，改写后的示例代码如下所示：

```
1  RelativeLayout relativeLayout = new RelativeLayout(this);
2  RelativeLayout.LayoutParams params =  new RelativeLayout.LayoutParams(
3                                  RelativeLayout.LayoutParams.WRAP_CONTENT,
4                                  RelativeLayout.LayoutParams.WRAP_CONTENT);
5  //addRule 参数对应 RelativeLayout XML 布局的属性
6  params.addRule(RelativeLayout.CENTER_IN_PARENT); //设置居中显示
7  TextView textView = new TextView(this);            //创建 TextView 控件
8  textView.setText("Java 代码实现界面布局 ");          //设置 TextView 的文字内容
9  textView.setTextColor(Color.RED);                  //设置 TextView 的文字颜色
10 textView.setTextSize(18);                          //设置 TextView 的文字大小
11 //添加 TextView 对象和 TextView 的布局属性
12 relativeLayout.addView(textView, params);
13 setContentView(relativeLayout);        //设置在 Activity 中显示 RelativeLayout
```

上述代码中，第1行代码创建了RelativeLayout对象。

第2~6行代码首先创建了LayoutParams对象，接着定义了RelativeLayout的宽高，并设置了RelativeLayout布局中的控件居中显示。

第7~10行代码首先创建了TextView对象，接着通过setText()方法、setTextColor()方法、setTextSize()方法分别设置文本内容信息、文本颜色以及文字大小。

第12行代码通过addView()方法将TextView对象和LayoutParams对象添加到RelativeLayout布局中。

第13行代码通过setContentView()方法将RelativeLayout布局添加到Activity界面中。

需要注意的是，不管使用哪种方式编写布局，它们控制Android用户界面行为的本质是完全一样的，大多数时候，控制UI元素的XML属性都有对应的方法。

2.3 常见界面布局

为了适应不同的界面风格，Android系统提供了五种常用布局，分别为RelativeLayout（相对布局）、LinearLayout（线性布局）、FrameLayout（帧布局）、TableLayout（表格布局）、ConstraintLayout（约束布局），接下来，本节将针对这些布局进行详细讲解。

2.3.1 布局的通用属性

Android系统提供的五种常用布局直接或者间接继承自ViewGroup，因此五种常用的布局也支持在ViewGroup中定义的属性，这些属性可以看作布局的通用属性，接下来，通过一张表来罗列这些通用属性，具体如表2-1所示。

表 2-1 布局的通用属性

属性名称	功能描述
android:id	设置布局的标识
android:layout_width	设置布局的宽度
android: layout_height	设置布局的高度
android:background	设置布局的背景
android:layout_margin	设置当前布局与屏幕边界或与周围控件的距离
android:padding	设置当前布局与该布局中控件的距离

接下来，针对表2-1中的属性进行详细讲解，具体如下：

1. android:id

用于设置当前布局的唯一标识。在XML文件中它的属性值是通过“@+id/属性名称”定义的。为布局指定android:id属性后，在R.java文件中，会自动生成对应的int值。在Java代码中通过为findViewById()方法传入该int值来获取该布局对象。

2. android:layout_width

用于设置布局的宽度，其值可以是具体的尺寸，如50dp，也可以是系统定义的值，具体如下：

（1）fill_parent：表示该布局的宽度与父容器（从根元素讲是屏幕）的宽度相同。

（2）match_parent：与fill_parent的作用相同，从Android 2.2开始推荐使用match_parent。

（3）wrap_content：表示该布局的宽度恰好能包裹它的内容。

3. android:layout_height

用于设置布局的高度，其值可以是具体的尺寸，如50dp，也可以是系统定义的值，具体如下：

（1）fill_parent：表示该布局的高度与父容器的高度相同。

（2）match_parent：与fill_parent的作用相同，从Android 2.2开始推荐使用match_parent。

（3）wrap_content：表示该布局的高度恰好能包裹它的内容。

4. android:background

用于设置布局背景，其值可以引用图片资源，也可以是颜色资源。

5. android:layout_margin

用于设置当前布局与屏幕边界、周围布局或控件的距离。属性值为具体的尺寸，如45dp。与之相似的还有android:layout_marginTop、android:layout_marginBottom、android:layout_marginLeft、android:layout_marginRight属性，分别用于设置当前布局与屏幕、周围布局或者控件的上、下、左、右边界的距离。

6. android:padding

用于设置当前布局内控件与该布局的距离，其值可以是具体的尺寸，如45dp。与之相似的还有android:paddingTop、android:paddingBottom、android:paddingLeft、android:paddingRight相关属性，分别用于设置当前布局中控件与该布局上、下、左、右的距离。

需要注意的是，Android系统提供的五种常用布局必须设置android:layout_width和android:layout_height属性指定其宽高，其他的属性可以根据需求进行设置。

2.3.2 RelativeLayout相对布局

RelativeLayout（相对布局）通过相对定位的方式指定子控件的位置。在XML布局文件中定义相对布局时使用<RelativeLayout>标签，定义格式如下所示：

```
<RelativeLayout xmlns:android="http://schemas.android.com/apk/res/android"
    属性 = "属性值"
    ......>
</RelativeLayout>
```

RelativeLayout通过以父容器或其他子控件为参照物，指定布局中子控件的位置。在RelativeLayout中的子控件具备一些属性，用于指定子控件的位置，控件的属性如表2-2所示。

表 2-2　RelativeLayout 中子控件的属性

属 性 名 称	功 能 描 述
android:layout_centerInParent	设置当前控件位于父布局的中央位置
android:layout_centerVertical	设置当前控件位于父布局的垂直居中位置
android:layout_centerHorizontal	设置当前控件位于父控件的水平居中位置
android:layout_above	设置当前控件位于某控件上方
android:layout_below	设置当前控件位于某控件下方
android:layout_toLeftOf	设置当前控件位于某控件左侧
android:layout_toRightOf	设置当前控件位于某控件右侧
android:layout_alignParentTop	设置当前控件是否与父控件顶端对齐
android:layout_alignParentLeft	设置当前控件是否与父控件左对齐
android:layout_alignParentRight	设置当前控件是否与父控件右对齐

续表

属 性 名 称	功 能 描 述
android:layout_alignParentBottom	设置当前控件是否与父控件底端对齐
android:layout_alignTop	设置当前控件的上边界与某控件的上边界对齐
android:layout_alignBottom	设置当前控件的下边界与某控件的下边界对齐
android:layout_alignLeft	设置当前控件的左边界与某控件的左边界对齐
android:layout_alignRight	设置当前控件的右边界与某控件的右边界对齐

接下来，我们以图2-2所示的界面为例，讲解如何在相对布局中指定三个按钮的位置，具体步骤如下：

1. 创建程序

创建一个名为RelativeLayout的应用程序，指定包名为cn.itcast.relativelayout。

2. 放置界面控件

在activity_main.xml文件的RelativeLayout布局中放置3个Button控件（该控件用于在界面上显示一个按钮的样式，将在第3章对它进行详细的讲解），分别表示“按钮1”、“按钮2”和“按钮3”。activity_main.xml文件的具体代码如【文件2-2】所示。

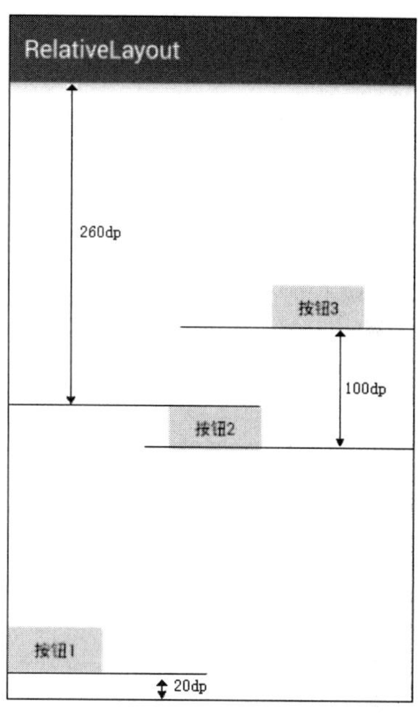

图2-2　RelativeLayout布局效果图

【文件2-2】 activity_main.xml

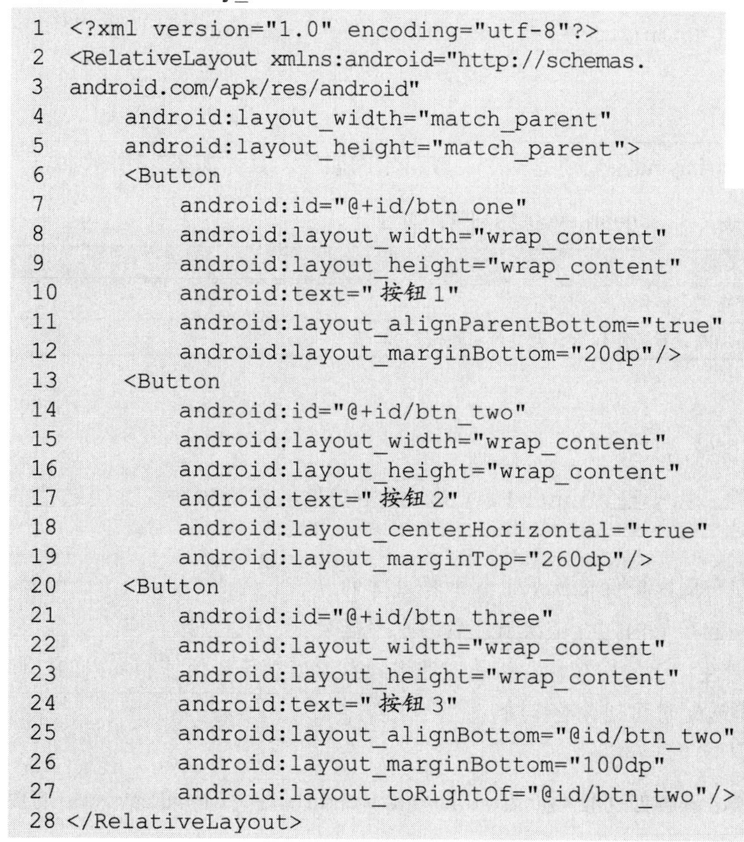

```
1  <?xml version="1.0" encoding="utf-8"?>
2  <RelativeLayout xmlns:android="http://schemas.
3  android.com/apk/res/android"
4      android:layout_width="match_parent"
5      android:layout_height="match_parent">
6      <Button
7          android:id="@+id/btn_one"
8          android:layout_width="wrap_content"
9          android:layout_height="wrap_content"
10         android:text="按钮1"
11         android:layout_alignParentBottom="true"
12         android:layout_marginBottom="20dp"/>
13     <Button
14         android:id="@+id/btn_two"
15         android:layout_width="wrap_content"
16         android:layout_height="wrap_content"
17         android:text="按钮2"
18         android:layout_centerHorizontal="true"
19         android:layout_marginTop="260dp"/>
20     <Button
21         android:id="@+id/btn_three"
22         android:layout_width="wrap_content"
23         android:layout_height="wrap_content"
24         android:text="按钮3"
25         android:layout_alignBottom="@id/btn_two"
26         android:layout_marginBottom="100dp"
27         android:layout_toRightOf="@id/btn_two"/>
28 </RelativeLayout>
```

上述代码中，第2~5行代码定义了RelativeLayout布局，通过设置android:layout_width和android:layout_height属性的值确定该布局的宽高。

第6~12行代码定义了Button控件，通过设置android:layout_alignParentBottom和android:layout_marginBottom属性的值指定其位于父布局底部高20dp的位置。

第13~19行代码定义了Button控件，通过设置android:layout_centerHorizontal和 android:layout_marginTop属性的值指定其在父布局水平居中且其上边缘位于距离父布局顶部260dp的位置。

第20~27行代码定义了Button控件，通过设置android:layout_alignBottom、android:layout_marginBottom和android:layout_toRightOf属性指定其位于第12~18行代码定义的Button控件右侧高100dp的位置。

值得注意的是，在RelativeLayout布局中定义的控件默认与父布局左上角对齐。

多学一招：布局和控件的宽高

为了让Android程序拥有更好的屏幕适配能力，在设置控件和布局宽高时最好使用“match_parent”或“wrap_content”，尽量避免将控件的宽高设置为固定值。因为控件在很多情况下会相互挤压，从而导致控件变形。但特殊情况下需要使用指定宽高值时，可以选择使用px、pt、dp、sp四种单位。例如：android:layout_width="20dp"，表示控件宽为20dp。

2.3.3 LinearLayout线性布局

LinearLayout（线性布局）通常指定布局内的子控件水平或者竖直排列。在XML布局文件中定义线性布局的基本语法格式如下：

```
<LinearLayout xmlns:android="http://schemas.android.com/apk/res/android"
    属性 = "属性值"
    ......>
</LinearLayout>
```

除了布局的通用属性外，LinearLayout布局还有两个比较常用的属性，具体如表2-3所示。

表 2-3　LinearLayout 布局常用属性

属 性 名 称	功 能 描 述
android:orientation	设置布局内控件的排列顺序
android:layout_weight	在布局内设置控件权重，属性值可直接写 int 值

1. 属性说明

针对表2-3中的属性进行详细讲解，具体如下：

（1）android:orientation属性。用于设置LinearLayout布局中控件的排列顺序，其可选值为vertical和horizontal。其中：

① vertical：表示LinearLayout布局内控件依次从上到下竖直排列。

② horizontal：表示LinearLayout布局内控件依次从左到右水平排列。

（2）android:layout_weight属性。该属性被称为权重，通过设置该属性值，可使布局内的控件按照权重比显示大小，在进行屏幕适配时起到关键作用。

2. 为控件分配权重

我们以图2-3所示的界面为例，讲解如何使用android:layout_weight属性为LinearLayout中的控件分配权重，具体步骤如下：

（1）创建程序。创建一个名为LinearLayout的应用程序，指定包名为cn.itcast.linearlayout。

（2）放置界面控件。在activity_main.xml文件的LinearLayout布局中放置3个Button控件，分别用于显示按钮1、按钮2和按钮3，具体代码如【文件2-3】所示。

图2-3 LinearLayout布局

【文件2-3】 activity_main.xml

```
1  <?xml version="1.0" encoding="utf-8"?>
2  <LinearLayout xmlns:android="http://schemas.android.com/
3  apk/res/android"
4      android:layout_width="match_parent"
5      android:layout_height="match_parent"
6      android:orientation="horizontal">
7      <Button
8          android:layout_width="0dp"
9          android:layout_height="wrap_content"
10         android:layout_weight="1"
11         android:text="按钮1"/>
12     <Button
13         android:layout_width="0dp"
14         android:layout_height="wrap_content"
15         android:layout_weight="1"
16         android:text="按钮2"/>
17     <Button
18         android:layout_width="0dp"
19         android:layout_height="wrap_content"
20         android:layout_weight="2"
21         android:text="按钮3"/>
22 </LinearLayout>
```

上述代码中，第6行代码的android:orientation属性值为horizontal，表示在LinearLayout布局中的控件水平排列。

第7~21行代码定义了三个Button控件，它们的android:layout_weight属性值分别是1、1、2，说明这三个Button控件占据布局的宽度占比分别是1/4、1/4和1/2。

需要注意的是，LinearLayout布局中的android:layout_width属性值不可设为wrap_content。这是因为LinearLayout的优先级比Button高，如果设置为wrap_content，则Button控件的android:layout_weight属性会失去作用。当设置了Button控件的android:layout_weight属性时，控件的android:layout_width属性值一般设置为0dp才会有权重占比的效果。

2.3.4 TableLayout表格布局

TableLayout（表格布局）采用行、列的形式来管理控件，它不需要明确声明包含多少行、多少列，而是通过在TableLayout布局中添加TableRow布局或控件来控制表格的行数，可以在TableRow布局中添加控件来控制表格的列数。在XML布局文件中定义表格布局的基本语法格式如下：

```
<TableLayout xmlns:android="http://schemas.android.com/apk/res/android"
    属性 = "属性值">
    <TableRow>
        UI控件
    </TableRow>
```

```
    UI 控件
    ......
</TableLayout>
```

TableLayout继承自LinearLayout，因此它完全支持LinearLayout所支持的属性，此外，它还有其他的常用属性。TableLayout布局的常用属性如表2-4所示。

表 2-4　TableLayout 布局的常用属性

属 性 名 称	功 能 描 述
android:stretchColumns	设置可被拉伸的列。如：android:stretchColumns="0"，表示第 1 列可被拉伸
android:shrinkColumns	设置可被收缩的列。如：android:shrinkColumns="1,2"，表示 2，3 列可收缩
android:collapseColumns	设置可被隐藏的列。如：android:collapseColumns="0"，表示第 1 列可被隐藏

TableLayout布局中的控件有两个常用属性android:layout_column与android:layout_span，分别用于设置控件显示的位置、占据的行数，如表2-5所示。

表 2-5　TableLayout 布局中控件的常用属性

属 性 名 称	功 能 描 述
android:layout_column	设置该控件显示的位置，如 android:layout_column="1" 表示在第 2 个位置显示
android:layout_span	设置该控件占据几行，默认为 1 行

需要注意的是，在TableLayout布局中，列的宽度由该列中最宽的那个单元格（控件）决定，整个表格布局的宽度则取决于父容器的宽度。

接下来，我们以图2-4所示的界面为例，讲解如何设置3行3列的表格，具体步骤如下：

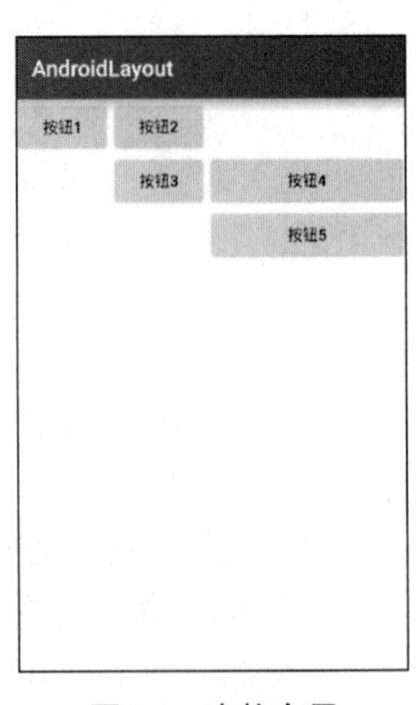

图2-4　表格布局

1. 创建程序

创建一个名为TableLayout的应用程序，指定包名为cn.itcast.tablelayout。

2. 放置界面控件

在activity_main.xml文件的TableLayout布局中放置3个TableRow布局，在TableRow布局中添加不同数量的按钮，具体代码如【文件2-4】所示。

【文件2-4】activity_main.xml

```
1  <?xml version="1.0" encoding="utf-8"?>
2  <TableLayout xmlns:android="http://schemas.android.com/apk/res/android"
3      android:layout_width="wrap_content"
4      android:layout_height="wrap_content"
5      android:stretchColumns="2">
6      <TableRow>
7          <Button
8              android:layout_width="wrap_content"
9              android:layout_height="wrap_content"
10             android:layout_column="0"
11             android:text="按钮1" />
12         <Button
13             android:layout_width="wrap_content"
14             android:layout_height="wrap_content"
```

```
15            android:layout_column="1"
16            android:text=" 按钮 2" />
17    </TableRow>
18    <TableRow>
19        <Button
20            android:layout_width="wrap_content"
21            android:layout_height="wrap_content"
22            android:layout_column="1"
23            android:text=" 按钮 3"/>
24        <Button
25            android:layout_width="wrap_content"
26            android:layout_height="wrap_content"
27            android:layout_column="2"
28            android:text=" 按钮 4"/>
29    </TableRow>
30    <TableRow>
31        <Button
32            android:layout_width="wrap_content"
33            android:layout_height="wrap_content"
34            android:layout_column="2"
35            android:text=" 按钮 5"/>
36    </TableRow>
37 </TableLayout>
```

上述代码中，第5行代码通过android:stretchColumns属性设置表格布局的第3列被拉伸（下标值从0开始计算），Button控件通过android:layout_column属性指定当前控件位于第几列。

2.3.5 FrameLayout帧布局

FrameLayout（帧布局）用于在屏幕上创建一块空白区域，添加到该区域中的每个子控件占一帧，这些帧会一个一个叠加在一起，后加入的控件会叠加在上一个控件上层。默认情况下，帧布局中的所有控件会与左上角对齐。在XML布局文件中定义FrameLayout的基本语法格式如下：

```
<FrameLayout xmlns:android="http://schemas.android.com/apk/res/android"
    属性 =" 属性值 ">
</FrameLayout>
```

帧布局除了2.3.3小节介绍的通用属性外，还有两个特殊属性，具体如表2-6所示。

表 2-6　FrameLayout 属性

属 性 名 称	功 能 描 述
android:foreground	设置帧布局容器的前景图像（始终在所有子控件之上）
android:foregroundGravity	设置前景图像显示的位置

图2-5　FrameLayout布局

接下来，我们以图2-5所示的界面为例，讲解如何在布局中使用android:foreground和android:foregroundGravity属性指定控件位置，具体步骤如下：

1. 创建程序

创建一个名为FrameLayout的应用程序，指定包名为cn.itcast.framelayout。

2. 放置界面控件

在activity_main.xml文件的FrameLayout布局中放置2个Button控件，分别用于显示按钮1和按钮2，具体代码如【文件2-5】所示。

【文件2-5】 activity_main.xml

```
1 <?xml version="1.0" encoding="utf-8"?>
2 <FrameLayout xmlns:android="http://schemas.android.com/apk/res/android"
3     android:layout_width="match_parent"
4     android:layout_height="match_parent"
5     android:foreground="@mipmap/ic_launcher"
6     android:foregroundGravity="left" >
7     <Button
8         android:layout_width="300dp"
9         android:layout_height="450dp"
10        android:text="按钮1" />
11    <Button
12        android:layout_width="200dp"
13        android:layout_height="200dp"
14        android:text="按钮2" />
15 </FrameLayout>
```

上述代码中，第2~6行代码通过android:foreground和android:foregroundGravity属性设置ic_launcher.png为FrameLayout的前景图像并居左显示。前景图片始终保持在该布局最上层。

第7~14行代码定义了两个Button控件，文本信息分别为按钮1和按钮2。显示按钮2的Button控件位于显示按钮1的Button控件的上一层。

3. 运行效果

运行上述程序，分别点击按钮1和按钮2，点击前后的效果如图2-6所示。

图2-6 运行结果

2.3.6 ConstraintLayout约束布局

ConstraintLayout是Android Studio 2.2新添加的布局。与前面介绍的界面布局相比，ConstraintLayout并不太适合使用XML代码的方式编写布局，但是它非常适合使用可视化的方式编写界面布局。当然，可视化操作的背后仍然是使用XML代码实现的，只不过这些代码是Android Studio根据我们的操作自动生成的。

相对于传统布局，ConstraintLayout在以下几个方面提供了一些新的特性：

1．相对定位

相对定位是在ConstraintLayout中创建布局的基本构建方法之一。相对定位即一个控件相对于另一个控件进行定位，ConstraintLayout布局中的控件可以在横向和纵向上以添加约束关系的方式进行相对定位，其中，横向边包括left、start、right、end，纵向边包括top、bottom、baseline（文本底部的基准线）。例如将控件B约束到控件A的右侧，如图2-7所示。

图2-7中，将控件B左侧的边约束到控件A右侧的边，从而将控件B定位到控件A的右侧。这里的约束可以理解为边的对齐。控件中横向和纵向的边的分布如图2-8所示。

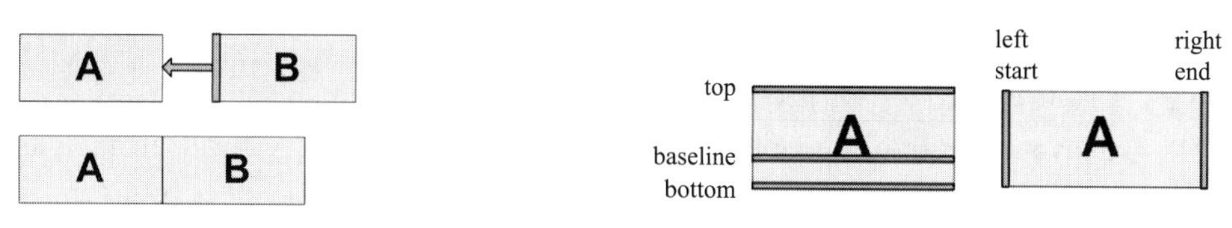

图2-7　相对定位的约束　　图2-8　控件的约束边

图2-8中的每一条边（top、bottom、baseline、left、start、right、end）都可以与其他控件形成约束，这些边形成相对定位关系的属性如表2-7所示。

表 2-7　相对定位关系的属性

属 性 名 称	功 能 描 述
layout_constraintLeft_toLeftOf	控件的左边与另外一个控件的左边对齐
layout_constraintLeft_toRightOf	控件的左边与另外一个控件的右边对齐
layout_constraintRight_toLeftOf	控件的右边与另外一个控件的左边对齐
layout_constraintRight_toRightOf	控件的右边与另外一个控件的右边对齐
layout_constraintTop_toTopOf	控件的上边与另外一个控件的上边对齐
layout_constraintTop_toBottomOf	控件的上边与另外一个控件的底部对齐
layout_constraintBaseline_toBaselineOf	控件间的文本内容基准线对齐
layout_constraintStart_toEndOf	控件的起始边与另外一个控件的尾部对齐
layout_constraintStart_toStartOf	控件的起始边与另外一个控件的起始边对齐
layout_constraintEnd_toStartOf	控件的尾部与另外一个控件的起始边对齐
layout_constraintEnd_toEndOf	控件的尾部与另外一个控件的尾部对齐

2．居中定位和倾向

在ConstraintLayout布局中，不仅两个控件之间可以通过添加约束的方式确定控件的相对位置，控件也可以通过添加约束的方式确定该控件在父布局（ConstraintLayout）中的相对位置。当相同方向上（横向或纵向），控件两边同时向ConstraintLayout添加约束，则控件在添加约束的方向上居中显示。在父布局中横向居中显示的控件如图2-9所示。

图2-9　控件居中显示

在约束是同向相反的情况下，默认控件是居中的，但是也像拔河一样，两个约束的力大小不等时，就会产生倾向，设置倾向的属性如表2-8所示。

表 2-8 倾向的属性

属性名称	功能描述
layout_constraintHorizontal_bias	横向的倾向
layout_constraintVertical_bias	纵向的倾向

需要注意的是，如果ConstraintLayout布局中的控件在居中方向（横向或者纵向）上和父布局（ConstraintLayout）的尺寸一致，此时该方向的居中约束和倾向没有意义。

3. Chain

Chain（链）是一种特殊的约束，它使我们能够对一组水平或竖直方向互相关联的控件进行统一管理。一组控件通过一个双向的约束关系链接起来，就能形成一个Chain。形成的Chain如图2-10所示。

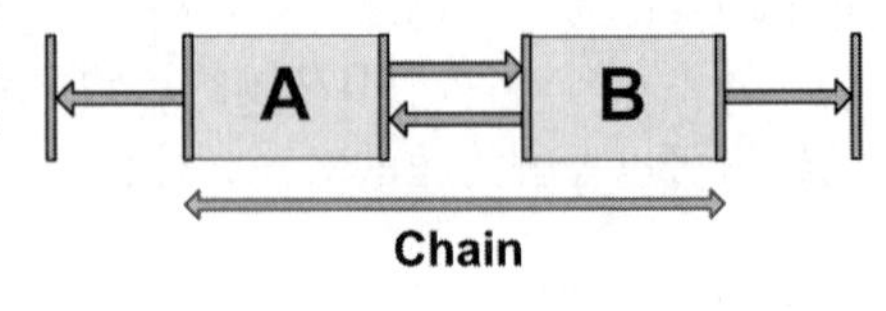

图2-10 Chain约束

图2-10中，Chain中的第一个控件A称为头控件，Chain的头控件可以通过layout_constraintHorizontal_chainStyle和layout_constraintVertical_chainStyle属性设置水平链条和竖直链条的样式。其属性值为spread、spread_inside和packed，具体如下：

（1）spread：设置控件在布局内平均分布。其为Chain的默认样式。

（2）spread_inside：设置两端的控件与父布局无间距显示，其他的控件将在剩余的空间内采用spread样式进行布局。

（3）packed：设置Chain中的所有控件合并在一起后在布局内居中显示。

ConstraintLayout布局中，当控件宽或者高的属性设置为0dp时，Chain的3种样式可以搭配layout_constraintHorizontal_weight属性形成Weighted Chain的样式。packed可以搭配layout_constraintHorizontal_bias属性控制Chain与父容器的间距从而形成Packed Chain With Bias样式。Chain的5种样式如图2-11所示。

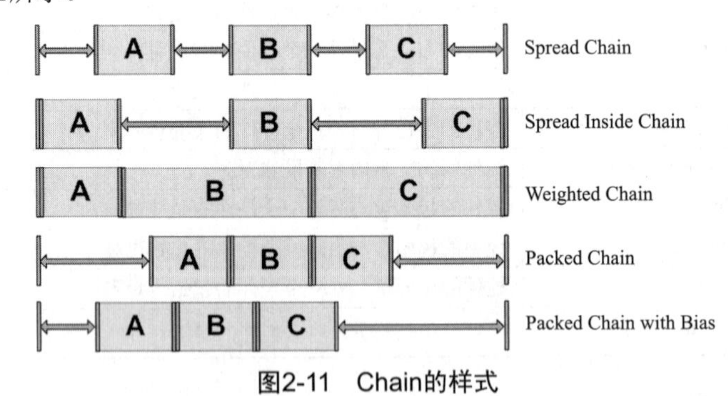

图2-11 Chain的样式

ConstraintLayout布局还在不断的更新中，其更新的特性可参考Google官网https://developer.android.google.cn/reference/android/support/constraint/ConstraintLayout的相关介绍。

本章小结

本章主要针对Android界面布局的相关知识进行讲解。通过本章的学习，我们希望读者能够掌握View和ViewGroup的功能、掌握不同界面布局以及布局中控件属性的使用，因为在Android应用中，所有功能大部分都体现在界面上，界面的美观会给用户一个友好的体验。

本章习题

一、填空题

1. Android的常见布局都直接或者间接的继承自________类。
2. Android中的TableLayout继承自________。
3. 表格布局TableLayout通过________布局控制表格的行数。
4. ________布局通过相对定位的方式指定子控件的位置。
5. 在R.java文件中，android:id属性会自动生成对应的______类型的值。

二、判断题

1. ViewGroup是盛放界面控件的容器。　(　　)
2. 如果在帧布局FrameLayout中放入三个所有属性都相同的按钮，那么能够在屏幕上显示的是第1个被添加的按钮。　(　　)
3. Android中的布局文件通常放在res/layout文件夹中。　(　　)
4. TableLayout继承自LinearLayout，因此它完全支持LinearLayout所支持的属性。　(　　)
5. LinearLayout布局中的android:layout_weight属性用于设置布局内控件所占的权重。　(　　)

三、选择题

1. 下列属性中，用于设置线性布局方向的是（　　）。

   A. orientation　B. gravity　C. layout_gravity　D. padding

2. 下列选项中，不属于Android布局的是（　　）。

   A. FrameLayout　B. LinearLayout
   C. Button　D. RelativeLayout

3. 帧布局FrameLayout是将其中的组件放在自己的（　　）。

   A. 左上角　B. 右上角　C. 左下角　D. 右下角

4. 对于XML布局文件，android:layout_width属性的值不可以是（　　）。

   A. match_parent　B. fill_parent
   C. wrap_content　D. match_content

5. 下列关于RelativeLayout的描述，正确的是（　　）。

   A. RelativeLayout表示绝对布局，可以自定义控件的x、y的位置
   B. RelativeLayout表示帧布局，可以实现标签切换的功能
   C. RelativeLayout表示相对布局，其中控件的位置都是相对位置
   D. RelativeLayout表示表格布局，需要配合TableRow一起使用

四、简答题

列举Android中的常用布局，并简述它们各自的特点。

五、编程题

使用TableLayout布局实现一个简单的计算器界面。

第3章 Android常见界面控件

学习目标：

◎ 掌握常用控件的使用，能够搭建简单的界面。

◎ 掌握AlertDialog对话框的使用，可以设置不同类型的对话框。

◎ 掌握ListView与RecyclerView控件的使用，会搭建列表界面。

◎ 了解自定义控件，可以自定义一个简单的控件。

几乎每一个Android应用都是通过界面控件与用户交互的，Android提供了非常丰富的界面控件，借助这些控件，我们可以很方便地进行用户界面开发。接下来，本章将针对Android常见的界面控件进行讲解。

3.1 简单控件的使用

3.1.1 TextView

TextView控件用于显示文本信息，我们可以在XML布局文件中以添加属性的方式来控制TextView的样式，接下来，通过一张表来罗列TextView在XML布局文件中的常用属性，如表3-1所示。

表 3-1 TextView 常用属性

属性名称	功能描述
android:layout_width	设置 TextView 控件的宽度
android:layout_height	设置 TextView 控件的高度
android:id	设置 TextView 控件的唯一标识
android:background	设置 TextView 控件的背景
android:layout_margin	设置当前控件与屏幕边界或周围控件、布局的距离
android:padding	设置 TextView 控件与该控件中内容的距离
android:text	设置文本内容
android:textColor	设置文字显示的颜色
android:textSize	设置文字大小，推荐单位为 sp，如 android:textSize = "15sp"
android:gravity	设置文本内容的位置，如设置成“center”，文本将居中显示

续表

属 性 名 称	功 能 描 述
android:maxLength	设置文本最大长度，超出此长度的文本不显示。如 android:maxLength ="10"
android:lines	设置文本的行数，超出此行数的文本不显示
android:maxLines	设置文本的最大行数，超出此行数的文本不显示
android:ellipsize	设置当文本超出 TextView 规定的范围的显示方式。属性值可选为 "start"、"middle" 和 "end"，分别表示当文本超出 TextView 规定的范围时，在文本开始、中间或者末尾显示省略号 "..."
android:drawableTop	在文本的顶部显示图像，该图像资源可以放在 res/drawable 相应分辨率的目录下，通过 "@drawable/ 文件名" 调用。类似的属性有 android:drawableBottom、android:drawableLeft、android:drawableRight
android:lineSpacingExtra	设置文本的行间距
android:textStyle	设置文本样式，如 bold（粗体），italic（斜体），normal（正常）

注意：Android中的控件样式除了可以使用XML属性设置外，也可以使用Java中的方法设置。控件的每一个XML属性都对应一个Java方法，例如，android:textColor属性对应的是TextView的setTextColor()方法。

图3-1　显示斜体文本的界面

接下来，我们以图3-1所示的界面为例，讲解如何将TextView中的文本信息居中斜体显示，具体步骤如下：

1．创建程序

创建一个名为TextView的应用程序，指定包名为cn.itcast.textview。

2．放置界面控件

在res/layout文件夹的activity_main.xml文件中，放置1个TextView控件，用于显示文本信息，activity_main.xml文件的具体代码如【文件3-1】所示。

【文件3-1】 activity_main.xml

```
1  <?xml version="1.0" encoding="utf-8"?>
2  <RelativeLayout xmlns:android="http://schemas.android.com/apk/res/android"
3      android:layout_width="match_parent"
4      android:layout_height="match_parent">
5      <TextView
6          android:layout_width="match_parent"
7          android:layout_height="wrap_content"
8          android:text="TextView 的显示文本信息 "
9          android:textColor="#FFF79E38"
10         android:textSize="25sp"
11         android:gravity="center"
12         android:textStyle="italic"/>
13 </RelativeLayout>
```

上述代码中，第5~12行代码在布局中添加了TextView控件。

第8行代码通过android:text属性设置TextView控件显示的文本信息。

第9行代码通过android:textColor属性设置字体颜色为“#FFF79E38”

第10行代码通过android:textSize属性设置字体大小为25sp。

第11行代码通过android:gravity属性设置控件中的内容居中显示。

第12行代码通过设置android:textStyle的属性值为“italic”，使文本显示成斜体样式。

3.1.2 Button

Button控件表示按钮，它继承自TextView控件，既可以显示文本，又可以显示图片，同时也允许用户通过点击来执行操作，当Button控件被点击时，被按下与弹起的背景会有一个动态的切换效果，这个效果就是点击效果 。

通常情况下，所有控件都可以设置点击事件，Button控件也不例外，Button控件最重要的作用就是响应用户的一系列点击事件。

1. 为Button控件设置点击事件的方式

主要有以下三种方式：

（1）在布局文件中指定onClick属性的方式设置点击事件。可以在布局文件中指定onClick属性的值来设置Button控件的点击事件，示例代码如下：

```
<Button
      ......
      android:onClick="click"/>
```

上述代码中，Button控件指定了onClick属性，我们可以在Activity中定义专门的方法来实现Button控件的点击事件。需要注意的是，在Activity中定义实现点击事件的方法名，必须与onClick属性的值保持一致。

（2）使用匿名内部类的方式设置点击事件。在Activity中，可以使用匿名内部类的方式为Button控件设置点击事件，示例代码如下：

```
btn.setOnClickListener(new View.OnClickListener() {
      @Override
      public void onClick(View view) {
         //实现点击事件的代码
      }
});
```

上述代码中，通过为Button控件设置setOnClickListener()方法实现对Button控件点击事件的监听。setOnClickListener()方法中传递的参数是一个匿名内部类。如果监听到按钮被点击，那么程序会调用匿名内部类中的onClick()方法实现Button控件的点击事件。

（3）Activity实现OnClickListener接口的方式设置点击事件。将当前Activity实现View.OnClick Listener 接口，同样可以为Button控件设置点击事件，示例代码如下：

```
public class MainActivity extends AppCompatActivity implements View.
OnClickListener{
      @Override
      protected void onCreate(Bundle savedInstanceState) {
         ......
         btn.setOnClickListener(this); //设置Button控件的点击监听事件
      }
      @Override
      public void onClick(View view) {
         //实现点击事件的代码
```

```
    }
}
```

上述代码中，MainActivity通过实现View.OnClickListener接口中的onClick()方法来设置点击事件。需要注意的是，在实现onClick()方法之前，必须调用Button控件的setOnClickListener()方法设置点击监听事件，否则，Button控件的点击不会生效。

值得一提的是，实现Button控件的点击事件的三种方式中，前两种方式适合界面上Button控件较少的情况，如果界面上Button控件较多时，建议使用第三种方式实现控件的点击事件。

2．以三种方式为按钮设置点击事件

我们以图3-2所示的界面为例，讲解如何以三种方式为按钮设置点击事件，具体步骤如下：

（1）创建程序。创建一个名为Button的应用程序，指定包名为cn.itcast.button。

（2）放置界面控件。在res/layout文件夹中的activity_main.xml文件中，放置3个Button控件，分别用于显示按钮1、按钮2和按钮3，activity_main.xml文件的具体代码如【文件3-2】所示。

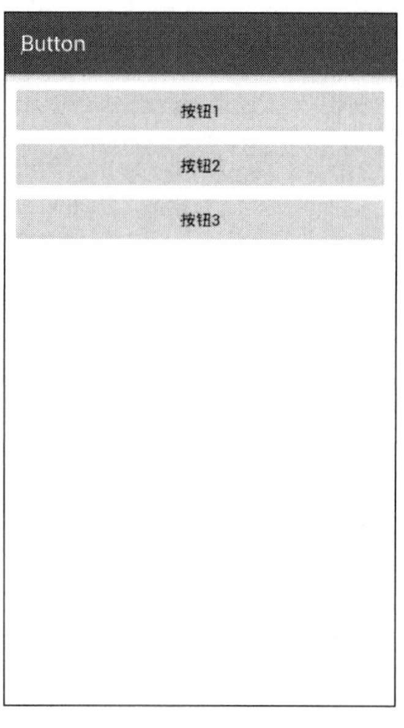

图3-2　显示3个按钮的界面

【文件3-2】 activity_main.xml

```
1  <?xml version="1.0" encoding="utf-8"?>
2  <LinearLayout xmlns:android="http://schemas.android.com/apk/res/android"
3      android:layout_width="match_parent"
4      android:layout_height="match_parent"
5      android:orientation="vertical"
6      android:padding="8dp">
7      <Button
8          android:id="@+id/btn_one"
9          android:layout_width="match_parent"
10         android:layout_height="wrap_content"
11         android:text="按钮1" />
12     <Button
13         android:id="@+id/btn_two"
14         android:layout_width="match_parent"
15         android:layout_height="wrap_content"
16         android:onClick="click"
17         android:text="按钮2" />
18     <Button
19         android:id="@+id/btn_three"
20         android:layout_width="match_parent"
21         android:layout_height="wrap_content"
22         android:text="按钮3" />
23 </LinearLayout>
```

（3）通过代码实现按钮的点击事件。在MainActivity中分别采用三种方式实现点击事件。每个按钮被点击后，按钮对应的文本信息分别将更改为按钮1已被点击、按钮2已被点击、按钮3已被点击，具体代码如【文件3-3】所示。

【文件3-3】 MainActivity.java

```
1  package cn.itcast.button;
2  import android.support.v7.app.AppCompatActivity;
```

```
3  import android.os.Bundle;
4  import android.view.View;
5  import android.widget.Button;
6  public class MainActivity extends AppCompatActivity implements View.OnClickListener
7  {
8      private Button btn_one, btn_two, btn_three;
9      @Override
10     protected void onCreate(Bundle savedInstanceState) {
11         super.onCreate(savedInstanceState);
12         setContentView(R.layout.activity_main);
13         btn_one = (Button) findViewById(R.id.btn_one);
14         btn_two = (Button) findViewById(R.id.btn_two);
15         btn_three = (Button) findViewById(R.id.btn_three);
16         btn_three.setOnClickListener(this);
17         //实现按钮1的点击
18         btn_one.setOnClickListener(new View.OnClickListener() {
19             @Override
20             public void onClick(View view) { //按钮2的点击事件
21                 btn_one.setText("按钮1已被点击");
22             }
23         });
24     }
25     /*
26      *实现按钮2的点击
27      */
28     public void click(View view) {
29         btn_two.setText("按钮2已被点击");
30     }
31     /*
32      *实现按钮3的点击
33      */
34     @Override
35     public void onClick(View v) {
36         switch (v.getId()) {
37             case R.id.btn_three:      //按钮3的点击事件
38                 btn_three.setText("按钮3已被点击");
39                 break;
40         }
41     }
42 }
```

上述代码中，第6~42行代码分别使用三种方式实现了三个按钮的点击事件。

第18~23行代码主要是通过匿名内部类来实现按钮1的点击事件。

第28~30行代码创建了一个click()方法用于实现按钮2的点击事件，该方法的名称必须与布局中按钮2控件的onClick属性的值保持一致。

第34~41行代码主要是实现了OnClickListener接口中的onClick()方法，在该方法中实现按钮3的点击事件。

需要注意的是，在按钮3的点击事件中，语句“btn_three.setOnClickListener(this);”中有一个this参数，该参数代表的是MainActivity的引用。由于MainActivity实现了OnClickListener接口，因此this代表的是OnClickListener接口的引用。

3. 运行效果

运行程序，依次点击界面上的3个按钮，发现按钮上的文本信息都发生了变化，运行结果如图3-3所示。

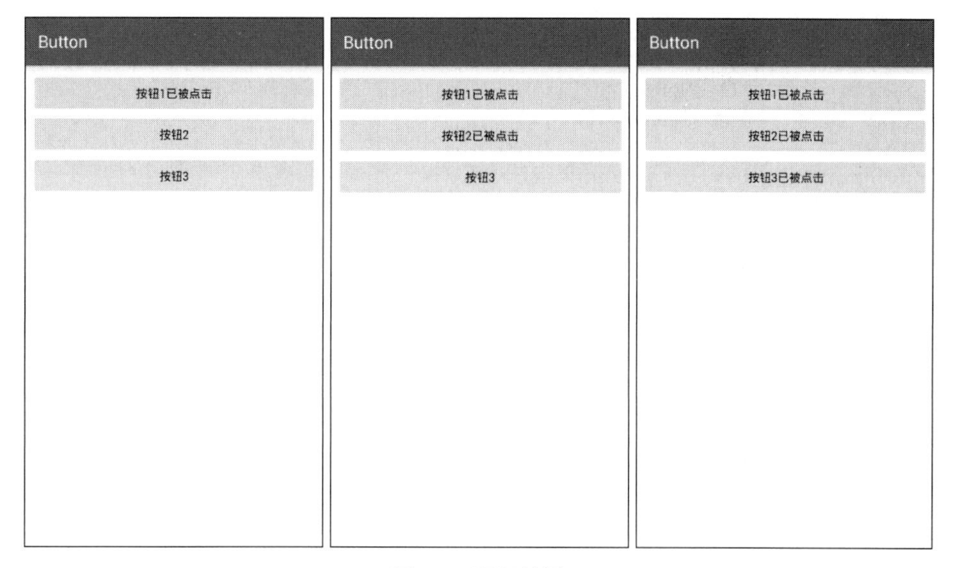

图3-3　运行结果

3.1.3　EditText

EditText表示编辑框，它是TextView的子类，用户可在此控件中输入信息。除了支持TextView控件的属性外，EditText还支持一些其他的常用属性。具体如表3-2所示。

表 3-2　EditText 常用属性

属 性 名 称	功 能 描 述
android:hint	控件中内容为空时显示的提示文本信息
android:textColorHint	控件中内容为空时显示的提示文本信息的颜色
android:password	输入文本框中的内容显示为“.”
android:phoneNumber	设置输入文本框中的内容只能是数字
android:minLines	设置文本的最小行数
android:scrollHorizontally	设置文本信息超出 EditText 的宽度情况下，是否出现横拉条
android:editable	设置是否可编辑

接下来，我们以图3-4所示的界面为例，讲解如何使用EditText编辑文本信息，具体步骤如下：

图3-4　显示编辑框的界面

1．创建程序

创建一个名为EditText的应用程序，指定包名为cn.itcast.edittext。

2．放置界面控件

在res/layout文件夹的activity_main.xml文件中，放置1个TextView控件，用于显示标题，1个EditText控件，供用户输入文本信息。activity_main.xml文件的具体代码如【文件3-4】所示。

【文件3-4】 activity_main.xml

```
1  <?xml version="1.0" encoding="utf-8"?>
2  <LinearLayout xmlns:android="http://schemas.android.
3  com/apk/res/android"
```

```
4      android:layout_width="match_parent"
5      android:layout_height="match_parent"
6      android:padding="10dp"
7      android:orientation="vertical">
8      <TextView
9          android:layout_width="match_parent"
10         android:layout_height="wrap_content"
11         android:text=" 姓名 :"
12         android:textSize="28sp"
13         android:textColor="#000000" />
14     <EditText
15         android:layout_width="match_parent"
16         android:layout_height="wrap_content"
17         android:hint=" 请输入姓名 "
18         android:maxLines="2"
19         android:textColor="#000000"
20         android:textSize="20sp"
21         android:textStyle="italic" />
22 </LinearLayout>
```

上述代码中，第8~13行代码定义了TextView控件，通过android:text、android:textSize和android:textColor属性为文本控件设置文本信息、字体大小和颜色值。

第14~21行代码定义了EditText控件，通过android:hint属性使该控件在没有输入内容时，显示提示信息，当点击EditText控件进行输入内容时，提示文本消失。通过设置android:maxLines属性值为2，设置EditText控件最多输入两行文本信息，如果输入的内容超过了两行，则超过的文本内容将不显示。

3.1.4 ImageView

ImageView表示图片，它继承自View，可以加载各种图片资源。ImageView支持的XML属性如表3-3所示。

表 3-3　EditText 常用属性

属性名称	功能描述
android:layout_width	设置 ImageView 控件的宽度
android:layout_height	设置 ImageView 控件的高度
android:id	设置 ImageView 控件的唯一标识
android:background	设置 ImageView 控件的背景
android:layout_margin	设置当前控件与屏幕边界或周围控件的距离
android:src	设置 ImageView 控件需要显示的图片资源
android:scaleType	将图片资源缩放或移动，以适应 ImageView 控件的宽高
android:tint	将图片渲染成指定的颜色

接下来，我们以图3-5所示的界面为例，讲解如何使用ImageView控件显示图片，具体步骤如下：

1. 创建程序

创建一个名为ImageView的应用程序，指定包名为cn.itcast.imageview。

2. 放置图片资源

将显示图片的界面所需要的图片icon.png和bg.png导入到程序中的drawable文件夹中。

3. 放置界面控件

在res/layout文件夹的activity_main.xml文件中，放置2个ImageView控件，分别用于显示前景图片和背景图片。activity_main.xml文件的具体代码如【文件3-5】所示。

图3-5　显示图片的界面

【文件3-5】 activity_main.xml

```
1 <?xml version="1.0" encoding="utf-8"?>
2 <RelativeLayout xmlns:android="http://schemas.android.
3 com/apk/res/android"
4     android:layout_width="match_parent"
5     android:layout_height="match_parent">
6     <ImageView
7         android:layout_width="match_parent"
8         android:layout_height="match_parent"
9         android:background="@drawable/bg"/>
10    <ImageView
11         android:layout_width="100dp"
12         android:layout_height="100dp"
13         android:src="@drawable/icon"/>
14 </RelativeLayout>
```

上述代码中，第6~9行代码定义了ImageView控件，通过android:background属性设置该控件的背景图片为bg.png。

第10~13行代码定义了ImageView控件，通过android:src属性设置ImageView控件的前景图片为icon.png。

值得注意的是，通过android:background属性和android:src属性为ImageView控件设置图片的方式相同，都是以 “@drawable/图片名称”的方式进行设置的，区别在于android:background属性设置的是背景，会根据ImageView控件的大小进行伸缩，而android:src属性设置的是前景，以原图大小显示。

3.1.5 RadioButton

RadioButton表示单选按钮，它是Button的子类。每一个单选按钮都有“选中”和“未选中”两种状态，这两种状态是通过android:checked属性指定的。当可选值为true时，表示选中状态，否则，表示未选中状态。

在Android程序中RadioButton经常与RadioGroup配合使用，实现RadioButton的单选功能。RadioGroup是单选组合框，可容纳多个RadioButton，但是在RadioGroup中不会出现多个RadioButton同时选中的情况。在XML布局文件中，RadioGroup和RadioButton配合使用的语法格式如下：

```
<RadioGroup
    android: 属性名称 =" 属性值 "
    ......>
    <RadioButton
        android: 属性名称 =" 属性值 "
        ....../>
    ......
<RadioGroup/>
```

上述语法格式中，RadioGroup继承自LinearLayout，可以使用android:orientation属性控制

RadioButton的排列方向。

接下来，我们以图3-6所示的界面为例，讲解如何使用RadioGroup和RadioButton配合完成单选框，具体步骤如下：

图3-6 显示单选按钮的界面

1. 创建程序

创建一个名为RadioButton的应用程序，指定包名为cn.itcast.radiobutton。

2. 放置界面控件

在res/layout文件夹中的activity_main.xml文件中，放置1个RadioGroup布局用于添加RadioButton控件。RadioGroup布局中添加的两个RadioButton控件，分别用于显示"男"和"女"的单选按钮，1个TextView控件，用于显示选择按钮的内容。activity_main.xml文件的具体代码如【文件3-6】所示。

【文件3-6】 activity_main.xml

```
1 <?xml version="1.0" encoding="utf-8"?>
2 <LinearLayout xmlns:android="http://schemas.android.com/apk/res/android"
3     android:layout_width="match_parent"
4     android:layout_height="match_parent"
5     android:orientation="vertical">
6     <RadioGroup
7         android:id="@+id/rdg"
8         android:layout_width="match_parent"
9         android:layout_height="wrap_content"
10         android:orientation="vertical">
11         <RadioButton
12             android:id="@+id/rbtn"
13             android:layout_width="wrap_content"
14             android:layout_height="wrap_content"
15             android:textSize="25dp"
16             android:text=" 男 "/>
17         <RadioButton
18             android:layout_width="wrap_content"
19             android:layout_height="wrap_content"
20             android:textSize="25dp"
21             android:text=" 女 "/>
22     </RadioGroup>
23     <TextView
24         android:id="@+id/tv"
25         android:layout_width="wrap_content"
26         android:layout_height="wrap_content"
27         android:textSize="30dp"/>
28 </LinearLayout>
```

上述代码中，第6~22行代码定义了RadioGroup布局，第10行代码通过设置android:orientation属性的值为"vertical"，实现RadioGroup布局中的控件竖直排列。

第11~21行代码定义了2个RadioButton控件，这2个控件没有设置android:check属性的值，默认情况下该属性的值为false，因此界面上两个单选按钮为未选中状态。

3．通过代码为RadioGroup设置监听事件

在MainActivity中设置RadioGroup的监听事件，监听该布局中的RadioButton的选中状态更改的事件，并在该事件中获取被选中的RadioButton的ID，具体代码如【文件3-7】所示。

【文件3-7】 MainActivity.java

```
1  package cn.itcast.radiobutton;
2  import android.support.v7.app.AppCompatActivity;
3  import android.os.Bundle;
4  import android.widget.RadioGroup;
5  import android.widget.TextView;
6  public class MainActivity extends AppCompatActivity {
7      private RadioGroup radioGroup;
8      private TextView textView;
9      @Override
10     protected void onCreate(Bundle savedInstanceState) {
11         super.onCreate(savedInstanceState);
12         setContentView(R.layout.activity_main);
13         radioGroup = (RadioGroup) findViewById(R.id.rdg);
14         textView = (TextView) findViewById(R.id.tv);
15         //利用 setOnCheckedChangeListener() 为 RadioGroup 设置监听事件
16         radioGroup.setOnCheckedChangeListener(new
17                 RadioGroup.OnCheckedChangeListener() {
18             @Override
19             public void onCheckedChanged(RadioGroup group, int checkedId) {
20                 //判断点击的被点击的 RadioButton
21                 if(checkedId == R.id.rbtn) {
22                     textView.setText("您的性别是：男");
23                 } else {
24                     textView.setText("您的性别是：女");
25                 }
26             }
27         });
28     }
29 }
```

上述代码中，第16~27行代码通过setOnCheckedChangeListener()方法为RadioGroup设置监听布局内控件状态是否改变的事件，通过事件返回的onCheckedChanged()方法获取被点击的控件ID，在TextView中显示相应的信息。运行结果如图3-7所示。

4．运行结果

运行上述程序，点击界面上“女”的单选按钮，按钮的样式会变为选中状态的样式，按钮下方会显示被选中的文本信息，运行结果如图3-7所示。

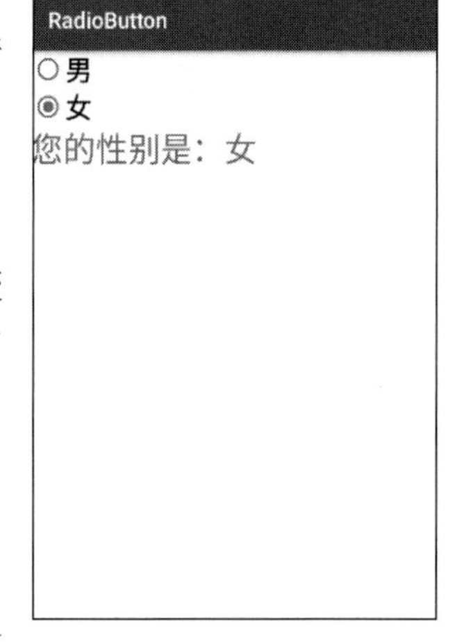

图3-7　运行结果

3.1.6　CheckBox

CheckBox表示复选框，它是Button的子类，用于实现多选功能。每一个复选框都有“选中”和“未选中”两种状态，这两种状态是通过android:checked属性指定的，当该属性的值为true时，表示选中状

态，否则，表示未选中状态。

接下来，我们以图3-8所示的界面为例，讲解如何使用CheckBox控件统计用户的兴趣爱好，具体步骤如下：

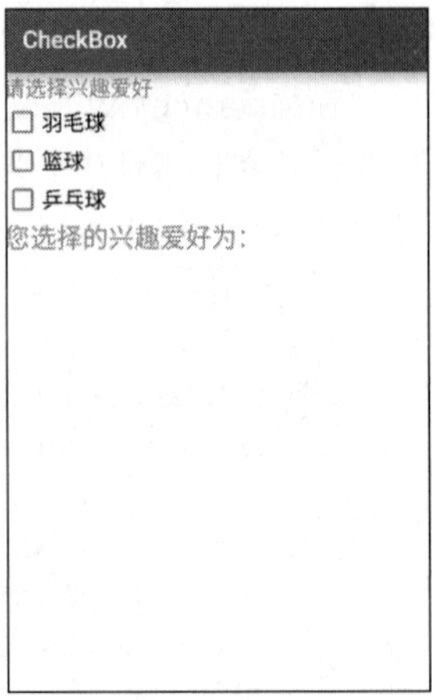

1．创建程序

创建一个名为CheckBox的应用程序，指定包名为cn.itcast.checkbox。

2．放置界面控件

在res/layout文件夹的activity_main.xml文件中，放置2个TextView，分别用于显示“请选择兴趣爱好”文本与选择结果文本，3个CheckBox控件，用于显示可选择的兴趣爱好，activity_main.xml文件的具体代码如【文件3-8】所示。

图3-8　显示复选框的界面

【文件3-8】 activity_main.xml

```
1  <?xml version="1.0" encoding="utf-8"?>
2  <LinearLayout xmlns:android="http://schemas.android.com/apk/res/android"
3      xmlns:tools="http://schemas.android.com/tools"
4      android:layout_width="match_parent"
5      android:layout_height="match_parent"
6      tools:context=".MainActivity"
7      android:orientation="vertical">
8      <TextView
9          android:layout_width="wrap_content"
10         android:layout_height="wrap_content"
11         android:text="请选择兴趣爱好："
12         android:textColor="#FF8000"
13         android:textSize="18sp"/>
14     <CheckBox
15         android:id="@+id/like_shuttlecock"
16         android:layout_width="wrap_content"
17         android:layout_height="wrap_content"
18         android:text="羽毛球"
19         android:textSize="18sp"/>
20     <CheckBox
21         android:id="@+id/like_basketball"
22         android:layout_width="wrap_content"
23         android:layout_height="wrap_content"
24         android:text="篮球"
25         android:textSize="18sp"/>
26     <CheckBox
27         android:id="@+id/like_pingpong"
28         android:layout_width="wrap_content"
29         android:layout_height="wrap_content"
30         android:text="乒乓球"
31         android:textSize="18sp"/>
32     <TextView
33         android:layout_width="wrap_content"
34         android:layout_height="wrap_content"
35         android:text="您选择的兴趣爱好为："
36         android:textColor="#FF8000"
37         android:textSize="22sp"/>
38     <TextView
```

```
39          android:id="@+id/hobby"
40          android:layout_width="wrap_content"
41          android:layout_height="wrap_content"
42          android:textSize="18sp"/>
43 </LinearLayout>
```

3．通过代码实现CheckBox控件的点击事件

在MainActivity中实现CompoundButton.OnCheckedChangeListener接口，并重写onCheckedChanged()方法，在该方法中实现CheckBox控件的点击事件，具体代码如【文件3-9】所示。

【文件3-9】 MainActivity.java

```
1  package cn.itcast.checkbox;
2  import android.support.v7.app.AppCompatActivity;
3  import android.os.Bundle;
4  import android.widget.CheckBox;
5  import android.widget.CompoundButton;
6  import android.widget.TextView;
7  public class MainActivity extends AppCompatActivity implements
8                            CompoundButton.OnCheckedChangeListener {
9      private TextView hobby;
10     private String hobbys;
11     @Override
12     protected void onCreate(Bundle savedInstanceState) {
13         super.onCreate(savedInstanceState);
14         setContentView(R.layout.activity_main);
15         //初始化CheckBox控件
16       CheckBox shuttlecock = (CheckBox) findViewById(R.id.like_shuttlecock);
17       CheckBox basketball = (CheckBox) findViewById(R.id.like_basketball);
18       CheckBox pingpong = (CheckBox) findViewById(R.id.like_pingpong);
19       shuttlecock.setOnCheckedChangeListener(this);
20       basketball.setOnCheckedChangeListener(this);
21       pingpong.setOnCheckedChangeListener(this);
22       hobby = (TextView) findViewById(R.id.hobby);
23       hobbys = new String();//存放选中的CheckBox的文本信息
24     }
25     @Override
26     public void onCheckedChanged(CompoundButton buttonView, boolean isChecked) {
27         String motion = buttonView.getText().toString();
28          if(isChecked){
29                 if(!hobbys.contains(motion)){
30                    hobbys = hobbys + motion;
31                    hobby.setText(hobbys);
32                 }
33             }else {
34              if(hobbys.contains(motion)) {
35                 hobbys = hobbys.replace(motion, "");
36                 hobby.setText(hobbys);
37              }
38          }
39     }
40 }
```

上述代码中，第19~21行代码设置了3个CheckBox控件的监听事件。

第25~39行代码实现了CompoundButton.OnCheckedChangeListener 接口中的onCheckedChanged()

方法，该方法中的参数buttonView与isChecked分别表示被点击的控件和选中状态。

第27~38行代码通过isChecked值判断当前被点击的CheckBox是否为选中状态，若被选中，则判断hobbys字符串中是否包含了此CheckBox的文本信息，若不包含，则将该文本信息添加到hobbys字符串中并显示到TextView控件上。如果未被选中，则查看hobbys字符串中是否包含CheckBox的文本信息，若包含，则通过replace()方法使用空字符串替换CheckBox的文本信息，再将返回的hobbys字符串显示到TextView控件上。

3.1.7 Toast

Toast是Android系统提供的轻量级信息提醒机制，用于向用户提示即时消息，它显示在应用程序界面的最上层，显示一段时间后自动消失不会打断当前操作，也不获得焦点。

使用Toast显示提示信息的示例代码如下：

```
Toast.makeText(Context,Text,Time).show();
```

上述代码中，首先通过调用Toast的makeText()方法设置提示信息，然后调用show方法将提示信息显示到界面中。关于makeText方法参数的相关介绍具体如下：

- Context：表示应用程序环境的信息，即当前组件的上下文环境。Context是一个抽象类，如果在Activity中使用Toast提示信息，那么该参数可设置为“当前Activity.this”。
- Text：表示提示的字符串信息。
- Time：表示显示信息的时长，其属性值包括Toast.LENGTH_SHORT和Toast.LENGTH_LONG，分别表示显示较短时间和较长时间。

例如，使用Toast提示用户“WIFI已断开”的信息，示例代码如下：

```
    Toast.makeText(MainActivity.this,"WIFI 已断开 ",Toast.
LENGTH_SHORT).show();
```

运行结果如图3-9所示。

图3-9　运行结果

默认情况下，Toast消息会显示在屏幕的下方，它多适用于信息提醒，比如网络未连接、用户名密码输入错误或者退出应用等场景。

3.2 AlertDialog对话框的使用

在Android程序中，AlertDialog对话框用于提示一些重要信息或者显示一些需要用户额外交互的内容。它一般以小窗口的形式展示在界面上。

3.2.1 AlertDialog对话框概述

使用AlertDialog创建的对话框一般包含标题、内容和按钮三个区域。结构如图3-10所示。

一般情况下，创建AlertDialog对话框的步骤大致分为以下几步：

（1）调用AlertDialog的静态内部类Builder创建AlertDialog.Builder的对象。

（2）调用AlertDialog.Builder的setTitle()和setIcon()方法分别设置AlertDialog对话框的标题名称

和图标。

（3）调用AlertDialog.Builder的setMessage()、setSingleChoiceItems()或者setMultiChoiceItems()方法设置AlertDialog对话框的内容为简单文本、单选列表或者为多选列表。

（4）调用AlertDialog.Builder的setPositiveButton()和setNegativeButton()方法设置AlertDialog对话框的确定和取消按钮。

（5）调用AlertDialog.Builder的create()方法创建AlertDialog对象。

（6）调用AlertDialog对象的show()方法显示该对话框。

（7）调用AlertDialog对象的dismiss()方法取消该对话框。

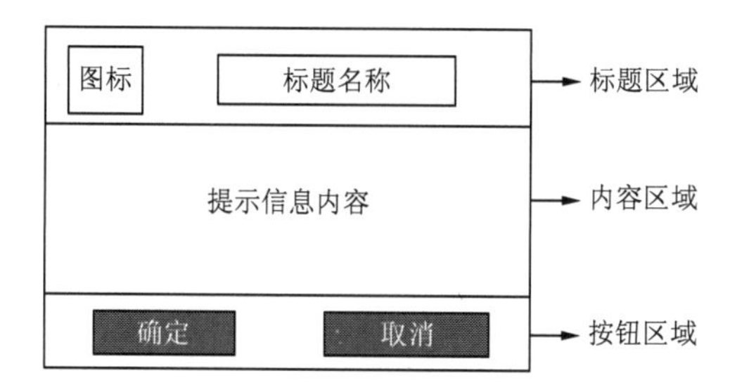

图3-10　AlertDialog对话框的结构图

上述7步中，最为灵活的是第3步，可以调用AlertDialog.Builder对象的相关方法创建各种样式的提示信息内容。

3.2.2　普通对话框

普通对话框的内容区域一般显示简单的文本信息。它是通过AlertDialog.Builder对象调用setMessage()方法设置的，setMessage()方法的具体信息如下所示：

```
setMessage(CharSequence message)
```

接下来，我们以图3-11所示的界面为例，讲解如何在点击手机的回退键时显示普通对话框。具体步骤如下：

图3-11　普通对话框

1. 创建程序

创建一个名为CommonDialog的应用程序，指定包名为cn.itcast.commondialog。

2. 通过代码实现普通对话框

在MainActivity中重写onBackPressed()方法来监听回退键，在该方法中实现AlertDialog的普通对话框。具体代码如【文件3-10】所示。

【文件3-10】 MainActivity.java

```
1  package cn.itcast.commondialog;
2  import android.app.AlertDialog;
3  import android.content.DialogInterface;
4  import android.support.v7.app.AppCompatActivity;
5  import android.os.Bundle;
6  import android.view.KeyEvent;
7  public class MainActivity extends AppCompatActivity {
8      @Override
```

```
9       protected void onCreate(Bundle savedInstanceState) {
10          super.onCreate(savedInstanceState);
11          setContentView(R.layout.activity_main);
12      }
13      @Override
14      public void onBackPressed() {
15          //声明对象
16          AlertDialog dialog;
17          AlertDialog.Builder builder = new AlertDialog.Builder(this)
18              .setTitle("普通对话框")                 //设置对话框的标题
19              .setIcon(R.mipmap.ic_launcher)      //设置设置标题图标
20              .setMessage("是否确定退出应用：")      //设置对话框的提示信息
21              //添加"确定"按钮
22              .setPositiveButton("确定", new DialogInterface.OnClickListener() {
23                  @Override
24                  public void onClick(DialogInterface dialog, int which) {
25                      dialog.dismiss();               //关闭对话框
26                      MainActivity.this.finish();    //关闭MainActivity
27                  }
28              })
29              //添加"取消"按钮
30              .setNegativeButton("取消", new DialogInterface.OnClickListener() {
31                  @Override
32                  public void onClick(DialogInterface dialog, int which) {
33                      dialog.dismiss();
34                  }
35              });
36          dialog =  builder.create();
37          dialog.show();
38      }
39  }
```

上述代码中，第13~38行代码重写onBackPressed()方法用于监听用户点击回退键的事件。

第17~35行代码用于设置对话框的样式。通过AlertDialog.Builder 对象的setTitle()、setIcon()、setMessage()、setPositiveButton()和setNegativeButton()方法分别为对话框设置标题、标题图片、提示信息、确定和取消按钮。其中setPositiveButton()和setNegativeButton()方法的参数含义类似，这两个方法中的第1个参数用于设置按钮的显示信息，第2个参数监听按钮的点击事件，当不监听按钮的点击事件时，可以设为“null”。

3.2.3 单选对话框

单选对话框的内容区域显示为单选列表。单选列表是通过AlertDialog.Builder对象调用setSingleChoiceItem()方法设置的。setSingleChoiceItem()方法的语法格式如下所示：

```
setSingleChoiceItems(CharSequence[] items,int checkedItem,OnClickListener listener)
```

关于setSingleChoiceItems()方法参数的相关介绍具体如下：

- items：表示单选列表中的所有选项数据。
- checkedItem：表示单选列表中的默认选项角标。
- listener：单选列表的监听接口。

接下来，我们以图3-12所示的界面为例，讲解如何使用单选对话框设置界面上文本的大小，具体步骤如下：

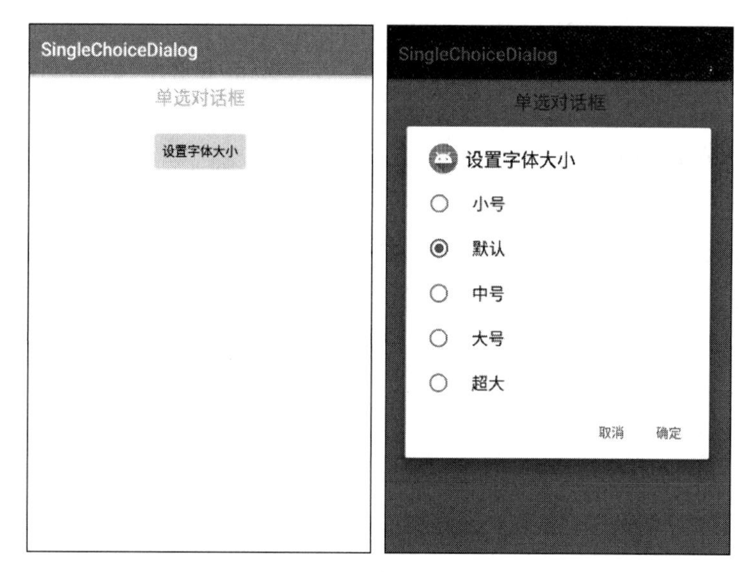

图3-12　普通对话框

1. 创建程序

创建一个名为SingleChoiceDialog的应用程序，指定包名为cn.itcast.singlechoicedialog。

2. 放置界面控件

在res/layout文件夹的activity_main.xml文件中，放置1个TextView控件用于显示“单选对话框”文本，1个Button控件用于显示“设置字体大小”按钮。activity_main.xml文件的具体代码如【文件3-11】所示。

【文件3-11】 activity_main.xml

```
1  <?xml version="1.0" encoding="utf-8"?>
2  <LinearLayout xmlns:android="http://schemas.android.com/apk/res/android"
3      android:layout_width="match_parent"
4      android:layout_height="match_parent"
5      android:orientation="vertical">
6      <TextView
7          android:id="@+id/tv"
8          android:layout_width="match_parent"
9          android:layout_height="wrap_content"
10         android:gravity="center"
11         android:text="单选对话框"
12         android:layout_marginTop="10dp"
13         android:textSize="20sp"
14         android:textColor="#FFFDB371"/>
15     <Button
16         android:id="@+id/bt"
17         android:layout_width="wrap_content"
18         android:layout_height="wrap_content"
19         android:text="设置字体大小"
20         android:layout_marginTop="20dp"
21         android:layout_gravity="center"/>
22 </LinearLayout>
```

3. 通过代码实现普通对话框

在MainActivity中通过AlertDialog.Builder创建一个普通对话框，并在setPositiveButton()方法与setNegativeButton()方法中分别设置对话框中“确定”按钮与“取消”按钮的点击事件，具体代码如【文件3-12】所示。

【文件3-12】 MainActivity.java

```
1  package cn.itcast.singlechoicedialog;
2  import android.app.AlertDialog;
3  import android.content.DialogInterface;
4  import android.support.v7.app.AppCompatActivity;
5  import android.os.Bundle;
6  import android.view.View;
7  import android.widget.TextView;
8  public class MainActivity extends AppCompatActivity implements View.
9  OnClickListener {
10     private TextView textView;
11     private int[] textSizeArr = {10,20,25,30,40};
12     int textSize = 1;
13     @Override
14     protected void onCreate(Bundle savedInstanceState) {
15         super.onCreate(savedInstanceState);
16         setContentView(R.layout.activity_main);
17         //设置Button监听事件
18         findViewById(R.id.bt).setOnClickListener(this);
19         textView = (TextView) findViewById(R.id.tv);
20     }
21     @Override
22     public void onClick(View v) {
23         AlertDialog dialog;
24         AlertDialog.Builder builder = new AlertDialog.Builder(this)
25                 .setTitle("设置字体大小")             //设置标题
26                 .setIcon(R.mipmap.ic_launcher)
27                 .setSingleChoiceItems(new String[]{"小号","默认","中号",
28           "大号", "超大"}, textSize,new DialogInterface.OnClickListener() {
29                     public void onClick(DialogInterface dialog, int which) {
30                     textSize = which;
31                     }
32                 })
33                 .setPositiveButton("确定", new DialogInterface.OnClickListener() {
34                     @Override
35                     public void onClick(DialogInterface dialog, int which) {
36                         //为TextView设置在单选对话框中选择的字体大小
37                        textView.setTextSize(textSizeArr[textSize]);
38                         dialog.dismiss(); //关闭对话框
39                         }
40                 })//添加"确定"按钮
41                 .setNegativeButton("取消", new DialogInterface.OnClickListener() {
42                     @Override
43                     public void onClick(DialogInterface dialog, int which) {
44                         dialog.dismiss();
45                     }
46                 });
47         dialog = builder.create();
```

```
48          dialog.show();
49      }
50 }
```

上述代码中，第11行代码定义了数组变量textSizeArr，用于存储字体大小。第12行定义了变量textSize，表示单选列表中默认选中的位置。

第24~46行代码设置了对话框的样式。其中第27~32行代码通过setSingleChoiceItems()方法设置对话框的单选列表，并为该列表设置监听事件，在onClick()方法中得到被点击的序号which，根据该序号获取textSizeArr数组中的数据，并通过setTextSize()方法设置TextView控件的文本大小。

第33~40行代码通过setPositiveButton()方法在对话框中添加"确定"按钮，点击确定按钮，程序会在onClick()方法中通过setTextSize()方法为TextView控件设置文本大小并通过dismiss()方法关闭单选对话框。

第41~46行代码通过setNegativeButton()方法在对话框中添加"取消"按钮，点击取消按钮，调用dismiss()方法关闭单选对话框。

4. 运行结果

运行上述程序，点击界面上"设置字体大小"的按钮后，会弹出一个单选对话框。如果选中单选列表中的"超大"选项，点击"确定"按钮，界面上的"单选对话框"字体会变为超大号，运行结果如图3-13所示。

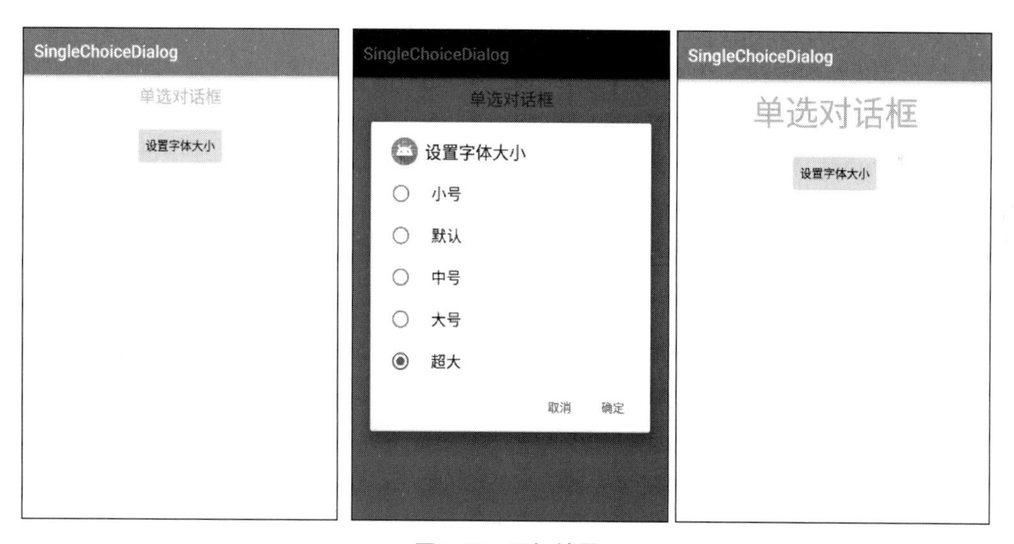

图3-13　运行结果

3.2.4　多选对话框

多选对话框的内容区域显示为多选列表。多选列表是通过AlertDialog.Builder对象调用setMultiChoiceItems()方法设置的，setMultiChoiceItems()方法的具体介绍如下所示：

```
setMultiChoiceItems(CharSequence[] items,int checkedItem,OnClickListener
listener)
```

在setMultiChoiceItems()方法中的3个参数含义如下：

- items：表示多选列表中的所有选项数据。
- checkedItem：表示多选列表中默认勾选的选项角标。

- listener：表示多选列表的监听接口。

接下来，我们以图3-14所示的界面为例，讲解如何使用多选对话框实现选择兴趣爱好的功能，具体步骤如下：

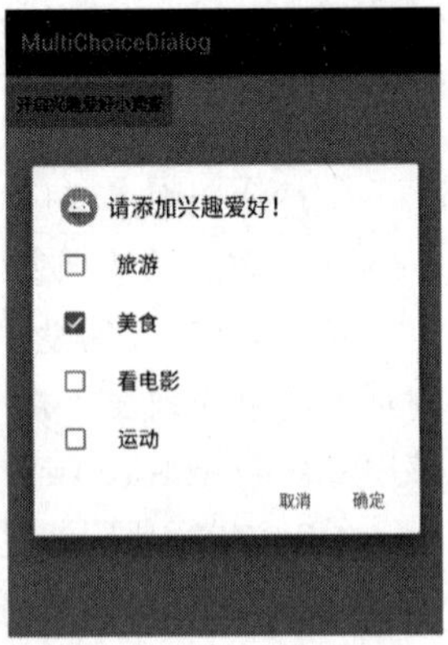

1．创建程序

创建一个名为MultiChoiceDialog的应用程序，指定包名为cn.itcast.singlechoicedialog。

2．放置界面控件

在res/layout文件夹的activity_main.xml文件中，放置1个Button控件，用于显示“开启兴趣爱好小调查”按钮，activity_main.xml文件的具体代码如【文件3-13】所示。

图3-14　多选对话框

【文件3-13】 activity_main.xml

```
1  <?xml version="1.0" encoding="utf-8"?>
2  <LinearLayout xmlns:android="http://schemas.android.com/apk/res/android"
3      android:layout_width="match_parent"
4      android:layout_height="match_parent">
5      <Button
6          android:id="@+id/bt"
7          android:layout_width="wrap_content"
8          android:layout_height="wrap_content"
9          android:text=" 开启兴趣爱好小调查 "/>
10 </LinearLayout>
```

3．通过代码实现多选对话框的功能

在MainActivity中通过实现View.OnClickListener接口中的onClick()方法来实现“开启兴趣爱好小调查”按钮的点击事件，并在该事件中实现多选对话框的功能，具体代码如【文件3-14】所示。

【文件3-14】 MainActivity.java

```
1  package cn.itcast.multichoicedialog;
2  import android.app.AlertDialog;
3  import android.content.DialogInterface;
4  import android.support.v7.app.AppCompatActivity;
5  import android.os.Bundle;
6  import android.view.View;
7  import android.widget.Toast;
8  public class MainActivity extends AppCompatActivity implements View.OnClickListener
9  {
10     private CharSequence[]  items = new CharSequence[]{" 旅游 ", " 美食 ", " 看电影 ",
11     " 运动 "};
12     private boolean[] checkedItems = new boolean[]{false,true,false,false};
13     @Override
14     protected void onCreate(Bundle savedInstanceState) {
15         super.onCreate(savedInstanceState);
16         setContentView(R.layout.activity_main);
17         findViewById(R.id.bt).setOnClickListener(this);
18     }
19     @Override
20     public void onClick(View v) {
21         AlertDialog dialog;
22         AlertDialog.Builder builder = new AlertDialog.Builder(this)
23             .setTitle(" 请添加兴趣爱好: ")
```

```
24              .setIcon(R.mipmap.ic_launcher)
25              .setMultiChoiceItems(items, checkedItems, new DialogInterface.
26              OnMultiChoiceClickListener() {
27                  @Override
28                  public void onClick(DialogInterface dialog, int which, boolean
29                                          isChecked){
30                      checkedItems[which] = isChecked;
31                  }
32              })
33              .setPositiveButton("确定", new DialogInterface.OnClickListener() {
34                  @Override
35                  public void onClick(DialogInterface dialog, int which) {
36                      StringBuffer stringBuffer = new StringBuffer();
37                      for(int i = 0; i <= checkedItems.length - 1; i++) {
38                          if(checkedItems[i]) {
39                            stringBuffer.append(items[i]).append(" ");
40                          }
41                      }
42                      if(stringBuffer != null) {
43                          Toast.makeText(MainActivity.this, ""+ stringBuffer,
44                                  Toast.LENGTH_SHORT).show();
45                      }
46                      dialog.dismiss();
47                  }
48              })
49              .setNegativeButton("取消", new DialogInterface.OnClickListener() {
50                  @Override
51                  public void onClick(DialogInterface dialog, int which) {
52                      dialog.dismiss();
53                  }
54              });
55          dialog = builder.create();
56          dialog.show();
57      }
58 }
```

上述代码中，第10~12行代码定义了CharSequence类型的数组items和boolean类型的数组checkedItems，分别用于存放多选列表中item的文本信息和是否选中的状态。

第22~54行代码实现了多选对话框的功能。其中，第25~32行代码通过setMultiChoiceItems()方法为对话框添加多选列表，并为该列表设置监听事件，在onClick()方法中得到被点击的序号which和该item是否被选中的状态isChecked，并将isChecked的值赋给checkedItems[which]。

第33~48行代码通过setPositiveButton()方法为多选对话框添加“确定”按钮，点击该按钮时，获取checkedItems数组中的值，通过该值可以知道被选中的兴趣爱好，并将选中的兴趣爱好添加到stringBuffer中，通过Toast显示到界面上。

4．运行结果

运行上述程序，点击界面上的“开启兴趣爱好小调查”按钮，会弹出一个添加兴趣爱好的多选对话框，该对话框中默认勾选了“美食”选项，如果接着选中对话框中的“看电影”和“运动”选项，点击“确定”按钮，会关闭对话框，并提示选中的“美食　看电影　运动”信息。运行结果如图3-15所示。

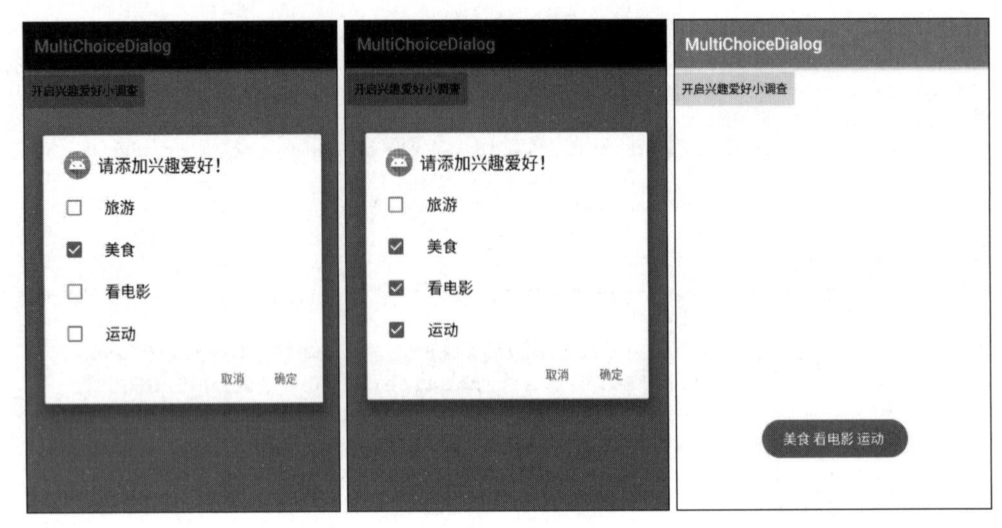

图3-15　运行结果

3.2.5　自定义对话框

在Android程序中由于界面风格的不同，一般不直接使用系统提供的对话框，而是根据项目需求定义相应的对话框样式。

接下来，我们以图3-16所示的界面为例，讲解如何自定义对话框，具体步骤如下：

图3-16　自定义对话框

1. 创建程序

创建一个名为CustomDialog的应用程序，指定包名为cn.itcast.customdialog。

2. 放置界面控件

在activity_main.xml布局文件中，放置1个Button控件用于显示"弹出自定义对话框"按钮，具体代码如【文件3-15】所示。

【文件3-15】 activity_main.xml

```
1 <?xml version="1.0" encoding="utf-8"?>
2 <LinearLayout xmlns:android="http://schemas.android.com/apk/res/android"
3     android:layout_width="match_parent"
4     android:layout_height="match_parent"
5     android:gravity="center">
6     <Button
7         android:id="@+id/btn_dialog"
8         android:layout_width="wrap_content"
9         android:layout_height="wrap_content"
10        android:text="弹出自定义对话框" />
11 </LinearLayout>
```

3. 创建custom_dialog.xml布局文件

由于自定义对话框需要一个布局文件来显示界面信息，因此需要创建一个custom_dialog.xml布局文件。选中res/layout文件夹，右击选择【New】→【XML】→【Layout XML File】选项，之后在弹出窗口的Layout File Name编辑框中输入XML文件名称custom_dialog，在Root Tag编辑框中输入XML文件中的根布局LinearLayout。在custom_dialog.xml文件中放置2个TextView控件分别用于显示标题和提示信息，2个Button控件分别用于显示“取消”按钮和“确定”按钮，具体代码如【文件3-16】所示。

【文件3-16】 custom_dialog.xml

```
1  <?xml version="1.0" encoding="utf-8"?>
2  <LinearLayout xmlns:android="http://schemas.android.com/apk/res/android"
3      android:layout_width="match_parent"
4      android:layout_height="match_parent"
5      android:orientation="vertical">
6      <LinearLayout
7          android:layout_width="match_parent"
8          android:layout_height="wrap_content"
9          android:paddingTop="16dp"
10         android:orientation="vertical">
11         <TextView android:id="@+id/title"
12             android:layout_width="match_parent"
13             android:layout_height="wrap_content"
14             android:gravity="center"
15             android:visibility="visible"
16             android:textColor="#333333"
17             android:textSize="18sp"
18             android:layout_marginBottom="16dp"/>
19         <TextView android:id="@+id/message"
20             android:layout_width="match_parent"
21             android:layout_height="wrap_content"
22             android:gravity="center"
23             android:layout_marginLeft="20dp"
24             android:layout_marginRight="20dp"
25             android:textSize="14sp"
26             android:textColor="#999999" />
27         <View android:layout_width="match_parent"
28             android:layout_height="2px"
29             android:layout_marginTop="16dp"
30             android:background="#E8E8E8" />
31         <LinearLayout
32             android:layout_width="match_parent"
33             android:layout_height="wrap_content"
34             android:orientation="horizontal">
35             <Button android:id="@+id/negtive"
36                 android:layout_width="0dp"
37                 android:layout_height="wrap_content"
38                 android:layout_marginLeft="10dp"
39                 android:paddingTop="16dp"
40                 android:paddingBottom="16dp"
41                 android:layout_weight="1"
42                 android:background="@null"
43                 android:gravity="center"
44                 android:singleLine="true"
45                 android:textColor="#999999"
46                 android:textSize="16sp" />
47             <View android:id="@+id/column_line"
48                 android:layout_width="2px"
49                 android:layout_height="match_parent"
```

```
50                  android:background="#E8E8E8" />
51              <Button
52                  android:id="@+id/positive"
53                  android:layout_width="0dp"
54                  android:layout_height="wrap_content"
55                  android:layout_weight="1"
56                  android:layout_marginRight="10dp"
57                  android:paddingTop="16dp"
58                  android:paddingBottom="16dp"
59                  android:background="@null"
60                  android:gravity="center"
61                  android:textColor="#38ADFF"
62                  android:textSize="16sp" />
63          </LinearLayout>
64      </LinearLayout>
65 </LinearLayout>
```

4. 创建自定义对话框

创建一个CommonDialog类继承自AlertDialog类，用于初始化自定义对话框中的控件以及响应按钮的点击事件，具体代码如【文件3-17】所示。

【文件3-17】 CommonDialog.java

```
1 package cn.itcast.customdialog;
2 import android.app.AlertDialog;
3 import android.content.Context;
4 import android.os.Bundle;
5 import android.text.TextUtils;
6 import android.view.View;
7 import android.widget.Button;
8 import android.widget.TextView;
9 public class CommonDialog extends AlertDialog {
10     private TextView titleTv ;                          //显示的标题
11     private TextView messageTv ;                        //显示的消息
12     private Button negtiveBn ,positiveBn;               //确认和取消按钮
13     public CommonDialog(Context context) {
14         super(context);
15     }
16     private String message;
17     private String title;
18     private String positive,negtive;
19     @Override
20     protected void onCreate(Bundle savedInstanceState) {
21         super.onCreate(savedInstanceState);
22         setContentView(R.layout.custom_dialog);
23         initView();                                     //初始化界面控件
24         initEvent();                                    //初始化界面控件的点击事件
25     }
26     //初始化界面控件
27     private void initView() {
28         negtiveBn = (Button) findViewById(R.id.negtive);
29         positiveBn = (Button) findViewById(R.id.positive);
30         titleTv = (TextView) findViewById(R.id.title);
31         messageTv = (TextView) findViewById(R.id.message);
32     }
33     //初始化界面控件的显示数据
```

```
34      private void refreshView() {
35          //如果自定义了title和message的信息，则会在弹出框中显示
36          if(!TextUtils.isEmpty(title)) {
37              titleTv.setText(title); //设置标题控件的文本为自定义的title
38              titleTv.setVisibility(View.VISIBLE); //标题控件设置为显示状态
39          }else {
40             titleTv.setVisibility(View.GONE);      //标题控件设置为隐藏状态
41          }
42          if(!TextUtils.isEmpty(message)) {
43              messageTv.setText(message); //设置消息控件的文本为自定义的message信息
44          }
45          //如果没有自定义按钮的文本，则默认显示"确定"和"取消"
46          if(!TextUtils.isEmpty(positive)) {
47              positiveBn.setText(positive); //设置按钮的文本为自定义的文本信息
48          }else {
49              positiveBn.setText("确定");   //设置按钮文本为"确定"
50          }
51          if(!TextUtils.isEmpty(negtive)) {
52                negtiveBn.setText(negtive);
53            }else {
54              negtiveBn.setText("取消");
55          }
56      }
57      //初始化界面的确定和取消监听器
58      private void initEvent() {
59          //设置“确定”按钮的点击事件的监听器
60          positiveBn.setOnClickListener(new View.OnClickListener() {
61              @Override
62              public void onClick(View v) {
63                  if(onClickBottomListener!= null) {
64                      onClickBottomListener.onPositiveClick();
65                  }
66              }
67          });
68          //设置“取消”按钮的点击事件的监听器
69          negtiveBn.setOnClickListener(new View.OnClickListener() {
70              @Override
71              public void onClick(View v) {
72                  if(onClickBottomListener!= null) {
73                      onClickBottomListener.onNegtiveClick();
74                  }
75              }
76          });
77      }
78      @Override
79      public void show() {
80          super.show();
81          refreshView();
82      }
83     public interface OnClickBottomListener{
84          void onPositiveClick();//实现“确定”按钮点击事件的方法
85          void onNegtiveClick(); //实现“取消”按钮点击事件的方法
86     }
87     //设置“确定”“取消”按钮的回调
88      public OnClickBottomListener onClickBottomListener;
```

```
89      public CommonDialog setOnClickBottomListener(OnClickBottomListener
90                                                      onClickBottomListener){
91          this.onClickBottomListener = onClickBottomListener;
92          return this;
93      }
94      public CommonDialog setMessage(String message) {
95          this.message = message;
96          return this ;
97      }
98      public CommonDialog setTitle(String title) {
99          this.title = title;
100         return this ;
101     }
102     public CommonDialog setPositive(String positive) {
103         this.positive = positive;
104         return this ;
105     }
106     public CommonDialog setNegtive(String negtive) {
107         this.negtive = negtive;
108         return this ;
109     }
110 }
```

上述代码中，第19~25行代码重写了AlertDialog的onCreate()方法，在该方法中通过setContentView()方法加载布局文件custom_dialog.xml。接着在onCreate()方法中调用initView()、initEvent()方法，这些方法分别用于初始化界面控件、初始化界面控件的点击事件。

第27~32行代码创建了一个initView()方法，在该方法中获取了对话框界面的控件。

第34~56行代码创建了一个refreshView()方法，在该方法中首先判断对话框的标题（title）、消息（message）、两个按钮的文本信息是否进行了自定义，如果自定义了，则对应的信息显示自定义的文本信息，否则，标题与消息不显示。接着判断对话框中的两个按钮（positive和negtive）的文本是否进行了自定义，如果没有自定义，则默认设置为“确定”和“取消”文本，否则显示为自定义的文本信息。

第58~77行代码创建了一个initEvent()方法，在该方法中通过setOnClickListener()方法分别设置“确定”按钮和“取消”按钮的点击事件的监听器，在该监听器的onClick()方法中，调用实现“确定”与“取消”按钮的点击事件的方法。

第78~82行代码重写了AlertDialog的show()方法，并在该方法中调用refreshView()方法初始化界面数据。

第83~86行代码创建了一个OnClickBottomListener接口，在该接口中定义了两个方法onPositiveClick()和onNegtiveClick()，分别用于实现“确定”与“取消”按钮的点击事件。

第89~93行代码创建了一个setOnClickBottomListener()方法，该方法用于实现“取消”与“确定”按钮的点击监听事件。

第94~109行代码分别创建了setMessage()方法、setTitle()方法、setPositive()方法以及setNegtive()方法，这四个方法分别用于设置对话框上的消息、标题、以及两个按钮的文本信息。

需要注意的是，通常Dialog被创建之后，需要调用show()方法才会回调onCreate()方法，因此在CommonDialog类中重写的show()方法中调用了refreshView()方法初始化界面数据。

5. 通过代码实现自定义对话框的功能

在MainActivity中，创建一个init()方法，在该方法中获取界面控件并实现控件的点击事件，具体代码如【文件3-18】所示。

【文件3-18】 MainActivity.java

```
1 package cn.itcast.customdialog;
2 import android.support.v7.app.AppCompatActivity;
3 import android.os.Bundle;
4 import android.view.View;
5 import android.widget.Button;
6 public class MainActivity extends AppCompatActivity {
7     @Override
8     protected void onCreate(Bundle savedInstanceState) {
9         super.onCreate(savedInstanceState);
10        setContentView(R.layout.activity_main);
11        init();
12    }
13    private void init() {
14        Button btn_dialog = findViewById(R.id.btn_dialog);
15        btn_dialog.setOnClickListener(new View.OnClickListener() {
16            @Override
17            public void onClick(View v) {
18                final CommonDialog dialog = new CommonDialog(MainActivity.this);
19                dialog.setTitle(" 提示 ");
20                dialog.setMessage(" 您确定要删除信息: ");
21                dialog.setNegtive(" 取消 ");
22                dialog.setPositive(" 确定 ");
23                dialog.setOnClickBottomListener(new CommonDialog.
24                                              OnClickBottomListener() {
25                    @Override
26                    public void onPositiveClick() { //确定按钮的点击事件
27                        dialog.dismiss();
28                    }
29                    @Override
30                    public void onNegtiveClick() { //取消按钮的点击事件
31                        dialog.dismiss();
32                    }
33                });
34                dialog.show();
35            }
36        });
37    }
38 }
```

上述代码中，第15~36行代码通过setOnClickListener()方法实现了界面上“弹出自定义对话框”按钮的点击事件。其中，第18~22行代码创建了一个CommonDialog的对象dialog，并调用该对象的setTitle()方法、setMessage()方法、setNegtive()方法以及setPositive()方法分别设置对话框的标题、消息以及两个按钮的文本信息。第23~33行代码通过setOnClickBottomListener()方法设置按钮的点击事件的监听器，在该监听器中重写onPositiveClick()方法与onNegtiveClick()方法，分别用于实现“确定”与“取消”按钮的点击事件，点击这两个按钮，程序会调用dismiss()方法关闭对话框。

3.3　ListView的使用

在日常生活中，大家经常会使用微信、淘宝等应用程序，这些程序通常会在一个页面中展示多个条目，并且每个条目的布局风格一致，这种数据的展示方式是通过ListView控件实现的。本节将针对ListView控件进行详细讲解。

3.3.1 ListView控件的简单使用

在Android开发中，ListView是一个比较常用的控件，它以列表的形式展示数据内容，并且能够根据列表的高度自适应屏幕显示。

ListView的样式是由属性决定的，其常用属性的具体介绍如表3-4所示。

表 3-4 ListView 常用属性

属性名称	功能描述
android:listSelector	当条目被点击后，改变条目的背景颜色
android:divider	设置分割线的颜色
android:dividerHeight	设置分割线的高度
android:scrollbars	是否显示滚动条
android:fadingEdge	去掉上边和下边的黑色阴影

在XML文件的RelativeLayout布局中添加ListView控件的示例代码如下：

```
<?xml version="1.0" encoding="utf-8"?>
<RelativeLayout xmlns:android="http://schemas.android.com/apk/res/android"
    xmlns:tools="http://schemas.android.com/tools"
    android:layout_width="match_parent"
    android:layout_height="match_parent"
    tools:context=".MainActivity">
    <ListView
        android:id="@+id/lv"
        android:layout_width="match_parent"
        android:layout_height="match_parent"
        android:listSelector="#fefefefe"
        android:scrollbars="none" >
    </ListView>
</RelativeLayout>
```

3.3.2 常用数据适配器（Adapter）

在为ListView控件添加数据时会用到数据适配器。数据适配器是数据与视图之间的桥梁，它类似于一个转换器，将复杂的数据转换成用户可以接受的方式进行呈现。在Android系统中提供了多种适配器（Adapter）对ListView控件进行数据适配，接下来介绍几种常用的Adapter。

1. BaseAdapter

BaseAdapter是基本的适配器。其实际上是一个抽象类，通常在自定义适配器时会继承BaseAdapter，该类拥有四个抽象方法，根据这几个抽象方法来对ListView控件进行数据适配。BaseAdapter的四个抽象方法如表3-5所示。

表 3-5 BaseAdapter 中的方法

方法名称	功能描述
public int getCount()	获取 Item 条目的总数
public Object getItem(int position)	根据 position（位置）获取某个 Item 的对象
public long getItemId(int position)	根据 position（位置）获取某个 Item 的 id
public View getView(int position, View convertView, ViewGroup parent)	获取相应 position 对应的 Item 视图，position 是当前 Item 的位置，convertView 用于复用旧视图，parent 用于加载 XML 布局

2. SimpleAdapter

SimpleAdapter继承自BaseAdapter，实现了BaseAdapter的四个抽象方法并对其进行封装。因此在使用SimpleAdapter进行数据适配时，只需要在构造方法中传入相应的参数即可，SimpleAdapter的构造方法的具体信息如下：

```
public SimpleAdapter(Context context, List<? extends Map<String, ?>> data,
                          int resource, String[] from, int[] to)
```

在SimpleAdapter()构造方法中的5个参数的含义如下：

- context：表示上下文对象。
- data：数据集合，data中的每一项对应ListView控件中的条目的数据。
- resource：Item布局的资源id。
- from：Map集合中的key值。
- to：Item布局中对应的控件。

3. ArrayAdapter

ArrayAdapter也是BaseAdapter的子类，用法与SimpleAdapter类似，开发者只需要在构造方法里面传入相应参数即可。ArrayAdapter通常用于适配TextView控件，例如Android系统中的Setting（设置菜单）。ArrayAdapter有多个构造方法，构造方法的具体信息如下所示：

```
    public ArrayAdapter(Context context,int resource);
    public ArrayAdapter(Context context,int resource, int textViewResourceId);
    public ArrayAdapter(Context context,int resource,T[] objects);
    public ArrayAdapter(Context context,int resource,int textViewResourceId,
  T[] objects);
    public ArrayAdapter(Context context,int resource,List<T> objects);
    public ArrayAdapter(Context context,int resource,int textViewResourceId, List<T>
objects)
```

在ArrayAdapter()构造方法中的5个参数含义如下：

- context：Context上下文对象。
- resource：Item布局的资源id。
- textViewResourceId：Item布局中相应TextView的id。
- T[] objects：需要适配的数组类型的数据。
- List<T> objects：需要适配的List类型的数据。

在创建适配器后，可以通过ListView对象的setAdapter()方法添加适配器，如将继承BaseAdapter的MyBaseAdapter实例添加到ListView中，示例代码如下：

```
ListView mListView = (ListView)findViewById(R.id.lv); //初始化ListView控件
MyBaseAdapter mAdapter = new MyBaseAdapter();      //创建一个Adapter的实例
mListView.setAdapter(mAdapter);                    //设置Adapter
```

3.3.3 案例——Android购物商城

前面介绍了ListView控件和几种常见的数据适配器，接下来，我们以图3-17所示的界面为例，讲解如何对ListView控件进行数据适配，具体步骤如下：

1. 创建程序

创建一个名为ListView的应用程序，指定包名为cn.itcast.listview。

2. 导入界面图片

在Android Studio中，切换到Project选项卡，选中程序中的res文件夹，右击选择【New】→【Directory】选项，创建一个名为drawable-hdpi的文件夹。将购物商城界面所需要的图片table.png、apple.png、cake.png、wireclothes.png、kiwifruit.png、scarf.png导入到drawable-hdpi文件夹中。

图3-17 购物商城界面

3. 放置界面控件

扫一扫

扫码查看文件3-19

在res/layout文件夹中的activity_main.xml文件中，放置1个TextView控件用于显示购物商城界面的标题，1个ListView控件用于显示购物商城界面的列表。完整布局代码详见【文件3-19】。

4. 创建Item界面

购物车商城界面的列表是由若干个Item组成的，每个Item上都显示商品的图片、名称以及价格，界面效果如图3-18所示。

图3-18 Item界面

扫一扫

扫码查看文件3-20

在res/layout文件夹中创建一个Item界面的布局文件list_item.xml，在该文件中放置1个ImageView控件用于显示商品图片，2个TextView控件分别用于显示商品名称和价格，完整布局代码详见【文件3-20】。

5. 编写界面交互代码

在MainActivity中创建一个内部类MyBaseAdapter继承自BaseAdapter类，并在该类中实现对ListView控件的数据适配，具体代码如【文件3-21】所示。

【文件3-21】 MainActivity.java

```
1    package cn.itcast.listview;
2    import android.app.Activity;
3    import android.os.Bundle;
4    import android.view.View;
5    import android.view.ViewGroup;
6    import android.widget.BaseAdapter;
7    import android.widget.ImageView;
8    import android.widget.ListView;
9    import android.widget.TextView;
10   public class MainActivity extends Activity {
11       private ListView mListView;
12       //商品名称与价格数据集合
13       private String[] titles = { "桌子", "苹果", "蛋糕", "线衣", "猕猴桃",
14                                   "围巾"};
15       private String[] prices = { "1800元", "10元/kg", "300元", "350"
16                                   +"元", "10元/kg","280元"};
17       //图片数据集合
18       private int[] icons = {R.drawable.table,R.drawable.apple,R.drawable.
19       cake, R.drawable.wireclothes,R.drawable.kiwifruit,R.drawable.scarf};
20       protected void onCreate(Bundle savedInstanceState) {
21           super.onCreate(savedInstanceState);
22           setContentView(R.layout.activity_main);
23           mListView = (ListView) findViewById(R.id.lv);//初始化ListView控件
```

```
24          MyBaseAdapter mAdapter = new MyBaseAdapter(); //创建一个 Adapter 实例
25          mListView.setAdapter(mAdapter);                //设置 Adapter
26      }
27      class MyBaseAdapter extends BaseAdapter {
28          @Override
29          public int getCount() {            //获取 item 的总数
30              return titles.length;          //返回 ListView Item 条目的总数
31          }
32          @Override
33          public Object getItem(int position) {
34              return titles[position];       //返回 Item 的数据对象
35          }
36          @Override
37          public long getItemId(int position) {
38              return position;               //返回 Item 的 id
39          }
40          //得到 Item 的 View 视图
41          @Override
42          public View getView(int position, View convertView, ViewGroup parent) {
43              //加载 list_item.xml 布局文件
44              View view  = View.inflate(MainActivity.this,R.layout.list_item, null);
45              TextView title = (TextView) view.findViewById(R.id.title);
46              TextView price = (TextView) view.findViewById(R.id.price);
47              ImageView iv = (ImageView) view.findViewById(R.id.iv);
48              title.setText(titles[position]);
49              price.setText(prices[position]);
50              iv.setBackgroundResource(icons[position]);
51              return view;
52          }
53      }
54  }
```

上述代码中，第13~19行代码定义了数组titles、prices、icons，这3个数组分别用于存储商品列表中显示的商品名称、价格和图片，并且这3个数组的长度一致。

第25行代码通过setAdapter()方法为ListView控件设置适配器。

第27~53行代码创建了一个MyBaseAdapter类继承自BaseAdapter类，并重写BaseAdapter类中的一些方法。其中，在重写的getView()方法中通过inflate()方法加载了列表条目的布局文件list_item.xml，接着通过findViewById()方法获取列表条目上的控件，最后通过setText()方法与setBackgroundResource()方法设置界面上的文本和图片的数据信息。

6．优化ListView加载数据逻辑

运行上述程序后，当ListView控件上加载的Item过多并快速滑动该控件时，界面会出现卡顿的现象，出现这个现象的原因如下：

（1）当滑动屏幕时，不断地创建Item对象。ListView控件在当前屏幕上显示多少个Item，就会在适配器MyBaseAdapter中的getView()方法中创建多少Item对象。当滑动ListView控件时，滑出屏幕的Item对象会被销毁，新加载到屏幕上的Item会创建新的对象，因此快速滑动ListView控件时会不断地对Item对象进行销毁和创建。

（2）不断执行findViewById()方法初始化控件。每创建一个Item对象都需要加载一次Item布局，加载布局时会不断地执行findViewById()方法初始化控件。这些操作比较耗费设备（模拟器、手机等设备）的内存并且浪费时间，如果每个Item都需要加载网络图片，加载网络图片是个比较耗时的操作，就会造成程序内存溢出的异常。

由于上述两点原因，我们需要对ListView控件进行优化，优化的目的是使ListView控件在快速滑动时不再重复创建Item对象，减少内存的消耗和屏幕渲染的处理。接下来，对购物商城案例中的ListView控件进行优化，优化的具体步骤如下：

（1）创建ViewHolder类。在MainActivity中创建一个ViewHolder类，将需要加载的控件变量放在该类中，具体代码如下所示：

```
class ViewHolder{
    TextView title,price;
    ImageView iv;
}
```

（2）在MyBaseAdapter的getView(int position, View convertView, ViewGroup parent)方法中，第2个参数convertView代表的就是之前滑出屏幕的Item对象。如果第一次加载getView()方法时，会创建Item对象，当滑动ListView控件时，滑出屏幕的Item对象会以缓存的形式存在，而convertView代表的就是缓存的Item对象，我们可以通过复用convertView对象从而减少Item对象的创建，在getView()方法中进行优化的具体代码如下：

```
1  public View getView(int position, View convertView, ViewGroup parent) {
2      ViewHolder holder = null;
3      if(convertView == null){
4           //将 list_item.xml 文件找出来并转换成 View 对象
5           convertView  = View.inflate(MainActivity.this, R.layout.list_item, null);
6           //找到 list_item.xml 中创建的 TextView
7           holder = new ViewHolder();
8          holder.title = (TextView) convertView.findViewById(R.id.title);
9          holder.price = (TextView) convertView.findViewById(R.id.price);
10          holder.iv = (ImageView) convertView.findViewById(R.id.iv);
11          convertView.setTag(holder);
12     }else{
13          holder = (ViewHolder) convertView.getTag();
14     }
15          holder.title.setText(titles[position]);
16          holder.price.setText(prices[position]);
17          holder.iv.setBackgroundResource(icons[position]);
18          return convertView;
19     }
20 }
```

上述代码中，第2~19行代码主要用于判断convertView对象是否为null，如果为null，则会创建ViewHolder类的对象holder，并将获取的界面控件赋值给ViewHolder类中的属性，最后通过setTag()方法将对象holder添加到convertView对象中，否则，不会重新创建ViewHolder类的对象，会通过getTag()方法获取缓存在convertView 对象中的ViewHolder类的对象。

3.4 RecyclerView的使用

在Android5.0之后，谷歌提供了用于在有限的窗口范围内显示大量数据的控件RecyclerView。与ListView控件相似，RecyclerView控件同样是以列表的形式展示数据，并且数据都是通过适配器加载的。但是，RecyclerView的功能更加强大，接下来我们从以下几个方面来分析：

（1）展示效果：RecyclerView控件可以通过LayoutManager类实现横向或竖向的列表效果、瀑布流效果和GridView效果，而ListView控件只能实现竖直的列表效果。

（2）适配器：RecyclerView控件使用的是RecyclerView.Adapter适配器，该适配器将BaseAdapter中的getView()方法拆分为onCreateViewHolder()方法和onBindViewHolder()方法，强制使用ViewHolder类，使代码编写规范化，避免了初学者写的代码性能不佳。

（3）复用效果：RecyclerView控件复用Item对象的工作由该控件自己实现，而ListView控件复用Item对象的工作需要开发者通过convertView的setTag()方法和getTag()方法进行操作。

（4）动画效果：RecyclerView控件可以通过setItemAnimator()方法为Item添加动画效果，而ListView控件不可以通过该方法为Item添加动画效果。

接下来，我们以图3-19所示的界面为例，讲解如何通过RecyclerView控件显示一个列表界面，具体步骤如下：

图3-19 列表界面

1. 创建程序

创建一个名为RecyclerView的应用程序，包名为cn.itcast.recyclerview。

2. 导入界面图片

在Android Studio中，切换到Project选项卡，在res文件夹中创建drawable-hdpi文件夹，将程序中所需要的图片cat.png、siberiankusky.png、yellowduck.png、fawn.png、tiger.png导入到drawable-hdpi文件夹中。

3. 添加recyclerview库

RecyclerView是com.android.support:recyclerview-v7库中的控件，因此需要将该库添加到程序中。首先选中程序名称，右击选择【Open Module Settings】选项，在Project Structure窗口中的左侧选择【app】，接着选中【Dependencies】选项卡，单击右上角的绿色加号并选择Library dependency选项，弹出Choose Library Dependency窗口。在该窗口中找到com.android.support:recyclerview-v7库，双击该库将其添加到程序中，此时查看程序中的build.gradle文件，在dependencies{}节点中，会出现已添加的com.android.support:recyclerview-v7库，具体代码如下：

```
dependencies {
    ......
    implementation 'com.android.support:appcompat-v7:27.1.1'
    implementation 'com.android.support:recyclerview-v7:27.1.1'
}
```

需要注意的是，添加的com.android.support:recyclerview-v7库的版本需要和com.android.support:appcompat库的版本一致，否则，build.gradle文件中导入的com.android.support:recyclerview-v7库会报红。

4. 放置界面控件

在res/layout文件夹中的activity_main.xml文件中，放置1个RecyclerView控件，用于显示一个列表，具体代码如【文件3-22】所示。

【文件3-22】 activity_main.xml

```
1 <?xml version="1.0" encoding="utf-8"?>
2 <RelativeLayout xmlns:android="http://schemas.android.com/apk/res/android"
3     android:layout_width="match_parent"
4     android:layout_height="match_parent">
```

```
5     <android.support.v7.widget.RecyclerView
6         android:id="@+id/id_recyclerview"
7         android:layout_width="match_parent"
8         android:layout_height="match_parent">
9     </android.support.v7.widget.RecyclerView>
10 </RelativeLayout>
```

上述代码中，第5~9行代码引入了RecyclerView控件，由于该控件是com.android.support:recyclerview-v7库中的，因此在引入时需要使用完整的路径（android.support.v7.widget.RecyclerView）。

5．创建Item界面

由于RecyclerView控件显示的列表界面是由若干个Item组成的，每个Item上都显示动物的图片、名称以及简介信息，界面效果如图3-20所示。

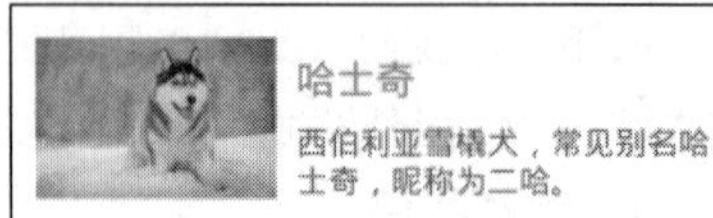

图3-20　Item界面

在res/layout文件夹中创建一个Item界面的布局文件recycler_item.xml，在该文件中放置1个ImageView控件用于显示动物的图片，2个TextView控件分别用于显示动物的名称和简介，具体代码如【文件3-23】所示。

【文件3-23】 recycler_item.xml

```
1  <?xml version="1.0" encoding="utf-8"?>
2  <LinearLayout xmlns:android="http://schemas.android.com/apk/res/android"
3      android:layout_width="match_parent"
4      android:layout_height="wrap_content"
5      android:padding="16dp"
6      android:gravity="center"
7      android:orientation="horizontal">
8      <ImageView
9          android:id="@+id/iv"
10         android:layout_width="120dp"
11         android:layout_height="90dp"
12         android:src="@drawable/siberiankusky"/>
13     <RelativeLayout
14         android:layout_width="wrap_content"
15         android:layout_height="wrap_content"
16         android:layout_marginLeft="10dp"
17         android:layout_marginTop="5dp">
18         <TextView
19             android:id="@+id/name"
20             android:layout_width="wrap_content"
21             android:layout_height="wrap_content"
22             android:textSize="20sp"
23             android:textColor="#FF8F03"
24             android:text=" 哈士奇 "/>
25         <TextView
26             android:id="@+id/introduce"
27             android:layout_width="wrap_content"
28             android:layout_height="wrap_content"
29             android:textSize="16sp"
30             android:layout_marginTop="10dp"
31             android:layout_below="@+id/name"
32             android:textColor="#FF716C6D"
33             android:maxLines="2"
```

```
34             android:ellipsize="end"
35             android:text="西伯利亚雪橇犬，常见别名哈士奇，昵称为二哈，"/>
36     </RelativeLayout>
37 </LinearLayout>
```

上述代码中，第33行代码设置属性android:maxLines的值为2，表示设置TextView控件显示的文本行数最多为2行。第34行代码通过设置属性android:ellipsize的值为end，来设置超过2行的文本内容用“…”表示。

6. 编写界面交互代码

在MainActivity中通过逻辑代码对RecyclerView控件进行数据适配并将数据显示到列表界面上，具体代码如【文件3-24】所示。

【文件3-24】 MainActivity.java

```
1  package cn.itcast.recyclerview;
2  import android.support.v7.app.AppCompatActivity;
3  import android.os.Bundle;
4  import android.support.v7.widget.LinearLayoutManager;
5  import android.support.v7.widget.RecyclerView;
6  import android.view.LayoutInflater;
7  import android.view.View;
8  import android.view.ViewGroup;
9  import android.widget.ImageView;
10 import android.widget.TextView;
11 public class MainActivity extends AppCompatActivity {
12     private RecyclerView mRecyclerView;
13     private HomeAdapter mAdapter;
14     private String[] names = { "小猫", "哈士奇", "小黄鸭","小鹿","老虎"};
15     private int[]  icons= { R.drawable.cat,R.drawable.siberiankusky,
16                    R.drawable.yellowduck,R.drawable.fawn, R.drawable.tiger};
17     private String[] introduces = {
18             "猫，属于猫科动物，分家猫，野猫，是全世界家庭中较为广泛的宠物。",
19             "西伯利亚雪橇犬，常见别名哈士奇，昵称为二哈。",
20             "鸭的体型相对较小，颈短，一些属的嘴要大些，腿位于身体后方，因而"
21             +"步态蹒跚。",
22             "鹿科是哺乳纲偶蹄目下的一科动物，体型大小不等，为有角的反刍类，",
23             "虎，大型猫科动物，毛色浅黄或棕黄色，满有黑色横纹，头圆，耳短，"
24             +"耳背面黑色，中央有一白斑甚显著，四肢健壮有力，尾粗长，具黑色环纹，"
25             +"尾端黑色。"
26             };
27     @Override
28     protected void onCreate(Bundle savedInstanceState) {
29         super.onCreate(savedInstanceState);
30         setContentView(R.layout.activity_main);
31         mRecyclerView = (RecyclerView) findViewById(R.id.id_recyclerview);
32         mRecyclerView.setLayoutManager(new LinearLayoutManager(this));
33         mAdapter = new HomeAdapter();
34         mRecyclerView.setAdapter(mAdapter);
35     }
36     class HomeAdapter extends RecyclerView.Adapter<HomeAdapter.MyViewHolder> {
37         @Override
38         public MyViewHolder onCreateViewHolder(ViewGroup parent, int viewType) {
39             MyViewHolder holder = new MyViewHolder(LayoutInflater.from(MainActivity.
40                         this).inflate(R.layout.recycler_item, parent, false));
```

```
41             return holder;
42         }
43         @Override
44         public void onBindViewHolder(MyViewHolder holder, int position) {
45             holder.name.setText(names[position]);
46             holder.iv.setImageResource(icons[position]);
47             holder.introduce.setText(introduces[position]);
48         }
49         @Override
50         public int getItemCount() {
51             return names.length;
52         }
53         class MyViewHolder extends RecyclerView.ViewHolder {
54             TextView name;
55             ImageView iv;
56             TextView introduce;
57             public MyViewHolder(View view) {
58                 super(view);
59                 name = (TextView) view.findViewById(R.id.name);
60                 iv = (ImageView) view.findViewById(R.id.iv);
61                 introduce = (TextView) view.findViewById(R.id.introduce);
62             }
63         }
64     }
65 }
```

上述代码中，第14~26行代码定义了3个数组names、icons、introduces，分别用于存储动物的名称、图片以及简介数据。

第31~34行代码首先获取了RecyclerView控件，接着通过setLayoutManager()方法设置RecyclerView控件的显示方式为线性垂直的效果，最后通过setAdapter()方法将适配器HomeAdapter的对象设置到RecyclerView控件上。

第36~64行代码创建了一个HomeAdapter类继承RecyclerView.Adapter类，并在该类中重写了onCreateViewHolder()方法、onBindViewHolder()方法以及getItemCount()方法。其中，onCreateViewHolder()方法主要用于加载Item界面的布局文件，并将MyViewHolder类的对象返回。onBindViewHolder()方法主要是将获取的数据设置到对应的控件上。getItemCount()方法用于获取列表条目的总数。

第53~63行代码创建了一个MyViewHolder类，其继承自RecyclerView.ViewHolder类，在该类中获取Item界面上的控件。

运行上述程序可知，RecyclerView控件与ListView控件展示的列表效果相同，但是每个Item之间默认没有分割线，这是因为RecyclerView控件的使用比较灵活，可以自由设计界面，开发者可以通过RecyclerView控件的addItemDecoration()方法对列表的分割线进行设置。

3.5 自定义View

通常开发Android应用的界面时，使用的控件都不直接使用View，而是使用View的子类。例如，如果要显示一段文字，可以使用View的子类TextView，如果要显示一个按钮，可以使用View的子类Button。虽然Android系统中提供了很多继承自View类的控件，但是在实际开发中，还会出现不满足需求的情况。此时我们可以通过自定义View的方式进行实现。

最简单的自定义View就是创建一个类继承自View类或者其子类，并重写该类的构造方法，示例代码如下：

```
1 public class Customview extends View{
2     public Customview(Context context) {
3         super(context);
4     }
5     public Customview(Context context, AttributeSet attrs) {
6         super(context, attrs);
7     }
8 }
```

定义好自定义类Customview之后，如果想要创建一个该类的对象，则需要使用到该类的第1个构造方法（第2~4行）。如果想要在布局文件中引入该自定义的Customview控件，则需要使用到该类的第2个构造方法（第5~7行）。

1. 自定义View常用的3个方法

由于系统自带的控件不能满足需求中的某种样式或功能，因此我们需要在自定义View中通过重写指定的方法来添加额外的样式和功能，自定义View常用的3个方法的具体介绍如下：

（1）onMeasure()方法。该方法用于测量尺寸，在该方法中可以设置控件本身或其子控件的宽高，onMeasure()方法的具体介绍如下：

```
onMeasure(int widthMeasureSpec, int heightMeasureSpec)
```

onMeasure()方法中的第1个参数widthMeasureSpec表示获取父容器指定该控件的宽度，第2个参数heightMeasureSpec表示获取父容器指定该控件的高度。

widthMeasureSpec和heightMeasureSpec参数不仅包含父容器指定的属性值，还包括父容器指定的测量模式。测量模式分为三种，具体介绍如下：

- EXACTLY：当自定义控件的宽高的值设置为具体值时使用，如100dp、match_parent等，此时控件的宽高值是精确的尺寸。
- AT_MOST：当自定义控件的宽高值为wrap_content时使用，此时控件的宽高值是控件中的数据内容可获得的最大空间值。
- UNSPECIFIED：当父容器没有指定自定义控件的宽高值时使用。

需要注意的是，虽然参数widthMeasureSpec和heightMeasureSpec是父容器指定该控件的宽高，但是该控件还需要通过setMeasuredDimension(int,int)方法设置具体的宽高。

（2）onDraw()方法。该方法用于绘制图像，onDraw()方法的具体介绍如下：

```
onDraw(Canvas canvas)
```

onDraw()方法中的参数canvas表示画布。Canvas类经常与Paint类（画笔）配合使用，使用Paint类可以在Canvas类中绘制图像。

（3）onLayout()方法。onLayout()方法用于指定布局中子控件的位置，该方法通常在自定义ViewGroup中重写。onLayout()方法的具体介绍如下：

```
onLayout(boolean changed, int left, int top, int right, int bottom)
```

onLayout()方法中有5个参数，其中，第1个参数changed表示自定义View的大小和位置是否发生变化，剩余的4个参数left、top、right、bottom分别表示子控件与父容器左边、顶部、右边、底部的距离。

2. 用自定义View在界面中显示圆形

接下来，我们以图3-21所示的界面为例，讲解如何使用自定义View在界面中显示一个Android系统中没有控件可以显示的圆形，具体步骤如下：

（1）创建程序。创建一个名为CustomView的应用程序，指定包名为cn.itcast.customview。

（2）创建自定义CircleView类。在cn.itcast.customview包中创建一个CircleView类继承自View类，并在该类中重写onDraw()方法，具体代码如【文件3-25】所示。

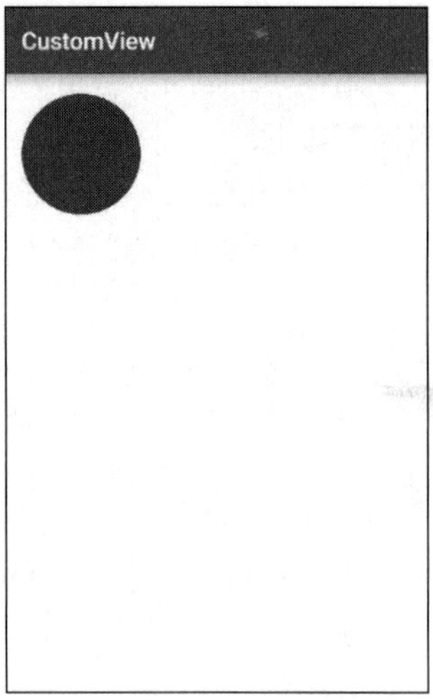

图3-21　放置Button控件的界面

【文件3-25】 CircleView.java

```
1  package cn.itcast.customview;
2  ....../ /省略导包
3  public class CircleView extends View{
4      public CircleView(Context context) {
5          super(context);
6      }
7      public CircleView(Context context, AttributeSet attrs) {
8          super(context, attrs);
9      }
10     @Override
11     protected void onDraw(Canvas canvas) {
12         super.onDraw(canvas);
13         int r = getMeasuredWidth() / 2;
14         int centerX = getLeft() + r;
15         int centerY = getTop()+ r;
16         Paint paint = new Paint();
17         paint.setColor(Color.RED);
18         //开始绘制
19         canvas.drawCircle(centerX, centerY, r, paint);
20     }
21 }
```

上述代码中，第4~9行代码重写了CircleView类的2个构造方法。

第10~20行代码重写了onDraw()方法，在该方法中绘制一个圆形图像。其中，第13行代码获取了圆的半径，第14~15行代码分别获取了圆心的在界面上的X轴与Y轴的位置。第16~19行代码首先创建了一个Paint类的对象，接着通过setColor()方法设置该画笔的颜色为红色，最后调用drawCircle()方法绘制一个圆形。

创建完自定义View控件后，在activity_main.xml文件中引入该自定义控件，具体代码如【文件3-26】所示。

【文件3-26】 activity_main.xml

```
1  <?xml version="1.0" encoding="utf-8"?>
2  <RelativeLayout xmlns:android="http://schemas.android.com/apk/res/android"
3      android:layout_width="match_parent"
4      android:layout_height="match_parent"
```

```
5      android:layout_marginLeft="16dp"
6      android:layout_marginTop="16dp">
7      <cn.itcast.customview.CircleView
8          android:layout_width="100dp"
9          android:layout_height="100dp"/>
10 </RelativeLayout>
```

本 章 小 结

本章主要讲解了Android中控件的相关知识，包括简单控件、AlertDilog对话框、ListView控件和RecyclerView控件以及自定义View。通过本章的学习，希望初学者能掌握Android控件的基本使用，因为无论创建任何Android程序可能都会用到这些控件。

本 章 习 题

一、判断题

1. Android的控件样式，每一个XML属性都对应一个Java方法。（　　）
2. 当指定RadioButton按钮的android:checked属性为true时，表示未选中状态。（　　）
3. AlertDialog对话框能够直接通过new关键字创建对象。（　　）
4. Toast是Android系统提供的轻量级信息提醒机制，用于向用户提示即时消息。（　　）
5. ListView列表中的数据是通过Adapter加载的。（　　）

二、选择题

1. 在XML布局中定义了一个Button，决定Button按钮上显示文字的属性是（　　）。
   A. android:value　　B. android:text
   C. android:id　　D. android:textvalue
2. 下列选项中，（　　）用于设置TextView中文字显示的大小。
   A. android:textSize="18"　　B. android:size="18"
   C. android:textSize="18sp"　　D. android:size="18sp"
3. 使用EditText控件时，当文本内容为空时，如果想做一些提示，那么可以使用的属性是（　　）。
   A. android:text　　B. android:background
   C. android:inputType　　D. android:hint
4. 为了让一个ImageView显示一张图片，可以通过设置的属性是（　　）。
   A. android:src　　B. android:background
   C. android: img　　D. android:value
5. 下列关于ListView的说法中，正确的是（　　）。
   A. ListView的条目不能设置点击事件
   B. ListView不设置Adapter也能显示数据内容
   C. 当数据超出能显示范围时，ListView自动具有可滚动的特性
   D. 若ListView当前能显示10条，一共有100条数据，则产生了100个View

6. CheckBox被选择的监听事件通常使用（　　）方法。

   A. setOnClickListener　　B. setOnCheckedChangeListener

   C. setOnMenuItemSelectedListener　　D. setOnCheckedListener

7. 当使用EditText控件时，能够使文本框设置为多行显示的属性是（　　）。

   A. android:lines　　B. android:layout_height

   C. android:textcolor　　D. android:textsize

8. 下列关于AlertDialog的描述，错误的是（　　）。

   A. 使用new关键字创建AlertDialog的实例

   B. 对话框的显示需要调用show()方法

   C. setPositiveButton()方法是用来设置确定按钮的

   D. setNegativeButton()方法是用来设置取消按钮的

三、简答题

1. 简述ListView与RecyclerView的区别。
2. 简述实现Button按钮的点击事件的方式有哪几种？
3. 简述AlertDialog对话框的创建过程。

四、编程题

1. 开发一个整数加法的程序，实现将计算结果显示到界面上的功能。

2. 开发一个自定义对话框，其界面中显示标题、提示内容、确定和取消按钮。当点击回退键时，用于提示用户是否退出应用。

第4章　程序活动单元Activity

学习目标：

◎掌握Activity生命周期的方法，能够灵活使用Activity。

◎掌握Activity的创建、配置、开启和关闭。

◎掌握Intent和IntentFilter。

◎掌握Activity中的任务栈和四种启动模式。

◎掌握Activity之间的跳转。

◎了解Fragment的使用。

Android中的四大组件分别是Activity、Service、ContentProvider和BroadcastReceiver，其中，Activity是一个负责与用户交互的组件，每个Android应用中都会用Activity来显示界面以及处理界面上一些控件的事件，本章将针对Activity组件进行详细讲解，其他组件的介绍会在后续章节中讲解。

4.1　Activity的生命周期

4.1.1　生命周期状态

Activity的生命周期指的是Activity从创建到销毁的整个过程，这个过程大致可以分为五种状态，分别是启动状态、运行状态、暂停状态、停止状态和销毁状态，关于这五种状态的相关讲解具体如下：

1. 启动状态

Activity的启动状态很短暂，一般情况下，当Activity启动之后便会进入运行状态。

2. 运行状态

Activity在此状态时处于界面最前端，它是可见、有焦点的，可以与用户进行交互，如点击界面中的按钮和在界面上输入信息等。

值得一提的是，当Activity处于运行状态时，Android会尽可能地保持这种状态，即使出现内存不足的情况，Android也会先销毁栈底的Activity，来确保当前Activity正常运行。

3. 暂停状态

在某些情况下，Activity对用户来说仍然可见，但它无法获取焦点，用户对它操作没有响应，此时它就处于暂停状态。例如，当前Activity上覆盖了一个透明或者非全屏的界面时，被覆盖的Activity就处于暂停状态。

4. 停止状态

当Activity完全不可见时，它就处于停止状态。如果系统内存不足，那么这种状态下的Activity很容易被销毁。

5. 销毁状态

当Activity处于销毁状态时，将被清理出内存。

需要注意的是，Activity生命周期的启动状态和销毁状态是过渡状态，Activity不会在这两个状态停留。

4.1.2 生命周期方法

Activity的生命周期包括创建、可见、获取焦点、失去焦点、不可见、重新可见、销毁等环节，针对每个环节Activity都定义了相关的回调方法，Activity中的回调方法具体如下：

（1）onCreate()：Activity创建时调用，通常做一些初始化设置。

（2）onStart()：Activity即将可见时调用。

（3）onResume()：Activity获取焦点时调用。

（4）onPause()：当前Activity被其他Activity覆盖或屏幕锁屏时调用。

（5）onStop()：Activity对用户不可见时调用。

（6）onDestroy()：Activity销毁时调用。

（7）onRestart()：Activity从停止状态到再次启动时调用。

为了帮助开发者更好地理解Activity的生命周期，Google公司提供了Activity的生命周期模型，如图4-1所示。

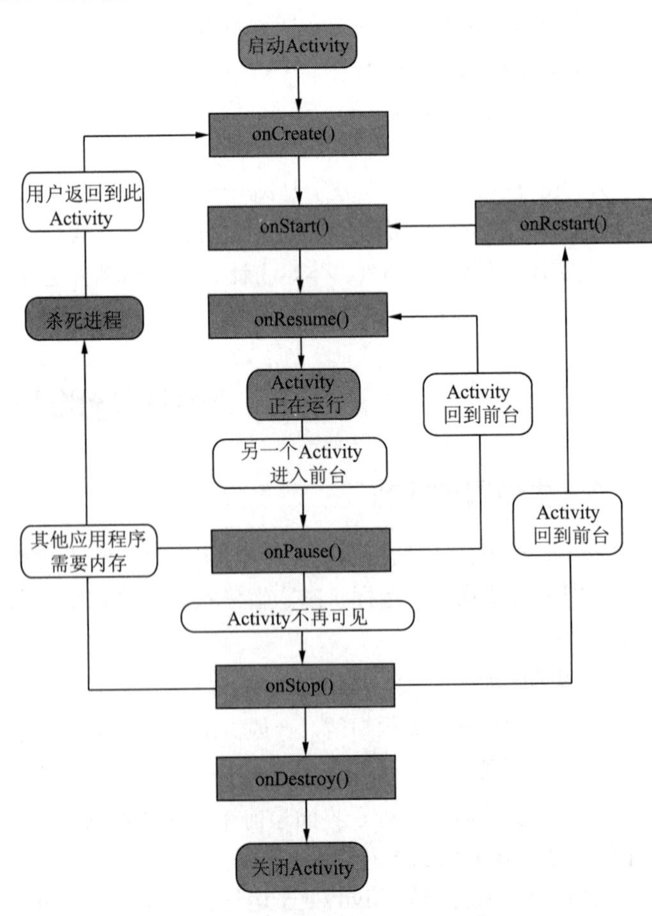

图4-1　Activity的生命周期模型

接下来通过在一个程序中创建一个Activity来让初学者更直观地认识Activity的生命周期。首先创建一个名为“ActivityLifeCycle”的应用程序，指定其包名为cn.itcast.activitylifecycle。在MainActivity中重写Activity生命周期的方法，并在每个方法中通过

Log打印信息来观察具体的调用情况，具体代码如【文件4-1】所示。

【文件4-1】 MainActivity.java

```
1  package cn.itcast.activitylifecycle;
2  import android.support.v7.app.AppCompatActivity;
3  import android.os.Bundle;
4  import android.util.Log;
5  public class MainActivity extends AppCompatActivity {
6      @Override
7      protected void onCreate(Bundle savedInstanceState) {
8          super.onCreate(savedInstanceState);
9          setContentView(R.layout.activity_main);
10         Log.i("MainActivity","调用 onCreate()");
11     }
12     @Override
13     protected void onStart() {
14         super.onStart();
15         Log.i("MainActivity", "调用 onStart()");
16     }
17     @Override
18     protected void onResume() {
19         super.onResume();
20         Log.i("MainActivity", "调用 onResume()");
21     }
22     @Override
23     protected void onPause() {
24         super.onPause();
25         Log.i("MainActivity", "调用 onPause()");
26     }
27     @Override
28     protected void onStop() {
29         super.onStop();
30         Log.i("MainActivity", "调用 onStop()");
31     }
32     @Override
33     protected void onDestroy() {
34         super.onDestroy();
35         Log.i("MainActivity", "调用 onDestroy()");
36     }
37     @Override
38     protected void onRestart() {
39         super.onRestart();
40         Log.i("MainActivity", "调用 onRestart()");
41     }
42 }
```

当第一次运行程序时，在LogCat中观察输出日志，可以发现程序启动后依次调用了onCreate()方法、onStart()方法、onResume()方法。当调用onResume()方法之后程序不再向下进行，这时应用程序处于运行状态，等待与用户进行交互，运行结果如图4-2所示。

接下来点击模拟器上的后退键，可以看到程序退出，同时LogCat中有新的日志输出，发现程序调用了onDestory()方法，当调用了该方法之后Activity被销毁并清理出内存，运行结果如图4-3

所示。

```
Logcat
Emulator Nexus_4_API_26  cn.itcast.activitylifecycle  Verbose  MainActivity  Regex  Show only selected application
2018-11-26 10:16:16.333 20730-20730/cn.itcast.activitylifecycle I/MainActivity: 调用onCreate()
2018-11-26 10:16:16.372 20730-20730/cn.itcast.activitylifecycle I/MainActivity: 调用onStart()
2018-11-26 10:16:16.475 20730-20730/cn.itcast.activitylifecycle I/MainActivity: 调用onResume()
```

图4-2 LogCat日志信息

```
Logcat
Emulator Nexus_4_API_26  cn.itcast.activitylifecycle  Verbose  MainActivity  Regex  Show only selected application
2018-11-26 10:16:16.333 20730-20730/cn.itcast.activitylifecycle I/MainActivity: 调用onCreate()
2018-11-26 10:16:16.372 20730-20730/cn.itcast.activitylifecycle I/MainActivity: 调用onStart()
2018-11-26 10:16:16.475 20730-20730/cn.itcast.activitylifecycle I/MainActivity: 调用onResume()
2018-11-26 10:19:33.370 20730-20730/cn.itcast.activitylifecycle I/MainActivity: 调用onPause()
2018-11-26 10:19:33.997 20730-20730/cn.itcast.activitylifecycle I/MainActivity: 调用onStop()
2018-11-26 10:19:33.997 20730-20730/cn.itcast.activitylifecycle I/MainActivity: 调用onDestroy()
```

图4-3 LogCat日志信息

需要注意的是，代码中重写了onRestart()方法，但是在Activity生命周期中并没有进行调用，这是因为程序中只有一个Activity，无法进行从停止状态到再次启动状态的操作，当程序中有多个Activity进行切换时就可以看到onRestart()方法的执行。

脚下留心：横竖屏切换时的生命周期

现实生活中，使用手机时会根据不同情况进行横竖屏切换。当手机横竖屏切换时，会根据AndroidManifest.xml文件中Activity的configChanges属性值的不同而调用相应的生命周期方法。

当没有设置configChanges属性的值时，Activity生命周期会依次调用onCreate()、onStart()、onResume()方法，当由竖屏切换横屏时，调用的方法依次是onPause()、onStop()、onDestory()、onCreate()、onStart()和onResume()的方法。

在进行横竖屏切换时，首先会调用onDestory()方法销毁Activity，之后调用onCreate()方法重建Activity，这种模式在实际开发中会对程序有一定的影响，例如，用户在界面上输入信息时，进行了横竖屏切换，则用户输入的信息会被清除。如果不希望在横竖屏切换时Activity被销毁重建，可以通过configChanges属性进行设置，示例代码如下：

```
<activity android:name=".MainActivity"
        android:configChanges="orientation|keyboardHidden">
```

当configChanges属性设置完成之后，打开程序时同样会调用onCreate()、onStart()、onResume()方法，但是当进行横竖屏切换时不会再执行其他的生命周期方法。

如果希望某一个界面一直处于竖屏或者横屏状态，不随手机的晃动而改变，可以在清单文件中通过设置Activity的screenOrientation属性完成，示例代码如下：

```
竖屏：android:screenOrientation="portrait"
横屏：android:screenOrientation="landscape"
```

4.2 Activity的创建、配置、开启和关闭

4.2.1 创建Activity

在Android Studio中创建Activity的方式比较简单，只需要右击项目中存放Activity的包，接着选

择【New】→【Activity】→【Empty Activity】选项，如图4-4所示。

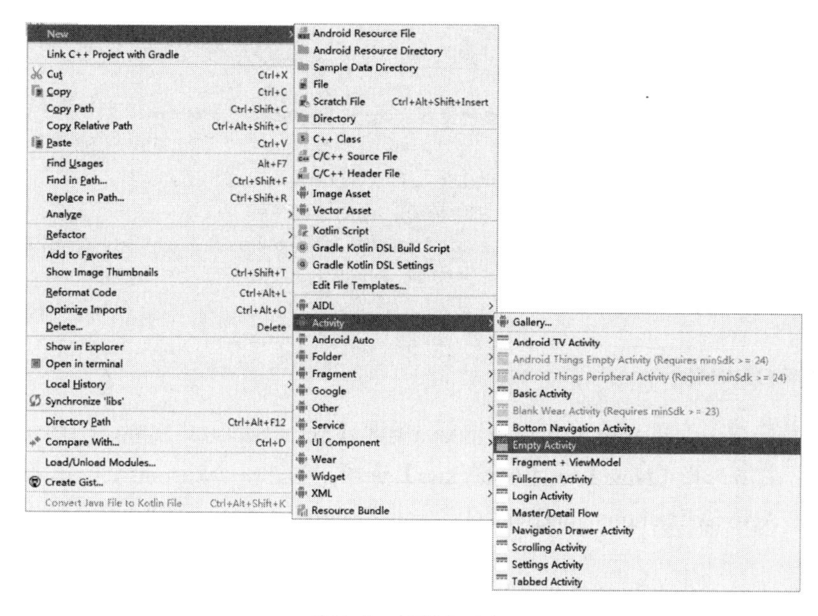

图4-4　创建Activity

单击【Empty Activity】选项时，会弹出Configure Activity窗口，如图4-5所示。

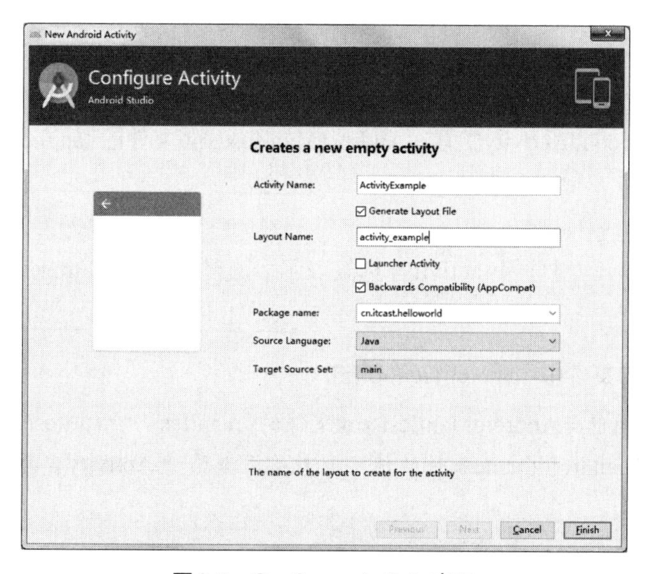

图4-5　Configure Activity窗口

在图4-5中，显示了3个输入框，分别为【Activity Name】、【Layout Name】和【Package name】，这3个输入框分别用于输入Activity名称、布局名称和包名。填写完这些信息后，单击【Finish】按钮完成Activity创建。

接下来以创建了一个ActivityBasic应用程序，以指定包名为cn.itcast.activitybasic，Activity名为ActivityExample为例，根据图4-4和图4-5中的步骤创建完成的ActivityExample的具体代码如【文件4-2】所示。

【文件4-2】ActivityExample.java

```
1  package cn.itcast.activitybasic;
2  import android.support.v7.app.AppCompatActivity;
3  import android.os.Bundle;
4  public class ActivityExample extends AppCompatActivity {
5      @Override
6      protected void onCreate(Bundle savedInstanceState) {
7          super.onCreate(savedInstanceState);
8          setContentView(R.layout.activity_example);
9      }
10 }
```

4.2.2 配置Activity

在Android程序中，创建Activity可以使用Java类继承Activity的方式实现。例如，选中 cn.itcast.activitybasic包，右击选择【New】→【Java class】选项，创建一个SecondActivity类，并使该类继承Activity。当在ActivityExample的onCreate()方法中启动SecondActivity时，将会抛出异常信息，具体如图4-6所示。

```
09-21 09:38:14.146 14893-14893/cn.itcast.activitybasic E/AndroidRuntime: java.lang.RuntimeException:
Unable to start activity ComponentInfo{cn.itcast.activitybasic/cn.itcast.activitybasic.ActivityExample}:
android.content.ActivityNotFoundException: Unable to find explicit activity class {cn.itcast.activitybasic/cn.itcast.activitybasic.SecondActivity};
have you declared this activity in your AndroidManifest.xml?
```

图4-6　异常信息

图4-6所示的异常信息提示“无法找到SecondActivity类，是否在AndroidManifest.xml文件中声明了该Activity”。由于创建的每个Activity都必须在清单文件AndroidManifest.xml中配置才能生效，因此我们需要将SecondActivity配置在AndroidManifest.xml文件的<application></application>标签中，示例代码如下：

```
<activity android:name="cn.itcast.activitybasic.SecondActivity" />
```

上述代码中，Activity组件用<activity>标签表示，通过android:name的属性指定该Activity的名称。

多学一招：在清单文件中引用Activity的方式

如果Activity所在的包与AndroidManifest.xml文件的<manifest></manifest>标签中通过package属性指定的包名一致，则android:name属性的值可以直接设置为“.Activity名称”，以SecondActivity为例，示例代码如下：

```
<activity
    android:name=".SecondActivity">
</activity>
```

4.2.3 开启和关闭Activity

1. 启动Activity

创建完Activity后，可以通过startActivity()方法开启创建的Activity，该方法的具体信息如下：

```
public void startActivity (Intent intent)
```

上述方法中，参数Intent为Android应用中各组件之间通信的桥梁，一个Activity通过Intent（详见4.3小节）来表达自己的“意图”。在创建Intent对象时，需要指定想要启动的Activity。

在MainActivity的onCreate()方法中启动SecondActivity的示例代码如下：

```
Intent intent = new Intent(MainActivity.this,SecondActivity.class);
startActivity(intent);
```

2. 关闭Activity

如果想要关闭当前的Activity，可以调用Activity提供的finish()方法。该方法的具体信息如下：

```
public void finish()
```

finish()方法既没有参数，也没有返回值，只需要在Activity的相应事件中调用该方法即可。例如，在MainActivity中的按钮的点击事件中关闭该Activity，示例代码如下：

```
Button button1 = (Button)findViewById(R.id.button1);
button1.setOnClickListener(new View.OnClickListener() {
    @Override
    public void onClick(View v) {
        finish();  //关闭当前 Activity
    }
});
```

4.3　Intent与IntentFilter

在Android系统中，一般应用程序是由多个核心组件构成的。如果用户需要从一个Activity切换到另一个Activity，则必须使用Intent来进行切换。实际上，Activity、Service和BroadcastReceiver这3种核心组件都需要使用Intent进行操作，Intent用于相同或者不同应用程序组件间的绑定。本节将针对Intent的相关知识进行详细讲解。

4.3.1　Intent

Intent被称为意图，是程序中各组件间进行交互的一种重要方式，它不仅可以指定当前组件要执行的动作，还可以在不同组件之间进行数据传递。一般用于启动Activity、Service以及发送广播等（Service和广播将在后续章节讲解）。根据开启目标组件的方式不同，Intent被分为两种类型，分别为显式Intent和隐式Intent，具体如下：

1. 显式Intent

显式Intent指的是直接指定目标组件，例如，使用Intent显式指定要跳转的目标Activity，示例代码如下：

```
Intent intent = new Intent(this,SecondActivity.class);
startActivity(intent);
```

上述代码中，创建的Intent对象传入了2个参数，其中第1个参数this表示当前的Activity，第2个参数SecondActivity.class表示要跳转到的目标Activity。

2. 隐式Intent

隐式Intent不会明确指出需要激活的目标组件，它被广泛地应用在不同应用程序之间传递消息。Android系统会使用IntentFilter匹配相应的组件，匹配的属性主要包括以下三个：

- action：表示Intent对象要完成的动作。
- data：表示Intent对象中传递的数据。

- category：表示为action添加的额外信息

例如，在Project1程序的MainActivity中开启Project2程序中的SecondActivity，SecondActivity的action为“cn.itcast.START_ACTIVITY”。具体步骤如下：

（1）在Project2程序的清单文件（AndroidManifest.xml）中，配置SecondActivity的action为“cn.itcast.START_ACTIVITY”的代码如下所示：

```
<activity android:name=".SecondActivity">
    <intent-filter>
        <action android:name="cn.itcast.START_ACTIVITY"/>
        <category android:name="android.intent.category.DEFAULT"/>
    </intent-filter>
</activity>
```

（2）在Project1程序的MainActivity中开启SecondActivity的示例代码如下：

```
Intent intent = new Intent();
// 设置 action 动作，该动作要和清单文件中设置的一样
intent.setAction("cn.itcast.START_ACTIVITY");
startActivity(intent);
```

需要注意的是，在使用隐式Intent开启Activity时，系统会默认为该Intent添加“android.intent.category.DEFAULT”的category，因此为了被开启的Activity能够接收隐式Intent，必须在AndroidManifest.xml文件的Activity标签下的<intent-filter>中，为被开启的Activity指定catrgory为“android.intent.category.DEFAULT”。

4.3.2 IntentFilter

当发送一个隐式Intent后，Android系统会将它与程序中的每一个组件的过滤器进行匹配，匹配属性有 action、data、category，需要这三个属性都匹配成功才能唤起相应的组件。接下来，对这三个属性的匹配规则进行介绍：

1. action属性匹配规则

action属性用来指定Intent对象的动作，在清单文件中设置action属性的示例代码如下：

```
<intent-filter>
    <action android:name="android.intent.action.EDIT"/>
    <action android:name="android.intent.action.VIEW"/>
    ......
</intent-filter>
```

上述代码中，<intent-filter>标签中间可以罗列多个action属性，但是当使用隐式Intent激活组件时，只要Intent携带的action与其中一个<intent-filter>标签中action的声明相同，action属性就匹配成功。

需要注意的是，在清单文件中为Activity添加<intent-filter>标签时，必须添加action属性，否则隐式Intent无法开启该Activity。

2. data属性匹配规则

data属性用来指定数据的URI或者数据MIME类型，它的值通常与Intent的action属性有关联。在清单文件中设置data属性的示例代码如下：

```
<intent-filter>
    <data android:mimeType="video/mpeg" android:scheme="http..."/>
    <data android:mimeType="audio/mpeg" android:scheme="http..."/>
```

```
    ...
</intent-filter>
```

上述代码中，<intent-filter>标签中间可以罗列多个data属性，每个data属性可以指定数据的MIME类型和URI(详见第7章)。其中，MIME类型可以表示image/ipeg、video/*等媒体类型。

隐式Intent携带的data数据只要与IntentFilter中的任意一个data声明相同，data属性就匹配成功。

3．category属性匹配规则

category属性用于为action添加额外信息，一个IntentFilter可以不声明category属性，也可以声明多个category属性，在清单文件中设置category属性的示例代码如下：

```
<intent-filter>
    <category android:name="android.intent.category.DEFAULT" />
    <category android:name="android.intent.category.BROWSABLE" />
    .......
</intent-filter>
```

隐式Intent中声明的category必须全部能够与某一个IntentFilter中的category匹配才算匹配成功。需要注意的是，IntentFilter中罗列的category属性数量必须大于或者等于隐式Intent携带的category属性数量时，category属性才能匹配成功。如果一个隐式Intent没有设置category属性，那么他可以通过任何一个IntentFilter（过滤器）的category匹配。

4.4　Activity之间的跳转

一个Android程序通常会包含多个Activity，这些Activity之间可以互相跳转并传递数据。接下来，本节将针对Activity之间的跳转及数据传递进行详细讲解。

4.4.1　在Activity之间数据传递

Android提供的Intent可以在界面跳转时传递数据。使用Intent传递数据有两种方式，具体如下：

1．使用Intent的putExtra()方法传递数据

由于Activity之间需要传递不同类型的数据，因此Android系统提供了多个重载的putExtra()方法，具体信息如图4-7所示。

```
putExtra(String name, boolean value)            Intent
putExtra(String name, boolean[] value)          Intent
putExtra(String name, Bundle value)             Intent
putExtra(String name, byte value)               Intent
putExtra(String name, byte[] value)             Intent
putExtra(String name, char value)               Intent
putExtra(String name, char[] value)             Intent
putExtra(String name, CharSequence value)       Intent
putExtra(String name, CharSequence[] value)     Intent
putExtra(String name, double value)             Intent
putExtra(String name, double[] value)           Intent
putExtra(String name, float value)              Intent
putExtra(String name, float[] value)            Intent
putExtra(String name, int value)                Intent
putExtra(String name, int[] value)              Intent
putExtra(String name, long value)               Intent
putExtra(String name, long[] value)             Intent
putExtra(String name, Parcelable value)         Intent
putExtra(String name, Parcelable[] value)       Intent
putExtra(String name, Serializable value)       Intent
putExtra(String name, short value)              Intent
putExtra(String name, short[] value)            Intent
putExtra(String name, String value)             Intent
putExtra(String name, String[] value)           Intent
```

图4-7　putExtra()方法

图4-7中重载的putExtra()方法都包含2个参数，参数name表示传递的数据名称，参数value表示传递的数据信息。

通过putExtra()方法将传递的数据存储在Intent对象后，如果想获取该数据，可以通过getXxxExtra()方法来实现。例如，在MainActivity中跳转到SecondActivity时，通过Intent传递学生姓名（studentName）、成绩（englishScore）和成绩是否及格（isPassed）的数据的示例代码如下：

```
Intent intent = new Intent();
//设置跳转到的Activity
intent.setClass(MainActivity.this,SecondActivity.class);
intent.putExtra("studentName","王晓明");    //姓名
intent.putExtra("englishScore",98);         //成绩
intent.putExtra("isPassed",true);           //是否及格
startActivity(intent);
```

此时，在SecondActivity中可以通过getXxxExtra()方法来获取传递过来的数据，示例代码如下：

```
Intent intent = getIntent();
String name = intent.getStringExtra("studentName");                //获取姓名
int englishScore = intent.getIntExtra("englishScore",0);           //获取成绩
boolean isPassed = intent.getBooleanExtra("isPassed",true);        //获取是否及格
```

上述代码中，由于MainActivity中传递的数据类型为String、int、boolean，因此在SecondActivity中分别通过getStringExtra()方法、getIntExtra()方法以及getBooleanExtra()方法获取对应的数据。

2. 使用Bundle类传递数据

Bundle类与Map接口比较类似，都是通过键值对的形式来保存数据。例如，在MainActvitiy中跳转到SecondActivity时，首先使用Bundle对象保存用户名（account）和用户密码（password），接着通过putExtras()方法将这些数据封装到Intent对象中，并传递到SecondActivity中，示例代码如下：

```
Intent intent = new Intent();
intent.setClass(this,SecondActivity.class);//设置跳转到的Activity
Bundle bundle = new Bundle();                //创建Bundle对象
bundle.putString("account", "江小白");       //将用户名信息封装到Bundle对象中
bundle.putString("password", "123456");      //将用户名密码信息封装到Bundle对象中
intent.putExtras(bundle);                    //将Bundle对象封装到Intent对象中
startActivity(intent);
```

在SecondActivity中获取传递的数据的示例代码如下：

```
Bundle bundle = getIntent().getExtras();              //获取Bundle对象
String account = bundle.getString("account");         //获取用户名
String password = bundle.getString("password");       //获取用户密码
```

4.4.2 Activity之间的数据回传

当我们从MainActivity界面跳转到SecondActivity界面时，在SecondActivity界面上进行一些操作，当关闭SecondActivity界面时，想要从该界面返回一些数据到MainActivity界面。此时，Android系统为我们提供了一些方法用于Activity之间数据的回传。为了让初学者更好地理解Activity之间的数据回传，我们通过一个流程图来演示该知识点，具体如图4-8所示。

在图4-8中，Activity之间进行数据回传时包含3个方法，具体如下：

1. startActivityForResult()方法

具体介绍如下：

```
startActivityForResult(Intent intent, int requestCode)
```

startActivityForResult()方法用于开启一个Activity，当开启的Activity销毁时，希望从中返回数据，该方法中有2个参数，第1个参数intent表示意图，第2个参数requestCode表示请求码，用于标识请求的来源。如在MainActivity中点击两个按钮都跳转到SecondActivity，可以使用请求码标识判断是从哪个按钮跳转的。

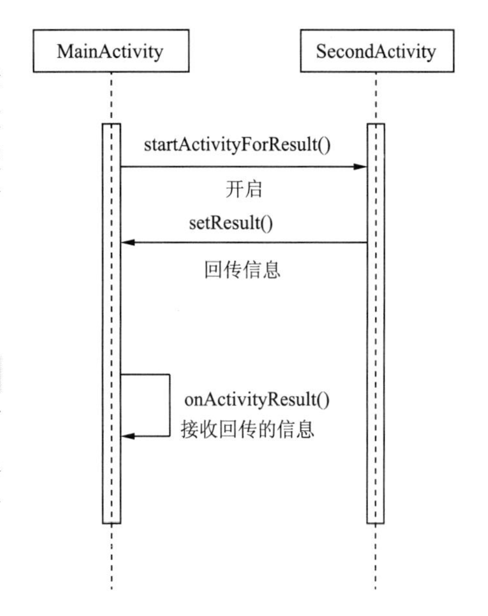

图4-8　Activity之间数据回传的流程图

2．setResult()方法

具体介绍如下：

```
setResult(int resultCode,Intent intent)
```

setResult()方法用于携带数据进行回传。该方法中有2个参数，第1个参数resultCode表示返回码，用于标识返回的数据来自哪一个Activity。第2个参数intent表示用于携带数据并回传到上一个界面。

3．onActivityResult()方法

具体介绍如下：

```
onActivityResult(int requestCode, int resultCode, Intent data)
```

onActivityResult()方法用于接收回传的数据，并根据传递的参数requestCode、resultCode来识别数据的来源。

例如，在MainActivity中点击button1控件跳转到SecondActivity的示例代码如下：

```
button1.setOnClickListener(new View.OnClickListener() {
    @Override
    public void onClick(View view) {
        Intent intent = new Intent(MainActivity.this,SecondActivity.class);
        startActivityForResult(intent,1);
    }
});
```

在SecondActivity中点击button2控件返回数据到MainActivity的示例代码如下：

```
button2.setOnClickListener(new View.OnClickListener() {
    @Override
    public void onClick(View view) {
        Intent intent = new Intent();
        intent.putExtra("data","Hello MainActivity");
        setResult(2,intent);
        finish();
    }
});
```

值得注意的是，在使用setResult()方法之后，需要调用finish()方法关闭SecondActivity。setResult()方法只负责返回数据，没有跳转的功能。

由于在MainActivity中调用startActivityForResult()方法启动SecondActivity，在SecondActivity被销毁后程序会回调MainActivity中的onActivityResult()方法来接收回传的数据，因此需要在MainActivity中重写onActivityResult()方法，示例代码如下：

```
@Override
protected void onActivityResult(int requestCode, int resultCode, Intent data) {
```

```
        super.onActivityResult(requestCode, resultCode, data);
        if(requestCode == 1&&resultCode == 2){
            String acquiredData= data.getStringExtra("data"); //获取回传的数据
            Toast.makeText(MainActivity.this,acquiredData,Toast.LENGTH_SHORT).show();
        }
    }
```

4.5 Activity的任务栈和启动模式

4.5.1 Android中的任务栈

Android的任务栈是一种用来存放Activity实例的容器。任务栈最大的特点就是先进后出，其主要有两个基本操作，分别是压栈和出栈。通常Android应用都有一个任务栈，每打开一个Activity时，该Activity就会被压入任务栈。每销毁一个Activity时，该Activity就会被弹出任务栈。用户操作的Activity永远都是栈顶的Activity。接下来，通过一张图来描述Activity在栈中的存放情况，具体如图4-9所示。

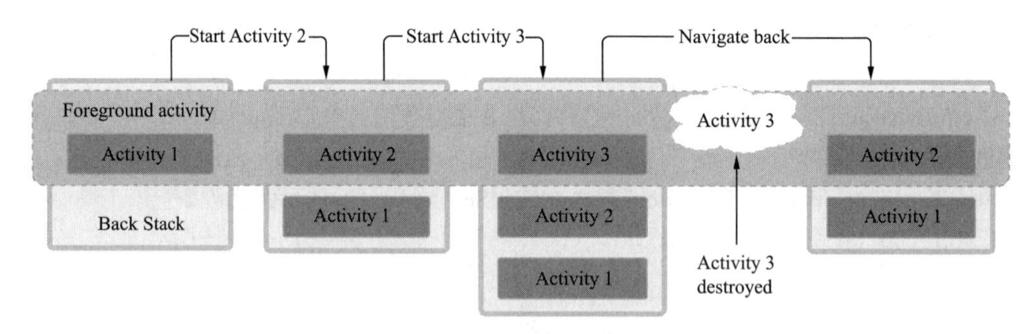

图4-9　Android中的任务栈

图4-9中，Activity1处于栈顶位置，当Activity1开启Activity2时，Activity2的实例会被压入栈顶的位置，同样，当Activity2开启Activity3时，Activity3的实例也被压入到栈顶的位置。依此类推，无论开启多少个Activity，最后开启的Activity的实例都会被压入到栈的顶端，而之前开启的Activity仍然保存在栈中，但活动已经停止了，系统会保存Activity被停止时的状态。当用户点击返回按钮时，Activity3会被弹出栈，Activity2处于栈顶的位置并且恢复Activity2被保存的界面状态。

4.5.2 Activity的启动模式

Activity启动模式有四种，分别是standard、singleTop、singleTask和singleInstance模式。具体介绍如下：

1. standard模式

standard是Activity的默认启动方式，这种方式的特点是，每启动一个Activity就会在栈顶创建一个新的实例。实际开发中，闹钟程序通常使用这种模式。

例如Activity01、Activity02和Activity03的启动模式为standard，则在Activity01界面中启动Activity02界面，在Activity02界面启动Activity03界面后的任务栈如图4-10所示。

在图4-10中，standard启动模式下最先启动的Activity01位于栈底，依次为Activity02，

Activity03，出栈的时候，位于栈顶的Activity03最先出栈。

2．singleTop模式

在某些情况下，会发现使用standard启动模式并不合理，例如当Activity已经位于栈顶时，再次启动该Activity时还需要创建一个新的实例压入任务栈，不能直接复用。在这种情况下，使用singleTop模式启动Activity更合理，该模式会判断要启动的Activity实例是否位于栈顶，如果位于栈顶则直接复用，否则创建新的实例。实际开发中，浏览器的书签通常采用这种模式。singleTop启动模式的原理如图4-11所示。

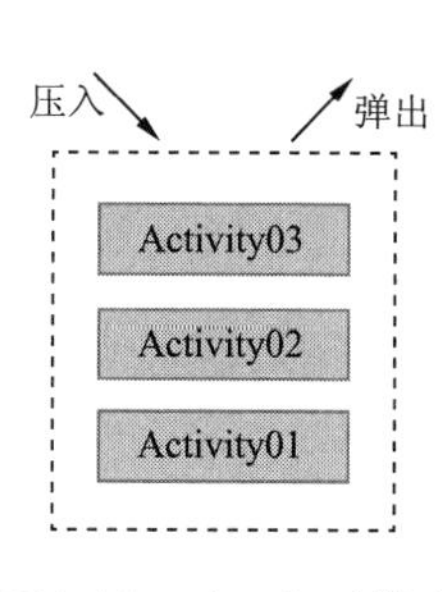

图4-10　standard模式

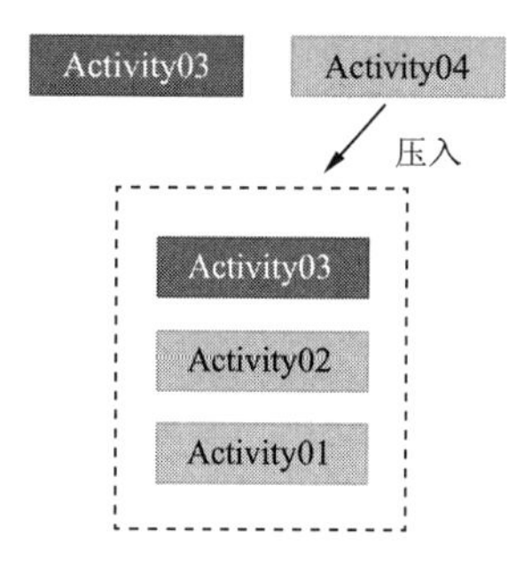

图4-11　singleTop模式

在图4-11中，Activity03位于栈顶，如果再次启动的还是Activity03，则复用当前实例，如果启动的是Activity04，则需要创建新的实例放入栈顶的位置。

3．singleTask模式

使用singleTop虽然可以很好地解决重复压入栈顶Activity实例的问题，但如果Activity并未处于栈顶位置，则在栈中还会压入多个不相连的Activity实例。如果想要某个Activity在整个应用程序中只有一个实例，则需要借助singleTask模式实现。当Activity的启动模式指定为singleTask时，则每次启动该Activity时，系统首先会检查栈中是否存在当前Activity实例，如果存在则直接使用，并把当前Activity上面的所有实例全部弹出栈。实际开发中，浏览器主界面通常采用这种模式。singleTask启动模式的原理如图4-12所示。

在图4-12中，当再次启动Activity01时，将Activity02和Activity03实例直接弹出栈，复用Activity01实例。

4．singleInstance模式

singleInstance模式是四种启动模式中最特殊的一种，指定为singleInstance模式的Activity会启动一个新的任务栈来管理Activity实例，无论从哪个任务栈中启动该Activity，该实例在整个系统中只有一个。Android中的桌面使用的就是该模式。

开启使用singleInstance模式的Activity分两种情况：一种是要开启的Activity实例在栈中不存在，则系统会先创建一个新的任务栈，然后再压入Activity实例；另一种是要启动的Activity已存在，系统会把Activity所在的任务栈转移到前台，从而使Activity显示。实际开发中，来电界面通常使用这种模式。singleInstance启动模式的原理如图4-13所示。

至此，Activity的四种启动模式已经讲解完成，在实际开发中，需要根据实际情况来选择合适的启动模式即可。

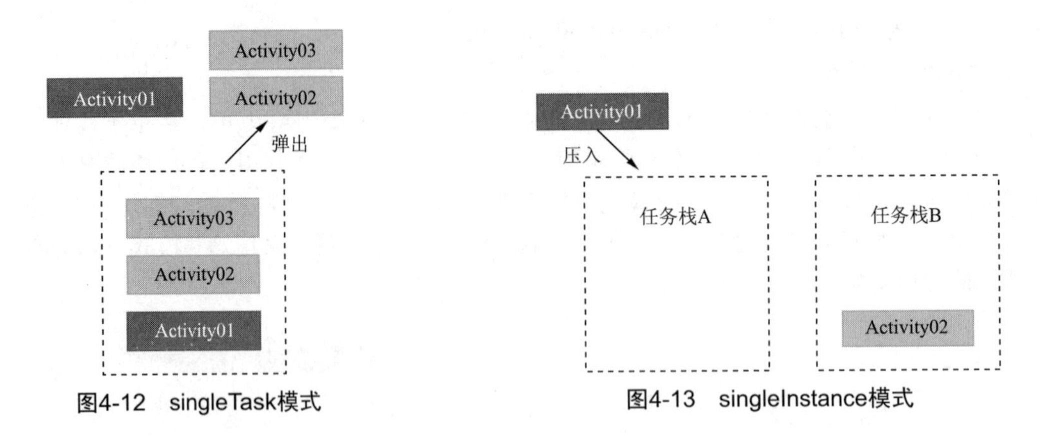

图4-12　singleTask模式　　　　图4-13　singleInstance模式

4.6　使用Fragment

随着移动设备的迅速发展，不仅手机成为人们生活中的必需品，就连平板电脑也变得越来越普及。平板电脑与手机最大的差别就在于屏幕的大小，屏幕大小的差距可能会使同样的界面在不同的设备上显示出不同的效果，为了能够同时兼顾到手机和平板电脑的开发，自Android3.0版本开始提供了Fragment，本节将针对Fragment进行详细地讲解。

4.6.1　Fragment简介

Fragment（碎片）是一种嵌入在Activity中的UI片段，它可以用来描述Activity中的一部分布局。如果Activity界面布局中的控件比较多比较复杂，那么Activity管理起来就很麻烦，我们可以使用Fragment把屏幕划分成几个片段，进行模块化的管理，从而使程序更加合理和充分地利用屏幕的空间。

一个Activity中可以包含多个Fragment，一个Fragment也可以在多个Activity中使用，如果在Activity中有多个相同的业务模块，则可以复用Fragment。

为了让初学者更好地理解Fragment的作用，接下来通过一个图例的方式来讲解Fragment的用途，具体如图4-14所示。

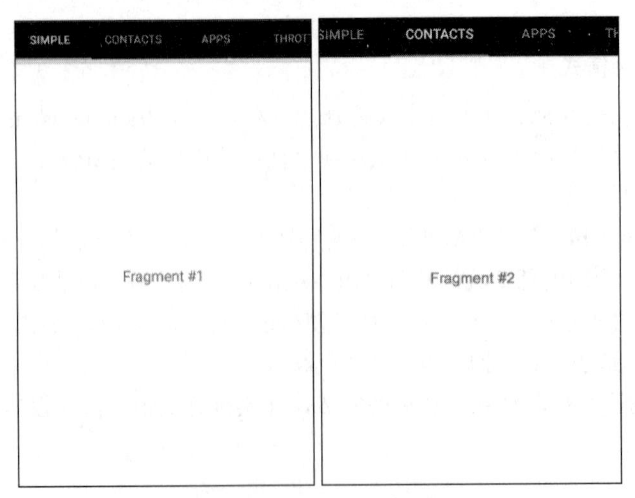

图4-14　Fragment效果图

在图4-14中，界面上方每个选项卡对应一个Fragment，通过点击选项卡可以切换界面中显示的Fragment，如SIMPLE标签对应Fragment #1。

4.6.2　Fragment的生命周期

通过学习4.1小节的内容可知，Activity生命周期中有5种状态，分别是启动状态、运行状态、暂停状态、停止状态和销毁状态，Fragment的生命周期也有这几种状态。

因为Fragment是被嵌入到Activity中使用的，因此它的生命周期的状态直接受其所属Activity的生命周期状态影响。当在Activity中创建Fragment时，Fragment处于启动状态，当Activity被暂停时，其中的所有Fragment也被暂停，当Activity被销毁时，所有在该Activity中的Fragment也被销毁。当一个Activity处于运行状态时，可以单独地对每一个Fragment进行操作，如添加或删除，当添加时，Fragment处于启动状态。当删除时，Fragment处于销毁状态。

为了让初学者更好地理解Fragment的生命周期，接下来通过图例的方式进行讲解，具体如图4-15所示。

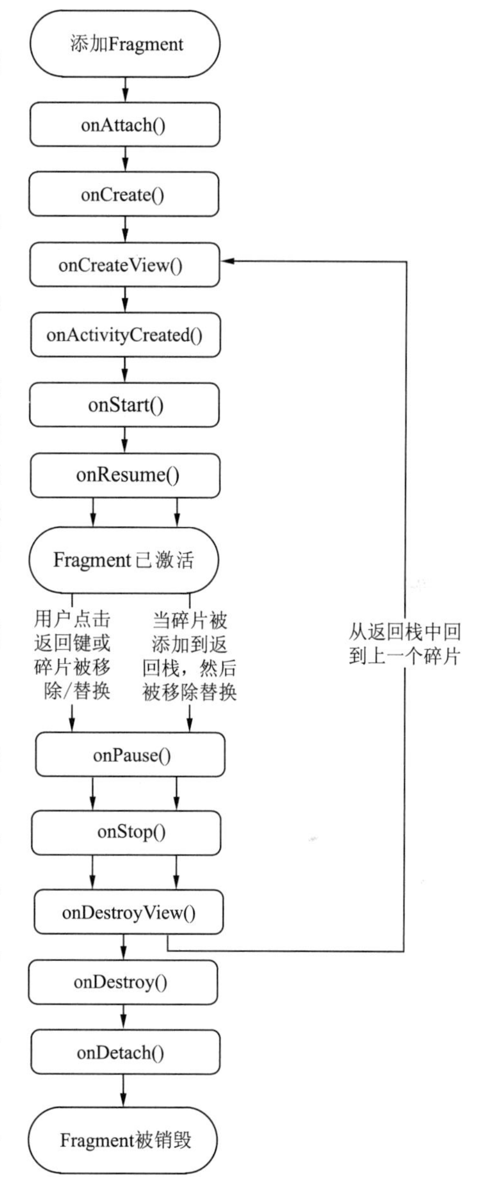

图4-15　Fragment生命周期

在图4-15中，Fragment的生命周期与Activity的生命周期十分相似。Fragment生命周期比Activity多了以下几个方法，具体如下：

- onAttach()：Fragment和Activity建立关联时调用。
- onCreateView()：Fragment创建视图（加载布局）时调用。
- onActivityCreate()：Fragment相关联的Activity已经创建完成时调用。
- onDestroyView()：Fragment关联的视图被移除时调用。
- onDetach()：Fragment和Activity解除关联时调用。

初学者可以自己创建Fragment并重写其生命周期的方法，体验其生命周期的执行顺序，这里不做演示。

4.6.3　创建Fragment

与Activity类似，创建Fragment时必须创建一个类继承自Fragment。创建NewsListFragment类的示例代码如下：

```
public class NewsListFragment extends Fragment{
    @Override
```

```
    public View onCreateView(LayoutInflater inflater, ViewGroup container,
            Bundle savedInstanceState) {
        View v = inflater.inflate(R.layout.fragment, container, false);
        return v;
    }
}
```

上述代码重写了Fragment的onCreateView()方法，并在该方法中通过LayoutInflater的inflate()方法将布局文件fragment.xml动态加载到Fragment中。

需要注意的是，Android系统中提供了两个Fragment类，这两个类分别是android.app.Fragment和android.support.v4.app.Fragment。如果NewsListFragment类继承的是android.app.Fragment类，则程序只能兼容3.0版本以上的Android系统，如果NewsListFragment类继承的是android.support.v4.app.Fragment类，则程序可以兼容1.6版本以上的Android系统。

4.6.4 在Activity中添加Fragment

Fragment创建完成后并不能单独使用，还需要将Fragment添加到Activity中。在Activity中添加Fragment有两种方式，具体如下：

1．在布局文件中添加Fragment

在Activity引用的布局文件中添加Fragment时，需要使用<fragment></fragment>标签，该标签与其他控件的标签类似，但必须指定android:name属性，其属性值为Fragment的全路径名称。在LinearLayout布局中添加NewsListFragment的示例代码如下：

```
<LinearLayout xmlns:android="http://schemas.android.com/apk/res/android"
    xmlns:tools="http://schemas.android.com/tools"
    android:layout_width="match_parent"
    android:layout_height="match_parent"
    tools:context=".MainActivity" >
    <fragment
        android:name="cn.itcast.NewsListFragment"
        android:id="@+id/newslist"
        android:layout_width="match_parent"
        android:layout_height="match_parent"/>
</LinearLayout>
```

2．在Activity中动态加载Fragment

当Activity运行时，也可以将Fragment动态添加到Activity中，具体步骤如下：

（1）创建一个Fragment的实例对象。

（2）获取FragmentManager（Fragment管理器）的实例。

（3）开启FragmentTransaction（事务）。

（4）向Activity的布局容器（一般为FrameLayout）中添加Fragment。

（5）通过commit()方法提交事务。

在Activity中添加Fragment的示例代码如下：

```
1  public class MainActivity extends Activity {
2      @SuppressLint("NewApi")
3      @Override
4      protected void onCreate(Bundle savedInstanceState) {
5          super.onCreate(savedInstanceState);
6          setContentView(R.layout.activity_main);
```

```
7           NewsListFragment fragment = new NewsListFragment(); //实例化Fragment对象
8           FragmentManager fm = getFragmentManager();//获取FragmentManager实例
9           //获取FragmentTransaction实例
10          FragmentTransaction beginTransaction = fm.beginTransaction();
11          beginTransaction.replace(R.id.ll,fragment); //添加一个Fragment
12          beginTransaction.commit();//提交事务
13      }
14 }
```

上述代码中，第7~8行代码创建了NewsListFragment类和FragmentManager类的实例对象。

第10行代码通过FragmentManager类的beginTransaction()方法开启事物并获取FragmentTransaction类的对象。

第11行代码通过FragmentTransaction的replace()方法将Fragment添加到Activity布局的ViewGroup中，replace()方法中的第一个参数表示Activity布局中的ViewGroup资源id，第二个参数表示需要添加的Fragment对象。

第12行代码通过commit()方法提交事务。

需要注意的是，调用replace()方法将Fragment添加到Activity布局中时，需要导入android.app.Fragment类型的Fragment。

图4-16　川菜菜谱界面

4.6.5　案例——川菜菜谱

为了让初学者更好地掌握Fragment的使用，接下来我们以图4-16所示的川菜菜谱界面为例，演示如何在一个Activity中展示两个Fragment（一个Fragment用于展示川菜列表，一个Fragment用于展示川菜的做法），并实现Activity与Fragment通信功能。具体步骤如下：

1．创建工程

创建一个名为SichuanCuisine的应用程序，指定包名为cn.itcast.sichuancuisine。

2．放置界面控件

将程序中所需要的图片boiledmeat.png、mapoytofu.png导入到drawable文件夹中。

3．放置界面控件

在res/layout文件夹的activity_main.xml文件中，添加2个FrameLayout，分别用于显示菜单列表和菜品的做法信息，完整布局代码详见【文件4-3】。

扫一扫

扫码查看文件4–3

4．创建两个Fragment的布局文件

由于本案例需要实现一个Activity中展示两个Fragment的效果，一个效果是显示川菜的列表，另一个效果是显示每个菜品对应的做法，因此需要在res/layout文件夹中分别创建布局文件fragment_menu.xml和fragment_content.xml，展示川菜列表的布局文件fragment_menu.xml中放置了一个ListView控件用于显示列表，具体代码如【文件4-4】所示

【文件4-4】 fragment_menu.xml

```
1  <?xml version="1.0" encoding="utf-8"?>
```

```
2  <LinearLayout xmlns:android="http://schemas.android.com/apk/res/android"
3      android:layout_width="match_parent"
4      android:layout_height="match_parent"
5      android:orientation="vertical" >
6      <ListView
7          android:id="@+id/menulist"
8          android:layout_width="match_parent"
9          android:layout_height="wrap_content"/>
10 </LinearLayout>
```

展示菜品做法的布局文件fragment_content.xml中放置了一个TextView控件用于显示菜品做法信息，具体代码如【文件4-5】所示。

【文件4-5】 fragment_content.xml

```
1  <?xml version="1.0" encoding="utf-8"?>
2  <LinearLayout xmlns:android="http://schemas.android.com/apk/res/android"
3      android:layout_width="match_parent"
4      android:layout_height="match_parent"
5      android:orientation="vertical" >
6      <TextView
7          android:id="@+id/content"
8          android:layout_width="wrap_content"
9          android:layout_height="wrap_content"
10         android:layout_alignParentLeft="true"
11         android:layout_centerVertical="true"
12         android:textSize="18sp"
13         android:layout_marginLeft="10dp"/>
14 </LinearLayout>
```

5. 创建川菜列表Item界面

由于展示川菜列表的界面用到了ListView控件，因此需要为该列表创建一个Item界面，界面效果如图4-17所示。

图4-17　Item界面

在res/layout文件夹中创建一个Item界面的布局文件item_list.xml，在该文件中放置1个ImageView控件用于显示菜品图片，1个TextView控件用于显示菜品名称，具体代码如【文件4-6】所示。

【文件4-6】 item_list.xml

```
1  <?xml version="1.0" encoding="utf-8"?>
2  <RelativeLayout xmlns:android="http://schemas.android.com/apk/res/android"
3      android:layout_width="match_parent"
4      android:layout_height="wrap_content">
5      <ImageView
6          android:id="@+id/food_icon"
7          android:layout_width="100dp"
8          android:layout_height="40dp"
9          android:layout_centerInParent="true"
10         android:layout_margin="10dp"/>
11     <TextView
12         android:id="@+id/food_name"
13         android:layout_width="match_parent"
14         android:layout_height="wrap_content"
15         android:layout_below="@+id/food_icon"
16         android:gravity="center"/>
17 </RelativeLayout>
```

6. 创建ContentFragment

在cn.itcast.sichuancuisine包中创建一个ContentFragment类继承自Fragment，在该类中获取界面控件并将菜品做法数据显示到控件上，具体代码如【文件4-7】所示。

【文件4-7】ContentFragment.java

```
1  package cn.itcast.sichuancuisine;
2  ......//省略导包
3  public class ContentFragment extends Fragment {
4      private View view;
5      private TextView mContent;
6      @Override
7      public void onAttach(Activity activity) {
8          super.onAttach(activity);
9      }
10     @Override
11     public View onCreateView(LayoutInflater inflater, ViewGroup container,
12                              Bundle savedInstanceState) {
13         //将布局文件解析出来
14         view = inflater.inflate(R.layout.fragment_content, container, false);
15         if(view != null){    //如果view不为空
16             initView();
17         }
18         //获取Activity中设置的文字
19         setText(((MainActivity)getActivity()).getSettingText()[0]);
20         return view;
21     }
22     public void initView(){
23         mContent = (TextView) view.findViewById(R.id.content);
24     }
25     public void setText(String text){
26         mContent.setText(text);
27     }
28 }
```

上述代码中，第14行代码通过inflate()方法加载布局文件fragment_content.xml。

第19行代码通过setText()方法将获取的Activity中设置的菜品做法数据信息显示到界面控件上。

第22~24行代码创建了一个initView()方法，在该方法中获取了菜品做法信息的控件。

7. 创建MenuFragment

在cn.itcast.sichuancuisine包中创建一个MenuFragment类继承自Fragment。在该类中实现显示川菜列表的信息，点击列表Item，在界面右侧会出现对应菜品的做法信息，具体代码如【文件4-8】所示。

【文件4-8】MenuFragment.java

```
1  package cn.itcast.sichuancuisine;
2  ......//省略导入包
3  @SuppressLint("NewApi")
4  public class MenuFragment extends Fragment {
5      private View view;
6      private int[] settingicon;
7      private String[] foodNames;
8      private String[] settingText;
```

```
9       private ListView mListView;
10      @Override
11      public View onCreateView(LayoutInflater inflater, ViewGroup container,
12                               Bundle savedInstanceState) {
13          //加载布局文件
14          view = inflater.inflate(R.layout.fragment_menu, container, false);
15          //获取Acitivty实例对象
16          MainActivity activity = (MainActivity) getActivity();
17          settingicon = activity.getIcons();   //获取Activity中的图片数据
18          foodNames =  activity.getNames();   //获取Activity中定义的川菜名称数据
19          //获取Activity中设置的菜品做法数据
20          settingText = activity.getSettingText();
21          if(view != null) { // 如果view不为空
22              initView();
23          }
24          //为ListView设置条目监听，点击左侧列表的Item，右侧会显示对应的菜品做法信息
25          mListView.setOnItemClickListener(new AdapterView.OnItem ClickListener() {
26              @Override
27              public void onItemClick(AdapterView<?> parent, View view,int posi tion,
28                                                                       long id) {
29                  //通过Activity实例获取另一个Fragment实例
30                  ContentFragment listFragment = (ContentFragment)((MainActivity)
31                          getActivity()).getFragmentManager().find FragmentById(
32                                                               R.id.foodcontent);
33                  //点击的Item对应的菜品做法信息
34                  listFragment.setText(settingText[position]);
35              }
36          });
37          return view;
38      }
39      //初始化控件的方法
40      private void initView() {
41          mListView = (ListView) view.findViewById(R.id.menulist);
42          if(settingicon != null) {
43              mListView.setAdapter(new MyAdapter());
44          }
45      }
46      //适配器
47      class MyAdapter extends BaseAdapter {
48          @Override
49          public int getCount() {
50              return settingicon.length;
51          }
52          @Override
53          public Object getItem(int position) {
54              return settingicon[position];
55          }
56          @Override
57          public long getItemId(int position) {
58              return position;
59          }
60          @Override
61          public View getView(int position, View convertView, ViewGroup parent) {
62              convertView = View.inflate(getActivity(), R.layout.item_list, null);
63              ImageView mNameTV = (ImageView) convertView
```

```
64                                              .findViewById(R.id.food_icon);
65              mNameTV.setBackgroundResource(settingicon[position]);
66              TextView mFoodName = (TextView) convertView.findViewById
67                                                      (R.id.food_name);
68              mFoodName.setText(foodNames[position]);
69              return convertView;
70          }
71      }
72  }
```

上述代码中，第25~36行代码通过setOnItemClickListener()方法为列表中的Item添加点击事件的监听器，在该监听器中重写onItemClick()方法，在onItemClick()方法中首先通过getActivity()方法获取Activity的实例对象，接着通过该对象的getFragmentManager()方法获取FragmentManager的实例对象，最后通过findFragmentById()方法获取到ContentFragment对象listFragment，并调用setText()方法设置点击的Item对应的菜品做法信息。

8. 编写MainActivity中的代码

在MainActivity中将MenuFragment与ContentFragment添加到MainActivity界面上，具体代码如【文件4-9】所示。

【文件4-9】 MainActivity.java

```
1  package cn.itcast.sichuancuisine;
2  import android.app.Activity;
3  import android.app.FragmentTransaction;
4  import android.os.Bundle;
5  public class MainActivity extends Activity {
6      private FragmentTransaction beginTransaction;
7      //菜品做法数据
8      private String[] settingText = {"" +
9          "1.将鸡蛋清和淀粉调料调匀成糊，涂抹在肉片上。\n" +
10         "2.将花椒、干辣椒慢火炸，待辣椒呈金黄色捞出切成细末。\n" +
11         "3.用锅中油爆炒豆瓣辣酱，然后将白菜叶，调料放入。\n" +
12         "4.随即放入 肉片，再炖几分钟，肉片熟后，将肉片盛起，将辣椒、花椒末撒上。\n" +
13         "5.用植物油烧开，淋在肉片上，即可使麻、辣、浓香四溢。",
14         "1、豆腐切丁，香葱、生姜、大蒜、干辣椒切细末备用。\n" +
15         "2、锅内放入油烧热， 先爆香葱末、生姜末、大蒜末、干辣椒末和豆瓣酱，再放入猪肉馅"
16                                                          +"炒熟。\n" +
17         "3、加入适量水，煮开后加入豆腐丁，酱油、白糖煮3分钟。\n" +
18         "4、再用水淀粉勾芡后盛入盘中。\n" +
19         "5、烧热香油，爆香花椒，将花椒油淋在豆腐上即可。\n"};
20     //设置菜品图片数据
21     private int[] settingicons = { R.drawable.boiledmeat,R.drawable.mapoytofu};
22     private String[] foodNames = {"水煮肉片","麻婆豆腐"};//菜品名称数据
23     //获取菜品图片数据的方法
24     public int[] getIcons() {
25         return settingicons;
26     }
27     //获取菜品名称的方法
28     public String[] getNames() {
29         return foodNames;
30     }
31     //获取设置文字的方法
32     public String[] getSettingText() {
33         return settingText;
```

```
34     }
35     @Override
36     protected void onCreate(Bundle savedInstanceState) {
37         super.onCreate(savedInstanceState);
38         setContentView(R.layout.activity_main);
39         //创建Fragment实例对象
40         ContentFragment contentFragment = new ContentFragment();
41         MenuFragment menuFragment = new MenuFragment();
42         beginTransaction = getFragmentManager().beginTransaction();
43         //获取事务添加Fragment
44         beginTransaction.replace(R.id.foodcontent, contentFragment);
45         beginTransaction.replace(R.id.menu, menuFragment);
46         beginTransaction.commit();//提交事务
47     }
48 }
```

上述代码中，第44~45行代码通过replace()方法将ContentFragment与MenuFragment添加到对应的布局中。

运行上述程序，分别点击界面左侧列表中的“水煮肉片”和“麻婆豆腐”图片，可在右侧看到对应菜品的做法信息，运行结果如图4-18所示。

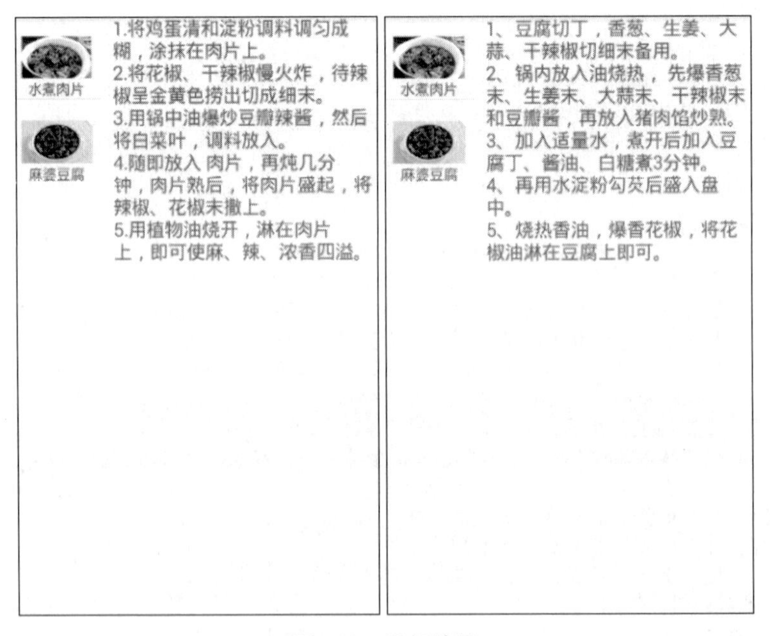

图4-18　运行结果

本 章 小 结

本章主要介绍了Activity的相关知识，包括了Activity的生命周期，如何创建、开启和关闭单个Activity、Intent和IntentFilter，Activity之间的跳转与数据传递和Activity的启动模式，以及Fragment的使用。在Android程序中用到最多的就是Activity以及Activity之间数据的传递，因此要求读者必须掌握这部分内容。

本 章 习 题

一、填空题

1. Activity的启动模式包括standard、singleTop、singleTask和________。
2. 启动一个新的Activity并且获取这个Activity的返回数据，需要重写________方法。
3. 发送隐式Intent后，Android系统会使用________匹配相应的组件。
4. 在清单文件中为Activity添加<intent-filter>标签时，必须添加的属性名为________，否则隐式Intent无法开启该Activity。
5. Activity的________方法用于关闭当前的Activity。

二、判断题

1. 如果Activity不设置启动模式，则默认为standard。　（　　）
2. Fragment与Activity的生命周期方法是一致的。　（　　）
3. 如果想要关闭当前的Activity，可以调用Activity提供的finish()方法。　（　　）
4. <intent-filter>标签中间只能包含一个action属性。　（　　）
5. 默认情况下，Activity的启动方式是standard。　（　　）

三、选择题

1. 下列选项中，不属于Android四大组件的是（　　）。

   A. Service　B. Activity　C. Handler　D. ContentProvider

2. 下列关于Android中Activity管理方式的描述中，正确的是（　　）。

   A. Android以堆的形式管理Activity

   B. Android以栈的形式管理Activity

   C. Android以树的形式管理Activity

   D. Android以链表的形式管理Activity

3. 下列选项中，（　　）不是Activity生命周期方法。

   A. onCreate()　B. startActivity()　C. onStart()　D. onResume()

4. 下列方法中，（　　）是启动Activity的方法。

   A. startActivity()　B. goToActivity()

   C. startActivityResult()　D. 以上都是

5. 下列关于Intent的描述中，正确的是（　　）。

   A. Intent不能够实现应用程序间的数据共享

   B. Intent可以实现界面的切换，还可以在不同组件间直接进行数据传递

   C. 使用显式Intent可以不指定要跳转的目标组件

   D. 隐式Intent不会明确指出需要激活的目标组件，所以无法实现组件之间的数据跳转

四、简答题

1. 简述Activity的生命周期的方法及什么时候被调用。
2. 简述Activity的四种启动模式及其特点。
3. 简述Activity、Intent、IntentFilter的作用。

第5章 数据存储

学习目标：

◎了解五种数据存储的方式，掌握不同存储方式的特点。

◎掌握如何使用文件来存储数据。

◎掌握SharedPreferences的使用，实现数据存储功能。

◎学会使用SQLite数据库，实现数据的增删改查功能。

大部分应用程序都会涉及数据存储，Android程序也不例外。Android中的数据存储方式有五种，分别为文件存储、SharedPreferences、SQLite数据库、ContentProvider以及网络存储。由于ContentProvider与网络存储会在后续章节中讲解，因此本章将重点针对文件存储、SharedPreferences、SQLite数据库进行讲解。

5.1 数据存储方式

Android平台提供的五种数据存储方式，各自都有不同的特点，下面就针对这五种方式进行简单的介绍。

- 文件存储：Android提供了openFileInput()和openFileOutput()方法来读取设备上的文件，其读取方式与Java中I/O程序是完全一样的。
- SharedPreferences：这是Android提供的用来存储一些简单的配置信息的一种机制，它采用了XML格式将数据存储到设备中。通常情况下，我们使用SharedPreferences存储一些应用程序的各种配置信息，如用户名、密码等。
- SQLite数据库：SQLite是Android自带的一个轻量级的数据库，它运算速度快，占用资源少，还支持基本SQL语法，一般使用它作为复杂数据的存储引擎，可以存储用户信息等。
- ContentProvider：Android四大组件之一，主要用于应用程序之间的数据交换，它可以将自己的数据共享给其他应用程序使用。
- 网络存储：需要与Android网络数据包打交道，将数据存储到服务器上，通过网络提供的存储空间来存储/获取数据信息。

需要注意的是，上述数据存储方式各有优缺点，具体使用哪种方式存储，最好根据开发需求选择存储数据的方式。

5.2　文件存储

文件存储是Android中最基本的一种数据存储方式，其与Java中的文件存储类似，都是通过I/O流的形式把数据直接存储到文件中。接下来，本节将针对文件存储的相关知识进行讲解。

5.2.1　将数据存入文件中

如果想要将数据存入文件中，有两种存储方式，一种是内部存储，一种是外部存储。其中内部存储是将数据以文件的形式存储到应用中，外部存储是将数据以文件的形式存储到一些外部设备上，如SD卡，接下来分别针对这两种存储方式进行详细的讲解。

1. 内部存储

内部存储是指将应用程序中的数据以文件的形式存储到应用中（该文件默认位于data/data/<packagename>/目录下），此时存储的文件会被其所在的应用程序私有化，如果其他应用程序想要操作本应用程序中的文件，则需要设置权限。当创建的应用程序被卸载时，其内部存储文件也随之被删除。

Android开发中，内部存储使用的是Context提供的openFileOutput()方法和openFileInput()方法，这两个方法能够返回进行读写操作的FileOutputStream对象和FileInputStream对象，示例代码如下：

```
FileOutputStream fos = openFileOutput(String name, int mode);
FileInputStream fis = openFileInput(String name);
```

在上述代码中，openFileOutput()方法用于打开应用程序中对应的输出流，将数据存储到指定的文件中；openFileInput()方法用于打开应用程序对应的输入流，读取指定文件中的数据，它们的参数“name”表示文件名；“mode”表示文件的操作模式，也就是读写文件的方式，“mode”的取值有四种，具体如下：

- MODE_PRIVATE：该文件只能被当前程序读写。
- MODE_APPEND：该文件的内容可以追加。
- MODE_WORLD_READABLE：该文件的内容可以被其他程序读。
- MODE_WORLD_WRITEABLE：该文件的内容可以被其他程序写。

需要注意的是，Android系统有一套自己的安全模型，默认情况下任何应用创建的文件都是私有的，其他程序无法访问，除非在文件创建时指定了操作模式为MODE_WORLD_READABLE或者MODE_WORLD_WRITEABLE。如果希望文件能够被其他程序进行读写操作，则需要同时指定该文件的MODE _WORLD_READABLE和MODE_WORLD_WRITEABLE权限。

存储数据时，使用FileOutputStream对象将数据存储到文件中，示例代码如下：

```
String fileName = "data.txt";          // 文件名称
String content = "helloworld";         // 保存数据
FileOutputStream fos = null;
try {
    fos = openFileOutput(fileName, MODE_PRIVATE);
    fos.write(content.getBytes());   //将数据写入文件中
} catch (Exception e) {
    e.printStackTrace();
}finally {
    try {
```

```
            if(fos!=null){
                fos.close();                    //关闭输出流
            }
        } catch (IOException e) {
            e.printStackTrace();
        }
    }
```

上述代码中，首先定义了两个String类型的变量fileName和content，这两个变量的值“data.txt”与“helloworld”分别表示文件名与要写入文件的数据，接着创建了FileOutputStream对象fos，通过该对象的write()方法将数据“helloworld”写入data.txt文件。

2．外部存储

外部存储是指将数据以文件的形式存储到一些外部设备上，例如SD卡或者设备内嵌的存储卡，属于永久性的存储方式（外部存储的文件通常位于mnt/sdcard目录下，不同厂商生产的手机路径可能会不同）。外部存储的文件可以被其他应用程序所共享，当将外部存储设备连接到计算机时，这些文件可以被浏览、修改和删除，因此这种方式不安全。

由于外部存储设备可能被移除、丢失或者处于其他状态，因此在使用外部设备之前必须使用Environment.getExternalStorageState()方法确认外部设备是否可用，当外部设备可用并且具有读写权限时，那么就可以通过FileInputStream、FileOutputStream对象来读写外部设备中的文件。

向外部设备（SD卡）中存储数据的示例代码如下：

```
String state = Environment.getExternalStorageState(); //获取外部设备的状态
if(state.equals(Environment.MEDIA_MOUNTED)) { //判断外部设备是否可用
   File SDPath = Environment.getExternalStorageDirectory();//获取SD卡目录
   File file = new File(SDPath, "data.txt");
   String data = "HelloWorld";
   FileOutputStream fos = null;
   try {
        fos = new FileOutputStream(file);
        fos.write(data.getBytes());
    } catch(Exception e) {
        e.printStackTrace();
    }finally {
        try {
              if(fos!= null){
                fos.close();
              }
        } catch(IOException e) {
            e.printStackTrace();
        }
    }
}
```

上述代码中，Environment的getExternalStorageState()方法和getExternalStorageDirectory()方法，分别用于判断是否存在SD卡和获取SD卡根目录的路径。由于手机厂商不同，SD卡根目录也可能不同，因此通过getExternalStorageDirectory()方法获取SD卡目录可以避免把路径写成固定的值而找不到SD卡。

5.2.2 从文件中读取数据

上个小节讲解了如何将数据以文件的形式写入内部存储和外部存储的文件中。存储好数据之后，如果需要获取这些数据，则需要从文件中读取存储的数据。关于读取内部存储和外部存储文件中数据的具体方式如下所示。

1. 读取内部存储中的文件数据

FileInputStream对象能够读取内部存储文件中的数据，示例代码如下：

```
String content = "";
FileInputStream fis = null;
try {
    fis = openFileInput("data.txt");                 //获得文件输入流对象
    byte[] buffer = new byte[fis.available()]; //创建缓冲区，并获取文件长度
    fis.read(buffer);                         //将文件内容读取到buffer缓冲区
    content = new String(buffer);    //转换成字符串
} catch (Exception e) {
    e.printStackTrace();
}finally {
    try {
        if(fis!=null){
            fis.close();                      //关闭输入流
        }
    } catch (IOException e) {
        e.printStackTrace();
    }
}
```

上述代码中，首先通过openFileInput()方法获取到文件输入流对象，然后通过available()方法获取文件的长度并创建相应大小的byte数组作为缓冲区，再通过read()方法将文件内容读取到buffer缓冲区中，最后将读取到的内容转换成指定字符串。

2. 读取外部存储中的文件数据

读取外部存储文件中的数据时，首先需要获取外部设备（SD卡）的路径，并通过该路径来读取对应文件中的数据，示例代码如下：

```
String state = Environment.getExternalStorageState();
if (state.equals(Environment.MEDIA_MOUNTED)) {
    File SDPath = Environment.getExternalStorageDirectory(); //获取SD卡路径
    File file = new File(SDPath, "data.txt");  //创建文件对象
    FileInputStream fis = null;
    BufferedReader br = null;
    try {
        fis = new FileInputStream(file);       //创建文件输入流对象
        //创建字符输入缓冲流的对象
        br = new BufferedReader(new InputStreamReader(fis));
        String data = br.readLine();           //读取数据
    } catch (Exception e) {
        e.printStackTrace();
    }finally {
        if(br != null){
            try {
                br.close();                    //关闭字符输入缓冲流
            } catch(IOException e) {
```

```
                e.printStackTrace();
            }
        }
        if(fis != null){
            try {
                fis.close();                          //关闭输入流
            } catch(IOException e) {
                e.printStackTrace();
            }
        }
    }
}
```

多学一招：申请SD卡写文件的权限

为了保证应用程序的安全性，Android系统规定，程序访问系统的一些关键信息时，必须申请权限，否则程序运行时会因为没有访问系统信息的权限而直接崩溃。根据程序适配的Android SDK版本的不同，申请权限分为两种方式，分别为静态申请权限和动态申请权限，具体如下：

1．静态申请权限

静态申请权限的方式适用于Android SDK 6.0以下的版本。该方式是在清单文件（AndroidManifest.xml）的<manifest>节点中声明需要申请的权限。以申请SD卡的写权限为例，代码如下所示：

```
<uses-permission android:name="android.permission.WRITE_EXTERNAL_STORAGE"/>
```

2．动态申请权限

当程序适配的Android SDK版本为6.0及以上时，Android改变了权限的管理模式，权限被分为正常权限和危险权限。具体如下：

- 正常权限：表示不会直接给用户隐私权带来风险的权限。如请求网络的权限。
- 危险权限：表示涉及用户隐私的权限，申请了该权限的应用，可能涉及了用户隐私信息的数据或资源，也可能对用户存储的数据或其他应用的操作产生影响。危险权限一共有九组，分别为位置（LOCATION）、日历（CALENDAR）、照相机（CAMERA）、联系人（CONTACTS）、存储卡（STORAGE）、传感器（SENSORS）、麦克风（MICROPHONE）、电话（PHONE）和短信（SMS）的相关权限。

申请正常权限时使用静态申请权限的方式即可，但是对于一些涉及用户隐私的危险权限需要用户的授权后才可以使用，因此危险权限不仅需要在清单文件（AndroidManifest.xml）的<manifest>节点中添加权限，还需要在代码中动态申请权限。以动态申请SD卡的写权限为例，示例代码如下：

```
ActivityCompat.requestPermissions(MainActivity.this,
              new String[]{"android.permission.WRITE_EXTERNAL_STORAGE"}, 1);
```

requestPermissions()方法中包含3个参数，第1个参数为Context上下文，第2个参数为需要申请的权限，第3个参数为请求码。

添加完动态申请权限后，运行程序，界面上会弹出是否允许请求权限的对话框，由用户进行授权，如图5-1所示。

图5-1　申请权限弹出框

图5-1中，提示内容为“是否允许访问设备上照片、媒体和文件的申请权限”，DENY按钮表示拒绝，ALLOW按钮表示允许。

当用户点击对话框中的“ALLOW”按钮时，程序会执行动态申请权限的回调方法onRequestPermissionsResult()，在该方法中可以获取用户授予申请的权限的结果。onRequestPermissionsResult()方法的示例代码如下：

```
@Override
public void onRequestPermissionsResult(int requestCode, String[] permissions,
                                              int[] grantResults) {
    super.onRequestPermissionsResult(requestCode, permissions, grantResults);
    if(requestCode == 1) {
       for(int i = 0; i < permissions.length; i++) {
        if(permissions[i].equals("android.permission.WRITE_EXTERNAL_STORAGE")
                && grantResults[i] == PackageManager.PERMISSION_GRANTED){
               Toast.makeText(this, "" + "权限" + permissions[i] + "申请成功",
                                              Toast.LENGTH_SHORT).show();
            }else{
               Toast.makeText(this, "" + "权限" + permissions[i] + "申请失败",
                                              Toast.LENGTH_SHORT).show();
            }
       }
    }
}
```

上述代码中，onRequestPermissionsResult()方法为中包含3个参数requestCode、permissions和grantResults，分别表示请求码、请求的权限和用户授予权限的结果。当用户授予SD卡写权限时，对应该权限的grantResults数组中的值为PackageManager.PERMISSION_GRANTED。

5.2.3 实战演练——保存QQ账号与密码

在日常生活中，登录QQ时通常都会有记住账号与密码的功能，这个记录账号与密码的过程实际上就是将数据保存到文件中。接下来以图5-2为例演示如何将QQ账号与密码存储到指定文件中，具体步骤如下：

图5-2 保存QQ密码界面

1. 创建程序

创建一个名为SaveQQ的应用程序，指定包名为cn.itcast.saveqq。

2. 导入界面图片

将保存QQ密码界面所需要的图片head.png导入到项目中的drawable文件夹中。

3. 放置界面控件

在activity_main.xml布局文件中，放置1个ImageView控件用于显示用户头像，2个TextView控件用于分别用于显示“账号：”与“密码：”文本信息，2个EditText控件分别用于输入账号和密码信息，1个Button控件用于显示登录按钮。完整布局代码详见【文件5-1】。

扫一扫

扫码查看文件5-1

4. 创建工具类

由于QQ账号和密码需要存放在文件中，因此需要在程序中的cn.itcast.saveqq包中创建一个工具类FileSaveQQ，在该类中实现QQ账号和密码的存储与读取功能，具体代码如【文件5-2】所示。

【文件5-2】 FileSaveQQ.java

```
1  package cn.itcast.saveqq;
2  ......// 省略导入包
```

```
3  public class FileSaveQQ {
4      //保存 QQ 账号和登录密码到 data.txt 文件中
5      public static boolean saveUserInfo(Context context, String account, String
6              password) {
7          FileOutputStream fos = null;
8          try {
9              //获取文件的输出流对象 fos
10             fos = context.openFileOutput("data.txt",
11                     Context.MODE_PRIVATE);
12             //将数据转换为字节码的形式写入 data.txt 文件中
13             fos.write((account + ":" + password).getBytes());
14             return true;
15         } catch (Exception e) {
16             e.printStackTrace();
17             return false;
18         }finally {
19             try {
20                 if(fos != null){
21                     fos.close();
22                 }
23             } catch(IOException e) {
24                 e.printStackTrace();
25             }
26         }
27     }
28     //从 data.txt 文件中获取存储的 QQ 账号和密码
29     public static Map<String, String> getUserInfo(Context context) {
30         String content = "";
31         FileInputStream fis = null;
32         try {
33             //获取文件的输入流对象 fis
34             fis=context.openFileInput("data.txt");
35             //将输入流对象中的数据转换为字节码的形式
36             byte[] buffer = new byte[fis.available()];
37             fis.read(buffer);//通过 read() 方法读取字节码中的数据
38             content = new String(buffer); //将获取的字节码转换为字符串
39             Map<String, String> userMap = new HashMap<String, String>();
40             //将字符串以":"分隔后形成一个数组的形式
41             String[] infos = content.split(":");
42             //将数组中的第一个数据放入 userMap 集合中
43             userMap.put("account", infos[0]);
44             //将数组中的第二个数据放入 userMap 集合中
45             userMap.put("password", infos[1]);
46             return userMap;
47         } catch(Exception e) {
48             e.printStackTrace();
49             return null;
50         }finally {
51             try {
52                 if(fis != null){
53                     fis.close();
54                 }
55             } catch (IOException e) {
56                 e.printStackTrace();
57             }
58         }
```

```
59      }
60 }
```

上述代码中，第5~27行代码创建了一个saveUserInfo()方法，用于将QQ账号和密码保存到data.txt文件中。其中，第9~12行代码首先创建了一个输出流的对象fos，接着调用该对象的write()方法将QQ账号和密码以字节的形式写入data.txt文件中。

第28~59行代码，创建了一个getUserInfo()方法，用于从data.txt文件中获取QQ账号和密码。其中，第33~37行代码首先创建了一个输入流的对象fis，接着将该对象转换为字节码的形式，并通过read()方法读取data.txt文件中的QQ账号和密码。

5．编写界面交互代码

在MainActivity中编写逻辑代码，实现QQ账号与密码的存储和读取功能，具体代码如【文件5-3】所示。

【文件5-3】 MainActivity.java

```
1  package cn.itcast.saveqq;
2  ......//省略导入包
3  public class MainActivity extends AppCompatActivity implements View.
4  OnClickListener{
5      private EditText et_account;    //账号输入框
6      private EditText et_password;   //密码输入框
7      private Button btn_login;       //登录按钮
8      @Override
9      protected void onCreate(Bundle savedInstanceState) {
10         super.onCreate(savedInstanceState);
11         setContentView(R.layout.activity_main);
12         initView();
13         //通过工具类FileSaveQQ中的getUserInfo()方法获取QQ账号和密码信息
14         Map<String, String> userInfo = FileSaveQQ.getUserInfo(this);
15         if(userInfo != null) {
16         //将获取的账号显示到界面上
17         et_account.setText(userInfo.get("account"));
18         //将获取的密码显示到界面上
19          et_password.setText(userInfo.get("password"));
20         }
21     }
22     private void initView() {
23         et_account = (EditText) findViewById(R.id.et_account);
24         et_password = (EditText) findViewById(R.id.et_password);
25         btn_login = (Button) findViewById(R.id.btn_login);
26         //设置按钮的点击监听事件
27         btn_login.setOnClickListener(this);
28     }
29     @Override
30     public void onClick(View v) {
31         switch (v.getId()) {
32             case R.id.btn_login:
33                 //当点击"登录"按钮时，获取界面上输入的QQ账号和密码
34                 String account = et_account.getText().toString().trim();
35                 String password = et_password.getText().toString();
36                 //检验输入的账号和密码是否为空
37                 if(TextUtils.isEmpty(account)) {
38                    Toast.makeText(this, "请输入QQ账号", Toast.LENGTH_SHORT).show();
39                    return;
```

```
40                 }
41                 if(TextUtils.isEmpty(password)) {
42                    Toast.makeText(this, "请输入密码", Toast.LENGTH_SHORT).show();
43                    return;
44                 }
45                 Toast.makeText(this, "登录成功", Toast.LENGTH_SHORT).show();
46                 //保存用户信息
47                 boolean isSaveSuccess = FileSaveQQ.saveUserInfo(this, account,
48                                                                      password);
49                 if(isSaveSuccess) {
50                    Toast.makeText(this, "保存成功", Toast.LENGTH_SHORT).show();
51                 } else {
52                    Toast.makeText(this, "保存失败", Toast.LENGTH_SHORT).show();
53                 }
54             break;
55         }
56     }
57 }
```

上述代码中，第14~19行代码主要通过工具类FileSaveQQ中的getUserInfo()方法获取之前保存的QQ账号和密码信息，如果之前保存过这些信息，则将获取的信息显示到界面控件上，否则，不显示信息到界面上。

第22~28行代码创建了一个initView()方法，用于初始化界面控件。

第29~56行代码重写了OnClickListener接口中的onClick()方法，在该方法中处理了登录按钮的点击事件。当点击界面上的登录按钮时，首先会获取界面上账号和密码输入框中的信息。如果获取的账号和密码为空，则提示用户“请输入QQ账号”和“请输入密码”，否则，会提示用户“登录成功”，接着调用工具类FileSaveQQ中的saveUserInfo()方法将登录信息保存到本地文件中。

6. 运行程序

运行上述程序，在界面中输入账号和密码，点击“登录”按钮，会弹出“登录成功”与“保存成功”的提示信息，运行结果如图5-3所示。

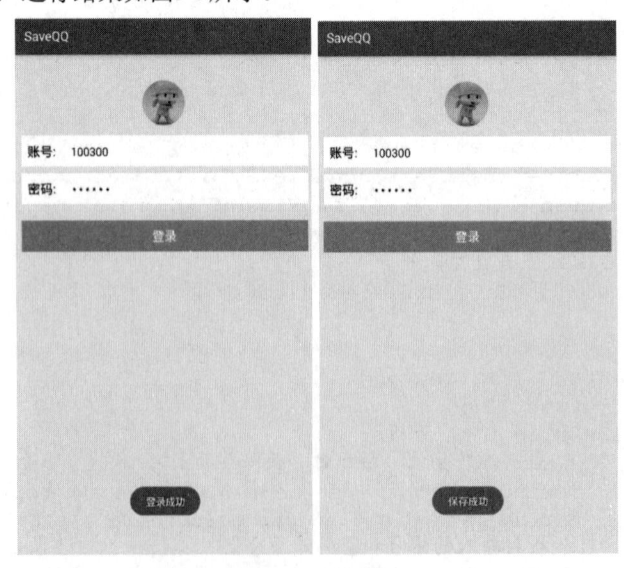

图5-3　运行结果

为了验证程序是否操作成功，可以通过Device File Explorer视图中找到data/data目录，并在该目录中找到本程序对应包名中的data.txt文件，该文件所在的目录如图5-4所示。

双击Device File Explorer视图中的data.txt，即可在Android Studio编辑框中查看data.txt文件中存储的QQ账号和密码数据，此时说明存储成功。

至此，文件存储的相关知识已讲解完成，该知识所用到的核心技术是利用I/O流来进行文件读写操作，其中Context类中提供的openFileInput()和openFileOutput()方法的用法一定要掌握。

图5-4　data.txt所在目录

5.3　SharedPreferences存储

SharedPreferences是Android平台上一个轻量级的存储类，当程序中有一些少量数据需要持久化存储时，可以使用SharedPreferences类进行存储。例如存储程序中的用户名、密码、自定义的一些参数等。本节将针对SharedPreferences的使用进行详细地讲解。

5.3.1　将数据存入SharedPreferences中

使用SharedPreferences类存储数据时，首先需要调用getSharedPreferences(String name,int mode)方法获取实例对象。由于该对象本身只能获取数据，不能对数据进行存储和修改，因此需要调用SharedPreferences类的edit()方法获取可编辑的Editor对象，最后通过该对象的putXxx()方法存储数据，示例代码如下：

```
//获取sp对象，参数data表示文件名，MODE_PRIVATE表示文件操作模式
SharedPreferences sp = getSharedPreferences("data",MODE_PRIVATE);
SharedPreferences.Editor editor = sp.edit();      // 获取编辑器
editor.putString("name", "传智播客");               // 存入String类型数据
editor.putInt("age", 8);                          // 存入int类型数据
editor.commit();                                  // 提交修改
```

由上述代码可知，Editor对象是以key/value的形式保存数据的，并且根据数据类型的不同，会调用不同的方法。需要注意的是，操作完数据后，一定要调用commit()方法进行数据提交，否则所有操作不生效。

注意： SharedPreferences中的Editor编辑器是通过key/value（键值对）的形式将数据保存在data/data/<packagename>/shared_prefs文件夹下XML文件中，其中value值只能是float、int、long、boolean、String、Set<String>类型数据。

5.3.2　读取与删除SharedPreferences中的数据

1. 读取SharedPreferences中的数据

读取SharedPreferences中的数据非常简单，只需要获取SharedPreferences对象，然后通过该对

象的getXXX()方法根据相应key值获取到value的值即可，示例代码如下：

```
SharedPreferences sp = getSharedPreferences("data",MODE_PRIVATE);
String data = sp.getString("name","");     // 获取用户名
```

需要注意的是，getXXX()方法的第二个参数为缺省值，如果sp中不存在该key，将返回缺省值，例如getString("name", "")，若name不存在则key就返回空字符串。

2. 删除SharedPreferences中的数据

如果需要删除SharedPreferences中的数据，则只需要调用Editor对象的remove(String key)方法或者clear()方法即可，示例代码如下：

```
editor.remove("name");          // 删除一条数据
editor.clear();                 // 删除所有数据
```

注意：SharedPreferences使用很简单，但一定要注意以下两点：

- 获取数据的key值与存入数据的key值的数据类型要一致，否则查找不到数据。
- 保存SharedPreferences的key值时，可以用静态变量保存，以免存储、删除时写错了。如：private static final String key = "itcast";

5.3.3 实战演练——保存QQ账号和密码

对于QQ登录时保存账号和密码的功能，不仅文件存储能够实现，SharePreferences同样也可以实现，并且SharedPreferences存取数据更加简单方便，因此在实际开发中经常使用。接下来就通过SharedPreferences重新实现保存QQ账号和密码的案例，具体步骤如下：

1. 创建工具类

界面布局与5.2.3案例相同，在此不做重复演示，本节需要学习的是使用Shared Preferences读写数据部分。接下来在SaveQQ程序中的cn.itcast.saveqq包中创建一个工具类SPSaveQQ，具体代码如【文件5-4】所示。

【文件5-4】 SPSaveQQ.java

```
1  package cn.itcast.saveqq;
2  ......//省略导入包
3  public class SPSaveQQ{
4      // 保存QQ账号和登录密码到data.xml文件中
5      public static boolean saveUserInfo(Context context, String account,
6       String password) {
7              SharedPreferences sp = context.getSharedPreferences("data",
8                                     Context.MODE_PRIVATE);
9              SharedPreferences.Editor edit = sp.edit();
10             edit.putString("userName", account);
11             edit.putString("pwd", password);
12             edit.commit();
13             return true;
14     }
15     //从data.xml文件中获取存储的QQ账号和密码
16     public static Map<String, String> getUserInfo(Context context) {
17             SharedPreferences sp = context.getSharedPreferences("data",
18                                    Context.MODE_PRIVATE);
19             String account = sp.getString("userName", null);
20             String password = sp.getString("pwd", null);
```

```
21              Map<String, String> userMap = new HashMap<String, String>();
22              userMap.put("account", account);
23              userMap.put("password", password);
24              return userMap;
25      }
26 }
```

上述代码中，第5~14行代码创建了一个saveUserInfo()方法，用于保存QQ账号和密码到data.xml文件中。在saveUserInfo()方法中，首先获取了SharedPreferences类的对象sp，接着通过edit()方法获取一个Editor对象，通过Edit对象的putString()方法将账号和密码放入该对象中，最后还需要调用commit()方法将数据提交并保存到data.xml文件中。

第16~25行代码创建了一个getUserInfo()方法，用于从data.xml文件中获取存放的QQ账号和密码。在getUserInfo()方法中，同样首先获取SharedPreferences类的对象sp，接着通过该对象的getString()方法分别获取QQ账号和密码的数据，并将获取的数据存放在一个Map集合中。

需要注意的是，在Activity中与其他类中获取SharedPreferences实例对象时，调用getSharedPreferences()方法的形式是不同的。在Activity中调用该方法时，可以直接用this.getSharedPreferences()的方式，并且this关键字可省略。如果不在Activity中调用该方法时，需要通过上下文Context的对象来调用getSharedPreferences()方法，即context.getSharedPreferences()。

2. 编写界面交互代码

由于保存QQ账号和密码程序的界面并没有发生变化，只是使用了不同的数据存储方式，因此只需将【文件5-3】中第14行通过FileSaveQQ工具类获取用户信息的代码进行修改，修改后的代码如下：

```
Map<String, String> userInfo = SPSaveQQ.getUserInfo(this);
```

同时，第47~48行通过FileSaveQQ工具类存储用户信息的代码也需修改，修改后的代码如下：

```
boolean isSaveSuccess = SPSaveQQ.saveUserInfo(this, account, password);
```

3. 运行程序

程序运行成功后，在界面中输入账号和密码，点击“登录”按钮，会弹出提示信息“登录成功”与“保存成功”，运行结果如图5-5所示。

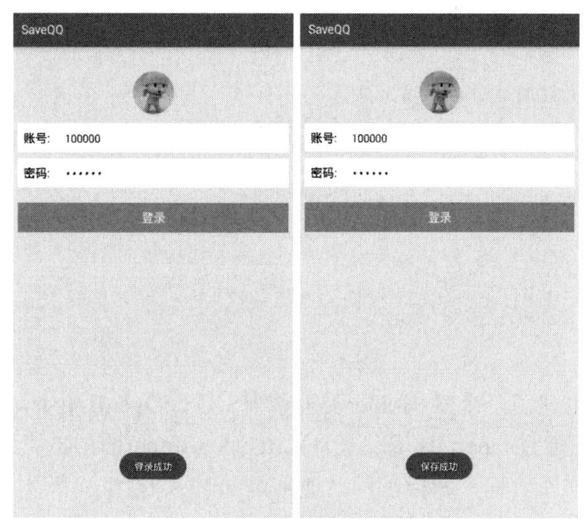

图5-5 运行结果

此时，如果将程序退出，再重新打开会发现QQ账号和密码仍然显示在当前的EditText中，说明QQ信息已经存储在SharedPreferences中了。

为了验证QQ信息是否成功保存到了SharedPreferences中，可以在Device FileExplorer视图中找到该程序的shared_prefs目录，然后找到data.xml文件，data.xml文件目录如图5-6所示。

双击data.xml文件，可以看到data.xml的具体代码如【文件5-5】所示。

【文件5-5】 data.xml

```
<?xml version='1.0' encoding='utf-8' standalone='yes'?>
<map>
    <string name="userName">100000</string>
    <string name="pwd">itcast</string>
</map>
```

根据导出的data.xml文件中的内容可知，保存QQ密码程序使用SharedPreferences类成功地将账号和密码数据保存到data.xml文件中。

图5-6 data.xml文件

5.4 SQLite数据库存储

前面介绍了如何使用文件以及SharedPreferences存储数据，这两种方式适合存储简单数据，当需要存储大量数据时显然是不适合的。为此Android系统提供了SQLite数据库，它可以存储应用程序中的大量数据，并对数据进行管理和维护。本节将针对SQLite数据库进行详细讲解。

5.4.1 SQLite数据库的创建

在Android系统中，创建SQLite数据库类是非常简单的，只需要创建一个类继承SQLiteOpenHelper类，在该类中重写onCreate()方法和onUpgrade()方法即可，示例代码如下：

```
public class MyHelper extends SQLiteOpenHelper {
    public MyHelper(Context context) {
        super(context, "itcast.db", null, 2);
    }
    // 数据库第一次被创建时调用该方法
    public void onCreate(SQLiteDatabase db) {
        //初始化数据库的表结构，执行一条建表的 SQL 语句
        db.execSQL("CREATE TABLE information(_id INTEGER PRIMARY KEY AUTOINCREMENT,
                   name VARCHAR(20),  price INTEGER)");
    }
    // 当数据库的版本号增加时调用
    public void onUpgrade(SQLiteDatabase db, int oldVersion, int newVersion) {
    }
}
```

上述代码中，首先创建了一个MyHelper类继承自SQLiteOpenHelper，并重写该类的构造方法MyHelper()，在该方法中通过super()调用父类SQLiteOpenHelper的构造方法，并传入4个参数，分别表示上下文对象、数据库名称、游标工厂（通常是null）、数据库版本。然后重写了onCreate()和onUpgrade()方法，其中onCreate()方法是在数据库第1次创建时调用，该方法通常用于初始化表

结构。onUpgrade()方法在数据库版本号增加时调用，如果版本号不增加，则该方法不调用。

多学一招：SQLite Expert Personal可视化工具

在Android系统中，数据库创建完成后是无法直接对数据进行查看的，要想查看数据需要使用SQLite Expert Personal可视化工具。可在官网www.sqliteexpert.com/download.html中下载SQLite Expert Persona工具并进行安装，安装完成运行程序，结果如图5-7所示。

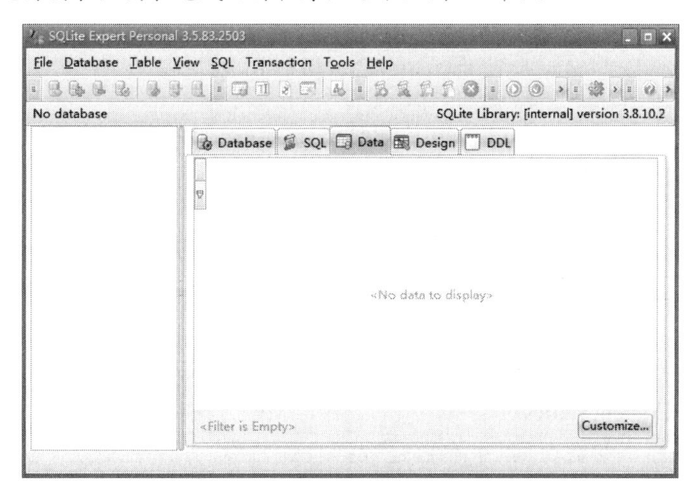

图5-7　SQLite Expert Personal

接下来通过SQLite Expert Persona工具查看已经创建好的数据库文件，首先在Device File Explorer视图中找到数据库文件所在目录【data】→【data】→【项目包名全路径】→【databases】，如图5-8所示。

由图5-8可知，数据库文件以“.db”为扩展名。右键单击itcast.db文件，选择【Save As】将itcast.db文件导出到指定目录下。在SQLite Expert Persona工具中点击【File】→【Open Database】选项，选择需要查看的数据库文件，结果如图5-9所示。

由图5-9可知，创建的数据库itcast.db中的各个字段已经清晰的展示出来，当数据库中有新添加的数据时，通过SQLite Expert Personal可视化工具可以进行查看。

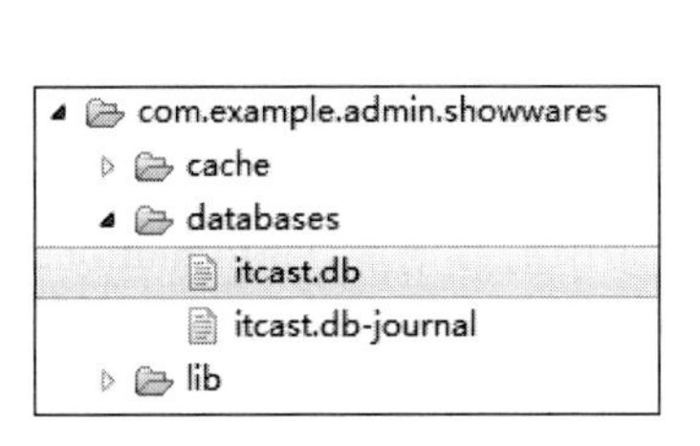

图5-8　数据库文件

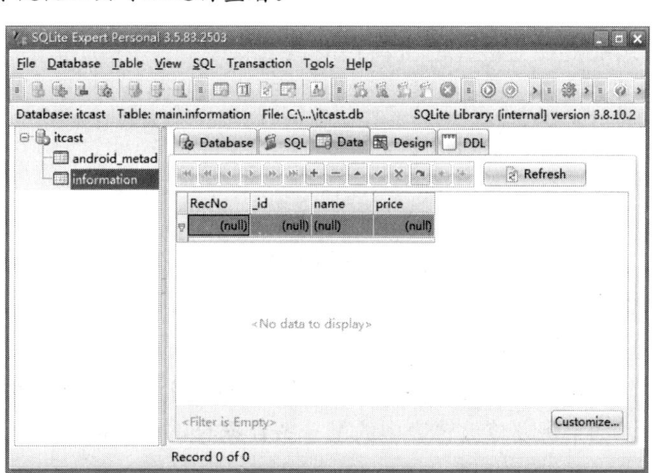

图5-9　打开数据库

5.4.2 SQLite数据库的基本操作

前面介绍了SQLite数据库及如何创建数据库，接下来将针对SQLite数据库的增、删、改、查操作进行详细讲解。

1. 新增数据

接下来以itcast.db数据库中的information表为例，介绍如何使用SQLiteDatabase对象的insert()方法向表中插入一条数据，示例代码如下：

```
public void insert(String name,String price) {
    MyHelper helper = new MyHelper(MainActivity.this);
    SQLiteDatabase db = helper.getWritableDatabase();// 获取可读写 SQLiteDatabse 对象
    ContentValues values = new ContentValues();    // 创建 ContentValues 对象
    values.put("name", name);                      // 将数据添加到 ContentValues 对象
    values.put("price", price);
    long id = db.insert("information",null,values); // 插入一条数据到 information 表
    db.close();                                    // 关闭数据库
}
```

上述代码中，通过getWritableDatabase()方法得到SQLiteDatabase对象，然后获得ContentValues对象并将数据添加到ContentValues对象中，最后调用insert()方法将数据插入到information表中。

insert()方法接收3个参数，第1个参数是数据表的名称，第2个参数表示如果发现将要插入的行为空行时，会将这个列名的值设为null，第3个参数为ContentValues对象。需要注意的是，ContentValues类类似于Map类，通过键值对的形式存入数据，这里的key表示插入数据的列名，value表示要插入的数据。

需要注意的是，使用完SQLiteDatabase对象后一定要调用close()方法关闭数据库连接，否则数据库连接会一直存在，不断消耗内存，当系统内存不足时将获取不到SQLiteDatabase对象，并且会报出数据库未关闭异常。

2. 删除数据

SQLiteDatabase类中存在一个delete()方法，用于删除数据库表中的数据。以information表为例，如果想要删除该表中的某一条数据时，可直接调用SQLiteDatabase对象的delete()方法来实现，示例代码如下：

```
public int delete(long id){
    SQLiteDatabase db = helper.getWritableDatabase();
    int number = db.delete("information", "_id=?", new String[]{id+""});
    db.close();
    return number;
}
```

上述代码中，删除数据库中的数据操作不同于增加操作，删除数据时不需要使用ContentValue来添加参数，而是使用一个字符串和一个字符串数组来添加参数名和参数值。

3. 修改数据

SQLiteDatabase类中存在一个update()方法，用于修改数据库表中的数据，以information表为例，如果想要修改该表中的某一条数据时，可直接调用SQLiteDatabase对象的update ()方法来实现，示例代码如下：

```
public int update(String name, String price) {
    SQLiteDatabase db = helper.getWritableDatabase();
    ContentValues values = new ContentValues();
    values.put("price", price);
    int number = db.update("information", values, "name =?", new String[]{name});
    db.close();
    return number;
}
```

上述代码中，首先获取了SQLiteDatabase类的对象db，接着创建了一个ContentValues类的对象values，通过调用put()方法将需要修改的字段名称和字段值放入到对象values中，最后通过对象db调用update()方法来修改数据库中对应的数据。update()方法中传递了4个参数，其中，第1个参数表示数据库表的名称，第2个参数表示最新的数据，第3个参数表示要修改的数据的查找条件，第4个参数表示查找条件的参数。

4. 查询数据

在进行数据查询时使用的是query()方法，该方法返回的是一个行数集合Cursor，Cursor是一个游标接口，提供了遍历查询结果的方法。需要注意的是，在使用完Cursor对象后，一定要及时关闭，否则会造成内存泄露。接下来向大家介绍如何使用SQLiteDatabase的query()方法查询数据，示例代码如下：

```
1  public void find(int id){
2      MyHelper helper = new MyHelper(MainActivity.this);
3      SQLiteDatabase db = helper.getReadableDatabase();// 获取可读 SQLiteDatabase 对象
4      Cursor cursor = db.query("information", null, "_id=?", new String[]{id+""},
5              null, null, null);
6      if(cursor.getCount() != 0){    // 判断 cursor 有多少个数据，如果没有就不要进入循环了
7              while(cursor.moveToNext()){
8              String _id = cursor.getString(cursor.getColumnIndex("_id"));
9              String name = cursor.getString(cursor.getColumnIndex("name"));
10             String price = cursor.getString(cursor.getColumnIndex("price"));
11         }
12     }
13     cursor.close();    // 关闭游标
14     db.close();
15 }
```

上述代码中，第1~5行代码通过SQLiteDatabase对象的query()方法查询information表中的数据，并返回Cursor对象。其中query()方法包含7个参数，第1个参数表示表名称，第2个参数表示查询的列名，第3个参数表示的是接收查询条件的子句，第4个参数接收查询子句对应的条件值，第5个参数表示分组方式，第6个参数接收having条件，即定义组的过滤器，第7个参数表示排序方式。

第6~12行代码首先通过getCount()方法获取到查询结果的总数，然后通过moveToNext()方法移动游标指向下一行数据，接着通过为getString()方法传入列名获取对应的数据。

多学一招：使用SQL语句进行数据库操作

在使用SQLite数据库时，除了上述介绍的方法进行数据库操作之外，还可以使用execSQL()方法通过SQL语句对数据库进行操作，示例代码如下：

```
// 增加一条数据
```

```
db.execSQL("insert into information (name, price) values (?,?)",
                                        new Object[]{name, price });
// 删除一条数据
db.execSQL("delete from information where _id  = 1");
// 修改一条数据
db.execSQL("update information set name=? where price =?",
                                        new Object[]{name, price });
// 执行查询的 SQL 语句
Cursor cursor = db.rawQuery("select * from information where name=?",
                                              new String[]{name});
```

从上述代码可以看出，查询操作与增、删、改操作有所不同，前面三个操作都是通过execSQL()方法执行SQL语句，而查询操作使用的是rawQuery()方法。这是因为查询数据库会返回一个结果集Cursor，而execSQL()方法没有返回值。

5.4.3 SQLite数据库中的事务

数据库事务是一个对数据库执行工作单元，是针对数据库的一组操作，它可以由一条或多条SQL语句组成。事务是以逻辑顺序完成的工作单位或序列，可以是由用户手动操作完成，也可以是由某种数据库程序自动完成。

事务的操作比较严格，它必须满足ACID，ACID是指数据库事务正确执行的四个基本要素的缩写，这些要素包括原子性（Atomicity）、一致性（Consistency）、隔离性（Isolation）、持久性（Durability），接下来针对这四个基本要素进行详细解释。

- 原子性：表示事务是一个不可再分割的工作单位，事务中的操作要么全部成功，要么全部失败回滚。
- 一致性：表示事务开始之前和结束之后，数据库的完整性没有被破坏。也就是说数据库事务不能破坏关系数据的完整性以及业务逻辑上的一致性。
- 隔离性：表示并发的事务是相互隔离的，也就是一个事务内部的操作都必须封锁起来，不会被其他事务影响到。
- 持久性：表示事务一旦提交后，该事务对数据做的更改便持久保存在数据库中，并不会被回滚，即使出现了断电等事故，也不会影响数据库中的数据。

接下来，通过张三与王五取钱和存钱的例子，使用SQLite的事务模拟银行转账功能。当张三拿着一张银行卡在银行准备取出1000元时，王五在银行准备将自己的1000元存入银行卡，此时模拟银行转账功能的主要逻辑代码如下所示：

```
PersonSQLiteOpenHelper helper = new PersonSQLiteOpenHelper(getApplication());
// 获取一个可读写的 SQLiteDataBase 对象
SQLiteDatabase db = helper.getWritableDatabase();
// 开始数据库的事务
db.beginTransaction();
try {
    // 执行转出操作
    db.execSQL("update person set account = account-1000 where name =?",
                                        new Object[] { "张三" });
    // 执行转入操作
    db.execSQL("update information set account = account +1000 where name =?",
                                        new Object[] { "王五" });
```

```
        //标记数据库事务执行成功
        db.setTransactionSuccessful();
    }catch(Exception e) {
        Log.i("事务处理失败", e.toString());
    } finally {
        db.endTransaction();        //关闭事务
        db.close();                 //关闭数据库
    }
```

需要注意的是，事务操作完成后一定要使用endTransaction()方法关闭事务。当执行endTransaction()方法时，首先会检查是否有事务执行成功的标记，有则提交数据，无则回滚数据，最后会关闭事务。如果不关闭事务，事务只有到超时才自动结束，会降低数据库并发效率。因此，通常关闭事务的操作会在finally中执行。

5.4.4　实战演练——绿豆通讯录

上面讲解了SQLite数据库的创建以及基本操作，接下来通过一个绿豆通讯录的案例对SQLite数据库在开发中的应用进行详细讲解，该案例的界面效果如图5-10所示。

实现绿豆通讯录功能的具体步骤如下：

1. 创建程序

创建一个名为Directory的应用程序，指定包名为cn.itcast.directory。

2. 导入界面图片

将通讯录界面所需要的图片bg.png导入到项目中的drawable文件夹中。

3. 放置界面控件

在activity_main.xml布局文件中，放置3个TextView控件分别用于显示“姓名”文本、“电话”文本以及显示保存的姓名和电话信息，2个EditText控件分别用于显示姓名的输入框与电话的输入框，4个Button控件分别用于显示添加按钮、查询按钮、修改按钮以及删除按钮。完整布局代码详见【文件5-6】。

扫一扫

扫码查看文件5-6

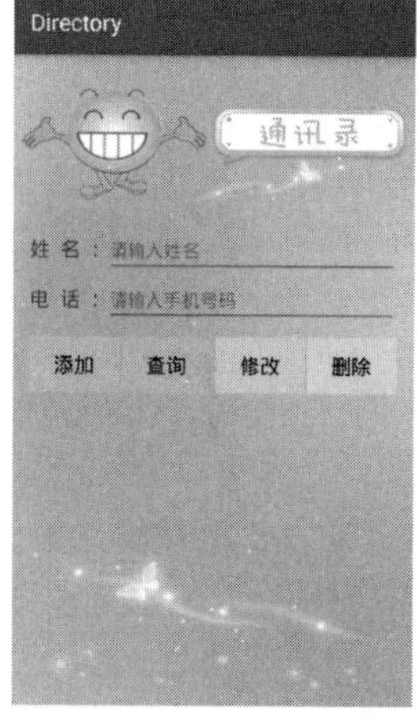

图5-10　通讯录界面

4. 编写界面交互代码

在MainActivity中编写逻辑代码，实现联系人信息的添加、查询、修改以及删除功能。由于通讯录界面上的添加、查询、修改、删除按钮需要设置点击事件，因此将MainActivity实现OnClickListener接口，并重写onClick ()方法，在该方法中实现这4个按钮的点击事件，具体代码如【文件5-7】所示。

【文件5-7】 MainActivity.java

```
1  package cn.itcast.directory;
2  ……//省略导入包
3  public class MainActivity extends AppCompatActivity implements
4   View.OnClickListener {
5      MyHelper myHelper;
6      private EditText mEtName;
```

```
7      private EditText mEtPhone;
8      private TextView mTvShow;
9      private Button mBtnAdd;
10     private Button mBtnQuery;
11     private Button mBtnUpdate;
12     private Button mBtnDelete;
13     @Override
14     protected void onCreate(Bundle savedInstanceState) {
15         super.onCreate(savedInstanceState);
16         setContentView(R.layout.activity_main);
17         myHelper = new MyHelper(this);
18         init();
19     }
20     private void init() {
21         mEtName = (EditText) findViewById(R.id.et_name);
22         mEtPhone = (EditText) findViewById(R.id.et_phone);
23         mTvShow = (TextView) findViewById(R.id.tv_show);
24         mBtnAdd = (Button) findViewById(R.id.btn_add);
25         mBtnQuery = (Button) findViewById(R.id.btn_query);
26         mBtnUpdate = (Button) findViewById(R.id.btn_update);
27         mBtnDelete = (Button) findViewById(R.id.btn_delete);
28         mBtnAdd.setOnClickListener(this);
29         mBtnQuery.setOnClickListener(this);
30         mBtnUpdate.setOnClickListener(this);
31         mBtnDelete.setOnClickListener(this);
32     }
33     @Override
34     public void onClick(View v) {
35         String name, phone;
36         SQLiteDatabase db;
37         ContentValues values;
38         switch(v.getId()) {
39             case R.id.btn_add: //添加数据
40                 name = mEtName.getText().toString();
41                 phone = mEtPhone.getText().toString();
42                 db = myHelper.getWritableDatabase();//获取可读写SQLiteDatabse对象
43                 values = new ContentValues(); //创建ContentValues对象
44                 values.put("name", name); //将数据添加到ContentValues对象
45                 values.put("phone", phone);
46                 db.insert("information", null, values);
47                 Toast.makeText(this, "信息已添加", Toast.LENGTH_SHORT).show();
48                 db.close();
49                 break;
50             case R.id.btn_query: //查询数据
51                 db = myHelper.getReadableDatabase();
52                 Cursor cursor = db.query("information", null, null, null, null,
53                                         null, null);
54                 if(cursor.getCount() == 0) {
55                    mTvShow.setText("");
56                    Toast.makeText(this, "没有数据", Toast.LENGTH_SHORT).show();
57                 } else {
58                     cursor.moveToFirst();
59                     mTvShow.setText("Name :  " + cursor.getString(1) + "  ;
60                                   Tel :  " + cursor.getString(2));
61                 }
62                 while (cursor.moveToNext()) {
```

```
63                 mTvShow.append("\n" + "Name :  " + cursor.getString(1) +"  ;
64                                        Tel :  " + cursor.getString(2));
65                  }
66                  cursor.close();
67                  db.close();
68                  break;
69              case R.id.btn_update: //修改数据
70                  db = myHelper.getWritableDatabase();
71                  values = new ContentValues();        // 要修改的数据
72                  values.put("phone", phone = mEtPhone.getText().toString());
73                  db.update("information", values, "name=?",
74                     new String[]{mEtName.getText().toString()}); // 更新并得到行数
75                  Toast.makeText(this, "信息已修改", Toast.LENGTH_SHORT).show();
76                  db.close();
77                  break;
78              case R.id.btn_delete: //删除数据
79                  db = myHelper.getWritableDatabase();
80                  db.delete("information", null, null);
81                  Toast.makeText(this, "信息已删除", Toast.LENGTH_SHORT).show();
82                  mTvShow.setText("");
83                  db.close();
84                  break;
85          }
86      }
87      class MyHelper extends SQLiteOpenHelper {
88          public MyHelper(Context context) {
89              super(context, "itcast.db", null, 1);
90          }
91          @Override
92          public void onCreate(SQLiteDatabase db) {
93              db.execSQL("CREATE TABLE information(_id INTEGER PRIMARY
94                   KEY AUTOINCREMENT, name VARCHAR(20),  phone VARCHAR(20))");
95          }
96          @Override
97          public void onUpgrade(SQLiteDatabase db, int oldVersion, int newVersion) {
98          }
99      }
100 }
```

上述代码中，第20~32行代码创建了一个init()方法，用于初始化界面控件并设置添加、查询、修改、删除按钮的点击监听事件。

第39~49行代码主要通过SQLiteDatabase类的insert()方法将姓名和电话信息添加到数据库中。

第50~68行代码主要通过SQLiteDatabase类的query()方法将数据库中的姓名和电话信息查询出来，并显示到界面上。

第69~77行代码主要通过SQLiteDatabase类的update()方法修改数据库中的姓名和电话信息。

第78~84行代码主要通过SQLiteDatabase类的delete()方法删除数据库中的姓名和电话信息。

第93~94行代码主要通过SQLiteDatabase类的execSQL()方法创建表information。

5. 运行程序

运行上述程序，运行结果如图5-11所示。

在图5-11中，输入两条联系人信息，点击“添加”按钮，运行结果如图5-12所示。

在图5-12中，点击“查询”按钮，会发现添加的联系人信息在界面中显示，运行结果如图5-13所示。

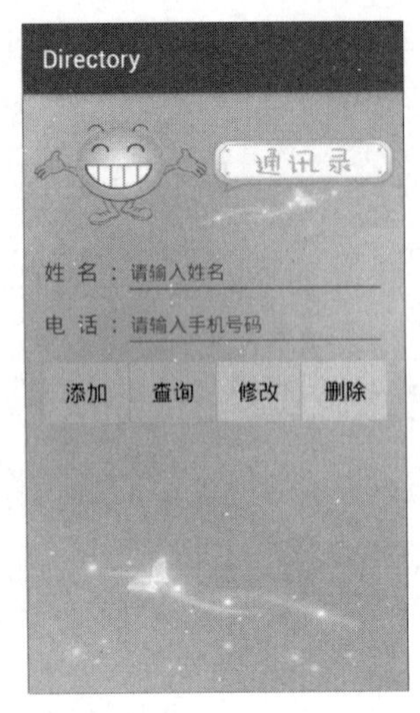

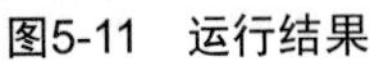
图5-11　运行结果

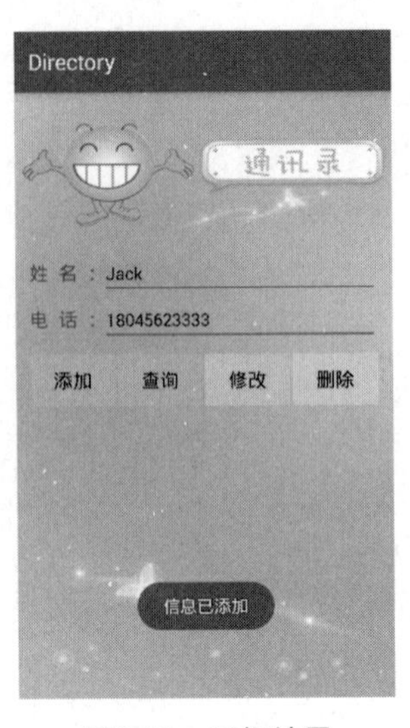

图5-12　运行结果

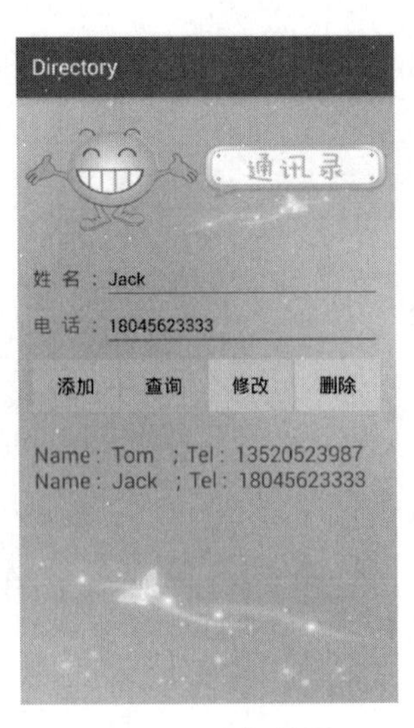

图5-13　运行结果

在图5-13中，重新输入Jack的联系电话，点击“修改”按钮，然后再进行查询会发现联系人电话已经修改成功，运行结果如图5-14所示。

在图5-14中，点击“删除”按钮，会将数据库中所有联系人信息删除，运行结果如图5-15所示。

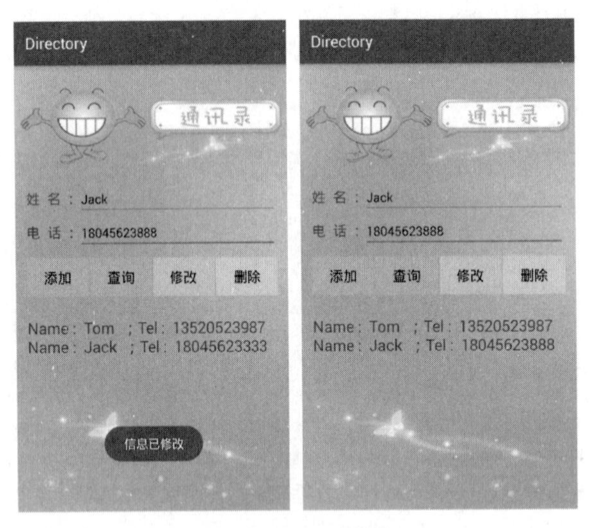

图5-14　运行结果

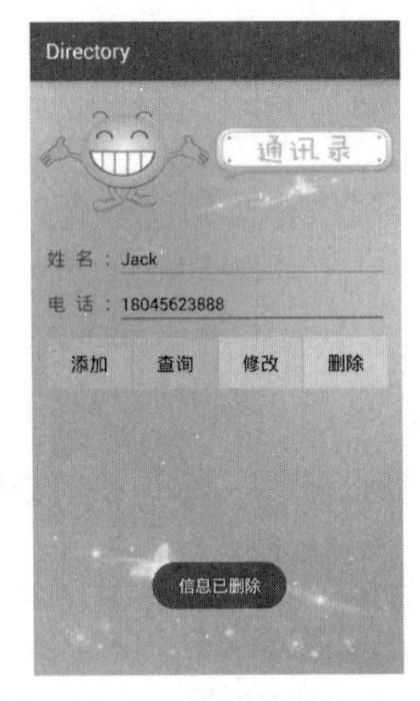

图5-15　运行结果

至此，SQLite数据库的相关操作已经讲完，初学者可以通过上述案例自行练习，对所学知识进行巩固。

本 章 小 结

本章主要讲解了Android中的数据存储，首先介绍了Android中常见的数据存储方式，然后详细地讲解了文件存储、SharedPreferences存储以及SQLite数据库存储，数据存储是Android开发中非常重要的内容，一般在应用程序中会经常涉及到数据存储的知识，因此要求初学者必须熟练掌握本章知识。

本章习题

一、判断题

1. SQLite是Android自带的一个轻量级的数据库，支持基本SQL语法。 （ ）
2. Android中的文件存储方式，分为内部存储方式和外部存储方式。 （ ）
3. 使用openFileOutput()方式打开应用程序的输出流时，只需指定文件名。 （ ）
4. 当Android SDK版本低于23时，应用程序想要操作SD卡数据，必须在清单文件中添加权限。 （ ）
5. SQLiteDatabase类的update()方法用于删除数据库表中的数据。 （ ）
6. SQLite数据库的事务操作满足原子性、一致性、隔离性和持续性。 （ ）

二、选择题

1. 下列关于SharedPreferences存取文件的描述中，错误的是（ ）。
   A. 属于移动存储解决方式
   B. SharedPreferences处理的就是key-value对
   C. 读取xml的路径是/sdcard/shared_prefs
   D. 文本的保存格式是xml
2. 下列选项中，不属于getSharedPreferences方法的文件操作模式参数是（ ）。
   A. Context.MODE_PRIVATE
   B. Context.MODE_PUBLIC
   C. Context.MODE_WORLD_READABLE
   D. Context.MODE_WORLD_WRITEABLE
3. 下列方法中，（ ）方法是sharedPreferences获取其编辑器的方法。
   A. getEdit() B. edit() C. setEdit() D. getAll
4. Android对数据库的表进行查询操作时，会使用SQLiteDatabase类中的（ ）方法。
   A. insert() B. execSQL() C. query() D. updata()
5. 下列关于SQLite数据库的描述中，错误的是（ ）。
   A. SqliteOpenHelper类有创建数据库和更新数据库版本的的功能
   B. SqliteDatabase类是用来操作数据库的
   C. 每次调用SqliteDatabase的getWritableDatabase方法时，都会执行SqliteOpenHelper的onCreate()方法
   D. 当数据库版本发生变化时，会调用SqliteOpenHelper的onUpgrade()方法更新数据库
6. 下列初始化SharedPreferences的代码中，正确的是（ ）。
   A. SharedPreferences sp = new SharedPreferences();
   B. SharedPrefe / rences sp = SharedPreferences.getDefault();
   C. SharedPreferences sp = SharedPreferences.Factory();
   D. SharedPreferences sp = getSharedPreferences();

三、简答题

1. 简述数据库事务的4个基本要素。

2. 简述Android数据存储的方式。

四、编程题

1. 使用SQLite数据库的事务操作，编写一段模拟银行转账的逻辑代码。

2. 编写一个用户登录的程序，要求登录的用户名和密码存入到SharedPreferences。

3. 编写一个购物车程序，实现在界面中以列表的形式显示购物车的商品信息，商品信息包括商品名称、价格和数量功能，并能够对购物车中的商品信息进行增删改查。

第6章 阶段案例——记事本

学习目标：

◎熟悉Android项目的开发流程。

◎掌握Android控件的使用。

◎掌握数据库的创建和使用。

◎掌握Activity之间的跳转及数据回传。

通过前面1~5章的学习，我们已经对Android的基础知识有了大概了解，本章我们将运用前面章节所学的知识，开发一个记事本应用。记事本的主要功能有记录内容与对已记录的内容进行查看、修改以及删除等操作。接下来我们正式进入记事本应用的开发。

6.1 需求分析

6.1.1 业务需求分析

近年来，随着生活节奏的加快，工作和生活的双重压力全面侵袭着人们，如何避免忘记工作和生活中的诸多事情而造成不良的后果就显得非常重要。为此，我们开发了一款基于Android系统的简单记事本，它能够便携记录生活和工作的诸多事情，从而帮助人们有条理的进行时间管理。

6.1.2 架构分析

记事本应用的系统架构如图6-1所示。

记事本界面包含内容列表和添加按钮，当长按列表条目（Item）时，会弹出一个提示是否删除Item的对话框，当点击对话框中的“确定”按钮时，删除Item，当点击对话框中的“取消”按钮时，取消删除Item。当点击记事本界面列表中的Item时，会跳转到修改记录界面，该界面可以查看和修改记录。当点击记事本界面中的“添加”按钮时，会跳转到添加记录界面，该界面可以添加记录内容。

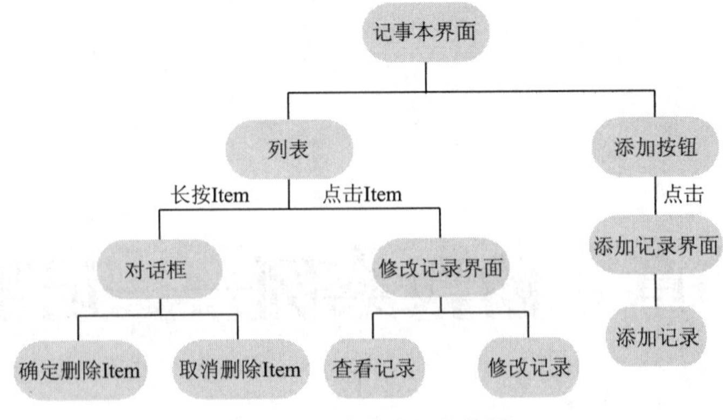

图6-1 记事本应用架构图

6.1.3 数据库类设计分析

数据库设计是项目开发中非常关键的一个环节。同样在记事本应用中也至关重要，我们通过数据库表(Note)存储和读取数据。记事本的数据库表如表6-1所示。

表 6-1 数据库表 (Note)

字 段 名	数 据 类 型	是否为主键	描 述
id	integer	是	编号
content	text	否	事件内容
notetime	text	否	保存事件的时间

6.1.4 界面需求分析

友好的界面在移动平台开发中非常重要，也是用户使用软件的先决条件。记事本应用分为3个界面，分别为记事本界面、添加记录界面和修改记录界面，如图6-2所示。

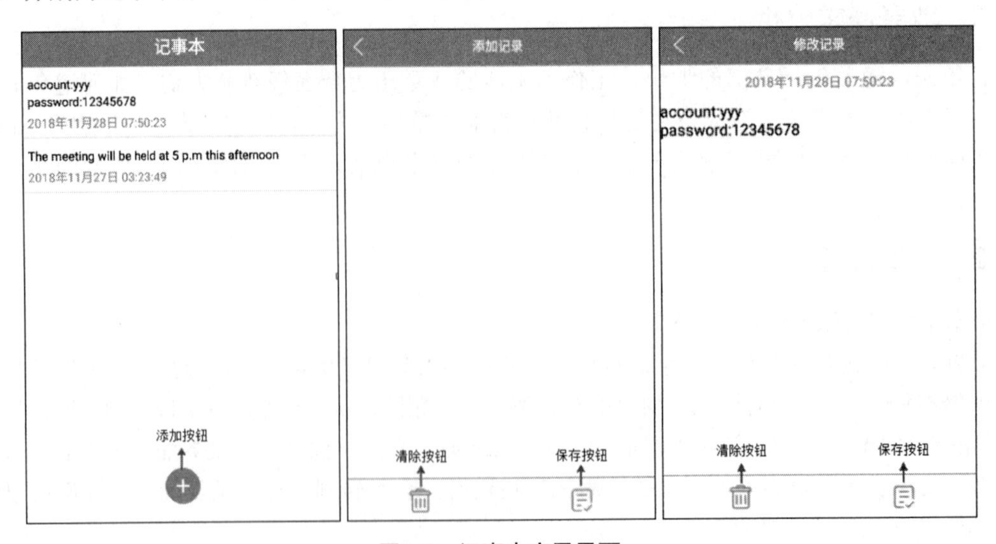

图6-2 记事本应用界面

图6-2中，记事本界面包含“添加”按钮和记录列表。当点击记事本界面中的“添加”按钮时，程序会跳转到添加记录界面，该界面的标题显示为“添加记录”，可在该界面添加需要记录的内容，同时也可清除和保存编辑的内容。当点击记事本界面列表中的Item时，程序会跳转到修改记录界面，该界面的标题为“修改记录”，在该界面中可以查看和修改已保存的记录内容，同时也可以清除和保存编辑的内容。

6.2　开发环境介绍

- 操作系统：Windows 7系统。
- 开发工具：JDK8、Android Studio3.2+模拟器。
- API版本：Android API 27。

6.3　记事本功能业务实现

6.3.1　搭建记事本界面布局

打开记事本应用，首先显示的就是记事本界面，界面效果如图6-3所示。

搭建记事本界面布局的具体步骤如下：

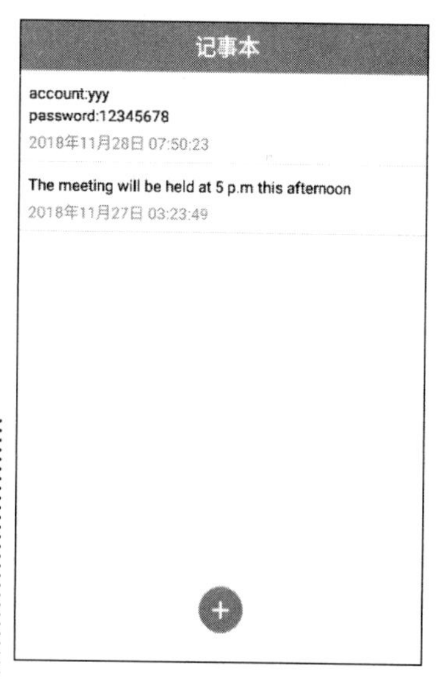

图6-3　记事本界面

1. 创建项目

创建一个名为Notepad的项目，指定包名为cn.itcast.notepad，Activity名称为NotepadActivity，布局文件名为activity_notepad。

2. 导入界面图片

在Android Studio中，切换到Project选项卡，在res文件夹中创建一个drawable-hdpi文件夹，将记事本界面所需要的图片add.png、save_note.png、delete.png、back.png导入到drawable-hdpi文件夹中。

扫一扫

扫码查看文件6-1

3. 放置界面控件

在activity_notepad.xml布局文件中，放置1个TextView控件用于显示界面标题，1个ListView控件用于显示记录列表，1个ImageView控件用于显示添加按钮的图片。完整布局代码详见【文件6-1】。

4. 修改清单文件

项目创建后所有界面都有一个默认的标题栏，该标题栏不太美观，因此需要在清单文件（AndroidManifest.xml）中的<application>标签中修改android:theme属性，去掉该标题栏，具体代码如下：

```
android:theme="@style/Theme.AppCompat.NoActionBar"
```

6.3.2　搭建记事本界面Item布局

由于记事本界面使用了ListView控件展示记录列表，因此需要创建一个该列表的Item界面。在

Item界面中需要展示记录的部分内容与保存记录的时间，界面效果如图6-4所示。

The meeting will be held at 5 p.m this afternoon
2018年11月27日 03:23:49

图6-4　记事本界面Item

搭建记事本界面Item布局的具体步骤如下：

1. 创建记事本界面Item布局文件

在res/layout文件夹中，创建一个布局文件notepad_item_layout.xml。

2. 放置界面控件

在notepad_item_layout.xml布局文件中，放置2个TextView控件，分别用于显示记录的部分内容与保存记录的时间。完整布局代码详见【文件6-2】所示。

扫一扫

扫码查看
文件6-2

6.3.3 封装记录信息实体类

由于记事本中的每个记录都会有记录内容和保存记录的时间属性，因此需要创建一个NotepadBean类用于存放这些属性。创建NotepadBean类的具体步骤如下：

选中cn.itcast.notepad包，右击选择【New】→【Package】选项，创建一个bean包，在该包中创建一个NotepadBean类，该类中定义记录信息的所有属性，具体代码如【文件6-3】所示。

【文件6-3】 NotepadBean.java

```
1  package cn.itcast.notepad.bean;
2  public class NotepadBean {
3      private String id;                  //记录的id
4      private String notepadContent;      //记录的内容
5      private String notepadTime;         //保存记录的时间
6      public String getId() {
7          return id;
8      }
9      public void setId(String id) {
10         this.id = id;
11     }
12     public String getNotepadContent() {
13         return notepadContent;
14     }
15     public void setNotepadContent(String notepadContent) {
16         this.notepadContent = notepadContent;
17     }
18     public String getNotepadTime() {
19         return notepadTime;
20     }
21     public void setNotepadTime(String notepadTime) {
22         this.notepadTime = notepadTime;
23     }
24 }
```

6.3.4 编写记事本界面列表适配器

由于记事本界面的记录列表是使用ListView控件展示的，因此需要创建一个数据适配器NotepadAdapter对ListView控件进行数据适配。创建记事本界面列表Adapter的具体步骤如下：

1. 创建NotepadAdapter

选中cn.itcast.notepad包，在该包下创建一个adapter包，在adapter包中创建一个NotepadAdapter类继承自BaseAdapter类，并重写getCount()、getItem()、getItemId()、getView()方法，这些方法分别

用于获取Item总数、对应Item对象、Item对象的Id、对应的Item视图。

2．创建ViewHolder类

在NotepadAdapter类中创建一个ViewHolder类，在该类中初始化Item界面中的控件，具体代码如【文件6-4】所示。

【文件6-4】 NotepadAdapter.java

```
1  package cn.itcast.notepad.adapter;
2  ......//省略导包
3  public class NotepadAdapter extends BaseAdapter {
4      private LayoutInflater layoutInflater;
5      private List<NotepadBean> list;
6      public NotepadAdapter(Context context, List<NotepadBean> list){
7          this.layoutInflater=LayoutInflater.from(context);
8          this.list=list;
9      }
10     @Override
11     public int getCount() {
12         return list==null ? 0 : list.size();
13     }
14     @Override
15     public Object getItem(int position) {
16         return list.get(position);
17     }
18     @Override
19     public long getItemId(int position) {
20         return position;
21     }
22     @Override
23     public View getView(int position, View convertView, ViewGroup parent) {
24         ViewHolder viewHolder;
25         if(convertView==null){
26             convertView=layoutInflater.inflate(R.layout.notepad_item_layout,null);
27             viewHolder=new ViewHolder(convertView);
28             convertView.setTag(viewHolder);
29         }else {
30              viewHolder=(ViewHolder) convertView.getTag();
31         }
32         NotepadBean noteInfo=(NotepadBean) getItem(position);
33         viewHolder.tvNoteoadContent.setText(noteInfo.getNotepadContent());
34         viewHolder.tvNotepadTime.setText(noteInfo.getNotepadTime());
35         return convertView;
36     }
37     class ViewHolder{
38         TextView tvNoteoadContent;;
39         TextView tvNotepadTime;
40         public ViewHolder(View view){
41             tvNoteoadContent=(TextView) view.findViewById(R.id.item_content);
42             tvNotepadTime=(TextView) view.findViewById(R.id.item_time);
43         }
44     }
45 }
```

上述代码中，第22~36行代码重写了getView()方法，该方法主要通过inflate()方法加载Item界面的布局文件，并将获取的数据显示到对应的控件上。其中，第25~31行代码判断了convertView

是否为null，如果为null，则创建一个ViewHolder对象，接着通过setTag()方法将该对象添加到convertView中进行缓存，否则，将通过getTag()方法获取缓存的ViewHolder对象。

6.3.5 创建数据库

在记事本程序中存储和读取记录的数据都是通过操作数据库完成的。因此需要创建数据库类SQLiteHelper与数据库的工具类DBUtils，具体步骤如下：

1. 创建DBUtils类

选中cn.itcast.notepad包，在该包下创建utils包，在utils包中创建一个DBUtils类，在该类中定义数据库的名称、表名、数据库版本、数据库表中的列名以及获取当前日期等信息，具体代码如【文件6-5】所示。

【文件6-5】 DBUtils. java

```
1  package cn.itcast.notepad.utils;
2  import java.text.SimpleDateFormat;
3  import java.util.Date;
4  public class DBUtils {
5      public static final String DATABASE_NAME = "Notepad.db";// 数据库名
6      public static final String DATABASE_TABLE = "Note";  // 表名
7      public static final int DATABASE_VERION = 1;          // 数据库版本
8      // 数据库表中的列名
9      public static final String NOTEPAD_ID = "id";
10     public static final String NOTEPAD_CONTENT = "content";
11     public static final String NOTEPAD_TIME = "notetime";
12     // 获取当前日期
13     public static final String getTime(){
14         SimpleDateFormat simpleDateFormat = new SimpleDateFormat("yyyy年MM月dd日
15                                                               HH:mm:ss");
16         Date date = new Date(System.currentTimeMillis());
17         return simpleDateFormat.format(date);
18     }
19 }
```

2. 创建SQLiteHelper类

选中cn.itcast.notepad包，在该包下创建一个database包，在database包中创一个SQLiteHelper类继承自SQLiteOpenHelper类，具体代码如【文件6-6】所示。

【文件6-6】 SQLiteHelper.java

```
1  package cn.itcast.notepad.database;
2  ......// 省略导包
3  public class SQLiteHelper extends SQLiteOpenHelper {
4      private SQLiteDatabase sqLiteDatabase;
5      // 创建数据库
6      public SQLiteHelper(Context context){
7          super(context, DBUtils.DATABASE_NAME, null, DBUtils.DATABASE_VERION);
8          sqLiteDatabase = this.getWritableDatabase();
9      }
10     // 创建表
11     @Override
12     public void onCreate(SQLiteDatabase db) {
13         db.execSQL("create table "+DBUtils.DATABASE_TABLE+"("+DBUtils.NOTEPAD_ID+
14                 " integer primary key autoincrement,"+ DBUtils.NOTEPAD_CONTENT +
```

```
15                   " text," + DBUtils.NOTEPAD_TIME+ " text)");
16     }
17     @Override
18     public void onUpgrade(SQLiteDatabase db, int oldVersion, int newVersion) {}
19     //添加数据
20     public boolean insertData(String userContent,String userTime){
21         ContentValues contentValues=new ContentValues();
22         contentValues.put(DBUtils.NOTEPAD_CONTENT,userContent);
23         contentValues.put(DBUtils.NOTEPAD_TIME,userTime);
24         return
25                sqLiteDatabase.insert(DBUtils.DATABASE_TABLE,null,contentValues)>0;
26     }
27     //删除数据
28     public boolean deleteData(String id){
29         String sql=DBUtils.NOTEPAD_ID+"=?";
30         String[] contentValuesArray=new String[]{String.valueOf(id)};
31         return
32           sqLiteDatabase.delete(DBUtils.DATABASE_TABLE,sql,contentValuesArray)>0;
33     }
34     //修改数据
35     public boolean updateData(String id,String content,String userYear){
36         ContentValues contentValues=new ContentValues();
37         contentValues.put(DBUtils.NOTEPAD_CONTENT,content);
38         contentValues.put(DBUtils.NOTEPAD_TIME,userYear);
39         String sql=DBUtils.NOTEPAD_ID+"=?";
40         String[] strings=new String[]{id};
41         return
42       sqLiteDatabase.update(DBUtils.DATABASE_TABLE,contentValues,sql,strings)>0;
43     }
44     //查询数据
45     public List<NotepadBean> query(){
46         List<NotepadBean> list=new ArrayList<NotepadBean>();
47         Cursor cursor=sqLiteDatabase.query(DBUtils.DATABASE_TABLE,null,null,null,
48                 null,null,DBUtils.NOTEPAD_ID+" desc");
49         if(cursor!=null){
50             while (cursor.moveToNext()){
51                 NotepadBean noteInfo=new NotepadBean();
52                 String id = String.valueOf(cursor.getInt
53                        (cursor.getColumnIndex(DBUtils.NOTEPAD_ID)));
54                 String content = cursor.getString(cursor.getColumnIndex
55                          (DBUtils.NOTEPAD_CONTENT));
56                 String time = cursor.getString(cursor.getColumnIndex
57                          (DBUtils.NOTEPAD_TIME));
58                 noteInfo.setId(id);
59                 noteInfo.setNotepadContent(content);
60                 noteInfo.setNotepadTime(time);
61                 list.add(noteInfo);
62             }
63             cursor.close();
64         }
65         return list;
66     }
67 }
```

上述代码中，第7行代码通过super()方法创建了一个名为Notepad的数据库。

第11~16行代码重写了onCreate()方法，在该方法中通过execSQL()方法创建了一个名为Note的数据库表，该表中的列名分别为id、content、notetime，这些列名中的内容对应每列数据的id、记录的内容、保存记录的时间。

第28~33行代码创建了一个deleteData()方法，在该方法中根据传递的id删除数据库中对应的数据。

第35~43行代码创建了一个updateData()方法，在该方法中通过update()方法修改数据库表Note中对应的数据。

第45~66行创建了一个query()方法，在该方法中通过query()方法查询数据库表Note中的所有数据并返回一个Cursor对象，接着通过while()循环遍历Cursor对象中的数据，并将遍历的数据存放在一个List<NotepadBean>类型的集合中。

6.3.6 实现记事本界面的显示功能

在NotepadActivity中通过创建一个showQueryData()方法查询数据库中存放的记录信息，并将该信息显示到记录列表中，同时在NotepadActivity中还实现了添加按钮的点击事件，具体代码如【文件6-7】所示。

【文件6-7】 NotepadActivity. java

```
1  package cn.itcast.notepad;
2  ......//省略导包
3  public class NotepadActivity extends Activity {
4      ListView listView;
5      List<NotepadBean> list;
6      SQLiteHelper mSQLiteHelper;
7      NotepadAdapter adapter;
8      @Override
9      protected void onCreate(Bundle savedInstanceState) {
10         super.onCreate(savedInstanceState);
11         setContentView(R.layout.activity_notepad);
12         //用于显示记录的列表
13         listView = (ListView) findViewById(R.id.listview);
14         ImageView add = (ImageView) findViewById(R.id.add);
15         add.setOnClickListener(new View.OnClickListener() {
16             @Override
17             public void onClick(View v) {
18                 Intent intent = new Intent(NotepadActivity.this,
19                                                  RecordActivity.class);
20                 startActivityForResult(intent, 1);
21             }
22         });
23         initData();
24     }
25     protected void initData() {
26         mSQLiteHelper= new SQLiteHelper(this); //创建数据库
27         showQueryData();
28     }
29     private void showQueryData(){
30         if(list!=null){
31            list.clear();
32         }
33         //从数据库中查询数据（保存的记录）
```

```
34          list = mSQLiteHelper.query();
35          adapter = new NotepadAdapter(this, list);
36          listView.setAdapter(adapter);
37      }
38      @Override
39      protected void onActivityResult(int requestCode,int resultCode, Intent data){
40          super.onActivityResult(requestCode, resultCode, data);
41          if(requestCode==1&&resultCode==2){
42              showQueryData();
43          }
44      }
45 }
```

上述代码中，第15~22行代码通过setOnClickListener()方法为添加按钮设置点击事件的监听器，在该监听器的onClick()方法中通过startActivityForResult()方法跳转到添加记录界面。

第34~36行代码首先通过query()方法查询数据库中保存的记录数据，接着将获取的记录数据传递到NotepadAdapter中，最后通过setAdapter()方法为ListView控件设置NotepadAdapter适配器。

第38~44行代码重写了onActivityResult()方法，当关闭添加记录界面时，程序会回调该方法，并在该方法中调用showQueryData()方法重新获取数据库中保存的记录数据并显示到记录列表中。

6.3.7　搭建添加记录界面和修改记录界面的布局

当点击记事本界面的“添加”按钮时，会跳转到添加记录界面，当点击记事本界面列表中的Item时，会跳转到修改记录界面。由于这两个界面上的控件与功能基本相同，因此可以使用同一个Activity和同一个布局文件显示这两个界面。添加记录界面和修改记录界面的效果如图6-5所示。

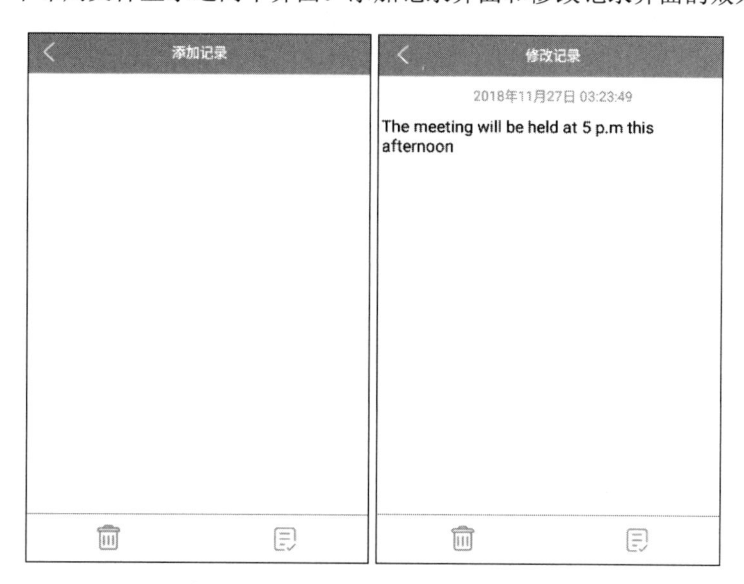

图6-5　添加记录界面和修改记录界面

搭建添加记录界面和修改记录界面布局的具体步骤如下：

1. 创建添加记录界面和修改记录界面

在cn.itcast.notepad包中创建一个名为RecordActivity的Activity并将布局文件名指定为activity_record。

2. 放置界面控件

在activity_record.xml布局文件中，放置2个TextView控件，分别用于显示界面标题和记录时间，1个EditText控件用于显示输入框，3个ImageView控件分别用于显示后退键图标、删除按钮图标以及保存按钮图标。具体布局代码如【文件6-8】所示。

6.3.8 实现添加记录界面的功能

由于添加记录界面的“清除”按钮和“保存”按钮需要实现点击事件，因此将RecordActivity实现View.OnClickListener接口并重写onClick()方法，在该方法中实现将编写的记录添加到数据库中的功能，具体代码如【文件6-9】所示。

【文件6-9】 RecordActivity. java

```
1  package cn.itcast.notepad;
2  ....../ /省略导入包
3  public class RecordActivity extends Activity implements View.OnClickListener {
4      ImageView note_back;
5      TextView note_time;
6      EditText content;
7      ImageView delete;
8      ImageView note_save;
9      SQLiteHelper mSQLiteHelper;
10     TextView noteName;
11     String id;
12     @Override
13     protected void onCreate(Bundle savedInstanceState) {
14         super.onCreate(savedInstanceState);
15         setContentView(R.layout.activity_record);
16         note_back = (ImageView) findViewById(R.id.note_back);
17         note_time = (TextView)findViewById(R.id.tv_time);
18         content = (EditText) findViewById(R.id.note_content);
19         delete = (ImageView) findViewById(R.id.delete);
20         note_save = (ImageView) findViewById(R.id.note_save);
21         noteName = (TextView) findViewById(R.id.note_name);
22         note_back.setOnClickListener(this);
23         delete.setOnClickListener(this);
24         note_save.setOnClickListener(this);
25         initData();
26     }
27     protected void initData() {
28         mSQLiteHelper = new SQLiteHelper(this);
29         noteName.setText("添加记录");
30     }
31     @Override
32     public void onClick(View v) {
33         switch (v.getId()) {
34             case R.id.note_back: //后退键的点击事件
35                 finish();
36                 break;
37             case R.id.delete:     //"清空"按钮的点击事件
38                 content.setText("");
39                 break;
40             case R.id.note_save: //"保存"按钮的点击事件
```

```
41                  //获取输入内容
42                  String noteContent=content.getText().toString().trim();
43                      //向数据库中添加数据
44                     if(noteContent.length()>0){
45                        if(mSQLiteHelper.insertData(noteContent, DBUtils.getTime())){
46                           showToast("保存成功");
47                           setResult(2);
48                           finish();
49                        }else {
50                           showToast("保存失败");
51                        }
52                   }else {
53                       showToast("修改内容不能为空!");
54                   }
55                 break;
56        }
57     }
58     public void showToast(String message){
59        Toast.makeText(RecordActivity.this,message,Toast.LENGTH_SHORT).show();
60     }
61 }
```

上述代码中，第16~24行代码通过findViewById()方法获得了界面控件，并通过setOnClick Listener()方法设置了对应控件的点击事件的监听器。

第27~30行代码定义了一个initData()方法，在该方法中通过构造函数SQLiteHelper()创建了Notepad数据库，并通过setText()方法将界面标题文本设置为“添加记录”。

第31~57行代码重写了onClick()方法，在该方法中分别实现了后退键、“清除”按钮、“保存”按钮的点击事件。其中，第34~36行代码实现了后退键的点击事件，点击后退键，会调用finish()方法关闭当前界面。第37~39行代码实现了“清除”按钮的点击事件，点击“清除”按钮，会调用setText("")方法将输入框中的内容清空。第40~55行代码实现了“保存”按钮的点击事件，点击“保存”按钮，首先会调用getText()方法获取输入框中输入的内容，接着通过length()方法判断输入的内容长度是否大于0，如果大于0，则通过insertData()方法将记录的内容和保存记录的时间添加到数据库中，如果添加数据成功，则通过showToast()方法提示“保存成功”，接着通过setResult()方法与finish()方法分别将添加的数据回传到记事本界面与关闭当前界面，否则，提示“保存失败”。如果输入的内容长度不大于0，则通过showToast()方法提示“修改内容不能为空!”。

第58~60行代码创建了一个showToast()方法，该方法用于显示一些提示信息。

6.3.9 实现修改记录界面的功能

修改记录界面主要包含查看记录和修改记录的功能，这两个功能的具体实现如下：

1. 实现查看记录功能

记事本界面列表的每个Item最多只显示2行记录信息，如果想要查看更多的记录内容，则需要点击Item，进入到修改记录界面进行查看，因此当点击Item时，需要将Item对应的记录信息传递到修改记录界面进行显示。在NotepadActivity的initData()方法中添加跳转到修改记录界面的逻辑代码，具体代码如下：

```
1  protected void initData() {
2  ......
3  listView.setOnItemClickListener(new AdapterView.OnItemClickListener() {
```

```
4       @Override
5       public void onItemClick(AdapterView<?> parent,View view,int position,long id){
6           NotepadBean notepadBean = list.get(position);
7           Intent intent = new Intent(NotepadActivity.this, RecordActivity.class);
8           intent.putExtra("id", notepadBean.getId());          //记录id
9           intent.putExtra("time", notepadBean.getNotepadTime()); //记录的时间
10          //记录的内容
11          intent.putExtra("content", notepadBean.getNotepadContent());
12          //跳转到修改记录界面
13          NotepadActivity.this.startActivityForResult(intent, 1);
14      }
15 });
16 }
```

上述代码中，通过setOnItemClickListener()方法实现Item的点击事件，点击Item，会调用onItemClick()方法，在该方法中首先通过get()方法获取对应的Item数据，接着将这些数据通过putExtra()方法封装到Intent对象中，最后调用startActivityForResult()方法跳转到修改记录界面。

在RecordActivity的initData()方法中需要接收记事本界面传递过来的记录数据并将数据显示到界面上，具体代码如下：

```
1  protected void initData() {
2      ......
3      Intent intent = getIntent();
4      if(intent!= null){
5          id = intent.getStringExtra("id");
6          if(id != null){
7              noteName.setText("修改记录");
8              content.setText(intent.getStringExtra("content"));
9              note_time.setText(intent.getStringExtra("time"));
10             note_time.setVisibility(View.VISIBLE);
11         }
12     }
13 }
```

上述代码中，首先通过getIntent()方法获取Intent对象，接着判断该对象是否为null，如果不为null，则通过getStringExtra()方法获取传递的记录id，如果获取的id不为null，则通过setText()方法设置界面标题为“修改记录”，通过getStringExtra()方法分别获取记录时间和记录内容并显示到对应控件上，最后通过setVisibility()方法将界面上的记录时间控件设置为显示的状态。

2．实现修改记录功能

在RecordActivity中的onClick()方法中，找到“保存”按钮的点击事件，在该事件中根据判断传递过来的id是否为null来判断处理的是添加记录界面的保存功能还是修改记录界面的保存功能，如果id不为null，则处理修改记录界面的保存功能，具体代码如下：

```
1  public void onClick(View v) {
2      switch (v.getId()) {
3          ......
4          case R.id.note_save: //"保存"按钮的点击事件
5              String noteContent=content.getText().toString().trim();
6              if(id != null){//修改界面的保存操作
7                  if(noteContent.length()>0){
8                  if(mSQLiteHelper.updateData(id, noteContent, DBUtils.getTime())){
9                          showToast("修改成功");
10                         setResult(2);
```

```
11                          finish();
12                      }else {
13                          showToast("修改失败");
14                      }
15                  }else {
16                      showToast("修改内容不能为空!");
17                  }
18              }else {    //添加记录界面的保存操作
19                  //向数据库中添加数据
20                  if(noteContent.length()>0){
21                      if(mSQLiteHelper.insertData(noteContent, DBUtils.getTime())){
22                          showToast("保存成功");
23                          setResult(2);
24                          finish();
25                      }else {
26                          showToast("保存失败");
27                      }
28                  }else {
29                      showToast("修改内容不能为空!");
30                  }
31              }
32          }
33          break;
34      }
35  }
```

上述代码中，首先判断上个界面传递过来的记录id是否为null，如果不为null，则处理的是修改记录的功能，将修改记录的id、修改的内容、保存修改记录的时间传递到updateData()方法中，在该方法中根据记录id修改对应的记录内容和记录时间，如果修改记录成功，则提示“修改成功”，并将修改成功的信息回传到记事本界面，同时关闭当前界面。

如果上个界面传递的记录id为null，则执行第20~30行代码，向数据库中添加记录的数据。

6.3.10 删除记事本中的记录

当需要删除记事本列表中的记录时，需要长按列表中的Item，此时会弹出一个对话框提示是否删除Item对应的记录，因此在NotepadActivity中的initData()方法中添加删除记录的逻辑代码，具体如下：

```
1  protected void initData() {
2  ......
3  listView.setOnItemLongClickListener(new AdapterView.OnItemLongClickListener() {
4      @Override
5      public boolean onItemLongClick(AdapterView<?> parent, View view, final int
6                                                         position, long id) {
7      AlertDialog dialog;
8      AlertDialog.Builder builder = new AlertDialog.Builder( NotepadActivity.this)
9          .setMessage("是否删除此记录? ")
10         .setPositiveButton("确定", new DialogInterface.OnClickListener() {
11             @Override
12             public void onClick(DialogInterface dialog, int which) {
13                 NotepadBean notepadBean = list.get(position);
14                 if(mSQLiteHelper.deleteData(notepadBean.getId())){
15                     list.remove(position);  //删除对应的 Item
16                     adapter.notifyDataSetChanged(); //更新记事本界面
```

```
17                    Toast.makeText(NotepadActivity.this,"删除成功",
18                                                   Toast.LENGTH_SHORT).show();
19                }
20            }
21        })
22       .setNegativeButton("取消", new DialogInterface.OnClickListener() {
23            @Override
24            public void onClick(DialogInterface dialog, int which) {
25                dialog.dismiss(); //关闭对话框
26            }
27        });
28    dialog =  builder.create();      //创建对话框
29    dialog.show();                   //显示对话框
30    return true;
31    }
32  });
33 }
```

上述代码中，通过setOnItemLongClickListener()方法设置记事本界面列表中Item的长按事件的监听器，当长按Item时，程序会调用onItemLongClick()方法，在该方法中实现长按Item事件。

第7~27行代码定义了一个AlertDialog对话框，用于提示用户是否删除被长按的Item对应的信息。其中，第9行代码通过setMessage()方法设置对话框中的提示信息。第10~21行代码实现了对话框中“确定”按钮的点击事件，在重写的onClick()方法中，首先通过get()方法获取对应的记录信息，接着通过在deleteData()方法中传入获取的记录信息id，从而删除数据库中对应的记录数据，如果删除成功，则调用remove()方法删除列表界面上对应的Item，并通过notifyDataSetChanged()方法更新记事本界面。第22~27行代码实现了对话框中“取消”按钮的点击事件，在重写的onClick()方法中调用dismiss()方法关闭对话框。

第28~29行代码分别调用create()方法与show()方法创建与显示对话框。

6.3.11 运行结果

运行上述程序，测试记事本的功能效果，具体如下：

（1）点击记事本界面中的“添加”按钮，跳转到添加记录界面，在该界面添加需要记录的内容，点击“保存”按钮会将记录保存到本地数据库中并提示“保存成功”，运行结果如图6-6所示。

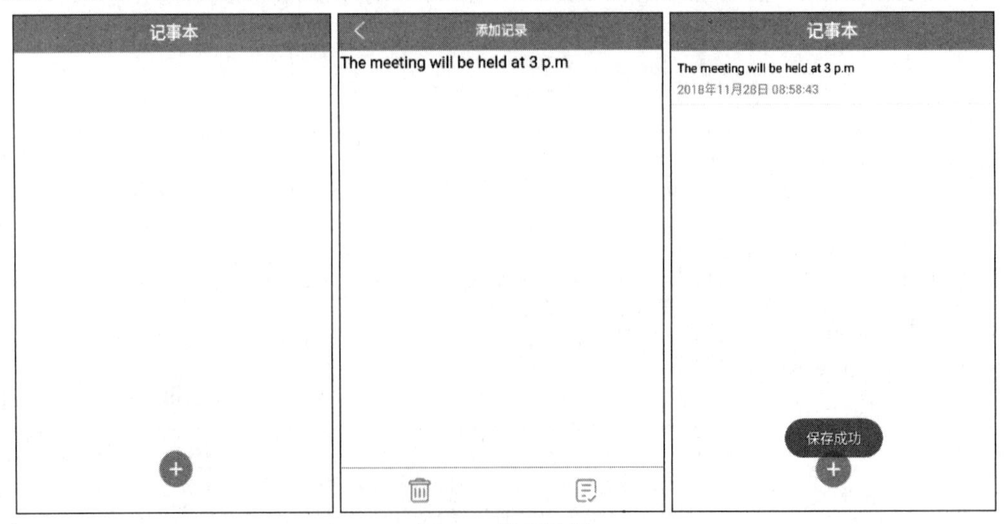

图6-6 运行结果

（2）点击记事本界面列表中的Item，跳转到修改记录界面，在该界面修改记录的内容，点击“保存”按钮会修改本地数据库中对应的记录内容并提示“修改成功”，运行结果如图6-7所示。

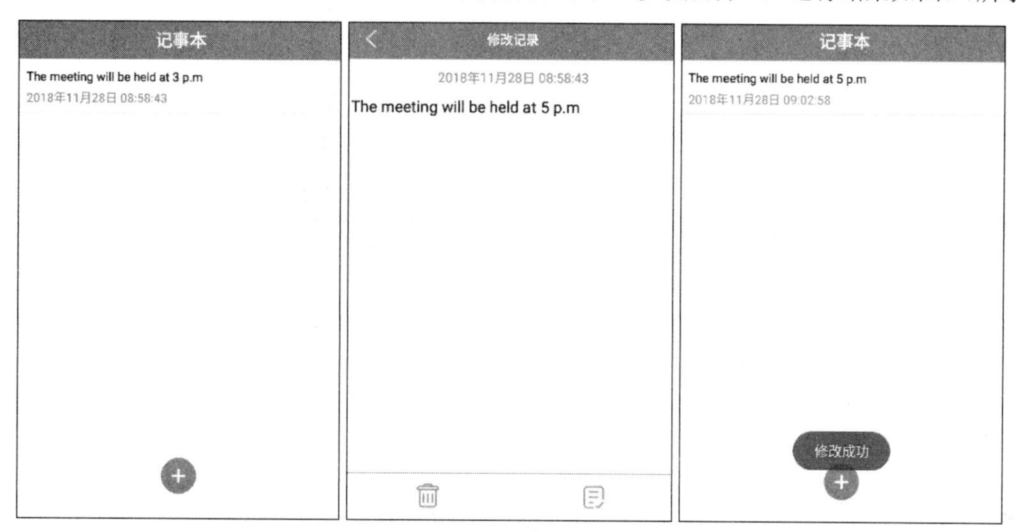

图6-7　运行结果

（3）长按记事本界面列表中的Item，会弹出一个提示是否删除此记录的对话框，在该对话框中点击“确定”按钮，会删除对应的Item并提示“删除成功”，运行结果如图6-8所示。

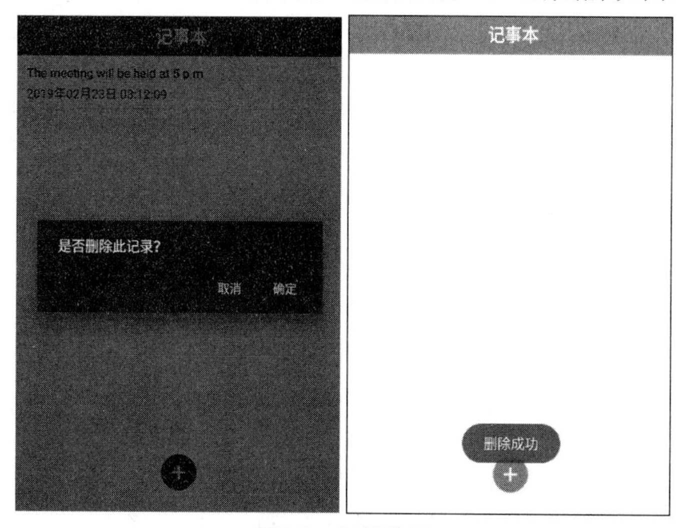

图6-8　运行结果

本章小结

本章主要讲解了如何实现记事本应用。首先通过在数据库中读取数据显示到主界面的ListView中，接着点击主界面中的添加按钮跳转到添加记录界面，在该界面中添加信息。在主界面点击列表中的条目跳转到修改界面，在该界面中更新数据。在实现本项目的过程中，熟悉了ListView的使用、数据库的相关操作、Activity的跳转以及数据回传。这些知识点在Android项目中会经常使用，因此要求大家能够熟练掌握上述知识点的使用，方便后续开发项目。

第7章 使用内容提供者共享数据

学习目标：

◎掌握内容提供者的创建，并会使用内容提供者操作数据。

◎了解内容观察者的使用，学会使用内容观察者观察其他程序的数据变化。

在第5章数据存储中学习了Android数据持久化技术，包括文件存储、SharedPreferences存储以及数据库存储，这些持久化技术所保存的数据都只能在当前应用程序中访问。但在Android开发中，有时也会访问其他应用程序的数据。例如，使用支付宝转账时需要填写收款人的电话号码，此时就需要获取到系统联系人的信息。为了实现这种跨程序共享数据的功能，Android系统提供了一个组件ContentProvider（内容提供者）。本章将针对内容提供者进行详细地讲解。

7.1 内容提供者概述

在Android系统中，应用程序之间是相互独立的，分别运行在自己的进程中。若应用程序之间需要共享数据，则会用到ContentProvider。ContentProvider（内容提供者）是Android系统四大组件之一，其功能是在不同程序之间实现数据共享。它不仅允许一个程序访问另一个程序中的数据，同时还可以选择只对哪一部分数据进行共享，从而保证程序中的隐私数据不被泄露。

ContentProvider是不同应用程序之间进行数据共享的标准API，如果想要访问ContentProvider中共享的数据，就一定要借助ContentResolver类，该类的实例需要通过Context中的getContentResolver()方法获取。为了让初学者更好的理解，接下来通过图例的方式来讲解ContentProvider的工作原理，如图7-1所示。

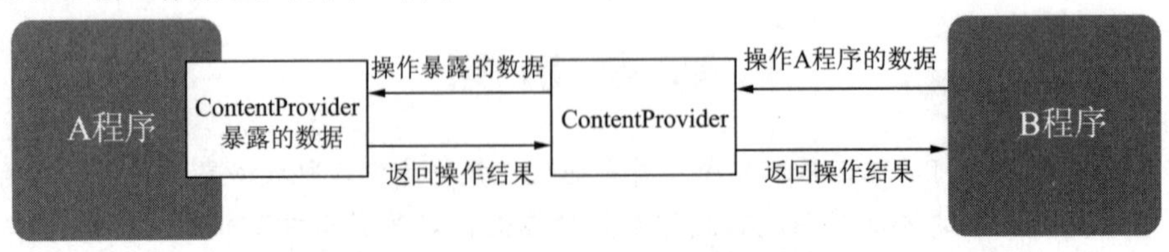

图7-1 ContentProvider工作原理图

在图7-1中，A程序需要使用ContentProvider暴露数据，才能被其他程序操作。B程序必须通过ContentResolver操作A程序暴露出来的数据，而A程序会将操作结果返回给ContentResolver，然后

ContentResolver再将操作结果返回给B程序。对ContentProvider来说，最重要的就是数据模型（data model）和URI，接下来分别对其进行介绍。

1．数据模型

ContentProvider 使用基于数据库模型的简单表格来提供需要共享的数据，在该表格中，每一行表示一条记录，而每一列代表特定类型和含义的数据，并且其中每一条数据记录都包含一个名为“_ID”的字段类标识每条数据。以系统中的联系人数据表为例，联系人的信息可能以表7-1所示的形式显示。

表 7-1　联系人的数据表

_ID	NAME	NUMBER	EMAIL
1	张华	135*****233	345**@qq.com
2	李白	134*****345	456**@163.com
3	赵龙	136*****335	445**@126.com
4	王冠	138*****445	332**@sina.com

表7-1中，每条记录包含一个数值型的_ID字段，用于在表格中标识唯一的记录，也可以根据同一个ID查询几个相关表中的信息，例如，在一个表中根据ID查询联系人的电话，在另一个表中也可以根据该ID查询相关的短信信息。

如果要查询上述表中的任意一个字段，则需要知道各个字段对应的数据类型。Cursor对象专门为这些数据类型提供了相关的方法，如getInt()、getString()、getLong()等。

2．Uri

ContentResolver与SQLiteDatabase类似，提供了一系列增、删、改、查的方法对数据进行操作。不同的是，ContentResolver中的增、删、改、查方法是根据Uri来操作ContentProvide提供的数据，Uri为内容提供者中的数据建立了唯一标识符。Uri主要有三部分组成，分别是scheme、authority和path，其中，scheme是以“content://”开头的前缀，表示操作的数据被ContentProvider控制，不会被修改。authority表示为内容提供者设置的唯一标识，该值主要用来区分不同的应用程序，一般为了避免authority的值产生冲突，会采用程序包名的方式命名。path表示资源或数据，当访问者需要操作不同的数据时，该部分可以动态修改。为了让初学者更直观地看到Uri的组成，接下来通过一个图例来描述，如图7-2所示。

图7-2　Uri组成结构图

在图7-2中，“content://”是scheme部分，表示由Android 系统规定的一个标准前缀，“cn.itcast.mycontentprovider”是authority部分，表示由程序的包名作为内容提供者的唯一标识，“/person”是path部分，表示要访问的数据。

7.2　创建内容提供者

如果想要创建一个内容提供者，则首先需要创建一个类继承抽象类ContentProvider，接着重写该类中的onCreate()、getType()、insert()、delete()、update()、query()方法，其中，onCreate()方法是在创建内容提供者时调用的，insert()、delete()、update()、query()方法分别用于根据指定的Uri对数据进行增、删、改、查的操作，getType()方法用于返回指定Uri代表的数据类型MIME，例如Windows系统中.txt文件和.jpg文件就是两种不同的MIME类型。

接下来，创建一个内容提供者MyContentProvider。具体步骤如下：

1. 创建程序

创建一个名为ContentProvider的应用程序，指定包名为cn.itcast.contentprovider。

2. 创建MyContentProvider

在程序包名处右击选择【New】→【Other】→【Content Provider】选项，在弹出窗口中输入内容提供者的Class Name（名称）和URI Authorities（唯一标识，通常使用包名）。填写完成后点击【Finish】按钮，内容提供者便创建完成，此时打开MyContentProvider.java，具体代码如【文件7-1】所示。

【文件7-1】 MyContentProvider.java

```
1  package cn.itcast.contentprovider;
2  import android.content.ContentProvider;
3  import android.content.ContentValues;
4  import android.database.Cursor;
5  import android.net.Uri;
6  public class MyContentProvider extends ContentProvider {
7      public MyContentProvider() {
8      }
9      @Override
10     public int delete(Uri uri, String selection, String[] selectionArgs) {
11         // Implement this to handle requests to delete one or more rows.
12         throw new UnsupportedOperationException("Not yet implemented");
13     }
14     @Override
15     public String getType(Uri uri) {
16         // TODO: Implement this to handle requests for the MIME type of the data
17         // at the given URI.
18         throw new UnsupportedOperationException("Not yet implemented");
19     }
20     @Override
21     public Uri insert(Uri uri, ContentValues values) {
22         // TODO: Implement this to handle requests to insert a new row.
23         throw new UnsupportedOperationException("Not yet implemented");
24     }
25     @Override
26     public boolean onCreate() {
27         // TODO: Implement this to initialize your content provider on startup.
28         return false;
29     }
30     @Override
31     public Cursor query(Uri uri, String[] projection, String selection,
32                         String[] selectionArgs, String sortOrder) {
33         // TODO: Implement this to handle query requests from clients.
34         throw new UnsupportedOperationException("Not yet implemented");
35     }
36     @Override
```

```
37     public int update(Uri uri, ContentValues values, String selection,
38                                                 String[] selectionArgs) {
39         // TODO: Implement this to handle requests to update one or more rows.
40         throw new UnsupportedOperationException("Not yet implemented");
41     }
42 }
```

内容提供者创建完成后，Android Studio会自动在AndroidManifest.xml文件中对内容提供者进行注册，具体代码如【文件7-2】所示。

【文件7-2】 AndroidManifest.xml

```
<?xml version="1.0" encoding="utf-8"?>
<manifest xmlns:android="http://schemas.android.com/apk/res/android"
    package="cn.itcast.contentprovider" >
   <application ……… >
        ………
        <provider
            android:name=".MyContentProvider"
            android:authorities="cn.itcast.mycontentprovider"
            android:enabled="true"
            android:exported="true" >
        </provider>
    </application>
</manifest>
```

上述代码中，<provider>标签中的配置用于注册创建的MyContentProvider，该标签中设置的属性信息如下：

- name：该属性的值是MyContentProvider的全名称（例如：cn.itcast.contentprovider.MyContentProvider），在AndroidManifest.xml文件中MyContentProvider的全名称可以用.MyContentProvider来代替。
- authorities：该属性的值标识了MyContentProvider提供的数据，该值可以是一个或多个URI authority，多个authority名称之间需要用分号隔开，该属性的值通常设置为包名。
- enabled：该属性的值表示MyContentProvider能否被系统实例化，如果属性enabled的值为true，表示可以被系统实例化，如果为false，则表示不允许被系统实例化，该属性默认的值为true。
- exported：该属性的值表示MyContentProvider能否被其他应用程序使用，如果属性exported的值为true，则表示任何应用程序都可以通过URI访问MyContentProvider，如果为false，则表示只有用户ID（程序的build.gradle文件中的applicationId，applicationId是每个应用的唯一标识）相同的应用程序才能访问到它。

需要注意的是，每个应用程序中创建的ContentProvider都必须在AndroidManifest.xml文件的<provider>标签中定义，否则，系统将找不到需要运行的ContentProvider。

7.3　访问其他应用程序

7.3.1　查询其他程序的数据

在不同应用程序之间交换数据时，应用程序会通过ContentProvider暴露自己的数据，并通过

ContentResolver对程序暴露的数据进行操作，因此ContentResolver充当着一个“中介”的角色。由于在使用ContentProvider暴露数据时提供了相应操作的Uri，因此在访问现有的ContentProvider时要指定相应的Uri，然后再通过ContentResolver对象来实现对数据的操作。通过ContentProvider查询其他程序数据的具体步骤如下：

1. 通过parse()方法解析Uri

首先通过Uri的parse()方法将字符串Uri解析为Uri类型的一个对象，示例代码如下：

```
Uri uri = Uri.parse("content://cn.itcast.mycontentprovider/person");
```

2. 通过query()方法查询数据

通过getContentResolver()方法获取ContentResolver的对象，调用该对象的query()方法查询数据，示例代码如下：

```
ContentResolver resolver = context.getContentResolver();
                                              //获取 ContentResolver 对象
Cursor cursor = resolver.query(Uri uri, String[] projection, String selection,
                              String[] selectionArgs, String sortOrder);
```

通过getContentResolver()方法获取一个ContentResolver对象resolver，通过该对象的query()方法来查询Uri中的数据信息，该方法传递的5个参数的具体信息如下：

- uri：表示查询其他程序的数据需要的Uri。
- projection：表示要查询的内容，该内容相当于数据库表中每列的名称。如果要查询名称、年龄和性别信息，则可以将该参数设置为new String[]{“name”,” age”,” sex”}。
- selection：表示设置查询的条件，相当于SQL语句中的where，如果该参数传入的值为null，则表示没有查询条件。如果想要查询地址为北京的信息，则该参数传递的值为字符串"address='北京'"，也可以传递为"address=?"，并将传递的参数selectionArgs设置为new String[]{"北京"}。
- selectionArgs：该参数需要配合参数selection使用，如果参数selection中有“?”，则传递的参数selectionArgs会替换掉“?”，否则，参数selectionArgs可以传递为null。
- sortOrder：表示查询的数据按照什么顺序进行排序，相当于SQL语句中的Order by。如果该参数传递为null，则数据默认是按照升序排序的。如果想要让查询的数据按照降序排序，则该参数传递的值为字符串“ DESC”，注意，DESC前边需要添加一个空格。

3. 通过while()循环语句遍历查询到的数据

通过query()方法查询完数据后，会将该数据存放在Cursor对象中，接着通过while()循环语句将Cursor对象中的数据遍历出来，最后调用Cursor对象的close()方法来关闭Cursor释放资源。以查询到的数据为String类型的address、long类型的date以及int类型的type为例，通过while()循环遍历查询数据的示例代码如下：

```
while (cursor.moveToNext()) {
    String address = cursor.getString(0);
    long date = cursor.getLong(1);
    int type = cursor.getInt(2);
}
cursor.close(); //关闭 cursor
```

多学一招：UriMatcher类

每个ContentProvider都会有一个Uri，当对ContentProvider中的数据进行操作时，会通过对应的Uri指定相关的数据并进行操作。如果一个ContentProvider中含有多个数据源（比如，多个表）时，就需要对不同的Uri进行区分，此时可以用UriMatcher类对Uri进行匹配，匹配步骤如下：

1. 初始化UriMatcher类

在ContentProvider中对UriMatcher 类进行初始化，示例代码如下：

```
UriMatcher matcher = new UriMatcher(UriMatcher.NO_MATCH);
```

上述代码中，构造函数UriMatcher()的参数表示Uri没有匹配成功的匹配码，该匹配码通常使用-1来表示。在此处构造函数UriMatcher()的参数可以设置为-1，也可以设置为UriMatcher.NO_MATCH，UriMatcher.NO_MATCH是一个值为-1的常量。

2. 注册需要的Uri

将需要用的Uri通过addURI()方法注册到UriMatcher对象中，示例代码如下：

```
matcher.addURI("cn.itcast.contentprovider", "people", PEOPLE);
matcher.addURI("cn.itcast.contentprovider", "person/#", PEOPLE_ID);
```

上述代码中，addURI()方法中的第1个参数表示Uri的authority部分，第2个参数表示Uri的path部分，第3个参数表示Uri匹配成功后返回的匹配码。

3. 与已经注册的Uri进行匹配

在ContentProvider重写的query()、insert()、update()、delete()方法中，可以通过UriMatcher对象的match()方法来匹配Uri，通过switch()循环语句将每个匹配结果区分开，并做相应的操作，示例代码如下：

```
Uri uri = Uri.parse("content://" + "cn.itcast.contentprovider" + "/people");
int match = matcher.match(uri);
switch (match){
    case PEOPLE:
        //匹配成功后做的相关操作
    case PEOPLE_ID:
        //匹配成功后做的相关操作
    default:
        return null;
}
```

7.3.2 实战演练——查看系统短信

7.3.1小节中讲解了如何查询其他程序的数据，为了巩固上节讲解的内容，本节我们会通过一个查看系统短信的案例来演示如何使用ContentResolver操作Android系统短信中暴露的数据。由于该案例中查询的是系统短信中的数据，因此需要知道系统短信的ContentProvider的Uri地址，该地址存放在Android系统应用层源码（该源码需要单独下载，初学者只需了解即可）\TelephonyProvider\src\com\android\providers\telephony\SmsProvider.java中，如图7-3所示。

在图7-3中，addURI()方法中前2个参数可以组成一个Uri地址，该方法中的第1个参数是Uri的authority部分，第2个参数为Uri的path部分，第3个参数为Uri匹配成功的匹配码（该参数暂不使用）。由于需要查询系统短信中的所有数据，因此path部分需要为null。由图7-3可知，只有第一个addURI()方法中第2个参数为null，因此系统短信的内容提供者的Uri为“content://sms/”。

查询到短信的内容提供者的Uri之后，还需要查看一下系统短信中的数据库文件，在Android

Studio工具中，单击Android Studio窗口右下角的Device File Explorer，在弹出的窗口中选择data/user/0/com.android.providers.telephony/databases目录下的mmssms.db文件，该文件就是系统短信中的数据库文件，如图7-4所示。

```
private static final UriMatcher sURLMatcher =
        new UriMatcher(UriMatcher.NO_MATCH);

static {
    sURLMatcher.addURI("sms", null, SMS_ALL);
    sURLMatcher.addURI("sms", "#", SMS_ALL_ID);
    sURLMatcher.addURI("sms", "inbox", SMS_INBOX);
    sURLMatcher.addURI("sms", "inbox/#", SMS_INBOX_ID);
    sURLMatcher.addURI("sms", "sent", SMS_SENT);
    sURLMatcher.addURI("sms", "sent/#", SMS_SENT_ID);
    sURLMatcher.addURI("sms", "draft", SMS_DRAFT);
    sURLMatcher.addURI("sms", "draft/#", SMS_DRAFT_ID);
    sURLMatcher.addURI("sms", "outbox", SMS_OUTBOX);
    sURLMatcher.addURI("sms", "outbox/#", SMS_OUTBOX_ID);
    sURLMatcher.addURI("sms", "undelivered", SMS_UNDELIVERED);
    sURLMatcher.addURI("sms", "failed", SMS_FAILED);
    sURLMatcher.addURI("sms", "failed/#", SMS_FAILED_ID);
    sURLMatcher.addURI("sms", "queued", SMS_QUEUED);
```

图7-3 系统短信的ContentProvider的Uri地址

```
com.android.providers.telephony
  cache
  code_cache
  databases
    HbpcdLookup.db
    HbpcdLookup.db-journal
    mmssms.db
    mmssms.db-journal
    telephony.db
    telephony.db-journal
  files
  shared_prefs
```

图7-4 mmssms.db文件路径

导出mmssms.db文件，使用SQLite Expert工具打开查看文件的结构，具体如图7-5所示。

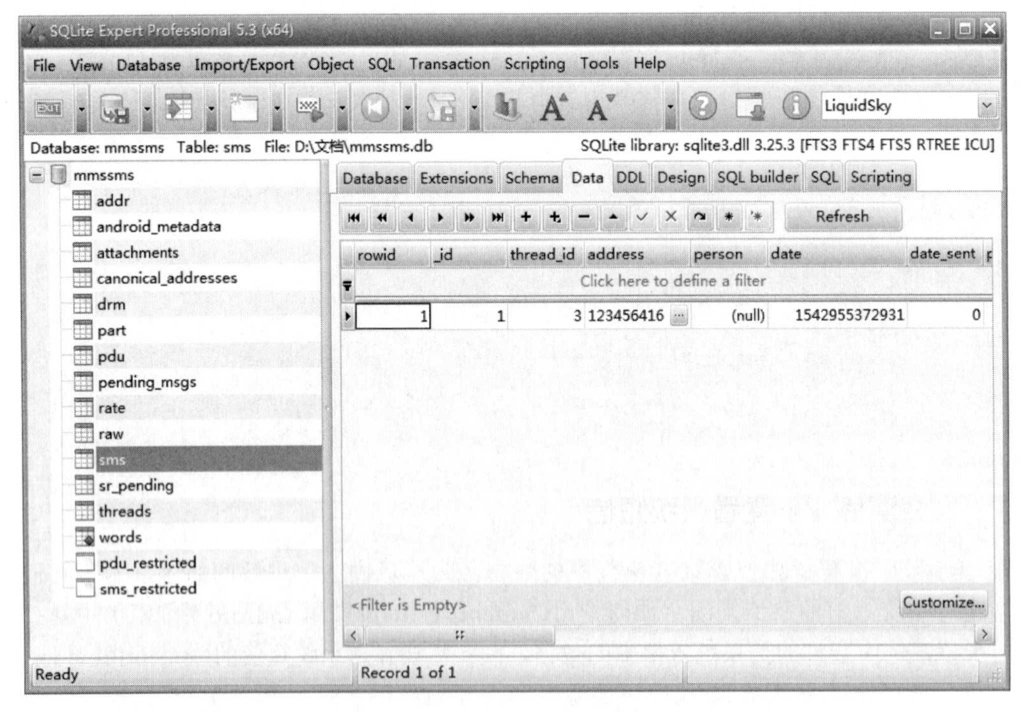

图7-5 mmssms.db的文件结构

图7-5展示的mmssms.db文件包含了很多表，其中与短信相关的表是sms表，该表包含了很多字段，其中_id表示的是短信的主键，date是long类型的时间戳，type表示短信类型，如果type的值为1表示接收短信，值为2表示发送短信，body表示短信内容，address表示发送或接收短信的手机号码。

接下来以图7-6为例来讲解如何实现查看系统短信的功能，具体步骤如下：

图7-6　查看短信界面

1．创建程序

创建一个名为ReadSMS的应用程序，指定包名为cn.itcast.readsms。

2．导入界面图片

将查看短信界面所需要的图片bg.png、btn_bg.png导入到项目中的drawable文件夹中。

3．放置界面控件

扫一扫

扫码查看文件7–3

在res/layout文件夹中的activity_main.xml文件中，放置2个TextView控件，分别用于显示“读取到的系统短信信息如下:”的文本与显示短信内容，1个Button控件用于显示“查看短信”按钮。完整布局代码详见【文件7-3】所示。

4．创建SmsInfo类

由于系统短信信息包含短信的_id、短信地址、短信内容等属性，因此可以创建一个SmsInfo类来存放短信信息的属性。选中程序中的cn.itcast.readsms包，在该包中创建一个SmsInfo类，在该类中创建短信信息的属性，具体代码如【文件7-4】所示。

【文件7-4】 SmsInfo.java

```
1  package cn.itcast.readsms;
2  public class SmsInfo {
3      private int _id;                    // 短信的主键
4      private String address;             // 发送地址
5      private String body;                        // 短信内容
6      // 构造方法
7      public SmsInfo(int _id, String address,String body) {
8          this._id = _id;
9          this.address = address;
10         this.body = body;
11     }
12     public int get_id() {
13         return _id;
14     }
15     public void set_id(int _id) {
16         this._id = _id;
17     }
18     public String getAddress() {
19         return address;
20     }
21     public void setAddress(String address) {
22         this.address = address;
23     }
24     public String getBody() {
25         return body;
26     }
27     public void setBody(String body) {
28         this.body = body;
29     }
30 }
```

5. 编写界面交互代码

在MainActivity中创建一个init()方法，在该方法中初始化界面控件并设置查看短信按钮的点击事件，具体代码如【文件7-5】所示。

【文件7-5】 MainActivity.java

```
1  package cn.itcast.readsms;
2  ......//省略导入包
3  public class MainActivity extends AppCompatActivity {
4      private TextView tvSms, tvDes;
5      private Button btnSms;
6      private String text = "";
7      private List<SmsInfo> smsInfos;
8      @Override
9      protected void onCreate(Bundle savedInstanceState) {
10         super.onCreate(savedInstanceState);
11         setContentView(R.layout.activity_main);
12         init();
13     }
14     private void init() {
15         tvSms = (TextView) findViewById(R.id.tv_sms);
16         tvDes = (TextView) findViewById(R.id.tv_des);
17         btnSms = (Button) findViewById(R.id.btn_sms);
18         smsInfos = new ArrayList<SmsInfo>();
19         btnSms.setOnClickListener(new View.OnClickListener() {
20             @Override
21             public void onClick(View view) {
22                 ActivityCompat.requestPermissions(MainActivity.this,
23                         new String[]{Manifest.permission.READ_SMS}, 1);
24             }
25         });
26     }
27     public void getSms(){
28         Uri uri = Uri.parse("content://sms/"); //获取系统信息的uri
29         //获取ContentResolver对象
30         ContentResolver resolver = getContentResolver();
31         //通过ContentResolver对象查询系统短信
32         Cursor cursor = resolver.query(uri, new String[]{"_id", "address",
33                 "body"}, null, null, null);
34         if(cursor != null && cursor.getCount() > 0) {
35             tvDes.setVisibility(View.VISIBLE);
36             if(smsInfos!=null)smsInfos.clear();//清除集合中的数据
37             text = "";//清空text中原有的数据
38             while(cursor.moveToNext()) {
39                 int _id = cursor.getInt(0);
40                 String address = cursor.getString(1);
41                 String body = cursor.getString(2);
42                 SmsInfo smsInfo = new SmsInfo(_id, address, body);
43                 smsInfos.add(smsInfo);
44             }
45             cursor.close();
46         }
47         //将查询到的短信内容显示到界面上
48         for (int i = 0; i < smsInfos.size(); i++) {
49             text += "手机号码: " + smsInfos.get(i).getAddress() + "\n";
50             text += "短信内容: " + smsInfos.get(i).getBody() + "\n\n";
51         }
```

```
52          tvSms.setText(text);
53      }
54      @Override
55      public void onRequestPermissionsResult(int requestCode, String[] permissions,
56                                                    int[] grantResults) {
57          super.onRequestPermissionsResult(requestCode, permissions, grantResults);
58          if(requestCode == 1) {
59              for(int i = 0; i < permissions.length; i++) {
60                  if(grantResults[i] == PackageManager.PERMISSION_GRANTED) {
61                      getSms();
62                  } else {
63                      Toast.makeText(this, "" + "权限" + permissions[i] +
64                      "申请失败，不能读取系统短信", Toast.LENGTH_SHORT).show();
65                  }
66              }
67          }
68      }
69 }
```

上述代码中，第15~17行代码主要获取了查看短信界面所要用到的控件。

第19~25行代码实现了查看短信按钮的点击事件。其中，第22~23行代码通过requestPermissions()方法动态申请读取系统短信的权限。requestPermissions()方法中有3个参数，其中，第1个参数MainActivity.this表示当前Activity，第2个参数new String[]{Manifest.permission.READ_SMS}表示需要申请的短信权限，第3个参数1表示请求码。当程序运行requestPermissions()方法时会弹出一个对话框提示是否允许访问系统短信。

第27~53行代码创建了一个getSms()方法，该方法用于获取系统短信的信息。在getSms()方法中首先通过parse()方法获取系统短信的Uri，接着通过getContentResolver()方法获取ContentResolver的对象resolver，并通过该对象的query()方法查询系统短信信息。将查询到的信息通过while循环存放到集合smsInfos中。其中，第48~51行代码主要是通过for循环将集合smsInfos中的数据遍历出来并显示到界面上。

第54~68行代码重写了onRequestPermissionsResult()方法，该方法在选择完是否允许访问短信权限后回调。onRequestPermissionsResult()方法中有3个参数requestCode、permissions、grantResults，分别表示请求码、系统的权限数据、请求权限的状态。在onRequestPermissionsResult()方法中，通过判断权限状态的数组中是否有一个状态的值为“PackageManager.PERMISSION_GRANTED”，该状态值表示允许读取系统短信，如果有该状态值，则会调用getSms()方法读取系统短信，否则，会通过Toast提示“权限android.permission.READ_SMS申请失败，不能读取系统短信”的信息。

6. 添加权限

由于本案例涉及读取系统短信的操作，因此还需要在AndroidMainfest.xml文件中添加读取系统短信的权限，具体代码如下：

```
<uses-permission android:name="android.permission.READ_SMS"/>
```

7. 运行程序

运行ReadSMS程序，点击界面上的“查看短信”按钮，运行结果如图7-7所示。

当第一次点击“查看短信”按钮时，会弹出图7-7中左侧的界面，界面上会有一个对话框提示是否允许读取系统短信，点击对话框上的“ALLOW”表示允许读取，此时会看到图7-7中右侧的界面效果，点击对话框上的“DENY”表示拒绝读取，此时就读取不到系统短信。

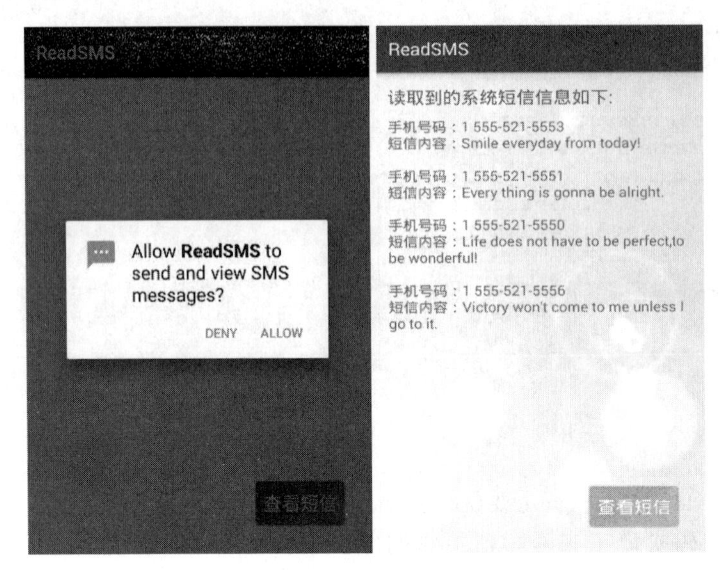

图7-7 运行结果

7.4 内容观察者

通过前面的讲解可知，使用ContentResolver可以查询ContentProvider共享出来的数据。如果应用程序需要实时监听ContentProvider共享的数据是否发生变化，则需要使用Android系统提供的内容观察者ContentObserver。本节将针对内容观察者ContentObserver进行详细地讲解。

7.4.1 什么是内容观察者

内容观察者ContentObserver用于观察指定Uri代表的数据的变化，当ContentObserver观察到指定Uri代表的数据发生变化时，就会触发ContentObserver的onChange()方法。此时在onChange()方法中使用ContentResovler可以查询到变化的数据。为了让初学者更好地理解内容观察者，接下来通过一个图例的方式讲解ContentObserver的工作原理，如图7-8所示。

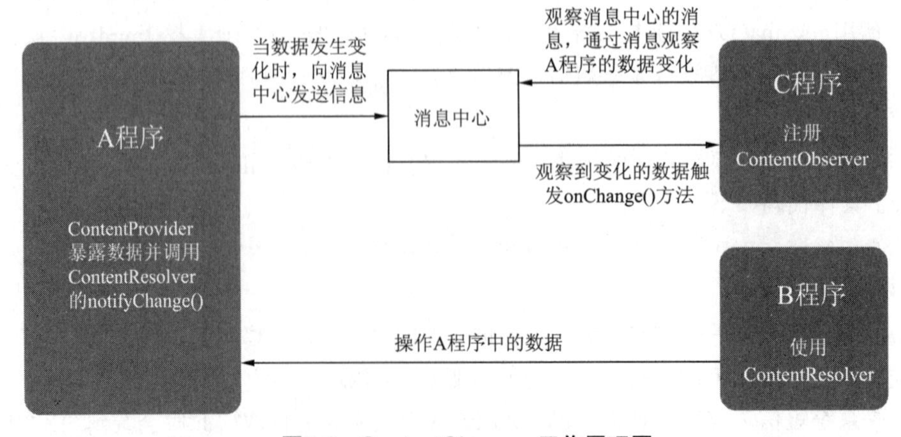

图7-8 ContentObserver工作原理图

由图7-8可知，使用ContentObserver观察A程序的数据时，首先要在A程序的ContentProvider中调用ContentResolver的notifyChange()方法。调用此方法后，当B程序操作A程序中的数据时，A程序会向“消息中心”发送数据变化的消息，此时C程序会观察到“消息中心”的数据有变化，会触发ContentObserver的onChange()方法。

通过ContentObserver中的onChange()方法观察特定的Uri代表的数据的具体步骤如下：

1. 创建内容观察者

在Android 程序中，创建一个继承ContentObserver的类，在该类中重写父类的构造方法与onChange()方法，示例代码如下：

```
public class MyObserver extends ContentObserver {
    public MyObserver(Handler handler) {
        super(handler);
    }
    @Override
    public void onChange(boolean selfChange) {
        super.onChange(selfChange);
    }
}
```

上述代码中，构造方法MyObserver()中的handler参数可以是主线程中的Handler对象，也可以是其他线程中的Handler对象（Handler将在第10章讲解）。当MyObserver类观察到Uri代表的数据发生变化时，程序会回调onChange()方法，并在该方法中处理相关逻辑。

2. 注册内容观察者

首先通过getContentResolver()方法获取ContentResolver的对象resolver，接着通过该对象的registerContentObserver()方法来注册创建的内容观察者，示例代码如下：

```
ContentResolver resolver = getContentResolver();// 获取 ContentResolver 对象
Uri uri = Uri.parse("content://aaa.bbb.ccc"); // 获取 Uri
// 注册内容观察者
resolver.registerContentObserver(uri, true, new MyObserver(new Handler()));
```

上述代码中，registerContentObserver()方法中的第1个参数表示内容提供者的Uri。第2个参数表示是否只匹配提供的Uri，当该参数为true时，表示可以匹配Uri派生的其他Uri，为false时，表示只匹配当前提供的Uri。第3个参数表示创建的内容观察者。

3. 取消注册内容观察者

当不需要ContentObserver时，可以通过unregisterContentObserver()方法取消注册，通常情况下，取消注册的操作会在Activity中的onDestroy()方法中进行，示例代码如下：

```
@Override
protected void onDestroy() {
     super.onDestroy();
     // 取消内容观察者
     getContentResolver().unregisterContentObserver(new MyObserver(
                                                  new Handler()));
}
```

上述代码中，通过ContentResolver对象的unregisterContentObserver()方法取消注册内容观察者，该方法传入的参数就是要取消的内容观察者。

需要注意的是，在内容观察者监听的ContentProvider中，重写的insert()方法、delete()方法、update()方法中，程序都会调用如下代码：

```
getContext().getContentResolver().notifyChange(uri, null); //提示共享的数据变化了
```

这行代码用于通知所有注册在该Uri上的监听者，该ContentProvider共享的数据发生了变化。其中，notifyChange()方法中的第1个参数表示Uri，第2个参数表示内容观察者，该参数设置为null，则表示ContentResolver会通知上一步注册的ContentObserver。

7.4.2 实战演练——监测数据变化

上节讲解了内容观察者的使用步骤，为了让初学者更好地掌握内容观察者的知识，本节就通过检测数据变化的案例来讲解如何使用内容观察者。

由于检测数据变化的案例是检测数据库中数据的变化，因此需要创建两个程序来操作该案例：一个用于操作数据库中的数据；另一个用于检测数据库中数据的变化，当数据库中的数据发生变化时，检测数据库的程序会立即响应，接下来以图7-9为例创建一个操作数据库的程序，该程序需要实现对数据库中的数据进行增、删、改、查等操作，具体步骤如下：

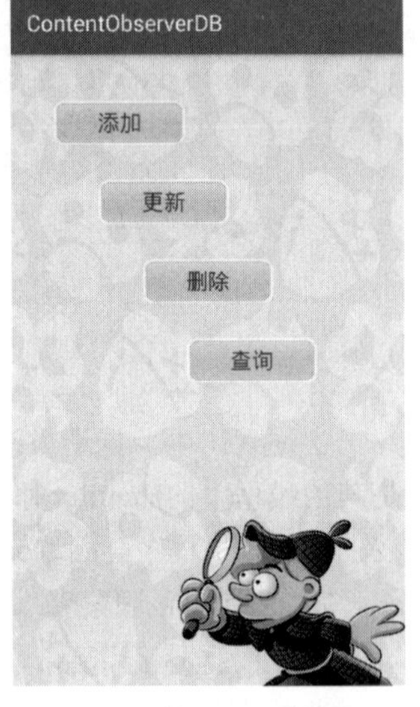

图7-9 操作数据库界面

1. 创建ContentObserverDB程序

创建一个名为ContentObserverDB的程序，指定包名为cn.itcast.contentobserverdb。

2. 导入界面图片

将操作数据库界面所需要的图片bg.png、btn_bg.png图片导入程序中的drawable文件夹中。

3. 放置界面控件

在res/layout文件夹中的activity_main.xml文件中放置4个Button控件，分别用于显示添加按钮、更新按钮、删除按钮以及查询按钮。完整布局代码详见【文件7-6】所示。

扫一扫

扫码查看文件7-6

4. 创建数据库

由于本案例用到数据库，因此需要在程序中选中cn.itcast.contentobserverdb包，在该包中创建一个类PersonDBOpenHelper继承自SQLiteOpenHelper类，在该类中创建数据库及数据库表，具体代码如【文件7-7】所示。

【文件7-7】 PersonDBOpenHelper.java

```
1  package cn.itcast.contentobserverdb;
2  import android.content.Context;
3  import android.database.sqlite.SQLiteDatabase;
4  import android.database.sqlite.SQLiteOpenHelper;
5  public class PersonDBOpenHelper extends SQLiteOpenHelper {
6      //构造方法，调用该方法创建一个person.db数据库
7      public PersonDBOpenHelper(Context context) {
8          super(context, "person.db", null, 1);
9      }
10     @Override
11     public void onCreate(SQLiteDatabase db) {
12         //创建该数据库的同时新建一个info表，表中有_id,name这两个字段
13         db.execSQL("create table info (_id integer primary key autoincrement,
```

```
14                                                    name varchar(20))");
15      }
16      @Override
17      public void onUpgrade(SQLiteDatabase db, int oldVersion, int newVersion) {
18      }
19 }
```

上述代码中，第7~9行代码创建了PersonDBOpenHelper类的构造方法PersonDBOpenHelper(Context context)，在该方法中调用了super()方法，该方法是SQLiteOpenHelper类的默认构造方法，super()方法中的第1个参数表示上下文，第2个参数表示数据库的名称，第3个参数表示数据库的查询结果集，第4个参数表示数据库的版本号。当调用该构造方法时，程序会创建一个名为person的数据库。

第10~15行代码重写了onCreate ()方法，在该方法中通过数据库对象db调用execSQL()方法来创建数据库表info。

第16~18行代码重写了onUpgrade()方法，当数据库版本升级时会回调该方法，在该方法中对数据库进行升级。

5. 创建内容提供者

选中程序中的cn.itcast.contentobserverdb包，右击选择【New】→【Other】→【Content Provider】选项，创建一个PersonProvider类并继承ContentProvider，在该类中实现对数据库中的数据进行增、删、改、查的功能，具体代码如【文件7-8】所示。

【文件7-8】 PersonProvider.java

```
1  package cn.itcast.contentobserverdb;
2  ......// 省略导入的包
3  public class PersonProvider extends ContentProvider {
4      // 定义一个 uri 路径的匹配器，如果路径匹配不成功返回 -1
5      private static UriMatcher mUriMatcher = new UriMatcher(-1);
6      private static final int SUCCESS = 1; // 匹配路径成功时的返回码
7      private PersonDBOpenHelper helper;      // 数据库操作类的对象
8      // 添加路径匹配器的规则
9      static {
10         mUriMatcher.addURI("cn.itcast.contentobserverdb", "info", SUCCESS);
11     }
12     @Override
13     public boolean onCreate() { // 当内容提供者被创建时调用
14         helper = new PersonDBOpenHelper(getContext());
15         return false;
16     }
17     /**
18      * 查询数据操作
19      */
20     @Override
21     public Cursor query(Uri uri, String[] projection, String selection,
22                         String[] selectionArgs, String sortOrder) {
23         // 匹配查询的 Uri 路径
24         int code = mUriMatcher.match(uri);
25         if(code == SUCCESS) {
26            SQLiteDatabase db = helper.getReadableDatabase();
27            return db.query("info", projection, selection, selectionArgs,
28                            null, null, sortOrder);
29         } else {
```

```
30             throw new IllegalArgumentException("路径不正确，无法查询数据！");
31         }
32     }
33     /**
34      * 添加数据操作
35      */
36     @Override
37     public Uri insert(Uri uri, ContentValues values) {
38         int code = mUriMatcher.match(uri);
39         if(code == SUCCESS) {
40             SQLiteDatabase db = helper.getReadableDatabase();
41             long rowId = db.insert("info", null, values);
42             if(rowId > 0) {
43                 Uri insertedUri = ContentUris.withAppendedId(uri, rowId);
44                 //提示数据库的内容变化了
45                 getContext().getContentResolver().notifyChange(insertedUri, null);
46                 return insertedUri;
47             }
48             db.close();
49             return uri;
50         } else {
51             throw new IllegalArgumentException("路径不正确，无法插入数据！");
52         }
53     }
54     /**
55      * 删除数据操作
56      */
57     @Override
58     public int delete(Uri uri, String selection, String[] selectionArgs) {
59         int code = mUriMatcher.match(uri);
60         if(code == SUCCESS) {
61             SQLiteDatabase db = helper.getWritableDatabase();
62             int count = db.delete("info", selection, selectionArgs);
63             //提示数据库的内容变化了
64             if(count > 0) {
65                 getContext().getContentResolver().notifyChange(uri, null);
66             }
67             db.close();
68             return count;
69         } else {
70             throw new IllegalArgumentException("路径不正确，无法随便删除数据！");
71         }
72     }
73     /**
74      * 更新数据操作
75      */
76     @Override
77     public int update(Uri uri, ContentValues values, String selection,
78                       String[] selectionArgs) {
79         int code = mUriMatcher.match(uri);
80         if(code == SUCCESS) {
81             SQLiteDatabase db = helper.getWritableDatabase();
82             int count = db.update("info", values, selection, selectionArgs);
83             //提示数据库的内容变化了
84             if(count > 0) {
```

```
85                getContext().getContentResolver().notifyChange(uri, null);
86            }
87            db.close();
88            return count;
89        } else {
90          throw new IllegalArgumentException("路径不正确，无法更新数据！ ");
91        }
92    }
93    @Override
94    public String getType(Uri uri) {
95        return null;
96    }
97 }
```

上述代码中，第9~11行代码是一个静态代码块，该代码块是在程序启动时就开始执行并且只会执行一次。代码块中通过UriMatcher的addURI()方法添加需要匹配的Uri，该方法中的第1个参数表示Uri的authoritites部分，第2个参数表示Uri的path部分，第3个参数表示Uri匹配成功的一个匹配码，在此处用一个常量SUCCESS来记录。

第20~32行代码重写了query()方法，该方法用于查询数据库中的数据。在query()方法中通过UriMatcher的match()方法来匹配该方法中传递的Uri与UriMatcher中的Uri路径是否一致，如果一致，则Uri匹配成功，match()方法的返回值为SUCCESS，否则，会抛出一个不合法的参数异常IllegalArgumentException，在该异常中设置的提示信息为“路径不正确，无法查询数据！”。当Uri匹配成功时，便可以通过数据库类的query()方法来查询数据库表info中的信息。

第36~53行代码重写了insert()方法，该方法用于将数据添加到数据库中。在insert()方法中同样首先通过UriMatcher的match()方法来匹配Uri，如果匹配成功，则返回值为SUCCESS，否则，程序会抛出一个不合法的参数异常IllegalArgumentException，在该异常中设置的提示信息为“路径不正确，无法插入数据！”。当Uri匹配成功时，便可以通过数据库类的insert()方法，将数据添加到数据库表info中，如果insert()方法的返回值大于0，则说明数据添加成功，此时可以通过ContentUris类的withAppendedId()方法重新构建一个Uri，withAppendedId()方法中的第1个参数是内容提供者PersonProvider的Uri，第2个参数是insert()方法的返回值（添加的数据在数据库表中的行Id）。最后调用ContentResolver的notifyChange()方法通知注册在该程序Uri上的观察者有数据发生变化。

上述代码中重写的delete()方法、update()方法与insert()方法类似，在此处就不再详细进行介绍。需要注意的是，当对数据库中的数据进行增、删、改、查操作时，必须首先通过match()方法将Uri匹配成功。

6. 编写界面交互代码

在MainActivity中，实现操作数据库界面上添加按钮、更新按钮、删除按钮以及查询按钮的点击事件，点击这4个按钮会分别调用ContentResolver对象的insert()、update()、delete()、query()方法对数据库中的数据进行增、删、改、查的操作，具体代码如【文件7-9】所示。

【文件7-9】 MainActivity.java

```
1  package cn.itcast.contentobserverdb;
2  ......//省略导入的包
3  public class MainActivity extends AppCompatActivity implements
4                                                       View.OnClickListener {
5      private ContentResolver resolver;
6      private Uri uri;
```

```
7       private ContentValues values;
8       private Button btnInsert;
9       private Button btnUpdate;
10      private Button btnDelete;
11      private Button btnSelect;
12      @Override
13      protected void onCreate(Bundle savedInstanceState) {
14          super.onCreate(savedInstanceState);
15          setContentView(R.layout.activity_main);
16          initView(); //初始化界面
17          createDB(); //创建数据库
18      }
19      private void initView() {
20          btnInsert = (Button) findViewById(R.id.btn_insert);
21          btnUpdate = (Button) findViewById(R.id.btn_update);
22          btnDelete = (Button) findViewById(R.id.btn_delete);
23          btnSelect = (Button) findViewById(R.id.btn_select);
24          btnInsert.setOnClickListener(this);
25          btnUpdate.setOnClickListener(this);
26          btnDelete.setOnClickListener(this);
27          btnSelect.setOnClickListener(this);
28      }
29      private void createDB() {
30          //创建数据库并向info表中添加3条数据
31          PersonDBOpenHelper helper = new PersonDBOpenHelper(this);
32          SQLiteDatabase db = helper.getWritableDatabase();
33          for(int i = 0; i < 3; i++) {
34              ContentValues values = new ContentValues();
35              values.put("name", "itcast" + i);
36              db.insert("info", null, values);
37          }
38          db.close();
39      }
40      @Override
41      public void onClick(View v) {
42          //得到一个内容提供者的解析对象
43          resolver = getContentResolver();
44          //获取一个Uri路径
45          uri = Uri.parse("content://cn.itcast.contentobserverdb/info");
46          //新建一个ContentValues对象，该对象以key-values的形式来添加数据到数据库表中
47          values = new ContentValues();
48          switch(v.getId()) {
49              case R.id.btn_insert:
50                  Random random = new Random();
51                  values.put("name", "add_itcast" + random.nextInt(10));
52                  Uri newuri = resolver.insert(uri, values);
53                  Toast.makeText(this, "添加成功", Toast.LENGTH_SHORT).show();
54                  Log.i("数据库应用", "添加");
55                  break;
56              case R.id.btn_delete:
57                  //返回删除数据的条目数
58                  int deleteCount = resolver.delete(uri, "name=?",
59                                                     new String[]{"itcast0"});
60                  Toast.makeText(this, "成功删除了" + deleteCount + "行",
61                                                Toast.LENGTH_SHORT).show();
```

```
62                 Log.i("数据库应用", "删除");
63                 break;
64             case R.id.btn_select:
65                 List<Map<String, String>> data = new ArrayList<Map<String,
66                                                                  String>>();
67                 //返回查询结果，是一个指向结果集的游标
68                 Cursor cursor = resolver.query(uri, new String[]{"_id", "name"},
69                                                           null, null, null);
70                 //遍历结果集中的数据，将每一条遍历的结果存储在一个List的集合中
71                 while(cursor.moveToNext()) {
72                     Map<String, String> map = new HashMap<String, String>();
73                     map.put("_id", cursor.getString(0));
74                     map.put("name", cursor.getString(1));
75                     data.add(map);
76                 }
77                 //关闭游标，释放资源
78                 cursor.close();
79                 Log.i("数据库应用", "查询结果：" + data.toString());
80                 break;
81             case R.id.btn_update:
82                 //将数据库info表中name为itcast1的这条记录更改为name是update_itcast
83                 values.put("name", "update_itcast");
84                 int updateCount = resolver.update(uri, values, "name=?",
85                                                   new String[]{"itcast1"});
86                 Toast.makeText(this, "成功更新了" + updateCount + "行",
87                                                  Toast.LENGTH_SHORT).show();
88                 Log.i("数据库应用", "更新");
89                 break;
90         }
91     }
92 }
```

上述代码中，第19~28行代码创建了一个initView()方法，在该方法中初始化界面控件并通过setOnClickListener()方法设置控件的点击监听事件。

第29~39行代码创建了createDB()方法，在该方法中首先创建了PersonDBOpenHelper类的对象，创建该对象的同时也创建了一个person.db数据库，接着调用该对象的getWritableDatabase()方法获取数据库类SQLiteDatabase的对象db，最后在for循环语句中，通过调用对象db的insert()方法向数据库表info中添加3条数据。

第40~91行代码重写了OnClickListener接口中的onClick()方法，在该方法中实现了界面上添加按钮、更新按钮、删除按钮、查询按钮的点击事件。其中，第49~55行代码实现了添加按钮的点击事件。在该点击事件中，首先创建了一个产生随机数的对象random，接着调用ContentValues对象的put()方法，将要添加的数据放入ContentValues对象中。调用ContentResolver对象的insert()方法将数据添加到数据库中，insert()方法中的第1个参数表示该程序中内容提供者PersonProvider的Uri，第2个参数表示要添加的数据，最后通过Toast与Log来提示添加成功的信息。界面上“更新”按钮、“删除”按钮、“查询”按钮的点击事件中分别通过ContentResolver对象的update()方法、delete()方法以及query()方法来实现对数据库中的数据进行更新、删除以及查询的操作，在此处不再进行详细解释。

至此，操作数据库的程序就创建完成了，接下来创建监测数据库变化的程序，具体步骤如下：

1. 创建MonitorData程序

创建一个名为MonitorData的程序，指定包名为cn.itcast.monitordata，只需要监测对数据库的操作，因此不需要有主界面，使用默认界面即可。初学者只需在MainActivity中注册内容观察者，监测数据库应用中的数据是否发生变化，具体代码如【文件7-10】所示。

【文件7-10】 MainActivity.java

```
1  package cn.itcast.monitordata;
2  ......// 省略导入包
3  public class MainActivity extends AppCompatActivity {
4      @Override
5      protected void onCreate(Bundle savedInstanceState) {
6          super.onCreate(savedInstanceState);
7          setContentView(R.layout.activity_main);
8          // 该uri路径指向数据库应用中的数据库info表
9          Uri uri = Uri.parse("content://cn.itcast.contentobserverdb/info");
10         //注册内容观察者，参数uri指向要监测的数据库info表，
11         //参数true定义了监测的范围，最后一个参数是一个内容观察者对象
12         getContentResolver().registerContentObserver(uri, true,
13                                 new MyObserver(new Handler()));
14     }
15     private class MyObserver extends ContentObserver {
16         public MyObserver(Handler handler) {//handler 是一个消息处理器
17             super(handler);
18         }
19         @Override
20         //当info表中的数据发生变化时则执行该方法
21         public void onChange(boolean selfChange) {
22             Log.i("监测数据变化", "有人动了你的数据库！");
23             super.onChange(selfChange);
24         }
25     }
26     @Override
27     protected void onDestroy() {
28         super.onDestroy();
29         //取消注册内容观察者
30         getContentResolver().unregisterContentObserver(new MyObserver(
31                                                 new Handler()));
32     }
33 }
```

上述代码中，第12~13行是注册内容观察者，由于registerContentObserver()方法中第3个参数是内容观察者对象，因此需要在此类中创建一个内部类MyObserver，继承ContentObserver并重写onChange()方法，当info表中数据发生变化时会执行此方法。

2. 运行程序

首先运行ContentObserverDB应用，在Device File Explorer窗口中的data/data/cn.itcast.contentobserverdb/databases/person.db目录下，可以看到成功创建了数据库文件person.db，如图7-10所示。

选中person.db文件，右击选择【Save As...】选项，将person.db文件保存到计算机中的其他地方（自己选择）。接着在SQLite Expert Professional工具中打开保存的person.db文件，具体如图7-11所示。

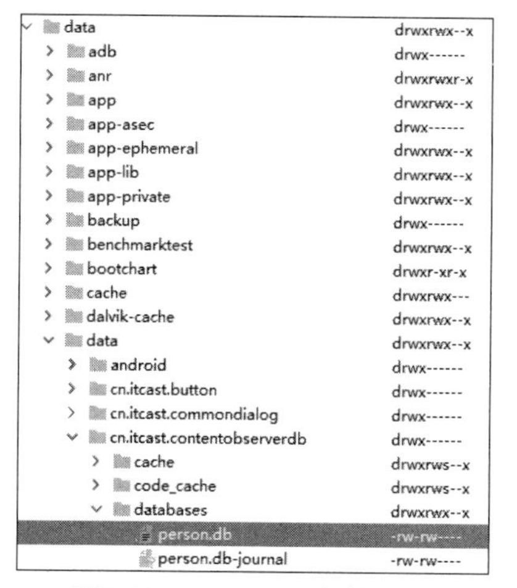

图7-10　person.db存放目录

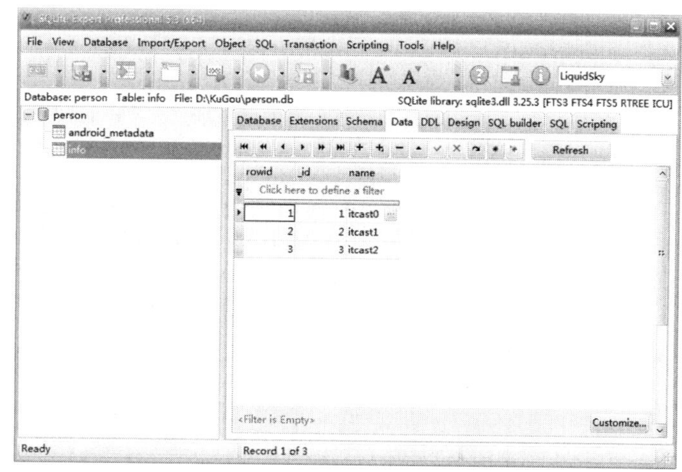

图7-11　person.db文件中数据

接着运行MonitorData程序。在ContentObserverDB程序的界面上分别点击“添加”、“更新”和“删除”按钮，运行结果如图7-12所示。

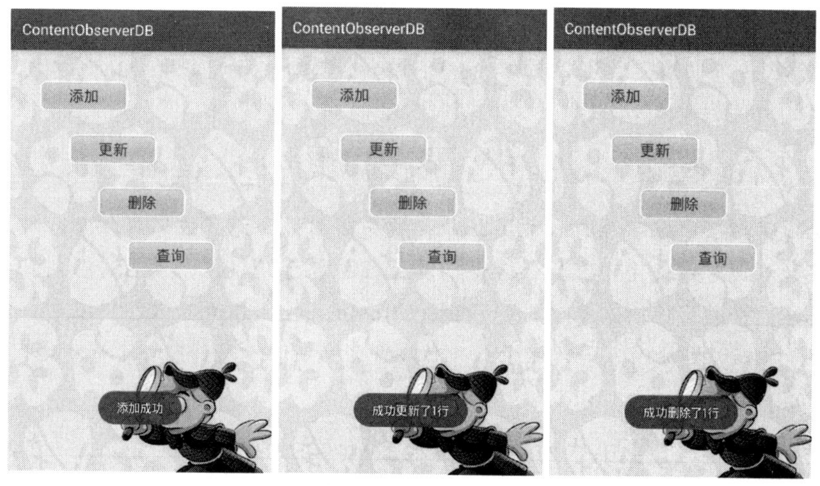

图7-12　运行结果

当执行上述操作时，LogCat打印结果如图7-13与图7-14所示。

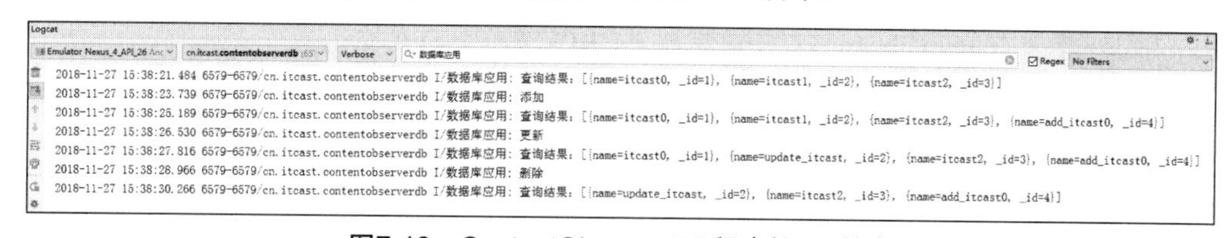

图7-13　ContentObserverDB程序的Log信息

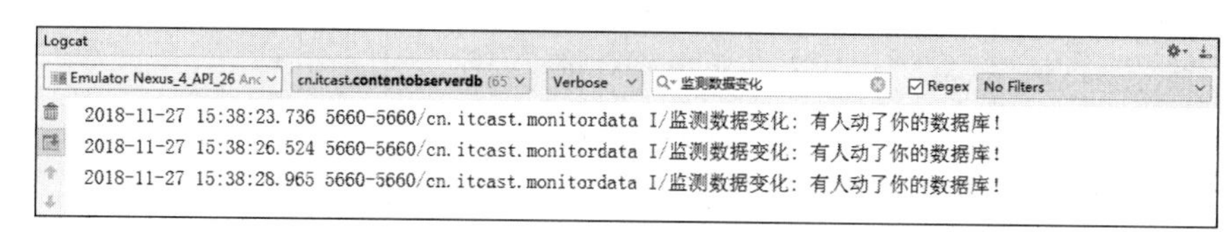

图7-14　MonitorData程序的Log信息

由图7-13与图7-14可知，MonitorData程序成功监测到了ContentObserverDB中数据的变化。接下来打开数据库中的info表查看数据，如图7-15所示。

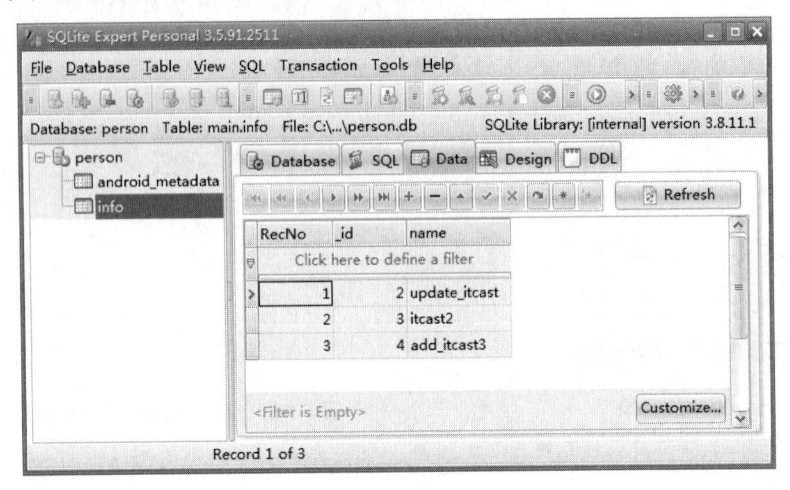

图7-15 info.db表中数据

至此，MonitorData程序的功能已经完成。需要注意的是，内容观察者的目的是观察特定Uri引起的数据库的变化，继而做一些相应的处理，这种方式效率高内存消耗少，需要初学者掌握。

本章小结

本章详细地讲解了内容提供者的相关知识，首先简单地介绍了内容提供者，然后讲解了如何创建内容提供者以及如何使用内容提供者访问其他程序暴露的数据，最后讲解内容观察者，通过内容观察者观察数据的变化。本章所讲的ContentProvider是Android四大组件之一，在后续遇到程序之间需要共享数据时，会经常用到该组件，因此要求初学者一定要熟练掌握本章内容。

本章习题

一、判断题

1. Uri主要由三部分组成，分别是scheme、authority和path。（ ）
2. 内容观察者ContentObserver用于观察指定URI代表的数据的变化。（ ）
3. 内容提供者主要功能是实现跨程序共享数据的功能。（ ）
4. Android中通过内容解析者查询短信数据库的内容时,不需要加入读短信的权限。（ ）
5. Android系统的UriMatcher类用于匹配Uri。（ ）

二、选择题

1. 如果一个应用程序想要访问另外一个应用程序的数据库，那么需要通过（ ）实现。

   A. BroadcastReceiver　　B. Activity

   C. ContentProvider　　D. AIDL

2. 下列方法中，（ ）能够得到ContentResolver的实例对象。

   A. new ContentResolver()　　B. getContentResolver()

C. newInstance()　　　　D. ContentUris.newInstance()

3. 自定义内容观察者时，需要继承的类是（　　）。

A. BaseObserver　　　　B. ContentObserver

C. BasicObserver　　　　D. DefalutObserver

4. 对查询系统信息时，内容提供者对应的Uri为（　　）。

A. Contacts.Photos.CONTENT_URI

B. Contacts.People.CONTENT_URI

C. content://sms/

D. Media.EXTERNAL_CONTENT_URI

5. 下列关于ContentProvider的描述，错误的是（　　）。

A. ContentProvider 是一个抽象类，只有继承后才能使用

B. ContentProvider只有在AndroidManifest.xml文件中注册后才能运行

C. ContentProvider为其他应用程序提供了统一的访问数据库的方式

D. 以上说法都不对

三、简答题

1. 简述内容提供者的工作原理。

2. 简述内容观察者的工作原理。

四、编程题

编写一个程序，联系人数据库会对联系人的资料模块化，分成多个表保存数据，表与表之间使用id相关联。根据不同的Uri获取联系人表中的相关信息如下所示:

（1）通过ContactsContract.Contacts.CONTENT_URI的Uri获取Contacts表中的联系人id和姓名，其字段分别为ContactsContract.Contacts._ID、ContactsContract.Contacts.DISPLAY_NAME。

（2）通过ContactsContract.CommonDataKinds.Phone.CONTENT_URI的Uri获取Data表中的联系人id和电话，其字段分别为ContactsContract.CommonDataKinds.Phone.CONTACT_ID、ContactsContract.CommonDataKinds.Phone.NUMBER。

请根据上述系统联系人数据库的相关信息，编写一个程序，用于读取系统联系人的姓名和电话，并将读取的信息显示在界面中。

第8章 广播机制

学习目标：

◎掌握广播机制的原理，能够灵活使用广播。

◎掌握广播接收者的概念，能够创建广播接收者。

◎掌握广播的发送与类型，能够发送与拦截广播。

在Android系统中，广播是一种运用在组件之间传递消息的机制，例如电池电量低时会发送一条提示广播。如果要接收并过滤广播中的消息，则需要使用BroadcastReceiver（广播接收者），广播接收者是Android四大组件之一，通过广播接收者可以监听系统中的广播消息，实现在不同组件之间的通信，本章将针对广播及广播接收者进行详细讲解。

8.1 广播机制概述

通常情况下在学校的每个教室都会装有一个喇叭，这些喇叭是接入到学校广播室的。如果有重要通知，会发送一条广播来告知全校师生。如果Android系统想通知手机设备或者其他应用程序一些信息，该如何进行呢？为了便于发送和接收系统级别的消息通知，Android系统也引入了一套类似广播的消息机制，相比于前面介绍的学校广播的例子，Android中的广播机制会显得更加灵活，这是因为Android中的每个应用程序都可以根据自己的兴趣对广播进行注册，因此该程序只会接收自己关心的广播内容，这些广播可能是Android系统发送的，也可能是其他应用程序发送的。

Android中的广播（Broadcast）机制用于进程/线程间通信，该机制使用了观察者模式，观察者模式是一种软件设计模式，在该模式中，一个目标物件管理所有相依于它的观察者物件，并且在它本身的状态改变时会主动发出通知。观察者模式是基于消息的发布/订阅事件模型，该模型中的消息发布者是广播机制中的广播发送者，消息订阅者是广播机制中的广播接收者，接下来通过图8-1来看一下广播机制的具体实现流程。

图8-1展示的广播机制，其实现流程具体如下：

（1）广播接收者是通过Binder机制在AMS（Activity Manager Service）中进行注册的（在8.2小节会讲解广播接收者的注册）。

（2）广播发送者是通过Binder机制向AMS发送广播。

（3）AMS查找符合相应条件（IntentFilter/Permission）的广播接收者（BroadcastReceiver），将广播发送到相应的消息循环队列中。

（4）执行消息循环时获取到此广播，会回调广播接收者（BroadcastReceiver）中的onReceive()方法并在该方法中进行相关处理。

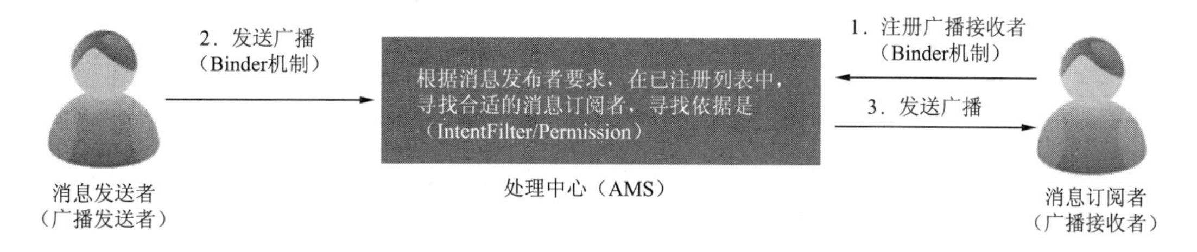

图8-1　广播机制

对于不同的广播类型与不同的广播接收者的注册方式，广播机制在具体实现上会有不同，但是总体流程大致如上。广播发送者和广播接收者分别属于观察者模式中的消息发布和订阅两端，AMS属于中间的处理中心。广播发送者和广播接收者的执行是异步的，发出去的广播不会关心有无接收者接收，也不确定接收者到底何时才能接收到。广播作为Android组件间的通信方式，可以使用的场景有以下几种：

第一种场景：在同一个App内部的同一组件内进行消息通信（单个或多个线程之间）。

第二种场景：在同一个App内部的不同组件之间进行消息通信（单个进程）。

第三种场景：在同一个App具有多个进程的不同组件之间进行消息通信。

第四种场景：在不同App的组件之间进行消息通信。

第五种场景：Android系统在特定情况下与App之间进行消息通信。

上述场景中第一种场景虽然可以使用广播机制，但是直接使用扩展变量作用域、接口的回调等方式处理会相对比较简单，第二种场景使用广播机制来处理也比较复杂。第三、四、五种场景涉及不同进程间的消息通信，非常适合使用广播机制的方式来处理。

8.2　广播接收者

8.2.1　什么是广播接收者

在现实生活中，大多数人都会收听广播，例如出租车司机会收听实时路况广播，关注路面拥堵情况。同样Android系统中也内置了很多广播，例如手机开机完成后会发送一条广播，电池电量不足时也会发送一条广播等。为了监听这些广播事件，Android系统提供了一个BroadcastReceiver（广播接收者）组件，该组件可以监听来自系统或者应用程序的广播。接下来通过一个图例来展示多个广播接收者接收广播的过程，如图8-2所示。

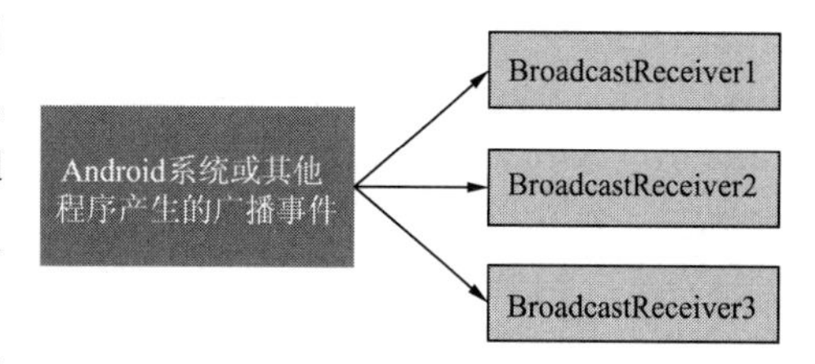

图8-2　多个广播接收者接收广播

在图8-2中，当Android系统产生一个广播事件时，可以有多个对应的BroadcastReceiver接收并进行处理，这些广播接收者只需要在清单文件或者代码中进行注册并指定要接收的广播事件，然后创建一个继承自BroadcastReceiver的类，重写onReceive()方法，并在该方法中对广播事件进行处理。

8.2.2 广播接收者的创建

广播接收者的注册有两种方式，分别为动态注册和静态注册。动态注册是创建一个广播接收者，并在Activity中通过代码进行注册。静态注册是创建一个广播接收者，并在清单文件中完成注册。接下来，针对这两种注册方式进行详细的讲解。

1．动态注册

如果想要接收程序或系统发出的广播，则首先需要创建广播接收者。在Android Studio中创建一个名为BroadcastReceiver的应用程序，包名指定为cn.itcast.broadcastreceiver。在程序的包中创建一个MyBroadcastReceiver类继承自BroadcastReceiver，并重写onReceive()方法，具体代码如【文件8-1】所示。

【文件8-1】 MyBroadcastReceiver.java

```
package cn.itcast.broadcastreceiver;
......//省略导包
public class MyBroadcastReceiver extends BroadcastReceiver {
    @Override
    public void onReceive(Context context, Intent intent) {
    }
}
```

在MainActivity中动态注册广播接收者的具体代码如【文件8-2】所示。

【文件8-2】 MainActivity.java

```
1  package cn.itcast.broadcastreceiver;
2  ......//省略导入包
3  public class MainActivity extends AppCompatActivity {
4      private MyBroadcastReceiver receiver;
5      @Override
6      protected void onCreate(Bundle savedInstanceState) {
7          super.onCreate(savedInstanceState);
8          setContentView(R.layout.activity_main);
9          receiver = new MyBroadcastReceiver(); //实例化广播接收者
10         //实例化过滤器并设置要过滤的广播
11         String action = "android.provider.Telephony.SMS_RECEIVED";
12         IntentFilter intentFilter = new IntentFilter();
13         intentFilter.addAction(action);
14         registerReceiver(receiver,intentFilter); //注册广播
15     }
16     @Override
17     protected void onDestroy() {
18         super.onDestroy();
19         unregisterReceiver(receiver); //当Activity销毁时注销BroadcastReceiver
20     }
21 }
```

上述代码中，第9行代码创建了广播接收者实例，第12~13行代码实例化过滤器，并通过addAction()方法设置要过滤的action。第14行代码通过registerReceiver()方法注册广播接收者，该方法中的第1个参数receiver表示广播接收者，第2个参数intentFilter表示实例化的过滤器。第16~20行代码重写了onDestroy()方法，在该方法中通过unregisterReceiver()方法注销广播接收者

MyBroadcastReceiver。

需要注意的是，动态注册的广播接收者是否被注销依赖于注册广播的组件，例如在Activity中注册了广播接收者，当Activity销毁时，广播接收者也随之被注销。

2. 静态注册

当静态注册广播接收者时，首先创建广播接收者，选中BroadcastReceiver应用程序的包，右击选择【New】→【Other】→【Broadcast Receiver】选项，弹出一个Configure Component窗口，如图8-3所示。

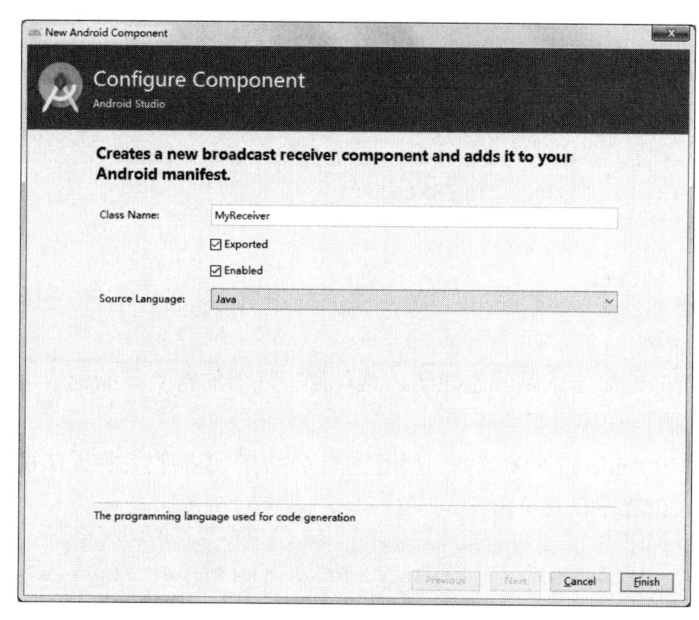

图8-3　创建广播接收者

在图8-3中，【Class Name】表示要创建广播接收者名称，【Exported】表示是否接收当前程序之外的广播，【Enabled】表示广播接收者是否可以由系统实例化，【Source Language】表示编写源码所用的语言，【Exported】和【Enabled】默认是勾选的，【Source Language】的选项为Java和Kotlin，选择默认的Java选项即可，创建的广播接收者会在清单文件中注册。单击【Finish】按钮，广播接收者便创建完成。打开创建好的MyReceiver.java文件，具体代码如【文件8-3】所示。

【文件8-3】 MyReceiver.java

```
 1 package cn.itcast.broadcastreceiver;
 2 import android.content.BroadcastReceiver;
 3 import android.content.Context;
 4 import android.content.Intent;
 5 public class MyReceiver extends BroadcastReceiver {
 6     public MyReceiver() {
 7     }
 8     @Override
 9     public void onReceive(Context context, Intent intent) {
10         // TODO: This method is called when the BroadcastReceiver is receiving
11         // an Intent broadcast.
12         throw new UnsupportedOperationException("Not yet implemented");
13     }
14 }
```

上述代码中，创建的MyReceiver继承自BroadcastReceiver，默认重写构造函数MyReceiver()与方法onReceive()。其中，onReceive()方法用于接收发送的广播信息，实现广播接收者的相关操作，该方法在此处暂未实现，程序默认抛出了一个未支持操作异常UnsupportedOperationException，在后续程序中实现onReceive()方法时，删除该异常即可。

广播接收者创建完成后，Android Studio工具会自动在AndroidManifest.xml文件中注册广播接收者，接下来看一下注册广播接收者的代码，具体代码如【文件8-4】所示。

【文件8-4】 AndroidManifest.xml

```
1  <?xml version="1.0" encoding="utf-8"?>
2  <manifest xmlns:android="http://schemas.android.com/apk/res/android"
3      package="cn.itcast.broadcastreceiver" >
4      <application ……… >
5        ………
6          <receiver
7              android:name=".MyReceiver"
8              android:enabled="true"
9              android:exported="true">
10         </receiver>
11     </application>
12 </manifest>
```

上述广播接收者的注册方式是静态注册，这种静态注册的特点是无论应用程序是否处于运行状态，广播接收者都会对程序进行监听。

需要注意的是，在Android 8.0之后，使用静态注册的广播接收者将无法接收到广播，当发送广播时，Android系统的提示信息下所示：

```
    system_process W/BroadcastQueue:Background execution not allowed:receiving
Intent{act=111 flg=0x10} to cn.itcast.broadcastreceiver/.MyReceiver
```

8.3 自定义广播与广播的类型

8.3.1 自定义广播

Android系统中自定义了很多类型的广播，当需要接收这些广播时，只需在程序中创建对应的广播接收者接收即可。当系统提供的广播不能满足实际需求时，可以自定义广播，同时需要编写对应的广播接收者。接下来通过一个图例来演示自定义广播的发送与接收过程，如图8-4所示。

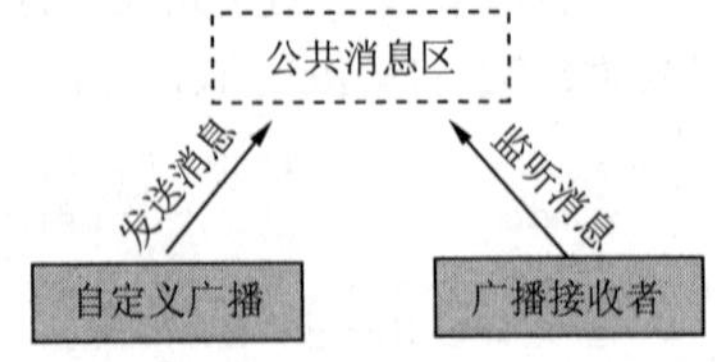

图8-4 广播的发送与接收

由图8-4可知，当自定义广播发送消息时，会将消息存储到公共消息区中，而公共消息区中如果存在对应的广播接收者，则会及时接收这条信息。广播的这种机制可以处理程序中信息的传递功能。

8.3.2 实战演练——发送求救广播

上节讲解了自定义广播的发送和接收原理，本节将通过一个发送求救广播的案例来演示自定义广播的发送和接收。下面以图8-5为例来实现发送求救广播的功能，具体步骤如下：

1. 创建程序

创建一个名为ForHelp的应用程序，指定包名为cn.itcast.forhelp。

2. 导入界面图片

将发送求救广播界面所需要的图片stitch.png导入到项目中的drawable文件夹中。

图8-5　发送求救广播界面

3. 放置界面控件

在activity_main.xml布局文件中，放置1个Button控件用于显示“发送求救广播”的按钮。完整布局代码详见【文件8-5】。

扫一扫

扫码查看
文件8-5

4. 创建广播接收者

选中程序中的cn.itcast.forhelp包，在该包中创建一个MyBroadcastReceiver并继承BroadcastReceiver，用于接收发送的广播信息，具体代码如【文件8-6】所示。

【文件8-6】 MyBroadcastReceiver.java

```
1  package cn.itcast.forhelp;
2  ......//省略导入包
3  public class MyBroadcastReceiver extends BroadcastReceiver {
4      @Override
5      public void onReceive(Context context, Intent intent) {
6          Log.i("MyBroadcastReceiver", "自定义的广播接收者，接收到了求救广播事件");
7          Log.i("MyBroadcastReceiver",intent.getAction());
8      }
9  }
```

第4~8行代码重写了onReceive()方法，在该方法中通过Log打印接收到的广播信息。

5. 编写界面交互代码

在MainActivity中创建一个init()方法，在该方法中获取发送求救广播的控件并实现该控件的点击事件，具体代码如【文件8-7】所示。

【文件8-7】 MainActivity.java

```
1  package cn.itcast.forhelp;
2  ......//省略导入包
3  public class MainActivity extends AppCompatActivity {
4      private MyBroadcastReceiver receiver;
5      @Override
6      protected void onCreate(Bundle savedInstanceState) {
7          super.onCreate(savedInstanceState);
8          setContentView(R.layout.activity_main);
9          init();
10     }
11     private void init(){
12         receiver = new MyBroadcastReceiver(); //实例化广播接收者
13         String action = "Help_Stitch";
14         IntentFilter intentFilter = new IntentFilter(action);
15         registerReceiver(receiver,intentFilter); //注册广播
16         Button btn_help= (Button) findViewById(R.id.btn_help);
17         btn_help.setOnClickListener(new View.OnClickListener() {
18             @Override
19             public void onClick(View view) {
```

```
20                  Intent intent = new Intent();
21                  //定义广播的事件类型
22                  intent.setAction("Help_Stitch");
23                  sendBroadcast(intent);//发送广播
24              }
25          });
26      }
27      @Override
28      protected void onDestroy() {
29          super.onDestroy();
30          unregisterReceiver(receiver);
31      }
32 }
```

上述代码中，第11~26行代码定义了一个init()方法，用于初始化界面控件并发送广播。

第12~15行代码通过registerReceiver()方法动态注册MyBroadcastReceiver广播接收者。

第16~25行代码通过findViewById()方法获取控件btn_help，并实现该控件的点击事件，在该事件中，通过Intent对象的setAction()方法设置广播的action名称，该名称是自定义的并且必须与动态注册的广播接收者的action名称一致，否则，接收不到发送的广播信息，然后通过sendBroadcast()方法发送广播。

第27~31行代码重写了onDestroy()方法，在该方法中通过unregisterReceiver()方法注销广播接收者MyBroadcastReceiver。

6. 运行程序

运行上述程序，点击“发送求救广播”按钮，程序会发送一条广播信息，此时可以看到LogCat窗口中打印的接收到广播的信息，运行结果如图8-6所示。

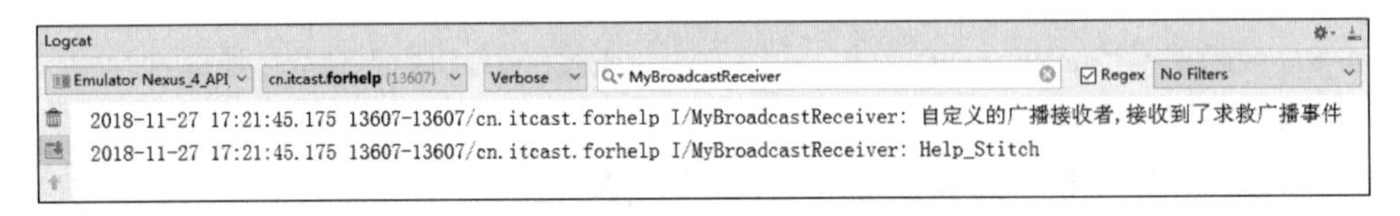

图8-6 接收到发送的广播

由图8-6可知，广播接收者MyBroadcastReceiver成功接收到程序发送的广播信息。

8.3.3 广播的类型

Android系统中提供了两种广播类型，分别是有序广播和无序广播，开发者可根据需求为程序设置不同的广播类型，接下来针对这两种广播类型进行详细的讲解。

1. 无序广播

无序广播是完全异步执行的，发送广播时，所有监听这个广播的广播接收器都会接收到此广播消息，但接收和执行的顺序不确定。无序广播的效率比较高，但无法被拦截，工作流程如图8-7所示。

从图8-7可以看出，当发送一条广播时，所有的广播接收者都会接收。

2. 有序广播

有序广播是按照广播接收者声明的优先级别被依次接收，发送广播时，只会有一个广播接收者能够接收此消息，当在此广播接收者中逻辑执行完毕之后，广播才会继续传递。相比无序广

播，有序广播的广播效率较低，但此类型是有先后顺序的，并可被拦截，工作流程如图8-8所示。

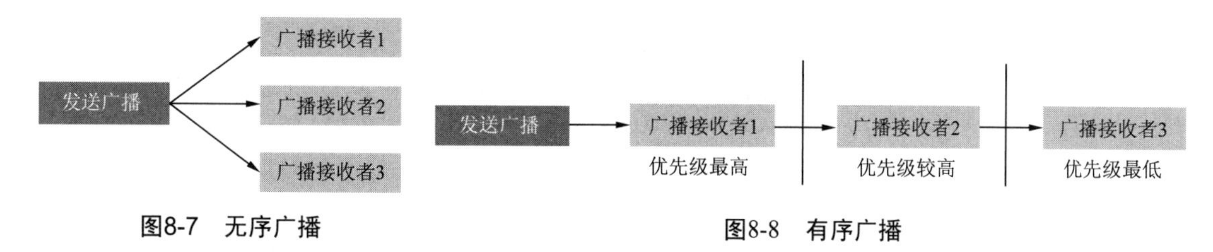

图8-7　无序广播　　　　图8-8　有序广播

从图8-8可以看出，当有序广播发送消息时，优先级最高的广播接收者最先接收，优先级最低的最后接收。如果优先级最高的广播接收者将广播终止，那么广播将不再向后传递。

多学一招：广播接收者优先级

在动态注册接收者时，可以使用对象的setPriority()方法设置优先级别，例如：intentFilter.setPriority(1000)。这里需要说明的是，属性值越大，优先级越高。

如果两个广播接收者的优先级相同，则先注册的广播接收者优先级高。也就是说，如果两个程序监听了同一个广播事件，同时设置了相同的优先级，则先安装的程序优先接收。

8.3.4　实战演练——发送有序广播

如果想要根据广播接收者的优先级高低依次接收广播的消息，可以使用有序广播来实现。本节以图8-9所示的界面，演示一个发送有序广播并根据广播接收者的优先级顺序来接收广播、拦截广播的案例，具体步骤如下：

图8-9　发送有序广播界面

1. 创建程序

创建一个名为OrderedBroadcast的应用程序，指定包名为cn.itcast.orderedbroadcast。

2. 导入界面图片

将发送有序广播界面所需要的图片stitch_one.png导入到项目中的drawable文件夹中。

3. 放置界面控件

在activity_main.xml布局文件中，放置1个Button控件用于显示“发送有序广播”的按钮。完整布局代码详见【文件8-8】。

扫一扫

扫码查看文件8–8

4. 创建3个广播接收者

由于此案例是演示根据广播接收者的优先级顺序来接收广播，因此需要创建多个广播接收者来接收广播。在此案例中以创建3个广播接收者为例，选中程序中的cn.itcast.orderedbroadcast包，在该包中创建3个类继承自BroadcastReceiver，这3个类的名称分别为MyBroadcastReceiverOne、MyBroadcastReceiverTwo、MyBroadcastReceiverThree，然后在不同的广播接收者中打印接收到的广播信息，以创建的第1个广播接收者MyBroadcastReceiverOne的代码为例，具体代码如【文件8-9】所示。

【文件8-9】 MyBroadcastReceiverOne.java

```
1  package cn.itcast.orderedbroadcast;
2  ......//省略导入包
3  public class MyBroadcastReceiverOne extends BroadcastReceiver {
4      @Override
5      public void onReceive(Context context, Intent intent) {
6         Log.i("BroadcastReceiverOne", "自定义的广播接收者One,接收到了广播事件");
7      }
8  }
```

上述代码中，第4~7行代码重写了onReceive()方法，在该方法中通过Log打印了接收到广播消息的提示信息。

由于广播接收者MyBroadcastReceiverTwo、MyBroadcastReceiverThree与广播接收者MyBroadcastReceiverOne中的代码类似，只需修改onReceive()方法中的Log信息即可，此处不再展示剩余两个广播接收者的具体代码，MyBroadcastReceiverTwo、MyBroadcastReceiverThree中的Log信息代码如下：

```
Log.i("BroadcastReceiverTwo", "自定义的广播接收者Two,接收到了广播事件");
Log.i("BroadcastReceiverThree", "自定义的广播接收者Three,接收到了广播事件");
```

5. 编写界面交互代码

在MainActivity中动态注册3个广播接收者，并定义一个init()方法，在该方法中获取界面控件并设置控件的点击事件，具体代码如【文件8-10】所示。

【文件8-10】 MainActivity.java

```
1  package cn.itcast.orderedbroadcast;
2  ......//省略导入包
3  public class MainActivity extends AppCompatActivity {
4      MyBroadcastReceiverOne one;
5      MyBroadcastReceiverTwo two;
6      MyBroadcastReceiverThree three;
7      @Override
8      protected void onCreate(Bundle savedInstanceState) {
9          super.onCreate(savedInstanceState);
10         setContentView(R.layout.activity_main);
11         registerReceiver(); //注册广播接收者
12         init();
13     }
14     private void registerReceiver(){
15         //动态注册MyBroadcastReceiverOne广播
16         one = new MyBroadcastReceiverOne();
17         IntentFilter filter1 = new IntentFilter();
18         filter1.setPriority(1000); //设置广播的优先级别
19         filter1.addAction("Intercept_Stitch");
20         registerReceiver(one,filter1);
21         //动态注册MyBroadcastReceiverTwo广播
22         two = new MyBroadcastReceiverTwo();
23         IntentFilter filter2 = new IntentFilter();
24         filter2.setPriority(200); //设置广播的优先级别
25         filter2.addAction("Intercept_Stitch");
26         registerReceiver(two,filter2);
27         //动态注册MyBroadcastReceiverThree广播
28         three = new MyBroadcastReceiverThree();
29         IntentFilter filter3 = new IntentFilter();
30         filter3.setPriority(600);  //设置广播的优先级别
```

```
31          filter3.addAction("Intercept_Stitch");
32          registerReceiver(three,filter3);
33      }
34      private void init() {
35          Button btn_send= (Button) findViewById(R.id.btn_send);
36          btn_send.setOnClickListener(new View.OnClickListener() {
37              @Override
38              public void onClick(View view) {
39                  Intent intent = new Intent();
40                  intent.setAction("Intercept_Stitch"); //定义广播的事件类型
41                  sendOrderedBroadcast(intent,null);      // 发送广播
42              }
43          });
44      }
45      @Override
46      protected void onDestroy() {
47          super.onDestroy();
48          unregisterReceiver(one);
49          unregisterReceiver(two);
50          unregisterReceiver(three);
51      }
52 }
```

上述代码中，第14~33行代码动态注册了3个广播接收者，并分别通过3个setPriority()方法，为3个广播接收者设置优先级。

第34~44行代码定义了一个init()方法，用于初始化“发送有序广播”的按钮控件并设置该按钮的点击事件。其中，第39~41行代码通过sendOrderedBroadcast()方法发送了一个Action名称为“Intercept_Stitch”的有序广播，在sendOrderedBroadcast()方法中传递了2个参数，第1个参数表示广播的意图对象，第2个参数表示指定广播接收者的权限（与此权限匹配的广播接收者才能接收到相应的广播），该参数设置为null表示任何广播接收者都可接收该广播消息。

6．运行程序

运行上述程序，点击“发送有序广播”按钮，发送一条广播信息，此时观察LogCat窗口中的提示信息如图8-10所示。

由图8-10可知，优先级最高的广播MyBroadcastReceiverOne最先接收到广播事件，其次是MyBroadcastReceiverThree，最后是MyBroadcastReceiverTwo，说明广播接收者的优先级决定了接收广播信息的先后顺序。

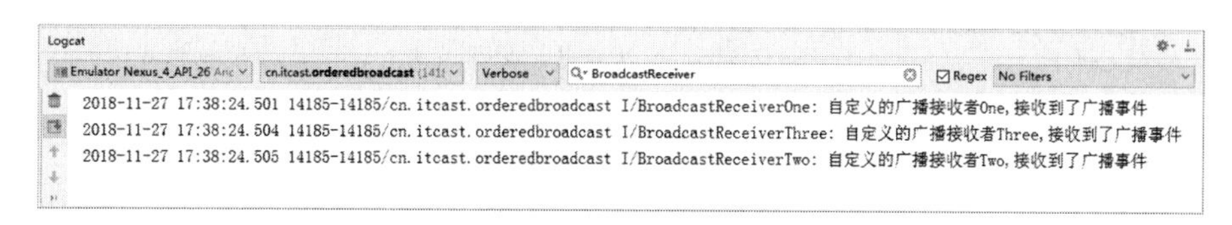

图8-10 LogCat窗口

若将广播接收者MyBroadcastReceiverTwo的优先级设置为1000，并将MyBroadcastReceiverTwo注册在MyBroadcastReceiverOne前面，此时在MainActivity.java文件的registerReceiver()方法中注册广播接收者的代码修改如下：

```
private void registerReceiver(){
    // 动态注册 MyBroadcastReceiverTwo 广播
    two = new MyBroadcastReceiverTwo();
```

```
        IntentFilter filter2 = new IntentFilter();
        filter2.setPriority(1000);
        filter2.addAction("Intercept_Stitch");
        registerReceiver(two,filter2);
        //动态注册MyBroadcastReceiverOne广播
        one = new MyBroadcastReceiverOne();
        IntentFilter filter1 = new IntentFilter();
        filter1.setPriority(1000);
        filter1.addAction("Intercept_Stitch");
        registerReceiver(one,filter1);
        //动态注册MyBroadcastReceiverThree广播
        three = new MyBroadcastReceiverThree();
        IntentFilter filter3 = new IntentFilter();
        filter3.setPriority(600);
        filter3.addAction("Intercept_Stitch");
        registerReceiver(three,filter3);
    }
```

此时再运行程序，运行结果如图8-11所示。

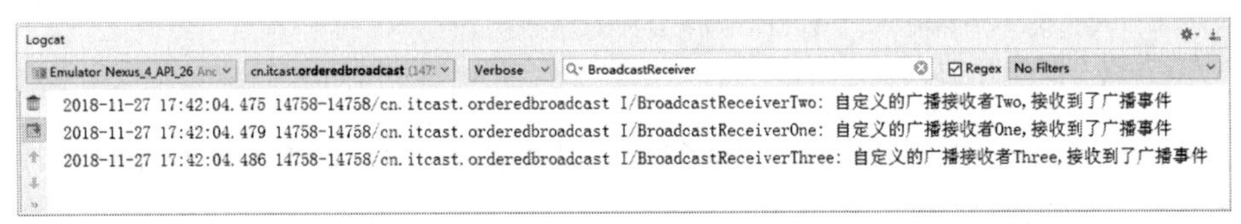

图8-11 LogCat窗口

由图8-11可知，MyBroadcastReceiverTwo最先接收到广播信息，其次是MyBroadcastReceiverOne，这说明当两个广播接收者优先级相同时，先注册的广播接收者会先接收到广播信息。

如果想要拦截一个有序广播，则必须在优先级较高的广播接收者中拦截接收到的广播，接下来通过在优先级较高的MyBroadcastReceiverTwo中添加一个abortBroadcast()方法拦截广播，修改后的MyBroadcastReceiverTwo中的具体代码如【文件8-11】所示。

【文件8-11】 MyBroadcastReceiverTwo.java

```
1  package cn.itcast.orderedbroadcast;
2  ......//省略导入包
3  public class MyBroadcastReceiverTwo extends BroadcastReceiver{
4      @Override
5      public void onReceive(Context context, Intent intent) {
6        Log.i("BroadcastReceiverTwo", "自定义的广播接收者Two，接收到了广播事件");
7          abortBroadcast(); //拦截有序广播
8          Log.i("BroadcastReceiverTwo","我是广播接收者Two，广播被我拦截了");
9      }
10 }
```

上述代码中，第7行代码通过调用abortBroadcast()方法成功拦截了广播，当程序执行完此代码后，广播事件将会被终止，不会继续向下传递。运行上述程序，观察到LogCat窗口中打印的信息如图8-12所示。

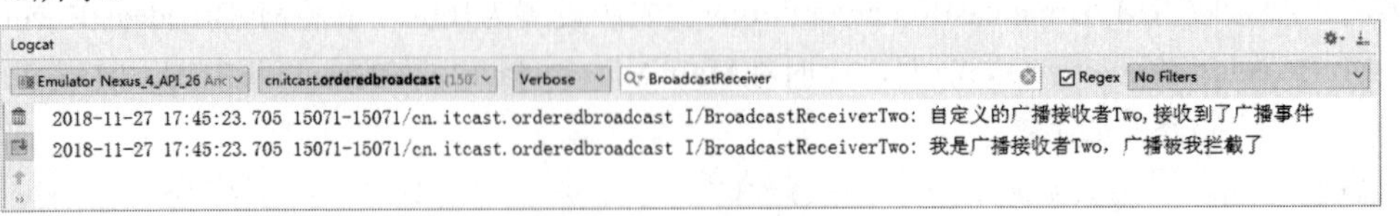

图8-12 LogCat窗口

由图8-12可知，只有MyBroadcastReceiverTwo接收到广播信息，其他广播接收者都没有接收到信息，因此说明此广播被MyBroadcastReceiverTwo拦截了。

多学一招：指定广播

在实际开发中，可能会遇到以下情况：当发送一条有序广播时，有多个广播接收者接收这条广播，但需要保证一个广播接收者必须接收到此广播，无论此广播接收者的优先级高或低。要满足这种需求，可以在Activity中使用sendOrderedBroadcast()方法发送有序广播，并设置该方法中传递的第3个参数为指定的广播接收者对象即可。

接下来修改【文件8-10】中的MainActivity，在MainActivity中的“发送有序广播”按钮的点击事件中，指定接收广播的广播接收者为MyBroadcastReceiverThree，示例代码如下：

```
1  Intent intent = new Intent();
2  intent.setAction("Intercept_Stitch"); // 定义广播的事件类型
3  MyBroadcastReceiverThree receiver = new MyBroadcastReceiverThree();
4  sendOrderedBroadcast(intent,null,receiver, null, 0, null, null); // 发送有序广播
```

上述代码中，第3行代码创建了指定广播接收者的对象，接着在第4行代码中通过sendOrderedBroadcast()方法来发送一条广播信息，该方法中传递的参数比较多，其中只需知道第1个参数和第3个参数的含义即可，第1个参数表示意图对象，第3个参数表示指定接收广播的广播接收者。

运行上述程序，点击界面上的“发送有序广播”按钮，在LogCat窗口中可以看到图8-13所示的结果。

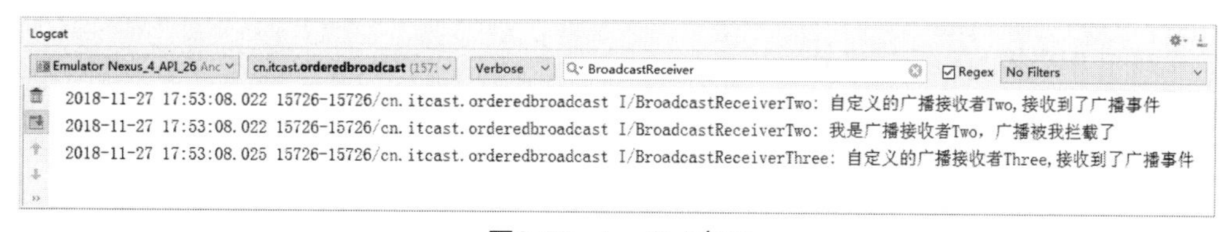

图8-13 LogCat窗口

由图8-13可知，虽然广播被广播接收者MyBroadcastReceiverTwo拦截了，但是指定的广播接收者MyBroadcastReceiverThree还是可以接收到广播信息的。

本章小结

本章详细地讲解了广播机制的相关知识，首先介绍了广播机制的概述，接着讲解了什么是广播接收者、广播接收者的创建、自定义广播以及广播的类型。通过本章的学习，要求初学者能够熟练掌握广播机制的使用，便于以后在实际开发中进行应用。

本章习题

一、填空题

1. __________用来监听来自系统或者应用程序的广播。

2. 广播接收者的注册方式有两种，分别是__________和__________。

二、判断题

1. Broadcast表示广播，它是一种运用在应用程序之间传递消息的机制。 ( )

2. 在清单文件注册广播接收者时，可在<intent-filter>标签中使用priority属性设置优先级别，属性值越大优先级越高。（　　）

3. 有序广播的广播效率比无序广播更高。（　　）

4. 动态注册的广播接收者的生命周期依赖于注册广播的组件。（　　）

5. Android中广播接收者必须在清单文件里面注册。（　　）

三、选择题

1. 关于广播类型的说法，错误的是（　　）。（多选）

A. Android中的广播类型分有序广播和无序广播

B. 无序广播是按照一定的优先级进行接收

C. 无序广播可以被拦截，可以被修改数据

D. 有序广播按照一定的优先级进行发送

2. 广播作为Android组件间的通信方式，使用的场景有（　　）。（多选）

A. 在同一个APP内部的同一组件内进行消息通信

B. 不同APP的组件之间进行消息通信

C. 在同一个APP内部的不同组件之间进行消息通信（单个进程）

D. 在同一个APP具有多个进程的不同组件之间进行消息通信

四、简答题。

1. 简述广播机制的实现过程。

2. 简述有序广播和无序广播的区别。

五、编程题

编写一个程序，实现无序广播的发送和接收。

第9章 服　　务

学习目标：

◎掌握服务的生命周期，以及启动服务的两种方式。

◎学会使用服务与Activity通信，并且能够完成音乐播放器案例。

通常在程序中下载一些大文件时，程序退出后，下载任务会中断。如果当程序退出后，还需要继续下载文件，则可以使用Android系统提供的组件Service（服务）来处理，Service是一个长期运行在后台的用户组件，没有用户界面。它除了可以在后台下载文件之外，还可以在后台执行很多任务，比如处理网络事务、播放音乐或者与一个内容提供者交互，本章将针对服务进行详细讲解。

9.1 服务概述

Service（服务）是Android四大组件之一，能够在后台长时间执行操作并且不提供用户界面的应用程序组件。Service可以与其他组件进行交互，一般是由Activity启动，但是并不依赖于Activity。当Activity的生命周期结束时，Service仍然会继续运行，直到自己的生命周期结束为止。

Service通常被称为"后台服务"，其中"后台"一词是相对于前台而言的，具体是指其本身的运行并不依赖于用户可视的UI界面，除此之外，Service还具有较长的时间运行特性。它的应用场景主要有两个，分别是后台运行和跨进程访问，具体介绍如下：

1. 后台运行

Service可以在后台长时间进行操作而不用提供界面信息，只有当系统必须要回收内存资源时，才会被销毁，否则Service会一直在后台运行。

2. 跨进程访问

当Service被其他应用组件启动时，即使用户切换到其他应用，服务仍将在后台继续运行。

Service可以在符合上述两种场景的很多应用中使用，比如播放多媒体时，用户启动了其他Activity，此时程序在后台继续播放，或者程序需要在后台记录地理位置信息的改变等。总之，Service总是在后台运行，其运行并不是在子线程中，而是在主线程中进行的，只是它没有显示界面而已，它要处理的耗时操作同样需要开启子线程进行处理，否则会出现ANR（程序没有响应）异常。

9.2 服务的创建

如果想要使操作一直在后台运行，则需要在程序中创建一个服务来实现。服务的创建方式与广播接收者类似，首先在Android Studio中创建一个名为Service的应用程序，该程序的包名指定为cn.itcast.service，接着选中程序包名，右击选择【New】→【Service】→【Service】选项，在弹出的窗口中输入服务名称，创建好的服务如【文件9-1】所示。

【文件9-1】MyService.java

```
1  package cn.itcast.service;
2  import android.app.Service;
3  import android.content.Intent;
4  import android.os.IBinder;
5  public class MyService extends Service {
6      public MyService() {
7      }
8      @Override
9      public IBinder onBind(Intent intent) {
10         // TODO: Return the communication channel to the service.
11         throw new UnsupportedOperationException("Not yet implemented");
12     }
13 }
```

上述代码中，创建的MyService继承自Service，默认创建了一个构造函数MyService()，重写了onBind()方法。onBind()方法是Service子类必须实现的方法，该方法返回一个IBinder对象，应用程序可通过该对象与Service组件通信。由于onBind()方法在此处暂未实现，程序会默认抛出一个未支持操作异常UnsupportedOperationException，在后续程序中实现onBind()方法时，删除该方法中默认抛出的UnsupportedOperationException异常即可。

服务创建完成后，Android Studio工具会自动在AndroidManifest.xml文件中注册服务，具体代码如【文件9-2】所示。

【文件9-2】AndroidManifest.xml

```
1  <?xml version="1.0" encoding="utf-8"?>
2  <manifest xmlns:android="http://schemas.android.com/apk/res/android"
3      package="cn.itcast.service" >
4      <application ...... >
5          .........
6          <service
7              android:name=".MyService"
8              android:enabled="true"
9              android:exported="true" >
10         </service>
11     </application>
12 </manifest>
```

上述代码中，<service/>标签中有三个属性，分别是name、enabled、exported，其中name属性表示服务的路径，enabled属性表示系统是否能够实例化该服务，exported属性表示该服务是否能够被其他应用程序中的组件调用或进行交互。

9.3 服务的生命周期

与Activity类似，服务也有生命周期，服务的生命周期与启动服务的方式有关。服务的启动方式有两种：一种是通过startService()方法启动，另一种是通过bindService()方法启动。使用不同的方式启动服务，其生命周期会不同。为了让初学者更好地理解服务的生命周期，接下来通过一个图例展示使用不同方式启动服务的生命周期，具体如图9-1所示。

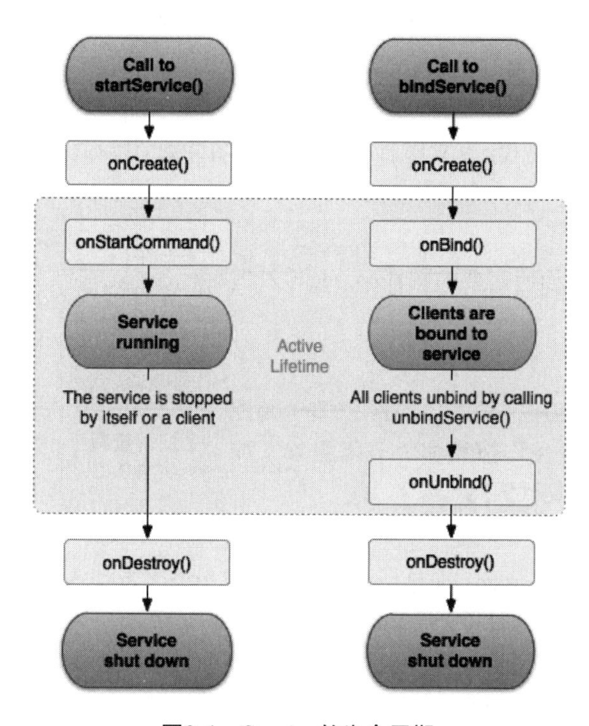

图9-1 Service的生命周期

由图9-1可知，当通过startService()方法启动服务时，执行的生命周期方法依次为onCreate()、onStartCommand()、onDestroy()。当通过bindService()方法启动服务时，执行的生命周期方法依次为onCreate()、onBind()、onUnbind()、onDestroy()。接下来针对生命周期中的这些方法进行介绍，具体如下：

- onCreate()：第一次创建服务时执行的方法。
- onStartCommand()：调用startService()方法启动服务时执行的方法。
- onBind()：调用bindService()方法启动服务时执行的方法。
- onUnbind()：调用unBindService()方法断开服务绑定时执行的方法。
- onDestory()：服务被销毁时执行的方法。

如果想要停止通过startService()方法启动的服务时，只需通过服务自身调用stopSelf()方法或者其他组件调用stopService()方法。如果想要停止通过bindService()方法启动服务时，需要调用unbindService()方法将服务进行解绑即可停止该服务。

9.4 服务的启动方式

9.4.1 调用startService()方法启动服务

在程序中通过startService()方法启动的服务，会长期在后台运行，并且启动服务的组件与服务之间没有关联，即使启动服务的组件被销毁，服务依旧会运行。接下来以图9-2为例来演示如何通过startService()方法与stopService()方法来启动、关闭服务，具体步骤如下：

图9-2 启动与关闭服务界面

1. 创建程序

创建一个名为StartService的应用程序，指定包名为cn.itcast.startservice。

2. 导入界面图片

将启动与关闭服务界面所需要的图片bg.png导入程序中的drawable文件夹中。

扫一扫

扫码查看文件9-3

3. 放置界面控件

在activity_main.xml布局文件中，放置2个Button控件分别用于显示“开启服务”按钮和“关闭服务”按钮，完整布局代码详见【文件9-3】。

4. 创建MyService服务

在程序中选中cn.itcast.startservice包，在该包中创建一个名为MyService的服务，并重写Service生命周期中的方法，具体代码如【文件9-4】所示。

【文件9-4】MyService.java

```
1  package cn.itcast.startservice;
2  ......//省略导入包
3  public class MyService extends Service {
4      @Override
5      public void onCreate() {
6          super.onCreate();
7          Log.i("MyService", "创建服务，执行onCreate()方法");
8      }
9      @Override
10     public int onStartCommand(Intent intent, int flags, int startId) {
11         Log.i("MyService", "开启服务，执行onStartCommand()方法");
12         return super.onStartCommand(intent, flags, startId);
13     }
14     @Override
15     public IBinder onBind(Intent intent) {
16         return null;
17     }
18     @Override
19     public void onDestroy() {
20         super.onDestroy();
21         Log.i("MyService", "关闭服务，执行onDestroy()方法");
22     }
23 }
```

上述代码重写了Service生命周期中的onCreate()方法、onStartCommand()方法、onDestroy()方

法，在这3个方法中分别通过Log打印程序执行相应方法时的提示信息。

5．编写界面交互代码

在MainActivity中创建一个init()方法，在该方法中获取界面控件并实现控件的点击事件，具体代码如【文件9-5】所示。

【文件9-5】 MainActivity.java

```
1  package cn.itcast.startservice;
2  ......//省略导入包
3  public class MainActivity extends AppCompatActivity {
4      @Override
5      protected void onCreate(Bundle savedInstanceState) {
6          super.onCreate(savedInstanceState);
7          setContentView(R.layout.activity_main);
8          init();
9      }
10     private void init(){
11         Button btn_start = (Button) findViewById(R.id.btn_start);
12         Button btn_stop = (Button) findViewById(R.id.btn_stop);
13         btn_start.setOnClickListener(new View.OnClickListener() {
14             @Override
15             public void onClick(View view) {
16                 //开启服务
17                Intent intent = new Intent(MainActivity.this,MyService.class);
18                startService(intent);
19             }
20         });
21         btn_stop.setOnClickListener(new View.OnClickListener() {
22             @Override
23             public void onClick(View view) {
24                 //关闭服务
25                Intent intent = new Intent(MainActivity.this, MyService.class);
26                 stopService(intent);
27             }
28         });
29     }
30 }
```

上述代码中，第11~12行代码通过findViewById()方法分别获取界面上“开启服务”按钮与“关闭服务”按钮对应的控件。

第13~20行代码实现了“开启服务”按钮的点击事件，在该点击事件中，通过调用startService()方法开启了MyService服务。

第21~28行代码实现了“关闭服务”按钮的点击事件，在该点击事件中，通过调用stopService()方法关闭了MyService服务。

6．运行程序

运行上述程序，点击界面上的“开启服务”按钮，此时在LogCat窗口中会打印出开启服务时，程序执行的生命周期的方法，LogCat窗口中的信息如图9-3所示。

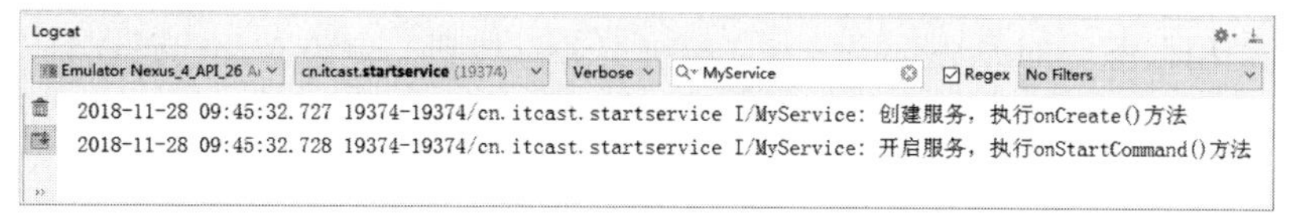

图9-3　LogCat窗口

由图9-3可知，服务创建时程序执行onCreate()方法，服务启动时程序执行onStartCommand()方法。

当点击界面上的“关闭服务”按钮时，此时在LogCat窗口会打印出关闭服务时，程序执行的生命周期的方法，LogCat窗口中的信息如图9-4所示。

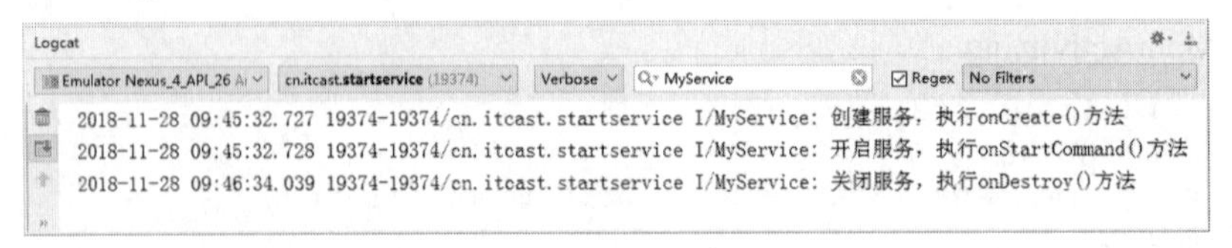

图9-4　LogCat窗口

由图9-4可知，当关闭服务时程序执行onDestroy()方法，服务被销毁。

9.4.2　调用bindService()方法启动服务

当一个组件通过bindService()方法启动服务时，服务会与组件绑定，程序允许组件与服务交互，组件一旦退出或者调用unbindService()方法解绑服务，服务就会被销毁。多个组件可以绑定一个服务。绑定服务的bindService()方法，其语法格式如下所示：

```
bindService(Intent service,ServiceConnection conn, int flags)
```

关于上述方法参数的相关介绍如下：

- service：用于指定要启动的Service。
- conn：用于监听调用者（服务绑定的组件）与Service之间的连接状态，当调用者与Service连接成功时，程序会回调该对象的onServiceConnected(ComponentName name, IBinder service)方法。当调用者与Service断开连接时，程序会回调该对象的onServiceDisconnected(ComponentName name)方法。
- flags：表示组件绑定服务时是否自动创建Service（如果Service还未创建）。该参数可设置为0，表示不自动创建Service，也可设置为“BIND_AUTO_CREATE”，表示自动创建Service。

接下来以图9-5为例演示如何使用bindService()方法与unbindService()方法绑定与解绑服务，同时演示如何调用服务中的方法，具体步骤如下：

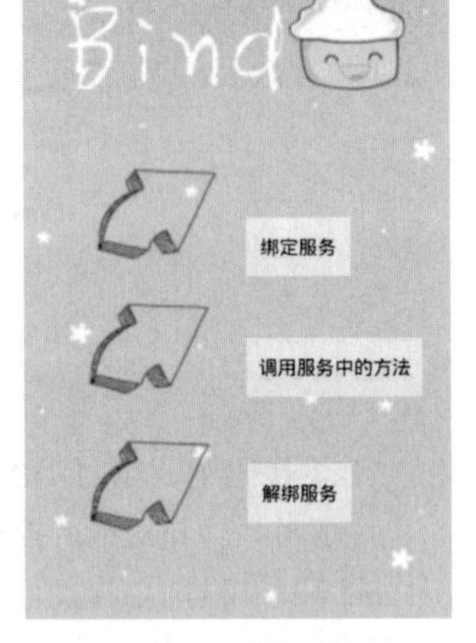

图9-5　绑定服务界面

1．创建程序

创建一个名为BindService的应用程序，指定包名为cn.itcast.bindservice。

2．导入界面图片

将绑定服务界面所需要的图片bg.png导入到程序中的drawable文件夹中。

3．放置界面控件

在activity_main.xml布局文件中，放置3个Button控件分别用于显示“绑定服务”按钮、“调用服务中的方法”按钮、“解绑服务”按钮。完整布局代码详见【文件9-6】。

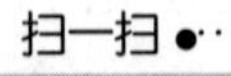
扫一扫

扫码查看
文件9-6

4．创建MyService服务

在程序中选中cn.itcast.bindservice包，在该包中创建一个名为MyService的服务，并重写绑定服

务生命周期中的方法，同时在MyService中定义一个methodInService ()方法，用于后续在Activity中演示如何调用服务中的方法，具体代码如【文件9-7】所示。

【文件9-7】 MyService.java

```
1  package cn.itcast.bindservice;
2  ......//省略导入包
3  public class MyService extends Service {
4      //创建服务的代理，调用服务中的方法
5      class MyBinder extends Binder {
6          public void callMethodInService() {
7              methodInService();
8          }
9      }
10     public void methodInService() {
11         Log.i("MyService", "执行服务中的methodInService()方法");
12     }
13     @Override
14     public void onCreate() {
15         Log.i("MyService", "创建服务，执行onCreate()方法");
16         super.onCreate();
17     }
18     @Override
19     public IBinder onBind(Intent intent) {
20         Log.i("MyService", "绑定服务，执行onBind()方法");
21         return new MyBinder();
22     }
23     @Override
24     public boolean onUnbind(Intent intent) {
25         Log.i("MyService", "解绑服务，执行onUnbind()方法");
26         return super.onUnbind(intent);
27     }
28 }
```

上述代码中，第5~9行代码创建了一个MyBinder类继承Binder类，在该类中创建了一个callMethodInService()方法，在该方法中调用了后续程序中创建的methodInService()方法。

第10~12行代码创建了一个methodInService()方法，在该方法中通过Log打印了执行该方法时的提示信息。

第13~27行分别重写了MyService服务生命周期的方法onCreate()、onBind()以及onUnbind()。其中，在onCreate()方法与onUnbind()方法中分别通过Log打印了执行对应方法时的提示信息，在onBind()方法中不仅打印了执行该方法时的提示信息，还设置了该方法的返回值为MyBinder的对象。

5. 编写界面交互代码

由于本案例需要实现界面上3个按钮的点击事件，因此需要将MainActivity实现OnClickListener接口，并重写onClick()方法。同时，在MainActivity中需要创建一个名为MyConn的类，在该类中实现服务的连接，具体代码如【文件9-8】所示。

【文件9-8】 MainActivity.java

```
1  package cn.itcast.bindservice;
2  ......//省略导入包
3  public class MainActivity extends AppCompatActivity implements View.OnClickListener
4  {
5      private MyService.MyBinder myBinder;
```

```
6       private MyConn myconn;
7       private Button btn_bind, btn_call, btn_unbind;
8       protected void onCreate(Bundle savedInstanceState) {
9           super.onCreate(savedInstanceState);
10          setContentView(R.layout.activity_main);
11          init();
12      }
13      private void init() {
14          btn_bind = (Button) findViewById(R.id.btn_bind);
15          btn_call = (Button) findViewById(R.id.btn_call);
16          btn_unbind = (Button) findViewById(R.id.btn_unbind);
17          //设置3个按钮的点击监听事件
18          btn_bind.setOnClickListener(this);
19          btn_call.setOnClickListener(this);
20          btn_unbind.setOnClickListener(this);
21      }
22      @Override
23      public void onClick(View v) {
24          switch(v.getId()) {
25              case R.id.btn_bind:      //"绑定服务"按钮点击事件
26                  if(myconn == null) {
27                     myconn = new MyConn(); //创建连接服务的对象
28                  }
29                 Intent intent = new Intent(MainActivity.this, MyService.class);
30                 bindService(intent, myconn, BIND_AUTO_CREATE); //绑定服务
31                 break;
32              case R.id.btn_call:     //"调用服务中的方法"按钮点击事件
33                  if(myBinder==null) return;
34                  myBinder.callMethodInService(); //调用服务中的方法
35                  break;
36              case R.id.btn_unbind: //"解绑服务"按钮点击事件
37                  if(myconn != null) {
38                     unbindService(myconn); //解绑服务
39                     myconn = null;
40                     myBinder = null;
41                  }
42                  break;
43          }
44      }
45      /**
46       * 创建MyConn类，用于实现连接服务
47       */
48      private class MyConn implements ServiceConnection {
49          /**
50           * 当成功绑定服务时调用的方法，该方法获取MyService中的Ibinder对象
51           */
52          @Override
53          public void onServiceConnected(ComponentName componentName,
54                                         IBinder iBinder){
55              myBinder = (MyService.MyBinder) iBinder;
56              Log.i("MainActivity", "服务成功绑定，内存地址为:" + myBinder.toString());
57          }
58          /**
59           * 当服务失去连接时调用的方法
60           */
```

```
61          @Override
62          public void onServiceDisconnected(ComponentName componentName) {
63          }
64      }
65 }
```

上述代码中，第13~21行代码创建了一个init()方法，用于获取界面控件并设置控件的点击监听事件。

第22~42行代码实现了OnClickListener接口中的onClick()方法，在该方法中分别实现了“绑定服务”按钮、“调用服务中的方法”按钮以及“解绑服务”按钮的点击事件。

第25~31行代码实现了“绑定服务”按钮的点击事件。在这段代码中，首先判断服务的连接对象myconn是否为null，如果为null，则通过new关键字实例化连接对象。接着通过bindService()方法绑定服务。

第32~35行代码实现了“调用服务中的方法”按钮的点击事件。在这段代码中通过调用MyService.MyBinder 对象中的callMethodInService()方法，演示如何调用服务器中的方法。

第36~42行代码实现了“解绑服务”按钮的点击事件。在这段代码中首先判断服务的连接对象myconn是否为null，如果不为null，则通过unbindService()方法解绑服务，并设置连接对象myconn为null，否则，不做任何操作。

第48~64行代码创建一个MyConn类实现ServiceConnection接口，并重写该接口中的onServiceConnected()方法与onServiceDisconnected()方法，该类用于实现服务的连接。当成功绑定服务时，程序会调用onServiceConnected()方法，在该方法中获取传递过来的IBinder对象并通过Log打印IBinder对象的信息。当服务失去连接时，程序会调用onServiceConnected()方法，在该方法中可以不做任何操作。

6．运行程序

运行上述程序，点击界面上的“绑定服务”按钮，此时在LogCat窗口中会打印出绑定服务的Log信息，如图9-6所示。

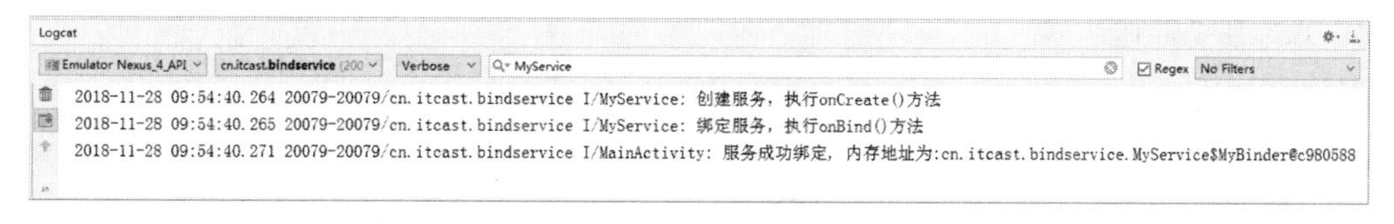

图9-6 LogCat窗口

由图9-6可知，当点击“绑定服务”按钮后，首先创建服务时会执行onCreate()方法，接着通过bindService()方法绑定服务时会执行onBind()方法，服务绑定成功后，会执行连接服务的类MyConn中的onServiceConnected()方法。

点击界面上的“调用服务中的方法”按钮，此时在LogCat窗口中会打印出调用服务中的方法的Log信息，如图9-7所示。

```
Logcat
Emulator Nexus_4_API   cn.itcast.bindservice   Verbose   MyService   Regex   No Filters
2018-11-28 09:54:40.264 20079-20079/cn.itcast.bindservice I/MyService: 创建服务，执行onCreate()方法
2018-11-28 09:54:40.265 20079-20079/cn.itcast.bindservice I/MyService: 绑定服务，执行onBind()方法
2018-11-28 09:54:40.271 20079-20079/cn.itcast.bindservice I/MainActivity: 服务成功绑定，内存地址为:cn.itcast.bindservice.MyService$MyBinder@c980588
2018-11-28 09:56:55.621 20079-20079/cn.itcast.bindservice I/MyService: 执行服务中的methodInService()方法
```

图9-7 LogCat窗口

由图9-7可知，当组件与服务绑定成功之后，组件可以直接调用服务中的方法进行交互。

点击界面上的“解绑服务”按钮，此时在LogCat窗口中会打印出解绑服务的Log信息，如图9-8所示。

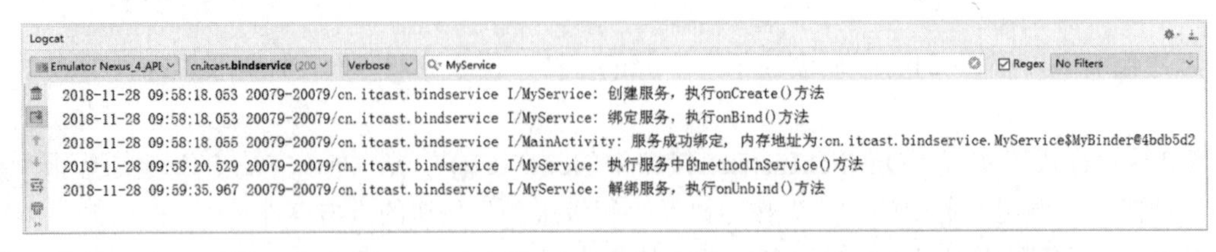

图9-8　LogCat窗口

由图9-8可知，当组件调用unbindService()方法解绑服务时，程序会执行onUnbind()方法。

需要注意的是，当组件与服务绑定之后，服务的生命周期与组件同步，当组件销毁后服务也会随之解绑销毁。也就是说当服务处于绑定状态后，直接关闭组件，系统会自动调用onUnbind()方法解绑服务。

9.5　服务的通信

在上一节中讲解了服务的两种启动方式，可以发现通过绑定方式开启服务后，服务与绑定服务的组件是可以通信的，通过组件可以控制服务并进行一些操作。本节将针对服务的通信进行详细讲解。

9.5.1　本地服务通信和远程服务通信

在Android系统中，服务的通信方式有两种：一种是本地服务通信，一种是远程服务通信。本地服务通信是指应用程序内部的通信，远程服务通信是指两个应用程序之间的通信。使用这两种方式进行通信时必须保证服务是以绑定方式开启，否则无法进行通信和数据交换，接下来针对这两种方式进行详细讲解。

1. 本地服务通信

在使用服务进行本地通信时，首先需要创建一个Service类，该类会提供一个onBind()方法，onBind()方法的返回值是一个IBinder对象，IBinder对象会作为参数传递给ServiceConnection类中的onServiceConnected(ComponentName name,IBinder service)方法，这样访问者（绑定服务的组件）就可以通过IBinder对象与Service进行通信。

接下来通过一个图例来演示如何使用Ibinder对象进行本地服务通信，工作流程如图9-9所示。

由图9-9可知，服务在进行通信时使用的是IBinder对象，在ServiceConnection类中得到IBinder对象，通过该对象可以获取服务中自定义的方法，执行具体的操作。绑定方式开启服务的案例实际上就用到了本地服务通信。

Service类
IBinder onBind(Intent intent)方法

图9-9　本地服务通信

2. 远程服务通信

在Android系统中，各个应用程序都运行在自己的进程中，如果想要完成不同进程之间的通信，就需要使用远程服务通信。远程服务通信是通过AIDL(Android Interface Definition Language)实现的，它是一种接口定义语言（Interface Definition Language），其语法格式非常简单，与Java中定义接口很相似，但是存在几点差异，具体如下：

- AIDL定义接口的源代码必须以.aidl结尾。
- AIDL接口中用到的数据类型，除了基本数据类型String、List、Map、CharSequence之外，其他类型全部都需要导入包，即使它们在同一个包中。

图9-10　音乐播放器界面

9.5.2　实战演练——音乐播放器

在实际开发中经常会涉及服务，为了让大家更好地理解服务通信在实际开发中的应用，接下来通过一个音乐播放器的案例来演示如何使用服务进行本地通信，案例的界面效果如图9-10所示。

实现音乐播放器功能的具体步骤如下：

1. 创建程序

创建一个名为MusicPlayer的应用程序，指定包名为cn.itcast.musicplayer。

2. 导入音乐文件

由于音频文件一般存放在res/raw文件夹[raw文件夹中的文件会被映射到R.java文件中，访问该文件时可直接使用资源ID，即R.id.music（文件名）]中，因此需要在res文件夹中创建一个raw文件夹。首先将Android Studio中的选项卡切换到Project，接着选中程序中的res文件夹，右击选择【New】→【Directory】选项，创建一个名为raw的文件夹，接着将音乐文件music.mp3导入到raw文件夹中。

3. 导入界面图片

将音乐播放器界面所需要的图片music.png、music_bg.png导入到程序中的drawable文件夹中。

4. 放置界面控件

扫一扫

扫码查看文件9–9

在activity_main.xml布局文件中，放置1个ImageView控件用于显示界面上的旋转图片，1个SeekBar用于显示音乐播放的进度条，2个TextView分别用于显示音乐播放的进度时间与音乐的总时间，4个Button控件分别用于显示“播放音乐”按钮、“暂停播放”按钮、“继续播放”按钮、“退出”按钮，完整布局代码详见【文件9-9】。

5. 创建背景选择器btn_bg_selector.xml

由于音乐播放界面上的“播放音乐”按钮、“暂停播放”按钮、“继续播放”按钮以及“退出”按钮背景的四个角是圆角，并且背景在按下与弹起时，背景颜色会有明显的区别，这种效果可以通过背景选择器进行实现。选中drawable文件夹，右击选择【New】→【Drawable resource file】选项，创建一个背景选择器btn_bg_selector.xml，根据按钮按下和弹起的状态来变换它的背景颜色，呈现一个动态效果。当背景被按下时显示灰色（#d4d4d4），当背景弹起时显示白色（#ffffff），具体代码如【文件9-10】所示。

【文件9-10】btn_bg_selector.xml

```
1  <?xml version="1.0" encoding="utf-8"?>
2  <selector xmlns:android="http://schemas.android.com/apk/res/android">
3      <item android:state_pressed="true" >
4          <shape android:shape="rectangle">
5              <corners android:radius="3dp"/>
```

```
6              <solid android:color="#d4d4d4"/>
7          </shape>
8      </item>
9      <item android:state_pressed="false" >
10         <shape android:shape="rectangle">
11             <corners android:radius="3dp"/>
12             <solid android:color="#ffffff" />
13         </shape>
14     </item>
15 </selector>
```

上述代码中，state_pressed表示按钮的点击状态，当state_pressed的值为true时，表示按钮被按下，为false时，表示按钮弹起。shape用于定义形状，rectangle表示矩形，corners表示定义矩形的四个角为圆角，radius用于设置圆角半径，solid用于指定矩形内部的填充颜色。

6. 创建MusicService服务

由于音乐的加载、播放、暂停以及播放进度条的更新是一些比较耗时的操作，因此需要创建一个MusicService服务来处理这些操作。首先选中cn.itcast.musicplayer包，右击选择【New】→【Service】→【Service】选项，创建名为MusicService的服务，在该服务中创建了一个addTimer()方法用于每隔500毫秒更新音乐播放的进度条，同时也需要创建一个MusicControl类，在该类中分别使用play()方法、pausePlay()方法、continuePlay()方法、seekTo()方法实现播放音乐、暂停播放、继续播放以及设置音乐播放进度条的功能，具体代码如【文件9-11】所示。

【文件9-11】 MusicService.java

```
1  package cn.itcast.musicplayer;
2  ...... //省略导入包
3  public class MusicService extends Service {
4      private MediaPlayer player;
5      private Timer timer;
6      public MusicService() {}
7      @Override
8      public IBinder onBind(Intent intent) {
9          return new MusicControl();
10     }
11     @Override
12     public void onCreate() {
13         super.onCreate();
14         player = new MediaPlayer();//创建音乐播放器对象
15     }
16     public void addTimer() {         //添加计时器用于设置音乐播放器中的播放进度条
17         if(timer == null) {
18             timer = new Timer();                                   //创建计时器对象
19             TimerTask task = new TimerTask() {
20                 @Override
21                 public void run() {
22                     if(player == null) return;
23                     int duration = player.getDuration();//获取歌曲总时长
24                     //获取播放进度
25                     int currentPosition = player.getCurrentPosition();
26                     //创建消息对象
27                     Message msg = MainActivity.handler.obtainMessage();
```

```
28                  //将音乐的总时长和播放进度封装至消息对象中
29                  Bundle bundle = new Bundle();
30                  bundle.putInt("duration", duration);
31                  bundle.putInt("currentPosition", currentPosition);
32                  msg.setData(bundle);
33                  //将消息发送到主线程的消息队列
34                  MainActivity.handler.sendMessage(msg);
35              }
36          };
37          //开始计时任务后的5毫秒，第一次执行task任务，以后每500毫秒执行一次
38            timer.schedule(task, 5, 500);
39        }
40    }
41    class MusicControl extends Binder {
42        public void play() {
43            try {
44                player.reset();  //重置音乐播放器
45                //加载多媒体文件
46                player = MediaPlayer.create(getApplicationContext(), R.raw.music);
47                player.start();  //播放音乐
48                addTimer();      //添加计时器
49            } catch(Exception e) {
50                e.printStackTrace();
51            }
52        }
53        public void pausePlay() {
54            player.pause();              //暂停播放音乐
55        }
56        public void continuePlay() {
57            player.start();              //继续播放音乐
58        }
59        public void seekTo(int progress) {
60            player.seekTo(progress);     //设置音乐的播放位置
61        }
62    }
63    @Override
64    public void onDestroy() {
65        super.onDestroy();
66        if(player == null) return;
67        if(player.isPlaying()) player.stop();  //停止播放音乐
68        player.release();                      //释放占用的资源
69        player = null;                         //将player置为空
70    }
71 }
```

上述代码中，第7~10行重写了onBinder()方法，在该方法中将MusicControl对象返回给MainActivity（绑定了当前服务的组件），从而完成MainActivity和Service之间的通信，实现对音乐播放器的操作。

第16~40行创建了一个addTimer()方法，用于每隔500毫秒更新一次音乐播放的进度条。在该方法中首先创建了一个计时器Timer的对象，接着在第19~36行创建了一个TimerTask任务，TimerTask类表示一个在指定时间内执行的task。在该任务中重写了run()方法创建了一个线程，在run()方法中通过getDuration()方法与getCurrentPosition()方法分别获取歌曲的总时长与歌曲当前的播放进度。

第25~34行将音乐的总时长和播放进度封装至Message对象中，并通过Handler的sendMessage()方法将封装的Message对象发送到主线程的消息队列中。由于在主线程中进行耗时操作会使程序比较卡顿，在子线程中无法进行UI更新操作，因此Android系统提供了一个Handler类来处理主线程与子线程之间进行消息通信的操作。Handler类的具体信息详见第10章10.5小节内容。

第38行通过Timer对象的schedule()方法来执行TimerTask任务，该方法中的第1个参数表示要执行的任务，第2个参数表示开始执行计时任务的5毫秒后第一次执行task任务，第3个参数表示每隔500毫秒执行一次任务。

第41~62行创建了一个继承Binder的MusicControl类，在该类中实现了音乐的播放、暂停、继续播放功能，同时还设置了播放进度条的位置。其中，第42~52行创建了一个play()方法，在该方法中分别通过MediaPlayer的reset()方法重置音乐播放器，create()方法加载音乐文件，start()方法播放音乐，最后调用addTimer()方法添加计时器。第54、57、60行代码分别调用MediaPlayer的pause()方法、start()方法、seekTo()方法，实现暂停播放音乐、播放音乐、设置音乐播放进度的功能。

第63~70行重写了onDestroy()方法，当服务销毁时，会调用该方法。其中，第67行代码通过isPlaying()方法判断音乐是否正在播放，如果正在播放，则调用stop()方法停止音乐。接着在第68行通过release()方法释放MediaPlayer对象相关的资源。

上述代码中使用了MediaPlayer类，该类用于播放音频或视频文件，在第14章会对此类进行详细介绍。在此处只需知道MediaPlayer类相关方法的作用即可。

7. 编写界面交互代码

MainActivity实现了音乐文件的播放、暂停播放、继续播放、播放进度的设置以及退出音乐播放界面的功能。由于音乐播放器界面的4个按钮需要实现点击事件，因此需要将MainActivity实现OnClickListener接口并重写onClick()方法，具体代码如【文件9-12】所示。

【文件9-12】 MainActivity.java

```
1  package cn.itcast.musicplayer;
2  ……//省略导入包
3  public class MainActivity extends AppCompatActivity implements View.OnClickListener
4  {
5      private static SeekBar sb;
6      private static TextView tv_progress, tv_total;
7      private ObjectAnimator animator;
8      private MusicService.MusicControl musicControl;
9      MyServiceConn conn;
10     Intent intent;
11     private boolean isUnbind = false;//记录服务是否被解绑
12     @Override
13     protected void onCreate(Bundle savedInstanceState) {
14         super.onCreate(savedInstanceState);
15         setContentView(R.layout.activity_main);
16         init();
17     }
18     private void init() {
19         tv_progress = (TextView) findViewById(R.id.tv_progress);
20         tv_total = (TextView) findViewById(R.id.tv_total);
21         sb = (SeekBar) findViewById(R.id.sb);
22         findViewById(R.id.btn_play).setOnClickListener(this);
23         findViewById(R.id.btn_pause).setOnClickListener(this);
```

```
24          findViewById(R.id.btn_continue_play).setOnClickListener(this);
25          findViewById(R.id.btn_exit).setOnClickListener(this);
26          intent = new Intent(this, MusicService.class);  //创建意图对象
27          conn = new MyServiceConn();                      //创建服务连接对象
28          bindService(intent, conn, BIND_AUTO_CREATE);     //绑定服务
29          //为滑动条添加事件监听
30          sb.setOnSeekBarChangeListener(new SeekBar.OnSeekBarChangeListener() {
31              @Override
32              public void onProgressChanged(SeekBar seekBar, int progress,
33                  booleanfromUser) {          //滑动条进度改变时，会调用此方法
34                  if(progress == seekBar.getMax()) { //当滑动条滑到末端时，结束动画
35                      animator.pause();           //停止播放动画
36                  }
37              }
38              //滑动条开始滑动时调用
39              @Override
40              public void onStartTrackingTouch(SeekBar seekBar) {
41              }
42              //滑动条停止滑动时调用
43              @Override
44              public void onStopTrackingTouch(SeekBar seekBar) {
45                  //根据拖动的进度改变音乐播放进度
46                  int progress = seekBar.getProgress(); //获取seekBar的进度
47                  musicControl.seekTo(progress);   //改变播放进度
48              }
49          });
50          ImageView iv_music = (ImageView) findViewById(R.id.iv_music);
51          animator = ObjectAnimator.ofFloat(iv_music, "rotation", 0f, 360.0f);
52          animator.setDuration(10000);                 //动画旋转一周的时间为10秒
53          animator.setInterpolator(new LinearInterpolator());
54          animator.setRepeatCount(-1);                 //-1表示设置动画无限循环
55      }
56      public static Handler handler = new Handler() {//创建消息处理器对象
57          //在主线程中处理从子线程发送过来的消息
58          @Override
59          public void handleMessage(Message msg) {
60              Bundle bundle = msg.getData(); //获取从子线程发送过来的音乐播放进度
61              int duration = bundle.getInt("duration");       //歌曲的总时长
62              //歌曲当前进度
63              int currentPostition = bundle.getInt("current Position");
64              sb.setMax(duration);               //设置SeekBar的最大值为歌曲总时长
65              sb.setProgress(currentPostition);//设置SeekBar当前的进度位置
66              //歌曲的总时长
67              int minute = duration / 1000 / 60;
68              int second = duration / 1000 % 60;
69              String strMinute = null;
70              String strSecond = null;
71              if(minute < 10) {                  //如果歌曲的时间中的分钟小于10
72                  strMinute = "0" + minute; //在分钟的前面加一个0
73              } else {
74                  strMinute = minute + "";
75              }
76              if(second < 10) {                  //如果歌曲的时间中的秒钟小于10
77                  strSecond = "0" + second; //在秒钟前面加一个0
78              } else {
79                  strSecond = second + "";
80              }
81              tv_total.setText(strMinute + ":" + strSecond);
```

```
82              //歌曲当前播放时长
83              minute = currentPostition / 1000 / 60;
84              second = currentPostition / 1000 % 60;
85              if(minute < 10) {            //如果歌曲的时间中的分钟小于10
86                  strMinute = "0" + minute;//在分钟的前面加一个0
87              } else {
88                  strMinute = minute + "";
89              }
90              if(second < 10) {                //如果歌曲的时间中的秒钟小于10
91                  strSecond = "0" + second; //在秒钟前面加一个0
92              } else {
93                  strSecond = second + "";
94              }
95              tv_progress.setText(strMinute + ":" + strSecond);
96          }
97      };
98      class MyServiceConn implements ServiceConnection {       //用于实现连接服务
99          @Override
100         public void onServiceConnected(ComponentName name, IBinderservice) {
101             musicControl = (MusicService.MusicControl) service;
102         }
103         @Override
104         public void onServiceDisconnected(ComponentName name) {
105         }
106     }
107     private void unbind(boolean isUnbind){
108         if(!isUnbind){                                //判断服务是否被解绑
109             musicControl.pausePlay();                 //暂停播放音乐
110             unbindService(conn);                      //解绑服务
111             stopService(intent);                      //停止服务
112         }
113     }
114     @Override
115     public void onClick(View v) {
116         switch(v.getId()) {
117             case R.id.btn_play:                        //播放音乐按钮点击事件
118                 musicControl.play();                   //播放音乐
119                 animator.start();                      //播放动画
120                 break;
121             case R.id.btn_pause:                       //暂停播放按钮点击事件
122                 musicControl.pausePlay();              //暂停播放音乐
123                 animator.pause();                      //暂停播放动画
124                 break;
125             case R.id.btn_continue_play:   //继续播放按钮点击事件
126                 musicControl.continuePlay();           //继续播放音乐
127                 animator.start();                      //播放动画
128                 break;
129             case R.id.btn_exit:                        //退出按钮点击事件
130                 unbind(isUnbind);                      //解绑服务绑定
131                 isUnbind = true;                       //完成解绑服务
132                 finish();                              //关闭音乐播放界面
133                 break;
134         }
135     }
136     @Override
```

```
137     protected void onDestroy() {
138         super.onDestroy();
139         unbind(isUnbind); //解绑服务
140     }
141 }
```

上述代码中，第18~55行代码定义了一个init()方法，该方法用于初始化界面控件。其中，第22~25行代码通过setOnClickListener()方法分别设置“播放音乐”按钮、“暂停播放”按钮、“继续播放”按钮、“退出”按钮的点击事件的监听器。第28行代码通过bindService()方法绑定服务MusicService。

第30~49行代码通过setOnSeekBarChangeListener()方法为SeekBar添加监听事件，在setOnSeekBarChangeListener()方法中实现了OnSeekBarChangeListener接口中的onProgressChanged()方法、onStartTrackingTouch()方法以及onStopTrackingTouch()方法，这三个方法分别在滑动条的进度改变时、滑动条开始滑动时以及滑动条停止滑动时调用。其中，第34~36行代码通过getMax()方法获取SeekBar的最大值来判断当前滑动条是否已经滑动到末端，如果滑动到末端，则调用ObjectAnimator 的pause()方法停止图片的动画效果。第46~47行代码通过getProgress()方法获取SeekBar的当前进度，接着根据该进度设置音乐的播放进度。

第50~54行代码获取了一个ImageView控件，并设置该控件的动画效果为顺时针360度旋转。其中第51行代码通过ofFloat()方法设置动画效果，该方法中的第1个参数iv_music表示图片控件，第2个参数rotation表示设置该动画为旋转动画，第3个参数0f表示动画的起始旋转弧度，第4个参数360.0f表示动画的结束旋转弧度。第52行代码通过setDuration(10000)方法设置动画旋转一周的时间为10秒。第54行代码通过setRepeatCount(-1)方法设置动画的循环次数，该方法中传递的-1表示动画可无限循环。

第56~97行代码创建了一个消息处理器对象handler，在该对象的handleMessage()方法中获取从服务MusicService的子线程中发送的消息，并更新了音乐播放器界面的进度条、播放时间与音乐总时长。其中第67~81行代码设置了音乐的总时长，第83~95行代码设置了当前音乐播放的时间。

第98~106行代码创建了一个MyServiceConn类并实现了ServiceConnection接口，该类用于实现连接服务MusicService。在onServiceConnected()方法中，获取服务中的类MusicControl的对象musicControl，后续可以使用该对象调用服务中的方法。

第107~113行代码定义了一个unbind()方法，用于解绑服务MusicService。在unbind()方法中，首先通过isUnbind来判断服务是否已经解绑，如果没有解绑，则调用服务中的pausePlay()方法暂停播放音乐，接着依次调用unbindService()方法与stopService()方法分别实现解绑服务与停止服务的功能。

第114~135行代码重写了onClick()方法，在该方法中实现了界面上“播放音乐”按钮、“暂停播放”按钮、“继续播放”按钮、“退出”按钮的点击事件。其中第118~119行代码分别调用服务的play()方法播放音乐、ObjectAnimator的start()方法播放图片的动画效果。第122~123行代码分别调用服务的pause()方法暂停播放音乐、ObjectAnimator的pause()方法暂停播放图片的动画效果。第126~127行代码分别调用服务的continuePlay()方法继续播放音乐、ObjectAnimator的start()方法继续播放图片的动画效果。第130~132行代码通过调用unbind()方法解绑服务，接着设置解绑服务的状态isUnbind的值为true，最后调用finish()方法关闭当前音乐播放器界面。

第136~140行代码重写了onDestroy()方法，在该方法中通过unbind()方法实现解绑服务的功能。

8. 运行程序

运行上述程序，分别点击界面上的“播放音乐”按钮、“暂停播放”按钮、“继续播放”按钮，可实现音乐的播放、暂停、继续播放功能。点击界面上的“退出”按钮，可退出音乐播放器界面。运行结果如图9-11所示。

图9-11　运行结果

本 章 小 结

本章主要讲解了Android中的服务，针对服务的概述、创建、生命周期、启动方式以及在程序中如何进行通信进行了详细讲解。在Android程序中，经常会有下载文件、播放音乐等功能，这些功能的实现都需要通过Service来完成，因此需要初学者对本章的知识熟练掌握并运用。

本 章 习 题

一、填空题

1. 如果想要停止bindService()方法启动的服务，需要调用________方法。
2. Android系统的服务的通信方式分为________和________。
3. 远程服务通过________实现服务的通信。

二、判断题

1. Service服务是运行在子线程中的。（　　）
2. 不管使用哪种方式启动Service，它的生命周期都是一样的。（　　）
3. 使用服务的通信方式进行通信时，必须保证服务是以绑定的方式开启的，否则无法通信。（　　）
4. 一个组件只能绑定一个服务。（　　）
5. 远程服务和本地服务都运行在同一个进程中。（　　）

三、选择题

1. 如果通过bindService方式开启服务，那么服务的生命周期是（　　）。
   A. onCreate()→onStart()→onBind()→onDestroy()
   B. onCreate()→onBind()→onDestroy()
   C. onCreate()→onBind ()→onUnBind()→onDestroy()
   D. onCreate()→onStart ()→onBind ()→onUnBind()→onDestroy()
2. 下列关于Service服务的描述中，错误的是（　　）。
   A. Service是没有用户可见的界面，不能与用户交互
   B. Service可以通过Context.startService()来启动
   C. Service可以通过Context.bindService()来启动
   D. Service无须在清单文件中进行配置
3. 下列关于Service的方法描述，错误的是（　　）。
   A. onCreate()表示第一次创建服务时执行的方法
   B. 调用startService()方法启动服务时执行的方法是onStartCommand()
   C. 调用bindService()方法启动服务时执行的方法是onBind()
   D. 调用startService ()方法断开服务绑定时执行的方法是onUnbind()

四、简答题

1. 简述Service的两种启动方式的区别。
2. 简述Service的生命周期。

五、编程题

编写一个获取验证码的程序，当点击该程序“获取验证码”按钮时，使用服务实现倒计时60秒的功能，并将倒计时的时间显示在“获取验证码”的按钮上。

第 10 章 Android事件处理

学习目标：

◎掌握基于回调机制的事件处理方法，学会处理相关事件。

◎掌握基于监听接口机制的事件处理方法，学会处理相关事件。

◎熟悉手势的创建、导出与识别的相关知识，可以实现手势识别的功能。

◎掌握Handler消息机制原理，会使用Handler进行线程间通信。

前面章节中介绍了Android中各种常用控件，它们组成了应用程序界面。通常情况下，一个Android应用程序中，用户与应用程序之间的交互是通过事件处理来完成的，因此我们通过处理这些事件就可以对界面上的控件进行相应的操作，本节将针对Android事件处理进行详细讲解。

10.1 事件处理概述

在Android程序中，大部分都是图形界面，这些界面都是通过事件来实现人机交互的。Android中的事件主要有两种，具体如下：

（1）键盘事件：主要是指设备上的物理按键事件，例如，后退键的按下、菜单键的弹起等事件。

（2）触摸事件：主要指的是对程序界面上的一些控件所做的动作，例如，双击、滑动等操作。

针对Android中的事件，Android平台提供了两种事件处理机制，具体介绍如下：

（1）基于回调机制的事件处理。在Android平台中，每个View都有自己处理事件的回调方法，开发人员可以通过重写View中的这些回调方法来实现需要的响应事件，当某个事件没有被任何一个View处理时，便会调用Activity中相应的回调方法。

（2）基于监听接口的事件处理。基于监听接口的事件处理，最常见的做法就是为Android界面组件绑定特定的事件监听器，例如，绑定点击事件的监听器OnClickListener、绑定键盘事件的监听器OnKeyListener。

10.2　基于回调机制的事件处理

在Android程序中，如果想要处理事件逻辑比较简单的View时，可以使用基于回调的事件处理机制进行处理，该事件主要在View特定的方法中进行处理。本节将针对基于回调机制的事件处理进行详细讲解。

10.2.1　基于回调机制的事件处理简介

当用户与UI控件发生某个事件（如按下事件、滑动事件、双击事件）时，程序会调用控件自己特定的方法处理该事件，这个处理过程就是基于回调机制的事件处理。基于回调机制的事件处理包含处理物理按键事件和处理触摸事件。在处理物理按键事件时，Android系统提供的回调方法有onKeyDown()、onKeyUp()等。处理触摸事件时，Android系统提供的回调方法有onTouchEvent()、onFocusChanged()等。这些回调方法的相关介绍如表10-1所示。

表 10-1　Android 系统提供的回调方法

方　法	说　明
boolean onKeyDown(int keyCode,KenyEvent enent)	当用户在该控件上按下某个键时触发的方法
boolean onKeyUp(int keyCode,KeyEvent event)	当用户在该控件上松开某个按键时触发的方法
boolean onTouchEvent(MotionEvent event)	当用户在该控件上触发触摸事件时触发的方法
boolean onFocusChanged (MotionEvent event)	当用户在该控件上的焦点发生改变时触发的方法

由表10-1可知，这些回调机制的事件处理方法都有一个boolean类型的返回值，这个返回值用于标记当前事件是否已经处理完毕。如果回调方法的返回值为true，表示当前方法已经完成该事件的处理，并且当前事件不会向外传播。如果回调方法的返回值为false，表示该处理方法并未完全处理该事件，该事件会继续向外传播。

需要注意的是，对于基于回调机制的事件传播而言，某控件上所发生的事件不仅触发该控件的回调方法，也会触发该控件所在的Activity的回调方法（前提是事件能传播到Activity）。

10.2.2　onKeyDown()方法

当Android设备上的物理按键（在本节的“多学一招”中进行详细介绍）被按下时，程序会回调onKeyDown()方法，该方法是接口KeyEvent.Callback中的抽象方法。Android程序中所有的View都实现了KeyEvent.Callback接口并重写了onKeyDown()方法，该方法主要用于捕捉手机键盘被按下的事件，onKeyDown()方法的定义方式如下：

```
public boolean onKeyDown(int keyCode, KeyEvent event)
```

onKeyDown()方法中的2个参数和返回值的含义如下：

- keyCode：表示被按下的键值（键盘码），设备的键盘中每个按钮都会有其单独的键盘码，在程序中是根据键盘码知道用户按的是哪个键。
- event：表示按键事件的对象，其中包含了触发事件的详细信息，例如事件的状态、事件的类型、事件的发生时间等。当用户按下按键时，系统会自动将事件封装成KeyEvent对象供应用程序使用。

- 返回值：是一个boolean类型的变量，当返回为true时，表示已经完整地处理了事件，并不希望其他的回调方法再次进行处理；当返回为false时，表示并没有完全处理完事件，更希望其他回调方法继续对其进行处理。

接下来，通过一个案例来介绍onKeyDown()方法的使用及原理，在本案例中通过onKeyDown()方法来屏蔽后退键以及在该方法中通过Toast来提示用户增加音量的信息。具体步骤如下：

1. 创建程序

创建一个名为EventHandling的应用程序，指定包名为cn.itcast.eventhandling。

2. 编写界面交互代码

在MainActivity中重写onKeyDown()方法，在该方法中根据keyCode的值判断用户点击了哪个物理键，并实现相应的功能，具体代码如【文件10-1】所示。

【文件10-1】MainActivity.java

```
1  package cn.itcast.eventhandling;
2  ......//省略导入包
3  public class MainActivity extends AppCompatActivity {
4      @Override
5      protected void onCreate(Bundle savedInstanceState) {
6          super.onCreate(savedInstanceState);
7          setContentView(R.layout.activity_main);//设置页面布局
8      }
9      @Override
10     public boolean onKeyDown(int keyCode, KeyEvent event) {
11         if(keyCode == KeyEvent.KEYCODE_BACK) {//点击了后退键
12            Toast.makeText(this, "点击了后退键", Toast.LENGTH_LONG).show();
13             return true; // 屏蔽后退键
14         } else if(keyCode == KeyEvent.KEYCODE_VOLUME_UP) {      //点击了音量增加键
15            Toast.makeText(this, "音量增加", Toast.LENGTH_LONG).show();// 提示音量增加
16             return true;
17         }
18         return super.onKeyDown(keyCode, event);
19     }
20 }
```

上述代码中，第9~19行代码重写了onKeyDown()方法，在该方法中通过键盘码keyCode的值来判断点击的是哪个键。如果keyCode的值为“KeyEvent.KEYCODE_BACK”，表示点击了后退键并在该判断中处理对应的事件。如果keyCode的值为“KeyEvent.KEYCODE_VOLUME_UP”，表示点击了音量增加键并在该判断中处理对应的事件。

3. 运行程序

运行上述程序，当点击模拟器上的后退键时，会发现程序并未退出，此时说明后退键的点击功能已经被屏蔽了。当点击模拟器上的增大音量键时，界面上会提示“音量增加”，运行结果如图10-1所示。

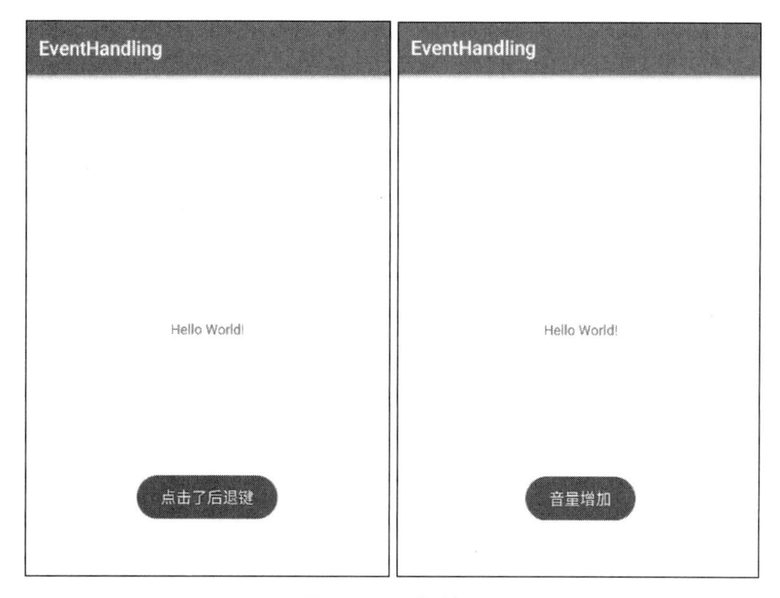

图10-1　运行结果

多学一招：物理按键

一个标准的Android设备包含多个能够触发事件的物理按键，具体如图10-2所示。

图10-2　带有物理键的Android模拟器

图10-2中标记的物理键对应的触发事件如表10-2所示。

表 10-2 Android 设备可用物理按键及其触发事件

物理按键	KeyEvent	说　明
电源键	KEYCODE_POWER	启动或唤醒设备，将界面切换到锁定的屏幕
后退键	KEYCODE_BACK	返回到前一个界面
Home 键	KEYCODE_HOME	返回到 Home 界面
相机键	KEYCODE_CAMERA	启动相机
音量键	KEYCODE_VOLUME_UP KEYCODE_VOLUME_DOWN	控制当前上下文音量，如音乐播放器、手机铃声、通话音量等

Android中的控件在处理物理按键事件时，提供的回调方法有onKeyUp()、onKeyDown() 和 onKeyLongPress()。

10.2.3 onKeyUp()方法

当Android设备上的物理按键被弹起时，程序会回调onKeyUp()方法，该方法同样是接口KeyEvent.Callback中的一个抽象方法，并且Android中所有View都实现了KeyEvent.Callback接口并重写了onKeyUp()方法，该方法主要用于捕捉键盘按键弹起的事件，onKeyUp()方法的定义方式如下：

```
public boolean onKeyUp(int keyCode, KeyEvent event)
```

onKeyUp()方法中的2个参数的含义与onKeyDown()方法中对应参数的含义一样，参数keyCode表示按键码，参数event表示事件封装类的对象，该方法的返回值与onKeyDown()方法的返回值含义也是一样的，在这里就不进行详细介绍了。

10.2.4 onTouchEvent()方法

前面介绍的onKeyDown()方法与onKeyUp()方法属于键盘事件的处理方法，接下来介绍触摸事件的处理方法onTouchEvent()，该方法是在View类中进行定义的，并且所有View的子类中全部重写了onTouchEvent()方法，Android程序可以通过该方法处理屏幕的触摸事件，onTouchEvent()方法的定义方式如下：

```
public boolean onTouchEvent(MotionEvent event)
```

onTouchEvent ()方法中的参数和返回值的含义如下：

- event：表示屏幕触摸事件封装类的对象，它在用户触摸屏幕时被创建，其封装了该事件的所有信息。例如，触摸的位置、触摸的类型以及触摸的时间等。
- 返回值：该方法的返回值含义与键盘响应事件的相同，该返回值是一个boolean类型的变量，当返回为true时，表示已经完整地处理了事件，并不希望其他的回调方法再次进行处理，而当返回为false时，表示并没有完全处理完事件，更希望其他回调方法继续对其进行处理。

一般情况下，onTouchEvent()方法处理的事件分为三种，具体介绍如下：

- 屏幕被按下：当屏幕被按下时，会自动调用onTouchEvent()方法来处理事件，当该方法中的event.getAction()方法的值为MotionEvent.ACTION_DOWN时，表示屏幕被按下的事件。
- 屏幕被弹起：表示手指或者触控笔离开屏幕时触发的事件，该事件需要onTouchEvent()方法来捕捉，当该方法中的event.getAction()方法的值为MotionEvent.ACTION_UP时，表示屏幕被弹起的事件。

- 在屏幕中拖动：当手指或者触控笔在屏幕上滑动时触发的事件，该事件需要调用onTouchEvent()方法来处理。当event.getAction()方法的值为MotionEvent.ACTION_MOVE时，表示在屏幕中进行滑动的事件。

接下来以图10-3为例来介绍onTouchEvent()方法的使用，在本案例中通过onTouchEvent()方法中的MotionEvent.getAction()的值来判断处理的是哪个动作的事件。具体步骤如下：

图10-3　TouchEvent界面

1. 创建程序

创建一个名为TouchEvent的应用程序，指定包名为cn.itcast.touchevent。

2. 编写逻辑代码

在MainActivity中自定义一个Button控件，并在该控件中重写onTouchEvent()方法，在该方法中通过Toast分别提示按钮被按下、弹起以及在按钮上进行移动的操作信息，具体代码如【文件10-2】所示。

【文件10-2】MainActivity.java

```
1  package cn.itcast.touchevent;
2  ......//省略导入包
3  public class MainActivity extends AppCompatActivity {
4      @Override
5      protected void onCreate(Bundle savedInstanceState) {
6          super.onCreate(savedInstanceState);
7          MyButton button=new MyButton(this);  //创建一个自定义的Button对象
8          button.setText("Hello");             //设置Button控件的文本
9          button.setTextSize(20);              //设置Button控件的文本大小
10         button.setAllCaps(false);            //设置Button控件原样输出文本
11         setContentView(button);              //将按钮设置到界面上
12     }
13     @SuppressLint("AppCompatCustomView")
14     class MyButton extends Button{           //自定义一个Button控件
15         public MyButton(Context context) {
16             super(context);
17         }
18         @Override
19         public boolean onTouchEvent(MotionEvent event) {  //重写触摸事件的处理方法
20             switch(event.getAction()) {
21                 case MotionEvent.ACTION_DOWN:             //按下
22                     Toast.makeText(MainActivity.this, "按钮被按下",
23                     Toast.LENGTH_SHORT).show();
24                     break;
25                 case MotionEvent.ACTION_UP:               //弹起
26                     Toast.makeText(MainActivity.this, "按钮被弹起",
27                                                 Toast.LENGTH_SHORT).show();
28                     break;
29                 case MotionEvent.ACTION_MOVE://移动
30                     Toast.makeText(MainActivity.this, "在按钮上进行移动",
31                                                 Toast.LENGTH_SHORT).show();
32                     break;
33             }
```

```
34                return super.onTouchEvent(event);
35            }
36        }
37 }
```

上述代码中，第21~24行代码处理的是“Hello”按钮被按下时的操作，此时event.getAction()的值为MotionEvent.ACTION_DOWN，第22~23行代码通过Toast弹出“按钮被按下”的提示信息。

第25~28行代码处理的是“Hello”按钮被弹起时的操作，此时event.getAction()的值为MotionEvent. ACTION_UP，第26~27行代码通过Toast弹出“按钮被弹起”的提示信息。

第29~32行代码处理的是在“Hello”按钮上进行移动的操作，此时event.getAction()的值为MotionEvent. ACTION_MOVE，第30~31行代码通过Toast弹出“在按钮上进行移动”的提示信息。

3. 运行程序

运行上述程序，并对“Hello”按钮进行按下、移动、弹起操作时，运行结果如图10-4所示。

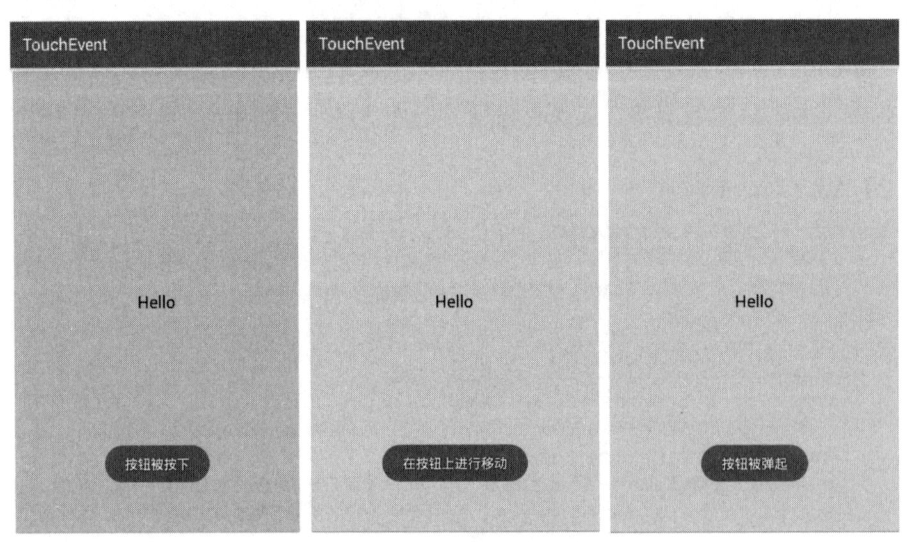

图10-4 运行结果

10.2.5 onFocusChanged()方法

前面介绍的onKeyDown()方法、onKeyUp()方法、onTouchEvent()方法既可以在View中重写又可以在Activity中重写，而本节要介绍的onFocusChanged()方法却只能在View中重写。onFocusChanged()方法是焦点改变的回调方法，当某个控件重写了该方法后，焦点发生变化时，会自动调用该方法来处理焦点改变的事件，其定义方式如下：

```
protected void onFocusChanged(boolean gainFocus, int direction, Rect
previouslyFocusedRect)
```

上述方法各个参数的相关介绍如下：

- gainFocus：表示触发该事件的View是否获得了焦点，当控件获取焦点时，参数gainFocus的值为true，否则，为false。
- direction：表示焦点移动的方向，用数值来表示。
- previouslyFocusedRect：表示在触发事件的View的坐标系中，前一个获得焦点的矩形区域。如果该参数不可用，则设置为null。

10.3　基于监听接口机制的事件处理

上一节介绍了如何通过回调机制进行事件处理，一般来说，基于回调的事件处理可用于处理一些具有通用性的事件，基于回调的事件处理代码会显得比较简洁。但对于某些特定的事件，无法使用基于回调的事件处理时，只能采用基于监听的事件处理，本节将介绍如何基于监听接口机制对事件进行处理。

10.3.1　基于监听接口机制的事件处理简介

基于监听事件处理是一种更“面向对象”的事件处理，在事件监听的处理模型中主要涉及三个对象，分别是Event Source（事件源）、Event（事件）、Event Listener（事件监听器），这三个对象的具体介绍如下：

- Event Source（事件源）：事件发生的场所，通常是指各个组件，例如按钮、窗口、菜单等。
- Event（事件）：封装了界面组件发生的特定事情（通常指用户的一次操作），如果程序需要获取界面组件发生事件的相关信息，则可以通过Event对象来获取。
- Event Listener（事件监听器）：负责监听事件源所发生的事件，并对各种事件做出相应的响应，当用户按下一个按钮或者单击某个菜单项时，这些动作会激发一个相应的事件，该事件会触发事件源上注册的事件监听器，事件监听器调用对应的事件处理器并做出相应的响应。

为了更好地让初学者理解基于监听的事件处理，接下来通过一个图例来展示基于监听的事件处理流程，具体如图10-5所示。

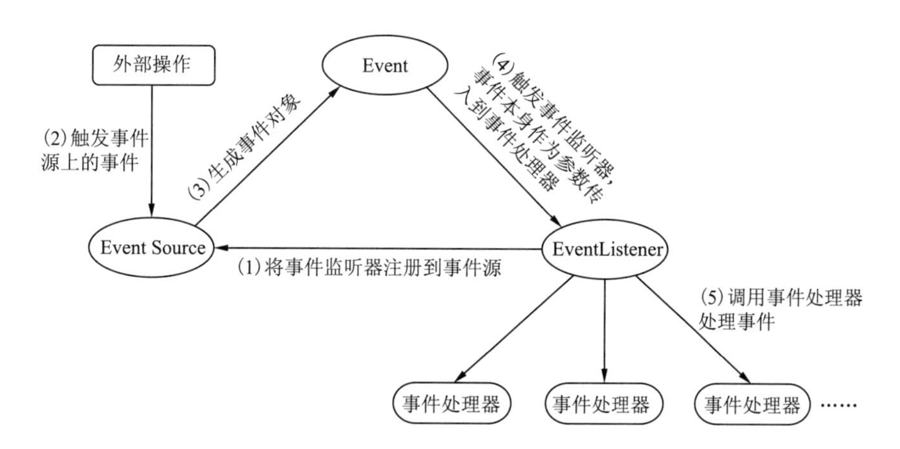

图10-5　事件处理流程

关于图10-5中的事件处理流程介绍具体如下：

（1）为某个事件源（界面组件）设置一个监听器，用于监听用户操作。

（2）当用户操作时，会触发事件源的监听器。

（3）生成对应的事件对象。

（4）将生成的事件对象作为参数传递给事件监听器。

（5）事件监听器对事件对象进行判断，执行对应的事件处理器。

了解完基于监听的事件流程之后，如果我们想开发一个基于监听事件的处理模型，大致可分为以下几步：

第一步：获取普通界面组件（事件源），即被监听的对象。

第二步：实现事件监听器类，该监听器类是一个特殊的Java类，即该类必须实现一个XxxListener接口。

第三步：事件源调用setXxxListener()方法，将事件监听器对象注册给普通组件（事件源）。

在基于监听的事件处理模型中，事件监听器必须实现事件监听器接口，Android系统为不同的界面组件提供了不同的监听器接口，这些接口通常以内部类的形式存在。以View类为例，它包含了一些内部接口，具体如表10-3所示。

表 10-3　View 类中的内部接口

接 口 名 称	说　明
View.OnClickListener	单击事件的事件监听器必须实现的接口
View.OnLongClickListener	长按事件的事件监听器必须实现的接口
View.onFocusChangeListener	焦点改变事件的事件监听器必须实现的接口
View.OnKeyListener	按键事件的事件监听器必须实现的接口
View.OnTouchListener	触摸事件的事件监听器必须实现的接口

10.3.2　OnClickListener接口

当点击界面上的任意控件时，会触发该控件的点击事件，在触控模式下，点击是在某个View上按下并抬起的组合动作，而在键盘模式下，是某个View获得焦点后点击确定键事件。处理该点击事件需要通过OnClickListener接口来实现，该接口专门用于处理控件的点击事件。该接口中需要实现的方法的定义方式如下：

```
public void onClick(View v)
```

上述方法中，参数v表示事件发生的事件源。

接下来以图10-6为例来介绍OnClickListener接口与该接口中需要实现的onClick()方法，具体步骤如下：

1．创建项目

创建一个名为ClickListener的应用程序，指定包名为cn.itcast.clicklistener。

扫一扫

扫码查看文件10-3

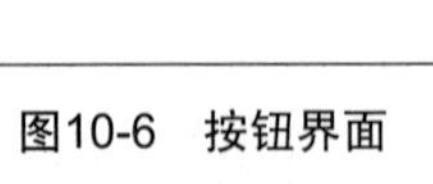

图10-6　按钮界面

2．放置界面控件

在activity_main.xml布局文件中，放置1个Button控件用于显示一个按钮。完整布局代码详见【文件10-3】所示。

3．编写界面交互代码

由于需要在MainActivity中实现界面上“按钮”的点击事件，因此将MainActivity实现OnClickListener接口，并重写该接口中的onClick()方法，具体代码如【文件10-4】所示。

【文件10-4】MainActivity.java

```
1  package cn.itcast.clicklistener;
2  ......//省略导入包
```

```
3  public class MainActivity extends AppCompatActivity implements
4  View.OnClickListener{
5      private Button button;
6      @Override
7      protected void onCreate(Bundle savedInstanceState) {
8          super.onCreate(savedInstanceState);
9          setContentView(R.layout.activity_main); //设置 MainActivity 对应的布局文件
10         button= (Button) findViewById(R.id.button); // 获取界面上的按钮控件
11         button.setOnClickListener(this);                 // 注册监听器
12     }
13     @Override
14     public void onClick(View v) {    // 实现点击事件的监听方法
15         if(v==button){                      // 判断点击的控件是否是 button
16             Toast.makeText(MainActivity.this," 您点击了按钮 ",Toast.LENGTH_SHORT)
17                                                                     .show();
18         }
19     }
20 }
```

上述代码中，第9~11行代码分别通过setContentView()方法设置MainActivity对应的布局文件、通过findViewById()方法获取界面上的Button控件以及为该控件注册监听器。

第13~19行代码，主要是实现了button控件的点击事件的监听方法onClick()。在该方法中首先根据传递的参数v来判断点击的控件是否是button，如果是，则会运行第16、17行代码通过Toast提示“您点击了按钮”。否则，没有任何提示信息。

图10-7　运行结果

4．运行程序

运行上述程序，并点击界面上的“按钮”，运行结果如图10-7所示。

 多学一招：通过匿名内部类实现OnClickListener接口

当处理10.3.2小节中按钮的点击事件时，除了将对应界面的Activity实现OnClickListener接口外，还可以调用按钮控件的setOnClickListener()方法，在该方法中通过匿名内部类来实现OnClickListener接口，因此修改【文件10-4】中的代码，修改后的代码如【文件10-5】所示。

【文件10-5】MainActivity.java

```
1  package cn.itcast.clicklistener;
2  ...... // 省略导入的包
3  public class MainActivity extends AppCompatActivity {
4      private Button button;
5      @Override
6      protected void onCreate(Bundle savedInsta nceState) {
7          super.onCreate(savedInstanceState);
8          setContentView(R.layout.activity_main); // 设置 Activity 对应的布局文件
9          button = (Button) findViewById(R.id.button); // 获取界面上的按钮控件
10         // 通过匿名内部类来实现 OnClickListener 接口
```

```
11          button.setOnClickListener(new View.OnClickListener() {
12              @Override
13              public void onClick(View view) {
14                  Toast.makeText(MainActivity.this, "您点击了按钮",
15                                                  Toast.LENGTH_SHORT).show();
16              }
17          });
18      }
19 }
```

不仅OnClickListener接口可以通过匿名内部类来实现，后续我们将要学习的OnLongClick-Listener接口、onFocusChangeListener接口、OnKeyListener接口以及OnTouchListener接口都可以通过匿名内部类来实现。

10.3.3 OnLongClickListener接口

OnLongClickListener接口与上一节介绍的OnClickListener接口原理基本相同，只是该接口为View长按事件的捕捉接口，即当长时间按下某个View时触发的事件，该接口中需要实现的方法的定义方式如下：

```
public boolean onLongClick(View view)
```

关于onLongClick()方法的参数与返回值的相关介绍具体如下：

- view：为事件源控件，当长时间按下该控件时才会触发该方法。
- 返回值：该方法的返回值是一个boolean类型的变量，当该变量为true时，表示已经完整地处理了长按事件，并不希望其他回调方法再次进行处理。当该变量为false时，表示没有完整地处理长按事件，更希望其他回调方法继续对其进行处理。

接下来在13.3.2小节的案例基础之上，对ClickListener程序中的“按钮”进行长按事件的处理，只需将该程序中的MainActivity实现OnLongClickListener接口，并重写该接口中的onLongClick()方法即可，修改后的MainActivity的具体代码如【文件10-6】所示。

【文件10-6】MainActivity.java

```
1  package cn.itcast.clicklistener;
2  ......//省略导入包
3  public class MainActivity extends AppCompatActivity implements
4  View.OnLongClickListener {
5      private Button button;
6      @Override
7      protected void onCreate(Bundle savedInstanceState) {
8          super.onCreate(savedInstanceState);
9          setContentView(R.layout.activity_main); //设置Activity对应的布局文件
10         button = (Button) findViewById(R.id.button); //获取界面上的按钮控件
11         button.setOnLongClickListener(this);          //注册监听
12     }
13     @Override
14     public boolean onLongClick(View v) {  //实现OnLongClickListener接口中的方法
15         if(v == button) {          //判断长时间按下的控件是否是button
16             Toast.makeText(MainActivity.this, "您长时间按下了按钮",
17                                             Toast.LENGTH_SHORT).show();
18         }
```

```
19          return false;
20      }
21 }
```

上述代码中，第9~11行代码分别通过setContentView()方法设置MainActivity对应的布局文件、通过findViewById()方法获取界面上的Button控件以及为该控件注册监听器。

第13~20行代码，主要实现了button控件的长按事件的监听方法onLongClick()，在该方法中根据传递的参数v来判断长按的控件是否是button，如果是，则会运行第16、17行代码通过Toast提示“您长时间按下了按钮”。否则，没有任何提示信息。

运行上述程序，并长时间按下界面上的“按钮”，运行结果如图10-8所示。

图10-8　运行结果

10.3.4　OnFocusChangeListener接口

OnFocusChangeListener接口用于处理控件焦点发生改变的事件，如果对某个控件注册了该监听器，则当该控件失去焦点或者获得焦点时都会触发OnFocusChangeListener接口中的回调方法onFocusChange()，该回调方法的定义方式如下：

```
public void onFocusChange(View v, boolean hasFocus)
```

关于onFocusChange()方法的参数的相关介绍具体如下：

- v：表示触发焦点发生改变事件的事件源。
- hasFocus：表示v是否获取焦点。

接下来通过一个选择星座的案例来介绍OnFocusChange Listener接口的使用，界面效果如图10-9所示。

实现选择星座案例功能的具体步骤如下：

1．创建程序

创建一个名为ChooseConstellation的应用程序，指定包名为cn.itcast. chooseconstellation。

2．导入界面图片

将星座选择界面所需要的图片lion.png、gemini.png导入到程序中的drawable文件夹中。

3．放置界面控件

在activity_main.xml布局文件中，放置2个TextView控件分别用于显示选择星座的提示信息、选中星座后的提示信息，2个ImageButton控件分别用于显示星座图片1和星座图片2，完整布局代码详见【文件10-7】所示。

扫一扫

扫码查看文件10-7

ChooseConstellation

请选择下列中您喜欢的星座

您选中了狮子座

图10-9　选择星座界面

4．编写界面交互代码

由于需要在MainActivity中实现界面上两个星座按钮的焦点发生改变的事件，因此将

MainActivity实现OnFocusChangeListener接口，并重写该接口中的onFocusChange()方法，具体代码如【文件10-8】所示。

【文件10-8】 MainActivity.java

```
1  package cn.itcast.chooseconstellation;
2  ....../ /省略导入包
3  public class MainActivity extends AppCompatActivity implements
4  View.OnFocusChangeListener {
5      ImageButton[] buttons = new ImageButton[2]; //声明一个长度为 2 的数组
6      private TextView tv_choose,tv_info;
7      @Override
8      protected void onCreate(Bundle savedInstanceState) {
9          super.onCreate(savedInstanceState);
10         setContentView(R.layout.activity_main);
11         //获取 2 个按钮的引用
12         buttons[0] = (ImageButton) findViewById(R.id.ib_img1);
13         buttons[1] = (ImageButton) findViewById(R.id.ib_img2);
14         tv_choose = (TextView) findViewById(R.id.tv_choose);
15         tv_info= (TextView) findViewById(R.id.tv_info);
16         tv_info.setText("请选择下列中您喜欢的星座");
17         for(ImageButton button : buttons) {
18             button.setOnFocusChangeListener(this); //添加监听器
19         }
20     }
21     @Override
22     public void onFocusChange(View v, boolean hasFocus) {
23         switch(v.getId()) {
24             case R.id.ib_img1:
25                 tv_choose.setText("您选中了狮子座");
26                 break;
27             case R.id.ib_img2:
28                 tv_choose.setText("您选中了双子座");
29                 break;
30         }
31     }
32 }
```

上述代码中，第12~19行代码分别获取了界面上的2个ImageButton控件与2个TextView控件，接着通过setText()方法给其中1个TextView控件设置文本信息，通过一个for循环给2个ImageButton控件注册了OnFocusChangeListener监听器，只要被监听的控件的焦点发生变化就会触发该监听器中的onFocusChange()方法。

第21~31行代码重写了onFocusChange()方法，在该方法中根据焦点发生改变的控件的id来设置tv_choose控件的文本信息。

5. 运行程序

运行上述程序，分别点击界面上的2个图片按钮，图片下方会显示对应的选中信息，运行结果如图10-10所示。

图10-10　运行结果

10.3.5　OnKeyListener接口

OnKeyListener接口是对设备的键盘进行监听的接口，如果对界面上某个View注册了该监听器，则当该View获得焦点并触发了键盘事件时，程序便会回调该接口中的onKey()方法。该方法的定义方式如下：

```
public boolean onKey(View v, int keyCode, KeyEvent keyEvent)
```

onKey()方法中的参数与返回值的含义如下：

- v：表示事件的事件源。
- keyCode：表示键盘的键盘码。
- keyEvent：表示键盘事件封装类的对象，其中包含了事件的详细信息，例如，发生的事件、事件类型等信息。

接下来以图10-11为例，通过点击键盘上A、B两个键来介绍OnKeyListener接口与该接口中的onKey()方法的使用，在本案例中通过onKey()方法中的keyCode值判断点击的是键盘上的哪个按键，具体步骤如下：

1．创建程序

创建一个名为PressABKey的应用程序，指定包名为cn.itcast.pressabkey。

2．导入图片

将A、B键界面所需要的图片a.png、b.png导入到程序中的drawable文件夹中。由于图10-11对应的布局代码与10.3.4小节案例中的布局代码一样，只需将布局代码中的2个ImageButton控件的图片改为A、B按钮对应的图片并将这2个控件中的属性focusableInTouchMode的设置去掉即可，在这里就不重复介绍了。

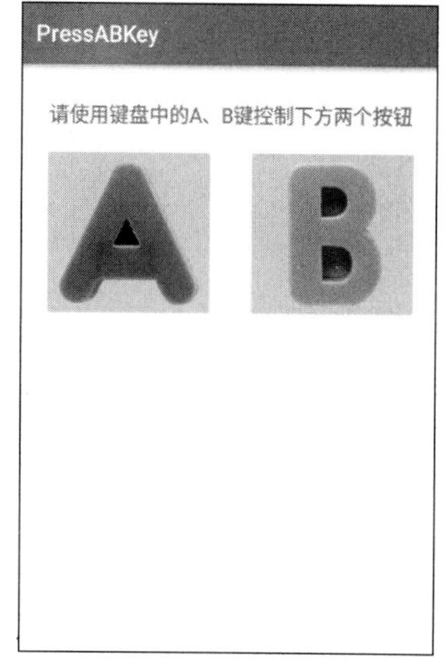

图10-11　AB键界面

3. 编写界面交互代码

接下来需要在MainActivity中实现点击界面上的A、B按钮等同于按下键盘上的A、B键的效果，将MainActivity实现OnClickListener接口与OnKeyListener接口，并分别重写这2个接口中的onClick()方法与onKey()方法，具体代码如【文件10-9】所示。

【文件10-9】MainActivity.java

```
1  package cn.itcast. pressabkey;
2  ......// 省略导入包
3  public class MainActivity extends AppCompatActivity implements
4  View.OnClickListener, View.OnKeyListener {
5      ImageButton[] buttons = new ImageButton[2]; // 声明一个长度为 2 的数组
6      private TextView tv_choose, tv_info;
7      @Override
8      protected void onCreate(Bundle savedInstanceState) {
9          super.onCreate(savedInstanceState);
10         setContentView(R.layout.activity_main);
11         // 获取 2 个按钮的引用
12         buttons[0] = (ImageButton) findViewById(R.id.ib_img1);
13         buttons[1] = (ImageButton) findViewById(R.id.ib_img2);
14         tv_choose = (TextView) findViewById(R.id.tv_choose);
15         tv_info = (TextView) findViewById(R.id.tv_info);
16         tv_info.setText(" 请使用键盘中的 A、B 键控制下方两个按钮 ");
17         for(ImageButton button : buttons) {
18             button.setOnClickListener(this); // 添加点击事件监听器
19             button.setOnKeyListener(this);   // 添加键盘按键监听器
20         }
21     }
22     @Override
23     public void onClick(View v) {  // 实现了 OnClickListener 接口中的方法
24         switch(v.getId()) {
25             case R.id.ib_img1:
26                 tv_choose.setText(" 您点击了按钮 A");
27                 break;
28             case R.id.ib_img2:
29                 tv_choose.setText(" 您点击了按钮 B");
30                 break;
31         }
32     }
33     @Override
34     public boolean onKey(View v, int keyCode, KeyEvent keyEvent) {
35         switch(keyCode) {                           // 判断键盘码
36             case KeyEvent.KEYCODE_A:                // 按键 A
37                 buttons[0].performClick();          // 模拟按钮的单击
38                 buttons[0].requestFocus();          // 使按钮获取焦点
39                 break;
40             case KeyEvent.KEYCODE_B:                // 按键 B
41                 buttons[1].performClick();          // 模拟按钮的单击
42                 buttons[1].requestFocus();          // 使按钮获取焦点
43                 break;
44         }
45         return false;
46     }
47 }
```

上述代码中，第12~20行代码获取并初始化了界面控件，同时给界面上的A、B按钮分别添加了点击监听器和键盘按键监听器。

第22~32行代码实现了A、B按钮的点击事件，当点击按钮A时，程序会运行第26行代码设置tv_choose控件的文本信息为“您点击了按钮A”。当点击按钮B时，程序会运行第29行代码设置tv_choose控件的文本信息为“您点击了按钮B”。

第33~46行代码实现了按下键盘上的A、B键的效果与点击界面上的A、B按钮的效果一样的功能。当按下键盘上的A键时，会调用按钮A的performClick()方法，该方法用于主动调用控件的点击事件（即模拟人手去触摸控件），接着会通过requestFocus()方法来使按钮A获取焦点，产生点击按钮A的效果。同样，在按下键盘上的B键时，会执行与按下A键时类似的代码。

4. 运行程序

运行上述程序，分别点击键盘上的A、B键，此时界面上会显示点击了对应按钮的信息，运行结果如图10-12所示。

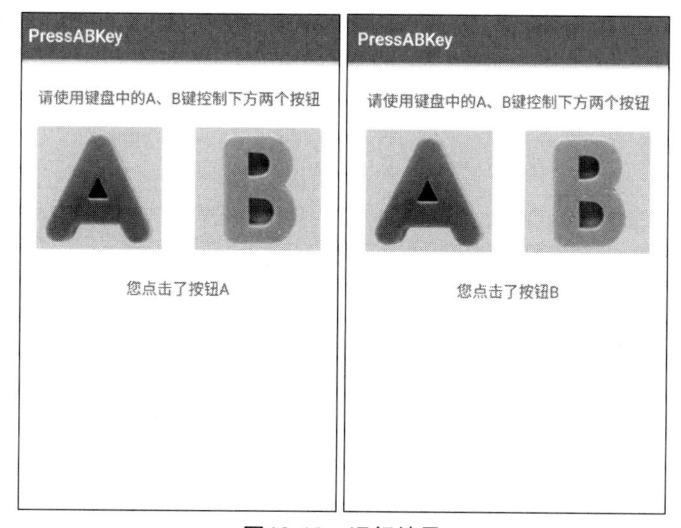

图10-12　运行结果

10.3.6　OnTouchListener接口

OnTouchListener接口是处理手机屏幕的触摸事件需要监听的接口，当在View的范围内进行按下、抬起或滑动等动作时都会触发该事件并实现该接口中的onTouch()方法，该方法的定义方式如下：

```
public boolean onTouch(View v, MotionEvent motionEvent)
```

onTouch()方法中的参数和返回值的含义如下：

- v：表示事件源。
- motionEvent：表示事件封装类的对象，其中封装了触摸事件的详细信息，同样包括事件的类型、触发时间等信息。

onTouch()方法与10.2.4小节中的onTouchEvent()方法一样，都是在方法中根据motionEvent.getAction()方法的值判断处理的是哪个动作的事件，此处就不再重复进行讲解了。

10.4　手　　势

Android开发中几乎所有的事件都会和用户进行交互，而最多的交互形式就是手势，目前有很多款手机已经支持手写输入，其原理是根据用户输入的内容在预先定义的词库中查找最佳匹配项供用户选择。本节将针对手势进行详细的讲解。

10.4.1 手势简介

手势是指用户手指或触摸笔在触摸屏幕上连续碰撞的行为。当用户触摸屏幕时，会产生许多手势，如按下、滑动、弹起等。我们知道在View类中有一个View.OnTouchListener内部接口，通过重写该接口的onTouch()方法可以处理一些屏幕的触摸事件。但是这个方法中的处理过程太过简单，如果处理一些复杂的手势，则需要根据用户触摸的轨迹来判断绘制的手势，此时用View.OnTouchListener接口来处理会比较麻烦。Android SDK给我们提供了一个GestureDetector类，通过该类可以识别很多复杂的手势。

Android系统对两种手势提供了支持：一种是在屏幕上从上到下绘制一条线条的简单手势，Android提供了检测此种手势的监听器；另一种是在屏幕上绘制一个不规则的图形的复杂手势，Android允许开发者添加此种手势，并提供了相应的API识别用户手势。

10.4.2 手势检测

Android系统提供的GestureDetector类用于检测用户的触摸手势，该类内部定义了3个监听接口和1个类，分别是OnGestureListener接口、OnDoubleTapListener接口、OnContextClickListener接口以及SimpleOnGestureListener类，接下来针对这3个接口和1个类进行介绍。

1. OnGestureListener接口

OnGestureListener接口用于监听一些单击、滑动、长按等手势，该接口中的方法介绍如下：

- onDown(MotionEvent e)：当用户按下屏幕时会触发此方法。
- onShowPress(MotionEvent e)：当用户按下屏幕后还未移动和松开时会触发此方法。
- onFling(MotionEvent e1, MotionEvent e2, float velocityX,float velocityY)：当用户手指在屏幕上“拖过”（快速滑动时松手）时会触发此方法，其中参数velocityX表示用户松手瞬间在横向的移动速度，参数velocityY表示用户松手瞬间在纵向的移动速度。一般情况下程序回调了onFling()方法必然会回调onScroll()方法。
- onLongPress(MotionEvent e)：当用户长按后会回调此方法，回调完该方法后不会触发其他方法的回调，直到用户松开。
- onScroll(MotionEvent e1, MotionEvent e2, float distanceX, float distanceY)：手指滑动时会触发此方法，参数e1与e2分别表示当前的按下（DOWN）事件与移动（MOVE）事件，distanceX和distanceY表示当前MOVE事件与上一个MOVE事件的位移量。
- onSingleTapUp(MotionEvent e)：当用户手指松开时，如果没有触发onScroll()方法和onLongPress()方法，就会触发此方法。

2. OnDoubleTapListener接口

OnDoubleTapListener接口用于监听双击和单击手势，该接口中的方法介绍如下：

- onSingleTapConfirmed(MotionEvent e)：当用户单击屏幕时会触发此方法。
- onDoubleTap(MotionEvent e)：当用户双击屏幕时会触发此方法。
- onDoubleTapEvent(MotionEvent e)：触发了onDoubleTap()方法之后的输入事件（如DOWN、MOVE、UP）都会触发此方法，onDoubleTapEvent()方法可以实现一些双击后的

控制，如让View双击后变得可拖动等。

3．OnContextClickListener接口

OnContextClickListener接口用于监听鼠标/触摸板右击手势，该接口中的方法介绍如下：

onContextClick(MotionEvent e)：当鼠标/触摸板右击时会触发此方法。

4．SimpleOnGestureListener类

SimpleOnGestureListener类实现了前面三个接口中的所有回调方法，由于该类不是抽象类，因此继承它时，只需重写需要回调的方法即可。由于实现前面三个接口中的任意一个时，都需要全部重写里面的方法，而继承该类则不需要重写所有方法，因此一般创建一个类需要实现前面3个接口中的任意一个时，都选择继承SimpleOnGestureListener类。

如果要检测触摸屏上的手势，可以根据上述各个接口的作用，在Activity中实现对应的接口，并重写接口中的方法，在相应的方法中实现检测手势的信息。

10.4.3　使用GestureLibrary类添加手势

Android系统除了提供手势检测之外，还允许应用程序将用户手势添加到指定文件中，便于后续用户再次绘制该手势时，系统可识别该手势。Android系统使用GestureLibrary来代替手势库，并提供了GestureLibraries工具类来创建手势库，该类提供了4个静态方法从不同位置加载手势，具体如表10-4所示。

表 10-4　GestureLibraries 类提供的静态方法

方　法	说　明
GestureLibrary fromFile(String path)	从 path 代表的文件中加载手势，该方法中传递的参数 path 为 String 类型
GestureLibrary fromFile(File path)	从 path 代表的文件中加载手势，该方法中传递的参数 path 为 File 类型
GestureLibrary fromPrivateFile(Context context,String name)	从指定应用程序的数据文件夹中，通过名称为 name 的文件加载手势库
GestureLibrary fromRawResource(Context context, int resourceId)	从 resourceId 所代表的资源中加载手势库

如果程序获取了GestureLibrary对象，那么该对象会提供一些方法来添加和识别手势，具体如表10-5所示。

表 10-5　添加和识别手势的方法

方　法	说　明
void addGesture(String entryName,Gesture gesture)	添加一个名为 entryName 的手势
Set<String>getGestureEntries()	获取该手势库中所有手势的名称
ArrayList<Gesture>getGestures(String entryName)	获取 entryName 名称对应的所有手势
ArrayList<Prediction>recognize(Gesture gesture)	从当前手势库中识别与 gesture 匹配的全部手势
void removeEntry(String entryName)	删除手势库中手势名称 entryName 对应的手势
boolean save()	当手势库中添加或者删除手势后调用该方法保存手势库
GestureLibrary fromRawResource(Context context, int resourceId)	从 resourceId 所代表的资源中加载手势库

Android系统除了提供GestureLibraries类与GestureLibrary类来管理手势之外，还提供了

一个专门的手势编辑组件GestureOverlayView，该组件类似一个“绘图组件”，只是用户在组件上绘制的是手势而不是图像。为了监听GestureOverlayView组件上的手势，Android系统为其提供了3个监听器接口，分别是OnGestureListener接口、OnGesturePerformedListener接口、OnGesturingListener接口，这些监听器中的方法分别用于响应手势事件的开始、结束、完成、取消等事件。我们可根据实际需求来选择不同的监听器，一般情况下，OnGesturePerformedListener是最常用的监听器，用于在手势事件完成时提供响应。

图10-13　绘制手势界面

接下来以图10-13为例演示如何调用GestureLibrary类中的addGesture()方法添加一个手势，具体步骤如下：

1．创建项目

创建一个名为AddGesture的应用程序，指定包名为cn.itcast.addgesture。

2．放置界面控件

扫一扫
扫码查看文件10–10

在activity_main.xml布局文件中，放置1个TextView控件用于提示绘制手势的文本信息，1个GestureOverlayView控件用于显示绘制手势的区域，完整布局代码详见【文件10-10】。

3．创建save_gesture.xml文件

由于绘制完手势之后，会弹出一个保存手势的窗口界面，因此需要在res/layout文件夹中创建一个save_gesture.xml文件，用于搭建保存手势的窗口界面。在save_gesture.xml文件中放置1个TextView控件用于显示“请输入手势名称：”的文本信息，1个EditText控件用于输入手势的名称，1个ImageView控件用于显示绘制好的手势，具体代码如【文件10-11】所示。

【文件10-11】save_gesture.xml

```
1  <?xml version="1.0" encoding="utf-8"?>
2  <RelativeLayout xmlns:android="http://schemas.android.com/apk/res/android"
3      android:layout_width="match_parent"
4      android:layout_height="match_parent">
5      <TextView
6          android:id="@+id/tv_add"
7          android:layout_width="wrap_content"
8          android:layout_height="wrap_content"
9          android:layout_margin="8dp"
10         android:text="请输入手势名称："
11         android:textSize="18sp" />
12     <EditText
13         android:id="@+id/gesture_name"
14         android:layout_width="match_parent"
15         android:layout_height="wrap_content"
16         android:layout_toRightOf="@id/tv_add" />
17     <ImageView
18         android:id="@+id/show"
```

```
19          android:layout_width="wrap_content"
20          android:layout_height="wrap_content"
21          android:layout_below="@id/gesture_name" />
22 </RelativeLayout>
```

4．编写界面交互代码

在MainActivity中实现添加手势的功能，首先在onCreate()方法中获取手势编辑视图并设置手势绘制的宽度和颜色，接着调用addOnGesturePerformedListener()方法设置手势绘制完成事件的监听器，在该监听器的onGesturePerformed()方法中实现弹出对话框与保存手势的功能，具体代码如【文件10-12】所示。

【文件10-12】MainActivity.java

```
1  package cn.itcast.addgesture;
2  ......//省略导入包
3  public class MainActivity extends AppCompatActivity {
4      GestureOverlayView gestureView;
5      EditText gestureName;
6      private Gesture mGesture;
7      @Override
8      protected void onCreate(Bundle savedInstanceState) {
9          super.onCreate(savedInstanceState);
10         setContentView(R.layout.activity_main);
11         //获取手势编辑视图
12         gestureView = (GestureOverlayView) this.findViewById(R.id.gesture);
13         gestureView.setGestureColor(Color.BLUE); // 设置手势绘制颜色
14         gestureView.setGestureStrokeWidth(10);   // 设置手势绘制的宽度
15         // 为手势完成事件绑定事件监听器，手势完成后，触发该事件
16         gestureView.addOnGesturePerformedListener(new GestureOverlayView.
17                 OnGesturePerformedListener() {
18             @Override
19             public void onGesturePerformed(GestureOverlayView overlay, Gesture
20                  gesture) {
21                 mGesture = gesture;
22                 // 加载 save_gesture.xml 界面布局视图
23                 View dialog = getLayoutInflater().inflate(R.layout.save_gesture,
24                                                                          null);
25                 ImageView image = dialog.findViewById(R.id.show);
26                 gestureName  = dialog.findViewById(R.id.gesture_name);
27                 // 根据 Gesture 包含的手势创建一个位图
28                 Bitmap bitmap = gesture.toBitmap(128, 128, 10, 0xff0000ff);
29                 image.setImageBitmap(bitmap);
30                 // 使用对话框显示 dialog 组件
31                 new AlertDialog.Builder(MainActivity.this).setView(dialog)
32                         .setPositiveButton("保存", new DialogInterface
33                                 .OnClickListener() {
34                             @Override
35                             public void onClick(DialogInterface dialog, int which) {
36                            ActivityCompat.requestPermissions(MainActivity.this,
37                                        new String[]{Manifest.permission.
38                                                WRITE_EXTERNAL_STORAGE},1);
39                             }
40                         }).setNegativeButton("取消", null).show();
41             }
42         });
```

```
43      }
44      public void saveFile(){
45          if(mGesture != null){
46              // 获取指定文件对应的手势库
47              GestureLibrary lib = GestureLibraries.fromFile("/sdcard/mygestures");
48              lib.addGesture(gestureName.getText().toString(), mGesture);
49              boolean result= lib.save();    //保存手势库
50              if(result) Toast.makeText(MainActivity.this,"保存成功",
51                                          Toast.LENGTH_SHORT).show();
52              else Toast.makeText(MainActivity.this,"保存失败",
53                                          Toast.LENGTH_SHORT).show();
54          }
55      }
56      @Override
57      public void onRequestPermissionsResult(int requestCode, @NonNull String[]
58                              permissions, @NonNull int[] grantResults) {
59          super.onRequestPermissionsResult(requestCode, permissions, grantResults);
60          if(requestCode==1){
61              for(int i=0; i<permissions.length; i++) {
62                  if(grantResults[i] == PackageManager.PERMISSION_GRANTED){
63                      saveFile();
64                  }else{
65                      Toast.makeText(this, "" + "权限" + permissions[i] +
66                      "申请失败，不能保存手势库文件", Toast.LENGTH_SHORT).show();
67                  }
68              }
69          }
70      }
71 }
```

上述代码中，第12~14行代码获取手势编辑视图的控件，并通过setGestureColor()方法与setGestureStrokeWidth()方法来设置绘制的手势图形颜色和宽度。

第16行代码通过addOnGesturePerformedListener()方法为手势编辑视图控件绑定了监听器，该监听器用于手势绘制完成时提供响应（弹出一个保存手势的对话框）。

第18~41行代码重写了onGesturePerformed()方法，在该方法中首先通过inflate()方法加载save_gesture.xml布局文件，接着在第28、29行代码分别通过toBitmap()方法与setImageBitmap()方法创建手势的位图以及将位图设置到image控件上。第31~40行代码创建了一个AlertDialog对话框，用于显示保存手势界面。第34~39行代码重写了onClick()方法并在该方法中通过requestPermissions()方法动态申请访问SD卡的权限。

第44~55行代码定义了saveFile()方法，在该方法中通过fromFile()方法获取对应的手势库，接着在第48行代码通过addGesture()方法将绘制的手势和输入的手势名称添加到手势库中。第49~53行代码通过save()方法将手势库保存到本地文件夹中，如果保存成功，则调用Toast提示“保存成功”信息，否则提示“保存失败”信息。

第56~70行重写了onRequestPermissionsResult()方法，该方法在选择完是否允许访问SD卡权限后回调。在onRequestPermissionsResult()方法中通过判断grantResults数组中是否有一个状态的值为“PackageManager.PERMISSION_GRANTED”，该状态值表示允许读取系统的SD卡，如果有该状态值，则会调用saveFile()方法保存手势库文件到SD卡中，否则，会通过Toast提示“权限android.permission.WRITE_EXTERNAL_STORAGE申请失败，不能保存手势库文件”的信息。

5. 修改AndroidManifest.xml文件

由于保存手势时需要从SD卡中获取指定文件mygestures对应的手势库，因此在AndroidManifest.xml文件的<manifest>标签中添加访问SD卡的权限，具体代码如下：

```
<uses-permission android:name="android.permission.WRITE_EXTERNAL_STORAGE" />
```

6. 运行程序

运行上述程序，在界面上的手势绘制区域绘制一个手势，完成后会弹出一个保存手势的对话框，点击对话框上的保存按钮，将手势保存到SD卡中并提示“保存成功”信息。运行效果如图10-14所示。

保存手势成功后，在Android Studio工具中，单击Android Studio窗口右下角的Device File Explorer，找到“/sdcard”文件夹，在该文件夹中可以看到保存的手势库文件mygestures，如图10-15所示。

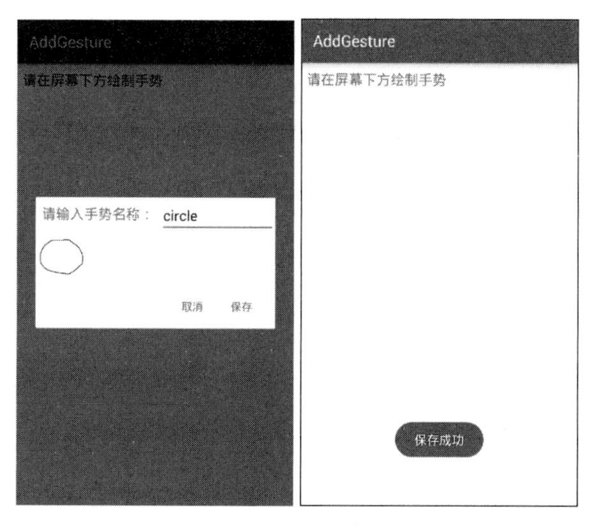

图10-14　运行效果

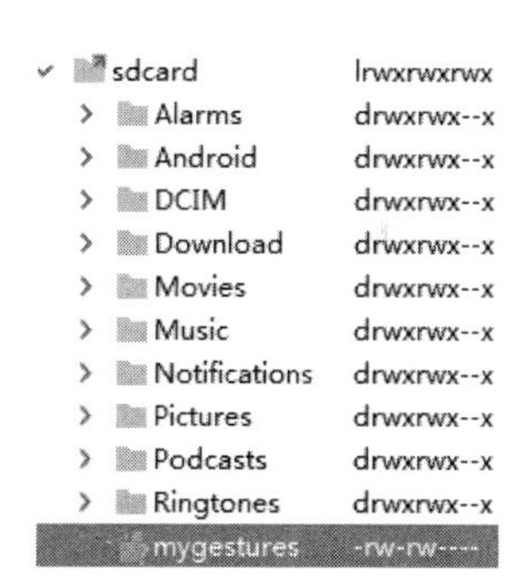

图10-15　Android Device Monitor窗口

10.4.4　使用Gestures Builder软件添加手势

10.4.3小节是通过GestureLibrary类中的addGesture()方法来添加手势，除了通过代码增加手势之外，还可以通过模拟器或者手机上（有的手机可能默认没有）的默认系统软件Gestures Builder增加手势，打开该软件就可以直接创建一个手势并将该手势保存到本地，具体步骤如下：

1. 创建手势

打开模拟器或者手机上的系统软件Gestures Builder，在模拟器上打开该软件的界面效果如图10-16所示。

在图10-16中，点击【Add gesture】按钮，弹出一个创建手势的界面，在该界面上设置手势名称与绘制手势图形，如图10-17所示。

图10-16 Gestures Builder主界面

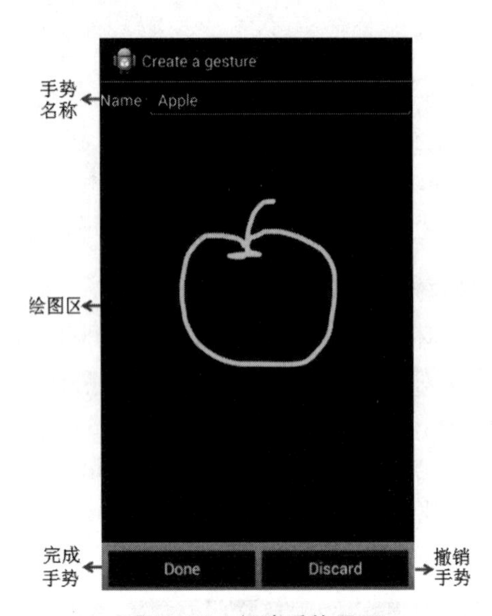

图10-17 创建手势界面

设置完手势名称并绘制完手势之后，点击图10-17中的【Done】按钮，将手势保存到“/storage/emulated/0/gestures”文件夹中，此时当前界面回到Gestures Builder的主界面，并在该界面中显示了绘制的手势图形和手势名称，如图10-18所示。

现在已经创建完了手势，并将绘制的手势图形保存到本地SD卡中。

2. 手势导出

创建完手势并将该手势保存到本地之后，接下来将保存的手势库文件导出来便于后续对其中的手势进行识别时使用。

在Android Studio中，选择【View】→【Tool Windows】→【Device File Explorer】选项，在弹出的Device File Explorer窗口中找到“/storage/emulated/0/”文件夹，在该文件夹中可以看到保存的手势库文件gestures，如图10-19所示。

图10-18 Gestures Builder主界面

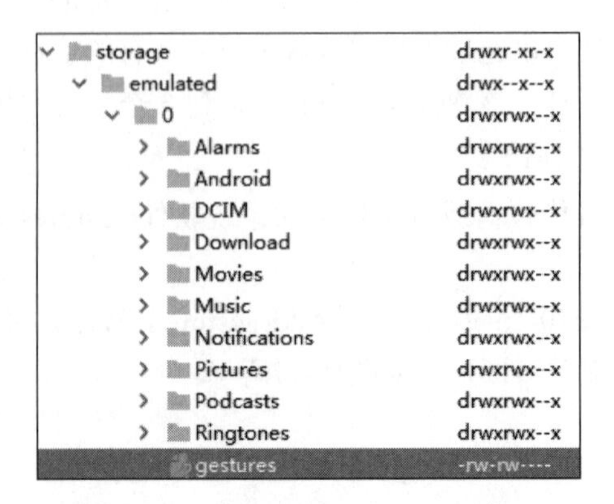

图10-19 Device File Explorer窗口

选中图10-19中的gestures文件，右击选择【Save As】选项将文件保存到本地。

10.4.5　手势识别

10.4.3小节与10.4.4小节分别用两种方式来增加手势，并将手势库文件存放在本地SD卡中。本节我们将根据前面小节保存的手势库来识别绘制的手势。识别手势时，会用到GestureLibrary类提供的recognize(Gesture ges)方法，该方法的返回值是一个ArrrayList<Prediction>类型的集合，表示手势库中所有与ges匹配的手势集合。其中，Prediction对象中的name属性表示匹配的手势名称，score属性表示手势的相似度，图形越相似，相似度就会越高。

接下来以图10-20为例创建一个识别手势的案例，在案例中通过实现GestureOverlayView.OnGesturePerformedListener接口来识别绘制的手势，具体步骤如下：

图10-20　手势识别界面

1. 创建项目

创建一个名为GestureRecognition的应用程序，指定包名为cn.itcast. gesturerecognition。

2. 导入手势文件

在res文件夹中创建一个raw文件夹，接着将上一节导出的gestures文件导入到raw文件夹中。

3. 放置界面控件

在activity_main.xml布局文件中，放置1个TextView控件用于显示手势文本信息，1个GestureOverlayView控件用于显示绘制手势的区域，完整布局代码详见【文件10-13】。

4. 编写界面交互代码

在MainActivity中实现手势识别的功能，首先将MainActivity实现OnGesturePerformedListener接口，并重写接口中的onGesturePerformed()方法，具体代码如【文件10-14】所示。

【文件10-14】 MainActivity.java

```
1  package cn.itcast.gesturerecognition;
2  ......//省略导入包
3  public class MainActivity extends AppCompatActivity implements
4  GestureOverlayView.OnGesturePerformedListener {
5      private GestureLibrary library; //定义手势库变量
6      private boolean loadStatus;  //记录手势库是否加载成功
7      @Override
8      public void onCreate(Bundle savedInstanceState) {
9          super.onCreate(savedInstanceState);
10         setContentView(R.layout.activity_main);
11         //加载手势文件
12         library = GestureLibraries.fromRawResource(this, R.raw.gestures);
13         GestureOverlayView gesture = (GestureOverlayView) findViewById(R.id.
14                                                                 gestures);
15         gesture.addOnGesturePerformedListener(this); //增加事件监听器
16     }
17     @Override
18     public void onGesturePerformed(GestureOverlayView overlay, Gesture gesture) {
```

```
19          loadStatus = library.load(); //加载手势库
20          if(loadStatus) { //如果手势库加载成功
21              //识别绘制的手势，Prediction是一个相似度对象，集合中的相似度是从高到低进行排列
22             ArrayList<Prediction> pres = library.recognize(gesture);
23              if(!pres.isEmpty()) {
24                  Prediction pre = pres.get(0);// 获取相似度最高的对象
25                  //用整型的数表示百分比，如>40%
26                  if(pre.score > 4) { // 如果手势的相似度分数大于 40%，则匹配成功
27                     Toast.makeText(this, pre.name, Toast.LENGTH_LONG).show();
28                  } else {
29                     Toast.makeText(MainActivity.this, "手势匹配不成功",
30                                                   Toast.LENGTH_LONG).show();
31                  }
32              } else {
33                  Toast.makeText(MainActivity.this, "手势库加载失败",
34                                                   Toast.LENGTH_LONG).show();
35              }
36          }
37      }
38 }
```

上述代码中，第12行代码通过fromRawResource()方法从res/raw文件夹中加载手势文件gestures。

第17~37行代码实现了OnGesturePerformedListener接口中的onGesturePerformed()方法，在该方法中首先通过load()方法来加载手势库，如果手势库加载不成功，则提示手势库加载失败。如果手势库加载成功，则调用第22行中的recognize()方法识别绘制的手势，获取手势相似度对象的集合，该集合中手势的相似度是从高到底排列的。接着在第24行获取相似度最高的手势对象，如果获取的手势相似度分数大于4，则说明手势识别成功，程序会运行第27行代码并提示识别成功的手势名称，如果获取的手势相似度分数小于等于4，则提示“手势匹配不成功”。

小提示：

如果想要识别10.4.3小节的案例中增加的手势，则需要从SD卡中加载手势库文件。将【文件10-14】中第11~15行代码替换为如下代码：

```
//动态申请权限
ActivityCompat.requestPermissions(MainActivity.this,
                new String[]{Manifest.permission.READ_EXTERNAL_STORAGE}, 1);
```

在【文件10-14】中重写onRequestPermissionsResult()方法，并在该方法中检查SD权限是否被赋予，若被赋予Manifest.permission.WRITE_EXTERNAL_STORAGE权限，则从SD卡中加载手势库文件。具体代码如下：

```
@Override
public void onRequestPermissionsResult(int requestCode,
               @NonNull String[] permissions, @NonNull int[] grantResults){
    super.onRequestPermissionsResult(requestCode, permissions, grantResults);
    if(requestCode == 1){
        for(int i = 0; i < permissions.length; i++) {
            if(grantResults[i] == PERMISSION_GRANTED){
                //从SD卡中加载手势文件
                library = GestureLibraries.fromFile("/sdcard/mygestures");
                GestureOverlayView gesture = (GestureOverlayView) findViewById(R.id.
                                                       gestures);
```

```
                gesture.addOnGesturePerformedListener(this); //增加事件监听器
            }else{
                Toast.makeText(this, "" + "权限" + permissions[i] +
                        "申请失败，不能保存手势库文件", Toast.LENGTH_SHORT).show();
            }
        }
    }
}
```

同时需要在AndroidManifest.xml文件的<manifest>标签中添加访问SD卡的权限，具体代码如下:

```
<uses-permission android:name="android.permission.READ_EXTERNAL_STORAGE"/>
```

5. 运行程序

运行上述程序，在绘制手势的区域绘制一个类似10.4.4小节中图10-17中的图形，此时程序会识别该手势并提示该手势的名称，如果绘制的图形与图10-17中的图形相似度不高，则程序会提示手势匹配不成功，运行结果如图10-21所示。

图10-21　运行结果

10.5　Handler消息机制

当应用程序启动时，Android首先会开启一个UI线程（主线程），UI线程负责管理UI界面中的控件，并进行事件分发。例如，当点击UI界面上的Button控件时，Android会分发事件到Button按钮上响应要执行的操作，如果此时执行的是耗时操作，比如访问网络读取数据，并将获取到的结果显示到UI界面上，此时就会出现假死现象，如果5秒钟还没有完成，会收到Android系统的一个错误提示“强制关闭”。这时，初学者会想到把这些操作放到子线程中完成，但在Android中，更新UI界面只能在主线程中完成，其他线程是无法直接对主线程进行操作的。

为了解决以上问题，Android中提供了一种异步回调机制Handler，由Handler来负责与子线程进行通信。一般情况下，在主线程中绑定了Handler对象，并在事件触发上面创建子线程用于完成某些耗时操作，当子线程中的工作完成之后，会向Handler发送一个已完成的信号（Message对象），当Handler接收到信号后，就会对主线程UI进行更新操作。

Handler机制主要包括四个关键对象，分别是：Message、Handler、MessageQueue、Looper。下面对这四个关键对象进行简要的介绍。

1．Message

Message是在线程之间传递的消息，它可以在内部携带少量的信息，用于在不同线程之间交换数据。Message的what字段可以用来携带一些整型数据，obj字段可以用来携带一个Object对象。

2．Handler

Handler是处理者的意思，它主要用于发送消息和处理消息。一般使用Handler对象的sendMessage()方法发送消息，发出的消息经过一系列的处理后，最终会传递到Handler对象的handlerMessage()方法中。

3．MessageQueue

MessageQueue是消息队列的意思，它主要用来存放通过Handler发送的消息。通过Handler发送的消息会存在MessageQueue中等待处理，每个线程中只会有一个MessageQueue对象。

4．Looper

Looper是每个线程中的MessageQueue的管家。调用Looper的loop()方法后，就会进入到一个无限循环中。每当发现MessageQueue中存在一条消息，就会将它取出，并传递到Handler的handleMessage()方法中。此外，每个线程也只会有一个Looper对象。在主线程中创建Handler对象时，系统已经默认存在一个Looper对象，所以不用手动创建Looper对象，而在子线程中的Handler对象，需要调用Looper.loop()方法开启消息循环。

为了让初学者更好地理解Handler消息机制，通过一个图例来梳理一下整个Handler消息处理流程，如图10-22所示。

图10-22中清晰地描述了Handler消息机制处理流程。Handler消息处理首先需要在UI线程中创建一个Handler对象，然后在子线程中调用Handler的sendMessage()方法，接着这个消息会存放在UI线程的MessageQueue中，通过Looper对象取出MessageQueue中的消息，最后分发回Hanlder的handleMessage()方法中。Handler消息机制处理在Android开发中经常会用到，初学者必须要掌握。

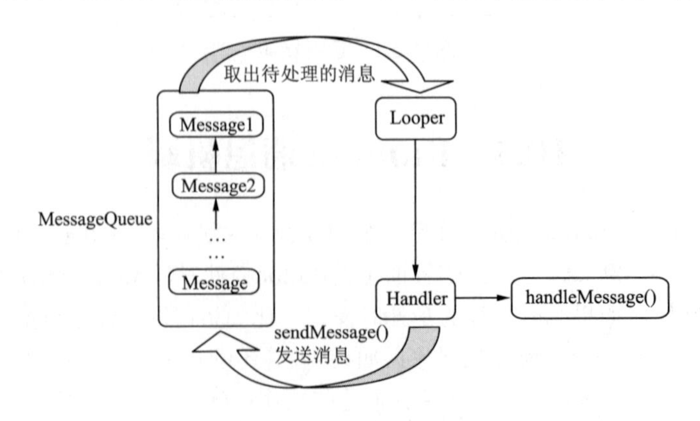

图10-22　异步消息处理原理图

本章小结

本章主要讲解了Android事件处理，针对回调机制的事件处理、监听接口机制的事件处理、手势的创建、手势的导出、绘制手势以及Handler消息机制处理进行了详细的讲解，在Android程序中经常会遇到处理物理按键与界面上按钮的事件，也会常常通过记录一个手势来设置账户的密码，当处理子线程与主线程间的信息时会用到Handler消息机制，这些事件在Android程序开发中经常会用到，因此需要初学者熟练掌握，便于后续开发Android项目。

本章习题

一、填空题

1. 当Android设备上的物理按键被按下时，程序会回调______方法。
2. Android系统提供的______类用于识别用户的手势。
3. 点击事件的处理需要通过______接口实现。

二、判断题

1. 滑动、弹起操作属于键盘事件。　（　）
2. 事件监听的处理模型主要包含事件源、事件和事件监听器。　（　）
3. onFocusChanged()方法可以在Activity中重写。　（　）
4. Android中的事件主要包括键盘事件和触摸事件两类。　（　）
5. 在Handler机制中，Message表示可以携带信息进行传递。　（　）

三、选择题

1. 下列关于回调机制相关方法的描述，正确的是（　　）。（多选）
   A. onKeyDown()方法主要用于捕捉手机键盘被按下的事件
   B. onKeyUp()方法主要用于捕捉键盘按键弹起的事件
   C. onTouchEvent()方法主要用于处理屏幕的触摸事件
   D. onFocusChanged()方法主要用于处理焦点改变的事件
2. 下列关于监听接口机制相关方法的描述，正确的是（　　）。（多选）
   A. OnClickListener接口专门用于处理控件的点击事件
   B. OnLongClickListener专门用于处理长按事件
   C. OnKeyListener专门用于监听键盘事件
   D. OnTouchListener专门用于处理手机屏幕的触摸事件
3. 下列关于手势监听接口的描述中，正确的是（　　）。（多选）
   A. OnGestureListener接口用于监听一些单击、滑动、长按等手势
   B. OnDoubleTapListener接口用于监听双击和单击手势
   C. OnContextClickListener接口用于监听鼠标/触摸板右击手势
   D. SimpleOnGestureListener类实现了前面三个接口中的所有回调方法

四、简答题

1. 简述Handler消息机制的工作原理。
2. 简述事件监听处理的实现原理。

第11章 网络编程

学习目标：

◎了解HTTP协议，学会使用HttpURLConnection访问网络。

◎掌握WebView控件的使用，能够加载不同网页。

◎掌握XML与JSON数据解析，可以熟练解析不同的数据。

在移动互联网时代，手机联网实现信息互通是最基本的功能体验。上下班途中、休息旅行时，只要有空，人们就会拿出手机上网，通过手机接收新资讯、搜索网络资源。Android作为智能手机市场主流的操作系统，它的强大离不开其对网络功能的支持。Android系统提供了多种实现网络通信的方式，接下来，我们从最基本的HTTP协议开始，到Android中原生的HttpUrlConnection、WebView的使用以及网络数据的解析，详细讲解Android网络编程的相关知识。

11.1 通过HTTP访问网络

Android对HTTP通信提供了很好的支持，通过标准的Java类HttpURLConnection便可实现基于URL的请求及响应功能。HttpURLConnection继承自URLConnection类，它可以发送和接收任何类型和长度的数据，也可以设置请求方式、超时时间。本节将针对HTTP协议与URLConnection访问网络进行详细讲解。

11.1.1 HTTP协议通信简介

日常生活中，大多数人在遇到问题时，会使用手机进行百度搜索，这个访问百度的过程就是通过HTTP协议完成的，所谓的HTTP（Hyper Text Transfer Protocol）即超文本传输协议，它规定了浏览器和服务器之间互相通信的规则。

HTTP是一种请求/响应式的协议，当客户端在与服务器端建立连接后，向服务器端发送的请求，被称作HTTP请求。服务器端接收到请求后会做出响应，称为HTTP响应。为了让初学者更好的理解，下面通过手机端访问服务器端的图例来展示HTTP协议的通信过程，如图11-1所示。

图11-1　HTTP请求与响应

由图11-1可知，使用手机客户端访问百度时，会发送一个HTTP请求，当服务器端接收到这个请求后，会做出响应并将百度页面（数据）返回给客户端浏览器，这个请求和响应的过程实际上就是HTTP通信的过程。

11.1.2　使用HttpURLConnection访问网络

在实际开发中，绝大多数的App都需要与服务器进行数据交互，也就是访问网络，此时就需要用到HttpURLConnection。接下来将通过一段示例代码来学习HttpURLConnection的用法，示例代码如下：

```
URL url = new URL("http://www.itcast.cn"); //在URL的构造方法中传入要访问资源的路径
HttpURLConnection conn = (HttpURLConnection)url.openConnection();
conn.setRequestMethod("GET");                 //设置请求方式
conn.setConnectTimeout(5000);                 //设置超时时间
InputStream is = conn.getInputStream();       //获取服务器返回的输入流
conn.disconnect();                            //关闭http连接
```

上述示例代码演示了手机端与服务器端建立连接并获取服务器返回数据的过程。其中，setConnectTimeout()方法一般都会设置

需要注意的是，在使用HttpURLConnection对象访问网络时，需要设置超时时间，以防止连接被阻塞时无响应，影响用户体验，并且上述示例代码，需要放置到try-catch代码块中，否则代码会报红。

在使用HttpURLConnection访问网络时，通常会用到两种网络请求方式：一种是GET，一种是POST。这两种请求方式是在HTTP/1.1中定义的，用于表明Request-URI指定资源的不同操作方式。这两种请求方式在提交数据时也有一定区别，接下来分别对GET方式提交数据和POST方式提交数据进行详细讲解。

1. GET方式提交数据

GET方式是以实体的方式得到由请求URL所指向的资源信息，它向服务器提交的参数跟在请求URL后面。使用GET方式访问网络URL的内容一般要小于1 KB。接下来通过一段示例代码来演示如何使以GET方式提交数据，示例代码如下：

```
//将用户名和密码拼在指定资源路径后面，并对用户名和密码进行编码
```

```
String path = "http://192.168.1.100:8080/web/LoginServlet?username="
                + URLEncoder.encode("zhangsan")
                +"&password="+ URLEncoder.encode("123");
URL url = new  URL(path);                          //创建URL对象
HttpURLConnection conn = (HttpURLConnection)url.openConnection();
conn.setRequestMethod("GET");                      //设置请求方式
conn.setConnectTimeout(5000);                      //设置超时时间
int responseCode = conn.getResponseCode(); //获取状态码
if(responseCode == 200){                           //访问成功
    InputStream is = conn.getInputStream();//获取服务器返回的输入流
}
```

2. POST方式提交数据

使用POST请求方式提交数据时，提交的数据是以键值对的形式封装在请求实体中，用户通过浏览器无法看到发送的请求数据，因此POST方式要比GET方式相对安全。接下来通过一段示例代码来演示如何以POST方式提交数据，示例代码如下：

```
String path = "http://192.168.1.100:8080/web/LoginServlet";
URL url = new URL(path);
HttpURLConnection conn = (HttpURLConnection) url.openConnection();
conn.setConnectTimeout(5000);                      //设置超时时间
conn.setRequestMethod("POST");                     //设置请求方式
//封装要提交的数据，通过URLEncoder.encode()方法将数据转换为浏览器可以识别的形式
String data = "username=" + URLEncoder.encode("zhangsan")
            + "&password=" + URLEncoder.encode("123");
//设置请求属性"Content-Type"的值，用于指定提交的实体数据的内容类型
conn.setRequestProperty("Content-Type","application/x-www-form-urlencoded");
//设置请求属性"Content-Length"的值为提交数据的长度
conn.setRequestProperty("Content-Length", data.length() + "");
conn.setDoOutput(true);                            //设置允许向外写数据
OutputStream os = conn.getOutputStream();  //利用输出流往服务器写数据
os.write(data.getBytes());                         //将数据写给服务器
int code = conn.getResponseCode();                 //获取状态码
if(code == 200) {                                  // 请求成功
    InputStream is = conn.getInputStream();
}
```

上述代码中，使用POST方式提交数据时，是以流的形式直接将参数写到服务器上，并设置数据的提交方式和数据的长度。

注意：在实际开发中，手机端与服务器端进行交互的过程中避免不了要提交中文到服务器，这时就会出现中文乱码的情况。无论是GET方式还是POST方式提交参数时都要给参数进行编码。需要注意的是，编码方式必须与服务器解码方式一致。同样在获取服务器返回的中文字符时，也需要用指定格式进行解码。

11.2　使用WebView进行网络开发

Android系统默认提供了内置浏览器，该浏览器使用了开源的WebKit引擎，WebKit不仅能搜索

网址、查看电子邮件，而且还可以播放视频。在Android程序中，如果想要使用该内置浏览器，则需要通过WebView控件来实现，该控件不仅可以指定URL，还可以加载并执行HTML代码，同时还支持JavaScript。本节将针对如何使用WebView控件进行网络开发进行详细讲解。

11.2.1　使用WebView浏览网页

在Android程序中，WebView控件是专门用于浏览网页的，其使用方法与其他控件一样，既可以在XML布局文件中使用<WebView>标签来添加，也可以在Java文件中通过new关键字来创建。一般情况下，会采用第一种方法，即通过在XML布局文件中添加<WebView>标签的形式，在XML布局文件中添加一个WebView控件的具体代码如下：

```
<WebView
    android:id="@+id/webView"
    android:layout_width="match_parent"
    android:layout_height="match_parent" />
```

上述代码中，添加的WebView控件的id为webView，该控件的宽和高都是match_parent。添加完该控件之后，可以用该控件提供的方法来执行浏览器的操作了，WebView控件常用的方法如表11-1所示。

表 11-1　WebView 控件的常用方法

方 法 名 称	功 能 描 述
loadUrl(String url)	用于加载指定 URL 对应的网页
loadData(String data, String mimeType, String encoding)	用于将指定的字符串数据加载到浏览器中
loadDataWithBaseURL(String baseUrl, String data, String mimeType, String encoding,String historyUrl)	基于 URL 加载指定的数据
capturePicture()	用于创建当前屏幕的快照
goBack()	执行后退操作，相当于浏览器上后退按钮的功能
goForward()	执行前进操作，相当于浏览器上前进按钮的功能
stopLoading()	停止加载当前页面
reload()	刷新当前页面

接下来以图11-2为例来讲解如何使用WebView控件浏览网页，具体步骤如下：

1. 创建程序

创建一个名为WebView的应用程序，指定包名为cn.itcast.webview。

扫一扫

扫码查看文件11-1

2. 放置界面控件

在activity_main.xml布局文件中，放置1个WebView控件用于浏览网页，完整布局代码详见【文件11-1】。

3. 编写界面交互代码

在MainActivity中实现WebView控件浏览网页的功能，首先通过findViewById()方法获取界面上的WebView控件，接着通过WebView控件的loadUrl()方法来加载指定的网页，具体代码如【文件11-2】所示。

图11-2　WebView界面

【文件11-2】 MainActivity.java

```
1  package cn.itcast.webview;
2  import android.support.v7.app.AppCompatActivity;
3  import android.os.Bundle;
4  import android.webkit.WebView;
5  public class MainActivity extends AppCompatActivity {
6      @Override
7      protected void onCreate(Bundle savedInstanceState) {
8          super.onCreate(savedInstanceState);
9          setContentView(R.layout.activity_main);
10         // 获取布局管理器中添加的 WebView 控件
11         WebView webview=(WebView)findViewById(R.id.webView);
12         webview.loadUrl("http://www.itheima.com/"); // 指定要加载的网页
13     }
14 }
```

由于上述代码运行时，需要访问网络资源，因此还需要在清单文件（AndroidManifest.xml）的<manifest>标签中添加允许访问网络资源的权限，添加的具体代码如下：

```
<uses-permission android:name="android.permission.INTERNET"/>
```

注意： 如果想让上述WebView控件具备放大和缩小网页的功能，则需要对该控件进行如下设置：

```
webview.getSettings().setSupportZoom(true);
webview.getSettings().setBuiltInZoomControls(true);
```

11.2.2 使用WebView执行HTML代码

在Android程序中，有一些文本提示信息使用HTML代码实现会比较简便快捷，而且界面也会更加美观。WebView类提供了loadData()和loadDataWithBaseURL()方法加载HTML代码。当使用loadData()方法来加载带中文的HTML内容时会产生乱码，但是使用loadDataWithBaseURL()方法就不会出现这种情况。loadDataWithBaseURL()方法的定义方式如下：

```
loadDataWithBaseURL(String baseUrl, String data, String mimeType, String
encoding,String historyUrl)
```

关于loadDataWithBaseURL()方法中的参数的具体介绍如下：

- baseUrl：用于指定当前页使用的基本URL。如果为null，则使用默认的about:blank，即空白页。
- data：用于指定要显示的字符串数据。
- mimeType：用于指定要显示内容的MIME类型。如果为null，则默认使用text/html。
- encoding：用于指定数据的编码方式。
- historyUrl：用于指定当前页的历史URL，也就是进入该页前显示页的URL。如果为 null，则使用默认的about:blank。

接下来以图11-3为例来介绍如何使用WebView类加载HTML代码，具体步骤如下：

1. 创建程序

创建一个名为WebViewHtml的应用程序，指定包名为cn.itcast.webviewhtml，该程序主界面的布局代码与【文件11-1】中的布局代码一样，都是放置了一个WebView控件，因此将【文件11-1】中的代码复制到该项目中的activity_main.xml文件中即可。

图11-3　WebViewHtml界面

2. 编写界面交互代码

接下来在MainActivity中实现WebView控件加载HTML代码的功能，具体代码如【文件11-3】所示。

【文件11-3】 MainActivity.java

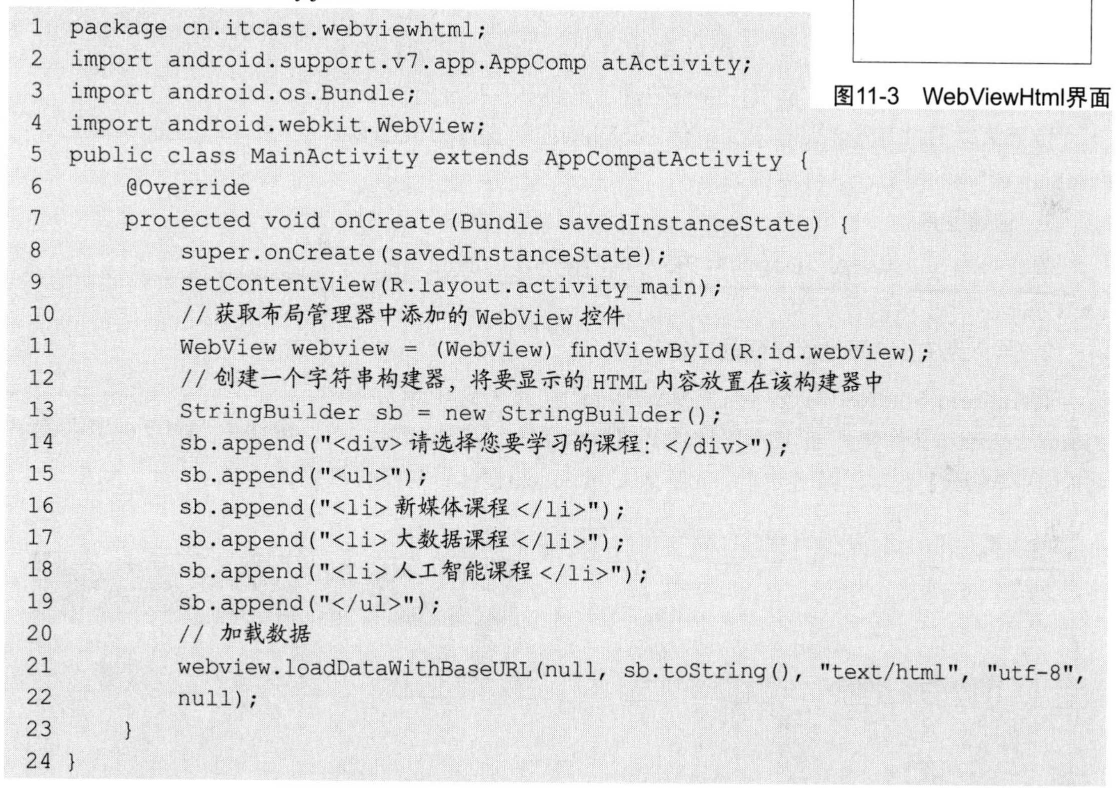

```
1  package cn.itcast.webviewhtml;
2  import android.support.v7.app.AppComp atActivity;
3  import android.os.Bundle;
4  import android.webkit.WebView;
5  public class MainActivity extends AppCompatActivity {
6      @Override
7      protected void onCreate(Bundle savedInstanceState) {
8          super.onCreate(savedInstanceState);
9          setContentView(R.layout.activity_main);
10         // 获取布局管理器中添加的 WebView 控件
11         WebView webview = (WebView) findViewById(R.id.webView);
12         // 创建一个字符串构建器，将要显示的 HTML 内容放置在该构建器中
13         StringBuilder sb = new StringBuilder();
14         sb.append("<div> 请选择您要学习的课程: </div>");
15         sb.append("<ul>");
16         sb.append("<li> 新媒体课程 </li>");
17         sb.append("<li> 大数据课程 </li>");
18         sb.append("<li> 人工智能课程 </li>");
19         sb.append("</ul>");
20         // 加载数据
21         webview.loadDataWithBaseURL(null, sb.toString(), "text/html", "utf-8",
22         null);
23     }
24 }
```

上述代码中，第11~19行代码通过findViewById()方法获取WebView控件，接着创建一个字符串构建器sb，通过append()方法将HTML代码放入该构建器中。

第21~22行代码通过loadDataWithBaseURL()方法加载构建器中的HTML代码并显示到界面上。其中loadDataWithBaseURL()方法中的第1个参数null表示使用默认的空白页面，第2个参数sb.toString()表示字符串构建器sb中的数据，第3个参数“text/html”表示指定要显示内容的MIME类型，第4个参数“utf-8”表示指定数据的编码方式。

11.2.3　设置WebView支持JavaScript

Android程序中，由于WebView控件加载的某些网页是通过JavaScript代码编写的，而WebView控件在默认情况下是不支持JavaScript代码的，因此为了解决这个问题，我们需要通过setJavaScriptEnabled()方法来设置WebView控件，使其可以支持JavaScript代码，具体步骤如下：

第一步：首先获取WebView控件的WebSettings对象，接着调用该对象的setJavaScriptEnabled()方法让WebView控件支持JavaScript代码。例如，在程序中获取了WebView控件的对象webview，设置该控件支持网页中的JavaScript代码，示例代码如下：

```
WebSettings settings= webview.getSettings(); // 获取 WebSettings 对象
settings.setJavaScriptEnabled(true);          // 设置 JavaScript 可用
```

第二步：经过第一步设置之后，网页中的大部分JavaScript代码均可以加载出来，但是对于通过window.alert()方法弹出的提示框却加载不出来。如果想要解决这个问题，则需要通过WebView控件的setWebChromeClient()方法来实现，示例代码如下：

```
webview.setWebChromeClient(new WebChromeClient());
```

通过上述代码设置之后，在使用WebView控件显示带有JavaScript代码的提示框时，网页中弹出的提示框将不会被屏蔽掉。

接下来以图11-4为例来演示如何将WebView控件支持一个带有JavaScript代码的网页，具体步骤如下：

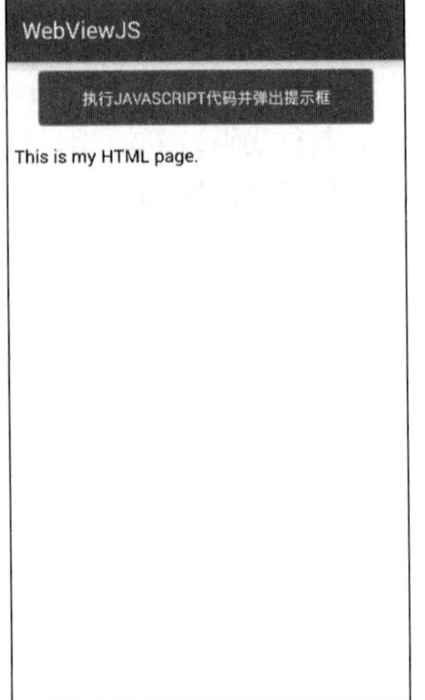

图11-4　WebViewJS界面

1. 创建程序

创建一个名为WebViewJS的应用程序，指定包名为cn.itcast.webviewjs。

2. 导入带有JavaScript代码的文件

将Android Studio中的选项卡切换到Project，接着选中项目中的app\src\main文件夹，右击，依次选择【New】→【Folder】→【Assets Folder】选项，弹出一个Configure Component窗体，如图11-5所示。

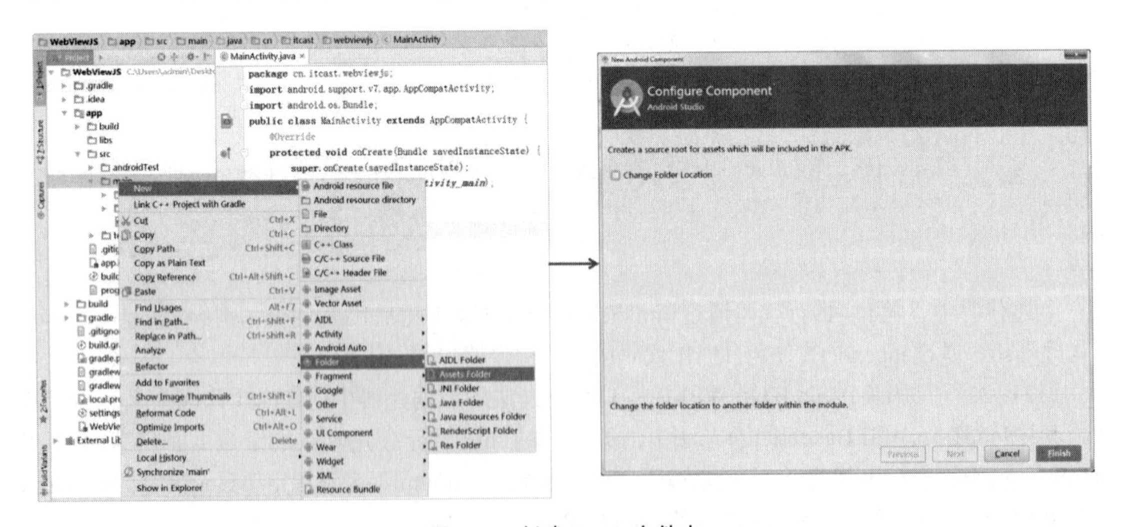

图11-5　创建assets文件夹

单击Configure Component窗体中的【Finish】按钮即可完成创建assets文件夹，将alert.html文件与alert.js文件（这两个文件在资源中已提供）导入到assets文件夹中，在程序中调用这两个文件会弹出一个消息提示框的网页。

3. 放置界面控件

在activity_main.xml布局文件中，放置1个Button控件用于显示“执行JavaScript代码并弹出提示框”的按钮，1个WebView控件用于浏览网页，完整布局代码详见【文件11-4】。

扫一扫

扫码查看
文件11-4

4. 创建背景选择器

由于界面上的按钮在按下与弹起的背景是不一样的，因此可以创建一个背景选择器实现该效果。首先将按钮按下与弹起的背景图片btn_dialog_selected.png、btn_dialog_normal.png导入到drawable文件夹中，接着在res/drawable文件夹中创建按钮的背景选择器btn_dialog_selector.xml，当按钮按下时显示灰色图片（btn_dialog_selected.png），当按钮弹起时显示蓝色图片（btn_dialog_normal.png），具体代码如【文件11-5】所示。

【文件11-5】 btn_dialog_selector.xml

```
1  <?xml version="1.0" encoding="utf-8"?>
2  <selector xmlns:android="http://schemas.android.com/apk/res/android">
3      <item android:drawable="@drawable/btn_dialog_selected"
4                                              android:state_pressed="true" />
5      <item android:drawable="@drawable/btn_dialog_normal" />
6  </selector>
```

上述代码中，第3~4行代码表示当按钮按下时，也就是android:state_pressed=”true”时，按钮的背景图片设置为灰色图片btn_dialog_selected。

第5行代码表示当按钮弹起时，按钮的背景图片设置为蓝色图片btn_dialog_normal。

5. 编写界面交互代码

在MainActivity中实现WebView控件支持JavaScript代码的功能，具体代码如【文件11-6】所示。

【文件11-6】 MainActivity.java

```
1  package cn.itcast.webviewjs;
2  ......//省略导入包
3  public class MainActivity extends AppCompatActivity {
4      @Override
5      protected void onCreate(Bundle savedInstanceState) {
6          super.onCreate(savedInstanceState);
7          setContentView(R.layout.activity_main);
8          final WebView webview = (WebView) findViewById(R.id.webView);
9          Button btn = (Button) findViewById(R.id.btn_dialog);
10         webview.loadUrl("file:///android_asset/alert.html");//指定要加载的网页
11         btn.setOnClickListener(new View.OnClickListener() {
12             @Override
13             public void onClick(View view) {
14                 //设置webview控件支持JavaScript代码
15                 webview.getSettings().setJavaScriptEnabled(true);
16                 //显示网页中通过JavaScript代码弹出的提示框
17                 webview.setWebChromeClient(new WebChromeClient());
18                 webview.loadUrl("file:///android_asset/alert.html");
19             }
20         });
21     }
22 }
```

上述代码中，第10行代码通过loadUrl()方法加载网页地址，此时界面上的WebView控件没有设置支持JavaScript代码。

第11~20行代码是处理界面上按钮的点击事件，点击该按钮会运行第15~18行代码，其中第15行代码通过setJavaScriptEnabled()方法设置WebView控件支持网页中的JavaScript代码，第17行代码通过setWebChromeClient()方法让WebView控件显示网页中弹出的提示框。第18行代码通过loadUrl()方法加载网页地址。

需要注意的是，上述代码中第10行和18行加载的是同一个网页地址，为了对比出没有设置WebView控件支持JavaScript代码与设置WebView控件支持JavaScript代码的界面效果。

6. 运行程序

运行上述代码，默认界面上不会弹出一个JavaScript 代码编写的提示框，点击界面上的“执行JavaScript代码并弹出提示框”按钮时，界面上会弹出一个JavaScript 代码编写的提示框，运行结果如图11-6所示。

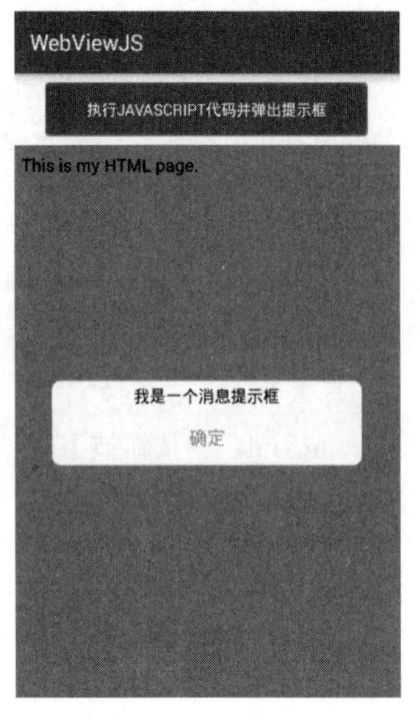

图11-6　运行结果

11.3　JSON数据解析

Android应用界面上的数据信息大部分都是通过网络请求从服务器（详见11.3.3小节的多学一招）上获取到的，获取到的数据类型很多时候是JSON类型，JSON是一种新的数据格式，这种格式的数据不可以直接显示到程序的界面上，需要将该数据解析为一个集合或对象的形式才可以显示到界面上，本节将针对JSON数据与其解析进行详细讲解。

11.3.1　JSON数据

在解析JSON数据之前，首先来了解一下JSON数据。JSON即JavaScript Object Notation（对象表示法），表示一种轻量级的数据交互格式，它是基于JavaScript的一个子集，采用完全独立于编程语言的文本格式来存储和表示数据。简洁和清晰的层次结构使得 JSON 成为理想的数据交换语言，而且JSON数据易于人阅读和编写，同时也易于机器解析和生成，能够有效地提升网络传输效率。

初学者可以使用JSON传输一个简单的数据，如String、Number、Boolean，也可以传输一个数组或者一个复杂的Object对象。JSON数据有两种表示结构，分别是对象结构和数组结构，这两种结构的具体信息如下：

1. 对象结构

以“{”开始，以“}”结束。中间部分由以“，”分隔的键值对（key:value）构成，最后一个键值对后边不用加“，”，键（key）和值（value）之间以“:”分隔，对象结构的JSON数据的存储形式如图11-7所示。

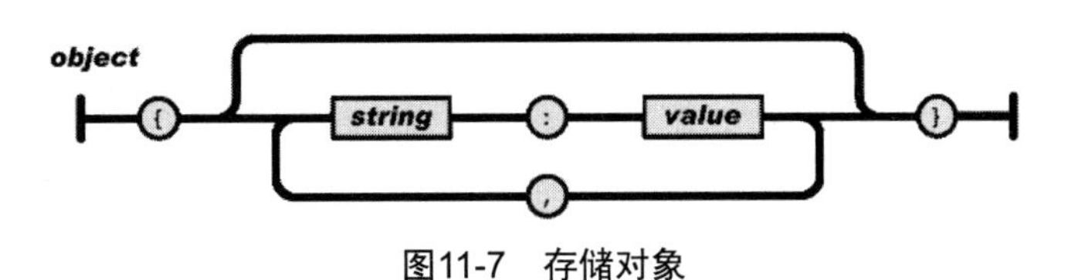

图11-7 存储对象

图11-7中，object可以看作是一个Map，string表示键key，value表示key对应的值。

对象结构的JSON数据的语法结构代码如下：

```
{
    key1:value1,
    key2:value2,
    ...
}
```

上述语法结构中的key1，key2...必须为String类型，value1，value2...可以是String、Number、Object、Array等数据类型。例如，一个address对象包含城市、街道、邮编等信息，JSON的表示形式如下：

```
{"city":"Beijing","street":"Xisanqi","postcode":100096}
```

2. 数组结构

以“[”开始，以“]”结束。中间部分由0个或多个以“，”分隔的对象（value）的列表组成，其存储形式如图11-8所示。

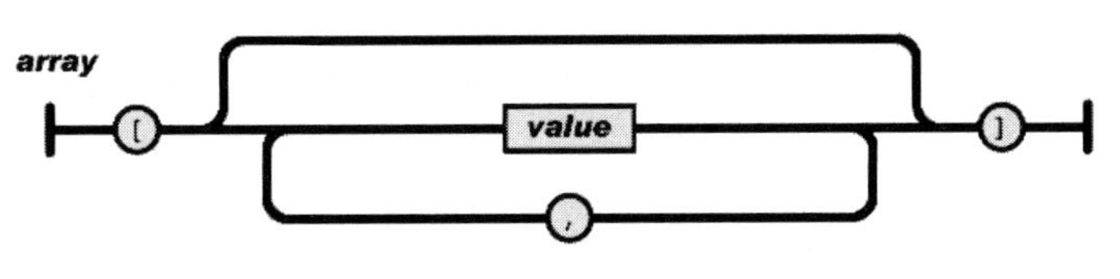

图11-8 存储数组

图11-8中，array表示一个数组，value表示一个对象，该对象可以是具体的数据（如"4"、"您好"），也可以是一个对象结构的JSON数据（如{"name":"小花","age":"18"}、{"city":"北京","weather":"多云"}）。

数组结构的JSON数据的语法结构代码如下：

```
[
    value1,
    value2,
    ...
]
```

如果一个数组结构的JSON数据中包含了String、Number、Boolean、null类型的具体数据，JSON的表示形式如下：

```
["abc",12345,false,null]
```

如果一个数组结构的JSON数据中包含了两个对象结构的数据，JSON的表示形式如下：

```
[
  {
    "name":"LiLi",
```

```
        "city":"Beijing"
        },
        {
        "name":"LiLei",
        "city":"Shanghai"
        }
    ]
```

假设上述JSON数据的每个对象中还包含一个hobby信息，其value值是一个数组，则JSON的表示形式如下：

```
    [
        {
        "name":"LiLi",
        "city":"Beijing",
        "hobby":["篮球","乒乓球","听音乐"]
        },
        {
        "name":"LiLei",
        "city":"Shanghai",
         "hobby":["看电影","羽毛球","游泳"]
        }
    ]
```

上述JSON数据中，每个hobby都是一个数组结构的JSON数据。

需要注意的是，如果使用JSON存储单个数据（如“abc”），一定使用数组的形式，不要使用Object形式，因为Object形式必须是“名称：值”的形式。另外，JSON文件的扩展名为.json，例如Person.json。

11.3.2 JSON解析

如果想要将JSON文件中的数据显示到Android程序的界面上，则首先需要将JSON数据解析出来。假设现在有两条JSON数据，其中json1是对象结构的数据，json2是数组结构的数据，示例代码如下：

json1:

```
{"name": "zhangsan", "age": 27, "married":true}
```

json2:

```
[{"name": "lisi","age": 25},{"name": "Jason","age": 20}]
```

如果我们要解析这两种格式的JSON数据，解析方式有两种，具体介绍如下：

1. 使用JSONObject与JSONArray类解析JSON数据

为了解析JSON数据，Android SDK为开发者提供了org.json包，该包存放了解析JSON数据的类，其中最重要的两个类是JSONObject和JSONArray，JSONObject用于解析对象结构的JSON数据，JSONArray用于解析数组结构的JSON数据，这两个类解析JSON数据的具体代码如下所示。

（1）使用JSONObject类解析对象结构的JSON数据，示例代码如下：

```
JSONObject jsonObj = new JSONObject(json1);
String name = jsonObj.optString("name");
int age = jsonObj.optInt("age");
```

```
boolean married = jsonObj.optBoolean("married");
```

上述代码中，首先创建了JSONObject类的对象jsonObj，JSONObject()构造方法中传递的参数是对象结构的JSON数据，接着分别通过jsonObj的optString()方法、optInt()方法、optBoolean()方法获取JSON数据中的String类型、int类型、boolean类型的数据。

（2）使用JSONArray类解析数组结构的JSON数据，示例代码如下：

```
JSONArray jsonArray = new JSONArray(json2);
for(int i = 0; i < jsonArray.length(); i++) {
    JSONObject jsonObj = jsonArray.getJSONObject(i);
    String name = jsonObj.optString("name");
    int age = jsonObj.optInt("age");
}
```

上述代码中，首先创建了JSONArray类的对象jsonArray，JSONArray()构造方法中传递的参数是数组结构的JSON数据，接着通过一个for循环来遍历jsonArray中的数据。由于json2是一个数组结构的数据，因此需要在for循环中对数组中的数据进行遍历。在for循环中，首先需要通过getJSONObject()方法获取数组中的每个对象，接着通过该对象的optString()与optInt()方法获取json2中对应的数据。

上述两个类解析JSON数据时用到了optString()方法、optInt()方法、optBoolean()方法，这些方法在解析数据时是安全的，如果对应的字段不存在，这些方法会有默认返回值，程序不会报错。

2. 使用Gson库解析JSON数据

为了解析JSON数据，Google提供了一个Gson库，该库中定义了fromJson()方法来解析JSON数据。如果想要使用这个库，则需要将其添加到项目中（详见“多学一招”），然后才可以调用库中提供的方法。

使用Gson库之前必须创建JSON数据对应的实体类，实体类中的成员名称必须与JSON数据中的key值一致，在解析JSON数据的示例代码中，数据json1对应的实体类以Person1为例，数据json2对应的实体类以Person2为例，实体类Person1的具体代码如【文件11-7】所示。

【文件11-7】 Person1.java

```
1  public class Person1 {
2      private String name;
3      private int age;
4      private boolean married;
5      public String getName() {
6          return name;
7      }
8      public void setName(String name) {
9          this.name = name;
10     }
11     public int getAge() {
12         return age;
13     }
14     public void setAge(int age) {
15         this.age = age;
16     }
17     public boolean isMarried() {
```

```
18            return married;
19        }
20        public void setMarried(boolean married) {
21            this.married = married;
22        }
23 }
```

只需将【文件11-7】中的第4行与第17~22行代码删除就是实体类Person2中的代码。

（1）使用Gson库解析对象结构的JSON数据，示例代码如下：

```
Gson gson = new Gson();
Person1 person1 = gson.fromJson(json1, Person1.class);
```

（2）使用Gson库解析数组结构的JSON数据，示例代码如下：

```
Gson gson = new Gson();
Type listType = new TypeToken<List<Person2>>(){}.getType();
List<Person2> person2 = gson.fromJson(json2, listType);
```

上述解析两种JSON数据的代码中，都是通过Gson库中的fromJson()方法来解析JSON数据的。

根据上述两种方式解析不同的JSON数据可知，通过Gson库解析JSON数据的代码比较简单快捷，便于提高开发效率。

多学一招：Android Studio添加库文件

在实际开发过程中，经常会使用到Google提供的类库，这些类库需要添加到Android程序中，才可以调用库中的方法。接下来针对如何在Android程序中添加库文件进行讲解，具体操作步骤如下：

（1）在Android Studio中，选择【File】→【Project Structure】选项，此时会弹出一个Project Structure窗口，如图11-9所示。

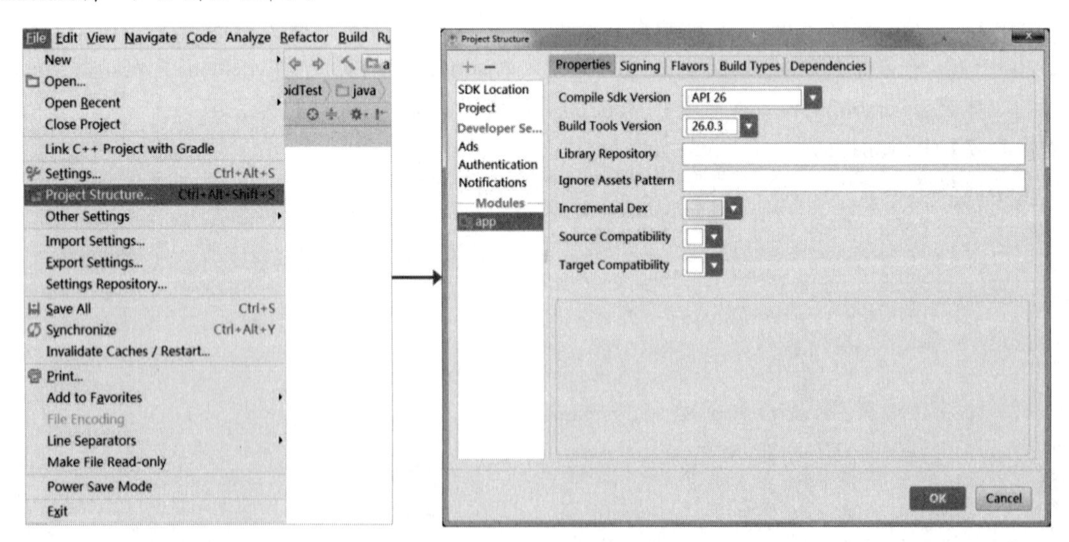

图11-9 Project Structure窗口

（2）选中Project Structure窗口中的【Dependencies】选项卡，接着单击该窗口右上角的+，选择Library dependency选项，此时会弹出一个Choose Library Dependency窗口，在该窗口中找到Gson库com.google.code.gson:gson:2.8.5并选中，如图11-10所示。

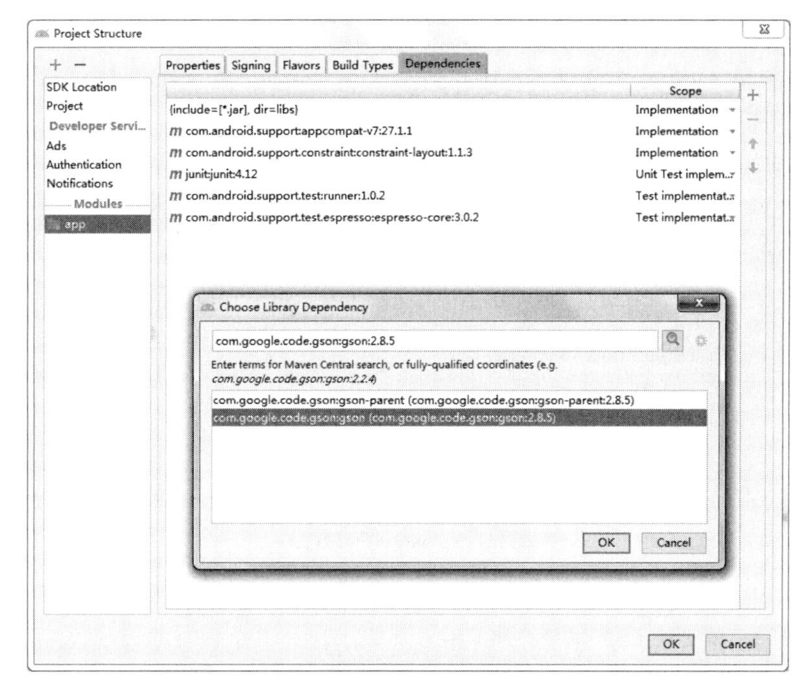

图11-10　Choose Library Dependency窗口

单击【OK】按钮，库文件就可以成功添加到Android程序中了。

11.3.3　实战演练——天气预报

实际生活中，人们都会在手机中安装一个天气预报的软件，如墨迹天气、懒人天气等。这些软件可以帮助人们感知屋外的气温、PM值以及风力等信息，这些天气的数据信息可以通过JSON文件来存放。为了让初学者更好地掌握前面学习的JSON数据解析的知识点，本节我们将通过天气预报的案例来演示如何解析JSON数据并将数据显示到界面上，界面效果如图11-11所示。

图11-11　天气预报界面

实现天气预报功能的具体步骤如下：

1．创建程序

创建一个名为Weather的应用程序，指定包名为cn.itcast.weather。

2．导入界面图片

将天气预报界面所需要的图片cloud_sun.png、clouds.png、sun.png、weather_bg.png导入程序中的drawable文件夹中。

3．放置界面控件

在activity_main.xml布局文件中，放置5个TextView控件分别用于显示城市、天气、温度、风力、PM值信息，1个ImageView控件用于显示天气的图片，3个Button控件分别用于显示“北京”城市按钮、“上海”城市按钮、“广州”城市按钮。完整布局代码详见【文件11-8】。

扫一扫

扫码查看文件11-8

4．创建assets文件夹

把选项卡切换至“Project”选项，选中app/src/main文件夹，右击选择【New】→【Folder】→【Assets Folder】选项，创建一个assets文件夹。

5．创建weather.json文件

选中assets文件夹，右击选择【New】→【File】选项，会弹出一个New File窗口，在该窗口中输入文件的名称weather.json，如图11-12所示。

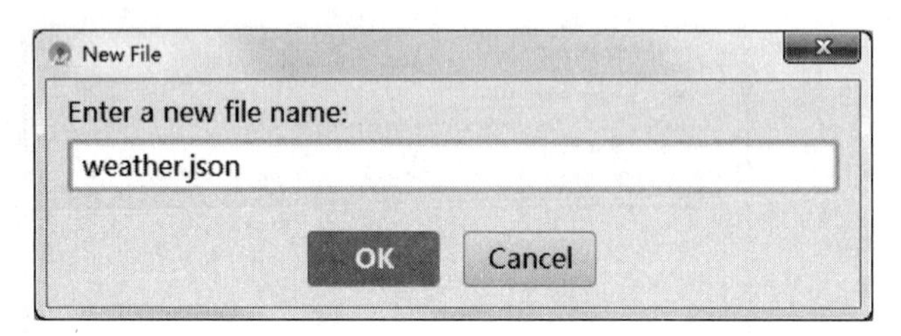

图11-12　New File窗口

单击图11-12中的【OK】按钮，程序会在assets文件夹中创建一个weather.json文件。创建完weather.json文件后，需要在该文件中添加北京、上海、广州三个城市的天气数据，具体如【文件11-9】所示。

【文件11-9】 weather.json

```
[
{"temp":"20℃/30℃","weather":"晴转多云","city":"上海","pm":"2.5","wind":"1级"},
{"temp":"15℃/24℃","weather":"晴","city":"北京","pm":"3","wind":"3级"},
{"temp":"26℃/32℃","weather":"多云","city":"广州","pm":"4","wind":"2级"}
]
```

需要注意的是，JSON文件的字节编码格式为utf-8。

6．创建WeatherInfo类

由于天气预报信息包含温度、天气、城市、PM值以及风力等属性，因此需要创建一个WeatherInfo类来存放这些属性。首先选中cn.itcast.weather包，在该包中创建一个WeatherInfo类，在该类中创建天气预报信息的所有属性对应的字段，具体代码如【11-10】所示。

【文件11-10】 WeatherInfo.java

```
1  package cn.itcast.weather;
2  public class WeatherInfo {
3      private String temp;                //温度
4      private String weather;             //天气
5      private String city;                //城市
6      private String pm;                  //pm值
7      private String wind;                //风力
8      public String getTemp() {
9          return temp;
10     }
11     public void setTemp(String temp) {
12         this.temp = temp;
13     }
14     public String getWeather() {
15         return weather;
```

```
16      }
17      public void setWeather(String weather) {
18          this.weather = weather;
19      }
20      public String getCity() {
21          return city;
22      }
23      public void setCity(String city) {
24          this.city = city;
25      }
26      public String getPm() {
27          return pm;
28      }
29      public void setPm(String pm) {
30          this.pm = pm;
31      }
32      public String getWind() {
33          return wind;
34      }
35      public void setWind(String wind) {
36          this.wind = wind;
37      }
38 }
```

7. 添加gson库

天气预报界面上的数据是以JSON格式存放的，如果想要通过gson库来解析JSON数据，则需要在程序中添加一个gson库，本程序添加的gson库版本为“com.google.code.gson:gson:2.8.5”，具体的添加过程详见11.3.2小节中的“多学一招”内容。

8. 创建JsonParse类

由于天气预报的数据信息是以JSON格式存放的，因此需要创建一个JsonParse类用于解析获取的JSON数据。首先在cn.itcast.weather包中创建一个JsonParse类，接着在该类中分别创建read()方法将从assets文件夹中获取的数据流转化为JSON数据，getInfosFromJson()方法用于解析获取的JSON数据，具体代码如【文件11-11】所示。

【文件11-11】 JsonParse.java

```
1  package cn.itcast.weather;
2  ......//省略导入包
3  public class JsonParse {
4      private static JsonParse instance;
5      private JsonParse() {
6      }
7      public static JsonParse getInstance() {
8          if(instance == null) {
9              instance = new JsonParse();
10         }
11         return instance;
12     }
13     /**
14      * 将获取的数据流转化为 JSON 数据
```

```
15      */
16     private String read(InputStream in) {
17         BufferedReader reader = null;
18         StringBuilder sb = null;
19         String line = null;
20         try {
21             sb = new StringBuilder();// 实例化一个 StringBuilder 对象
22             //用 InputStreamReader 把 in 这个字节流转换成字符流 BufferedReader
23             reader = new BufferedReader(new InputStreamReader(in));
24             //判断从 reader 中读取的行内容是否为空
25             while((line = reader.readLine()) != null) {
26                 sb.append(line);
27                 sb.append("\n");
28             }
29         } catch(IOException e) {
30             e.printStackTrace();
31             return "";
32         } finally {
33             try {
34                 if(in != null) in.close();
35                 if(reader != null) reader.close();
36             } catch (IOException e) {
37                 e.printStackTrace();
38             }
39         }
40         return sb.toString();
41     }
42     //解析 json 文件返回天气信息的集合
43     public List<WeatherInfo> getInfosFromJson(Context context) {
44         List<WeatherInfo> weatherInfos = new ArrayList<>();
45         InputStream is = null;
46         try {
47             //从项目中的 assets 文件夹中获取 json 文件
48             is = context.getResources().getAssets().open("weather.json");
49             String json = read(is); //获取 json 数据
50             Gson gson = new Gson(); //创建 Gson 对象
51             // 创建一个 TypeToken 的匿名子类对象，并调用该对象的 getType() 方法
52             Type listType = new TypeToken<List<WeatherInfo>>() {
53             }.getType();
54             // 把获取到的信息集合存到 infoList 中
55             List<WeatherInfo> infoList = gson.fromJson(json, listType);
56             return infoList;
57         } catch (Exception e) {
58         }
59         return weatherInfos;
60     }
61 }
```

上述代码中，第16~41行代码创建了一个read()方法，该方法用于将获取的数据流转化为JSON数据。其中第23行代码用InputStreamReader把字节流in转换成字符流BufferedReader，第25~28行

代码通过while循环将字符流BufferedReader中的信息添加到StringBuilder对象中。第40行代码通过toString()方法将StringBuilder对象转换为字符串，也就是JSON格式的字符串数据。

第43~60行代码创建了一个getInfosFromJson()方法，在该方法中通过gson库解析获取的JSON数据。其中，第48行代码通过open()方法获取weather.json文件中的数据流。

9. 编写界面交互代码

在MainActivity中分别创建一个initView()方法用于初始化界面控件，一个getCityData()方法用于根据城市获取对应的天气信息，一个setData()方法用于设置界面数据。由于天气预报界面下方有三按钮表示不同的城市，点击每个按钮界面上会显示对应的天气信息，因此需要将MainActivity实现OnClickListener接口并重写onClick()方法，在该方法中实现按钮的点击事件，具体代码如【文件11-12】所示。

【文件11-12】 MainActivity.java

```
1  package cn.itcast.weather;
2  ......// 省略导入包
3  public class MainActivity extends AppCompatActivity implements View.OnClickListener
4  {
5      private TextView tvCity, tvWeather, tvTemp, tvWind, tvPm;
6      private ImageView ivIcon;
7      private List<WeatherInfo> infoList; // 天气预报数据集合
8      @Override
9      protected void onCreate(Bundle savedInstanceState) {
10         super.onCreate(savedInstanceState);
11         setContentView(R.layout.activity_main);
12         infoList = JsonParse.getInstance().getInfosFromJson(MainActivity.this);
13         initView();
14         getCityData(" 北京 ");// 第一次进入应用时，显示北京的天气
15     }
16     private void initView() {
17         tvCity = (TextView) findViewById(R.id.tv_city);
18         tvWeather = (TextView) findViewById(R.id.tv_weather);
19         tvTemp = (TextView) findViewById(R.id.tv_temp);
20         tvWind = (TextView) findViewById(R.id.tv_wind);
21         tvPm = (TextView) findViewById(R.id.tv_pm);
22         ivIcon = (ImageView) findViewById(R.id.iv_icon);
23         findViewById(R.id.btn_sh).setOnClickListener(this);
24         findViewById(R.id.btn_bj).setOnClickListener(this);
25         findViewById(R.id.btn_gz).setOnClickListener(this);
26     }
27     /**
28      * 设置界面数据
29      */
30     privatevoid setData(WeatherInfo info) {
31         if(info==null)return;
32         tvCity.setText(info.getCity());
33         tvWeather.setText(info.getWeather());
34         tvTemp.setText(info.getTemp());
35         tvWind.setText(" 风力: "+info.getWind());
36         tvPm.setText("PM: "+info.getPm());
37         if((" 晴转多云 ").equals(info.getWeather())){
```

```
38                 ivIcon.setImageResource(R.drawable.cloud_sun);
39             }else if(("多云").equals(info.getWeather())){
40                 ivIcon.setImageResource(R.drawable.clouds);
41             }else if(("晴").equals(info.getWeather())){
42                 ivIcon.setImageResource(R.drawable.sun);
43             }
44     }
45     /**
46      * 根据城市获取对应的天气信息
47      */
48     private void getCityData(String city) {
49         for(WeatherInfo info : infoList) {
50             if(info.getCity().equals(city)){
51                 setData(info);
52             }
53         }
54     }
55     @Override
56     public void onClick(View v) {   //按钮的点击事件
57         switch(v.getId()) {
58             case R.id.btn_sh: //上海按钮的点击事件
59                 getCityData("上海");
60                 break;
61             case R.id.btn_bj: //北京按钮的点击事件
62                 getCityData("北京");
63                 break;
64             case R.id.btn_gz: //广州按钮的点击事件
65                 getCityData("广州");
66                 break;
67         }
68     }
69 }
```

上述代码中，第12行代码通过调用JsonParse类中的getInfosFromJson()方法获取了界面上的JSON数据。

第16~26行代码创建了一个initView()方法，在该方法中通过findViewById()方法获取界面上的控件，通过setOnClickListener()方法设置界面上“北京”、“上海”和“广州”按钮的点击监听器。

第30~44行代码创建了一个setData()方法，用于将获取的天气数据显示到界面控件上。

第48~54行代码创建了一个getCityData()方法，用于获取对应城市的天气信息。其中，第50行代码通过equals()方法判断从集合infoList中获取的城市名称是否与传递到该方法中的城市名称相同，如果相同，则调用setData()方法将获取的城市信息显示到界面上。

第55~68行代码重写了onClick()方法，在该方法中实现了界面上三个按钮的点击事件。点击每个按钮时，会调用getCityData()方法，该方法根据传递的城市名称获取对应的天气信息。

10. 运行程序

运行上述程序，分别点击“北京”、“上海”和“广州”按钮，界面上会展示对应城市的天气信息，运行结果如图11-13所示。

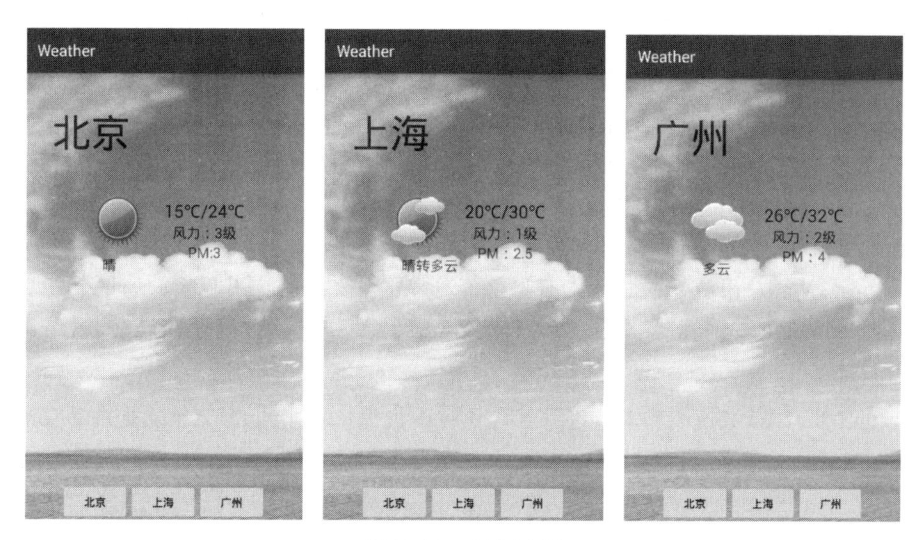

图11-13　运行结果

多学一招：安装配置tomcat服务器

Tomcat是Apache组织的Jakarta项目中的一个重要子项目，它是Sun公司（已被Oracle收购）推荐的运行Servlet和JSP的容器（引擎），其源代码是完全公开的。Tomcat不仅具有Web服务器的基本功能，还提供了数据库连接池等许多通用组件功能。Tomcat运行稳定、可靠、效率高，不仅可以和目前大部分主流的Web服务器（如Apache、IIS服务器）一起工作，还可以作为独立的Web服务器软件。

1. 下载Tomcat

Tomcat的官方下载地址为http://tomcat.apache.org/download-80.cgi，下载的Tomcat文件为.zip文件，直接解压到指定的目录便可使用。本小节将Tomcat的压缩文件直接解压到了D盘的根目录，产生了一个apache-tomcat-8.0.53文件夹，打开这个文件夹可以看到Tomcat的目录结构，如图11-14所示。

图11-14　apache-tomcat-8.0.53目录

由图11-14可知，Tomcat安装目录中包含一系列的子目录，这些子目录分别用于存放不同功能的文件，接下来针对这些子目录进行简单介绍，具体如下：

- bin：用于存放Tomcat的可执行文件和脚本文件（扩展名为.bat的文件），如startup.bat。
- conf：用于存放Tomcat的各种配置文件，如web.xml、server.xml。
- lib：用于存放Tomcat服务器和所有Web应用程序需要访问的JAR文件。
- logs：用于存放Tomcat的日志文件。
- temp：用于存放Tomcat运行时产生的临时文件。
- webapps：Web应用程序的主要发布目录，通常将要发布的应用程序放到这个目录下。
- work：Tomcat的工作目录，JSP编译生成的Servlet源文件和字节码文件放到这个目录下。

2. 启动Tomcat

在Tomcat安装目录的bin目录下，存放了许多脚本文件，其中startup.bat就是启动Tomcat的脚本文件，如图11-15所示。

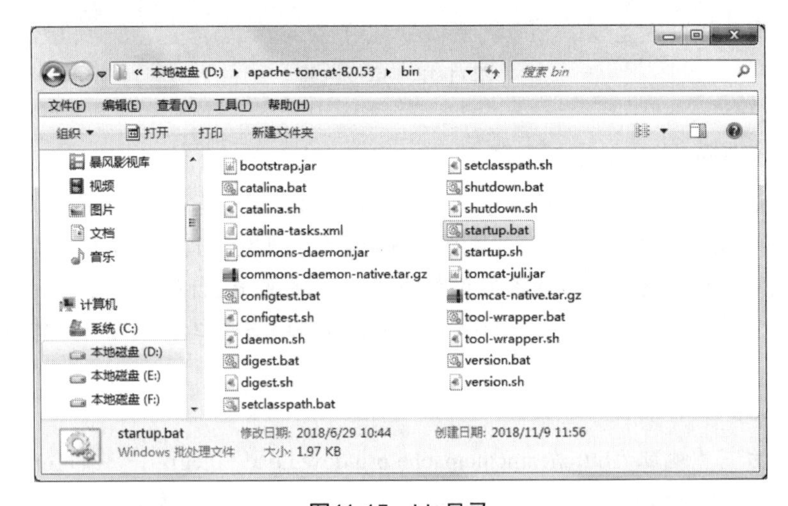

图11-15 bin目录

双击startup.bat文件，便会启动Tomcat服务器，如图11-16所示。

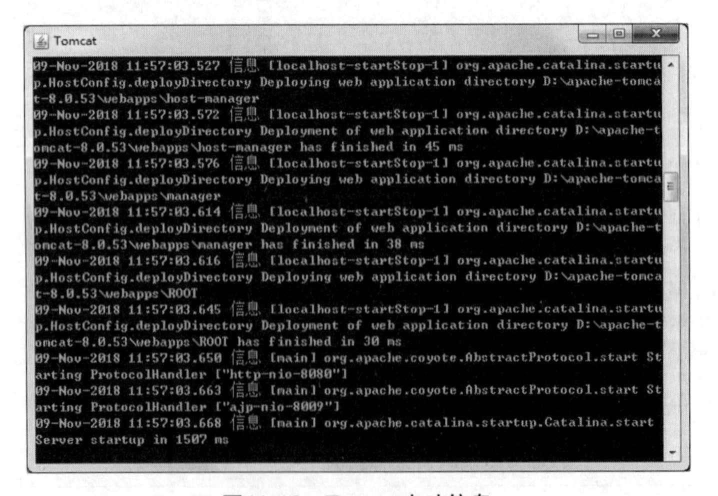

图11-16 Tomcat启动信息

Tomcat服务器启动后，在浏览器的地址栏中输入http://localhost:8080访问Tomcat服务器，如果浏览器中的显示界面如图11-17所示，则说明Tomcat服务器安装部署成功了。

3. 关闭Tomcat

在Tomcat根目录下的bin文件夹中运行shutdown.bat脚本文件即可关闭Tomcat或者直接关闭Tomcat启动信息的窗口（图11-16）。

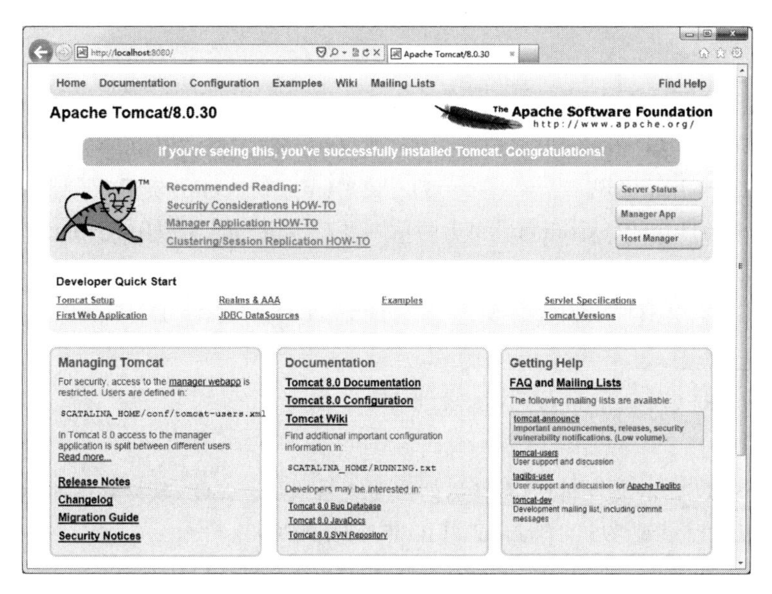

图11-17　Tomcat首页

本 章 小 结

本章详细地讲解了Android中的网络编程。包括HTTP协议、如何使用HttpURLConnection访问网络、提交数据的方式、使用WebView控件浏览网页、WebView控件执行HTML代码、WebView控件支持JavaScript代码、解析XML与JSON数据。在实际开发中大多数应用程序中都需要联网与解析数据，因此希望读者可以熟练掌握本章内容，能更有效率地进行客户端与服务端的通信。

本 章 习 题

一、填空题

1. HttpURLConnection继承自________类。
2. Android系统默认提供的内置浏览器使用的是________引擎。
3. Android中解析JSON数据的org.json包中，最重要的两个类是__________________________和JSONArray。

二、判断题

1. HttpURLConnection用于发送HTTP请求和获取HTTP响应。（　　）
2. Android中的WebView控件专门用于浏览网页，其使用方法与其他控件一样。（　　）
3. Android中要访问网络，必须在AndroidManifest.xml中注册网络访问权限。（　　）

4. HttpURLConnection是抽象类，不能直接实例化对象，需要使用URL的openConnection()方法获得。 （ ）

5. 使用HttpURLConnection进行HTTP网络通信时，GET方式发送的请求只能发送大小在1 024个字节内的数据。 （ ）

6. Android内置的浏览器使用的是WebView引擎。 （ ）

三、选择题

1. Android针对HTTP实现网络通信的方式主要包括（ ）。（多选）

A. 使用HttpURLConnection实现　　B. 使用ServiceConnection实现

C. 使用HttpClient实现　　D. 使用HttpConnection实现

2. Android中的HttpURLConnection中的输入/输出流操作，在HttpClient中被统一封装成了（ ）。（多选）

A. HttpGet　　B. HttpPost　　C. HttpRequest　　D. HttpResponse

四、简答题

简述使用HttpURLConnection 访问网络的步骤。

五、编程题

请写出使用JSONArray类解析JSON数据的主要逻辑代码。JSON数据如下所示:

[{"name":"LiLi","score":"95"},{"name":"LiLei","score":"99"},
{"name":"王小明","score":"100"},{"name":"LiLei","score":"89"}]

第12章 阶段案例——智能聊天机器人

学习目标：

◎掌握如何引入与使用okhttp库，实现处理网络请求的功能。

◎熟悉Handler消息机制，实现将获取的数据传递到主线程中。

◎熟悉如何使用JSONObjcct类，实现解析机器人发送的消息数据功能。

◎掌握智能机器人的开发，实现智能机器人通信的功能。

如果每学完一个阶段的知识，开发一个有趣的App，想必这是不少Android学习者期望的一种学习方式。本章我们将运用第7~11章的知识点，开发一个智能聊天机器人，该智能聊天机器人主要是供用户娱乐休闲，它可以与用户讲故事、说笑话、跟用户聊天，非常有趣。接下来，我们就正式进入智能聊天机器人的开发。

12.1 需求分析

12.1.1 业务需求分析

当你工作比较疲惫时，想看一些笑话或者故事娱乐一下吗？为了更好地调节心情提高生活质量，我们开发了一款基于Android系统的智能聊天机器人，它能够与用户智能对话。如此智能的效果，涉及对用户语义理解，以及对海量信息的精准搜索和分析，这点我们短时间无法做到，但是我们有幸能够调用第三方公司提供的开放API。

12.1.2 模型需求分析

智能聊天机器人功能虽然简单，但是我们还是有必要分析一下模型，如图12-1所示。

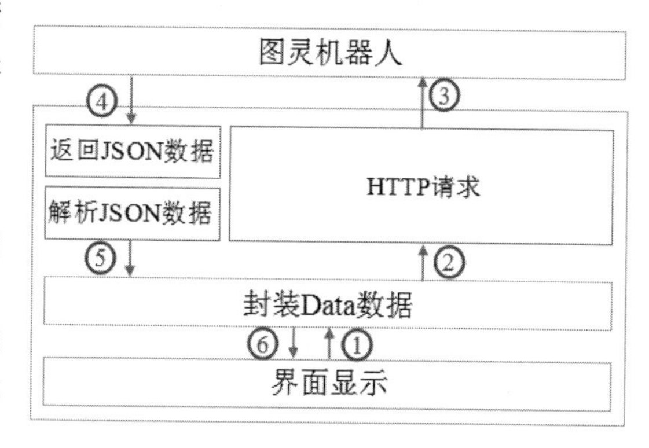

图12-1 模型需求分析

在图12-1中，智能聊天机器人的模型流程顺序依次是①→②→③→④→⑤→⑥，具体介绍如下：

① 将界面要显示的数据封装成Data数据。

② 封装好的Data数据设置成HTTP请求数据。

③ 向图灵机器人服务器发送HTTP请求，发送的HTTP请求中包含了两个参数：一个是授权的key，一个是我们需要向服务器请求的数据。

④ 图灵服务器接收到HTTP请求数据之后，返回JSON数据。

⑤ 将获取到的JSON数据进行解析。

⑥ 解析后的JSON数据封装并显示到界面中。

12.1.3 界面需求分析

友好的界面在移动平台开发中非常重要，也是用户使用软件的先决条件。智能聊天机器人的界面设计模仿QQ手机聊天软件的界面样式和设计，为聊天者显示头像和消息，并将用户发送和接收的消息左右区分开，界面样式如图12-2所示。

图12-2　聊天界面

由图12-2可知，当前的界面是用户与机器人的聊天界面，界面左侧显示的是机器人的头像和回复的信息，右侧显示的是用户的头像和发送的信息，界面底部显示的是用户输入文本信息的输入框和一个发送按钮。

12.2　开发环境介绍

- 操作系统：Windows 7系统。
- 开发工具：JDK8、Android Studio3.2+模拟器。
- API版本：Android API 27。

12.3　聊天功能业务实现

12.3.1　申请机器人身份标识

图灵机器人是一个智能机器人开放平台，它提供了自动解析文字的API接口，开发者可以访问http://www.tuling123.com/注册成为用户并创建机器人。每创建一个机器人，都可以得到一个Key值，作为机器人访问API的身份标识。接下来，我们登录图灵机器人官网，申请一个智能机器人的key，机器人管理页面如图12-3所示。

图灵机器人
TURING ROBOT
帮助中心
意见反馈
311641
机器人管理
创建机器人

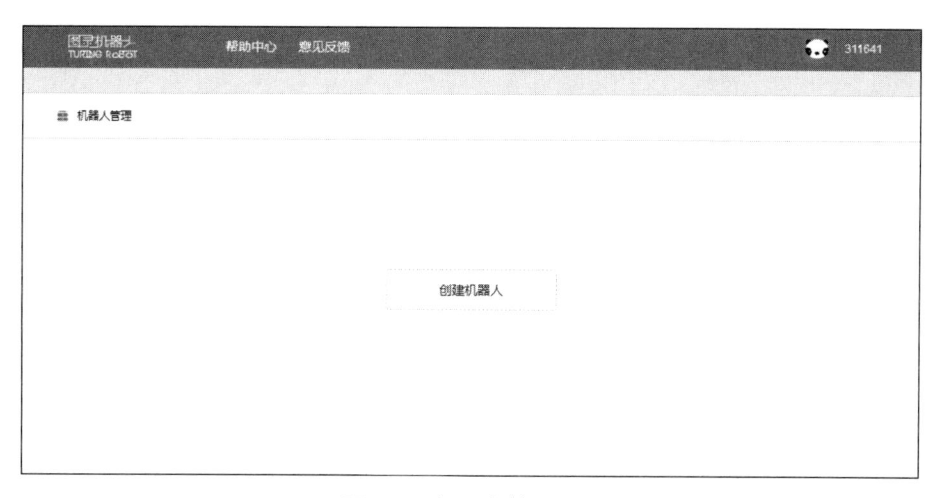

图12-3　机器人管理页面

单击机器人管理页面中间的【创建机器人】按钮，会弹出创建机器人的页面，如图12-4所示。

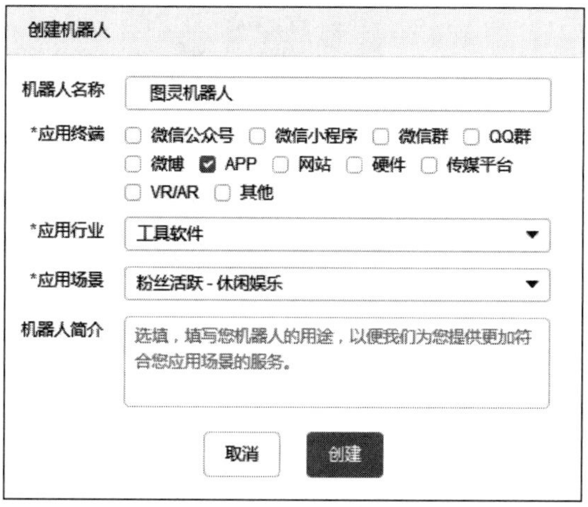

创建机器人
机器人名称
图灵机器人
*应用终端
微信公众号
微信小程序
微信群
QQ群
微博
APP
网站
硬件
传媒平台
VR/AR
其他
*应用行业
工具软件
*应用场景
粉丝活跃 - 休闲娱乐
机器人简介
选填，填写您机器人的用途，以便我们为您提供更加符合您应用场景的服务。
取消
创建

图12-4　创建机器人页面

单击【创建】按钮，成功创建机器人后会出现图灵机器人的设置界面，如图12-5所示。

图12-5　机器人设置页面

图12-5中的apikey的值就是我们创建的图灵机器人对应的key的值，这个key会在后续程序中使用。

12.3.2　搭建聊天界面布局

当打开智能机器人应用时，会出现一个聊天界面，该界面左边显示的是机器人头像和聊天内容，右边显示的是用户头像和聊天内容，聊天界面下方会放置聊天的输入框和发送按钮，界面效果如图12-6所示。

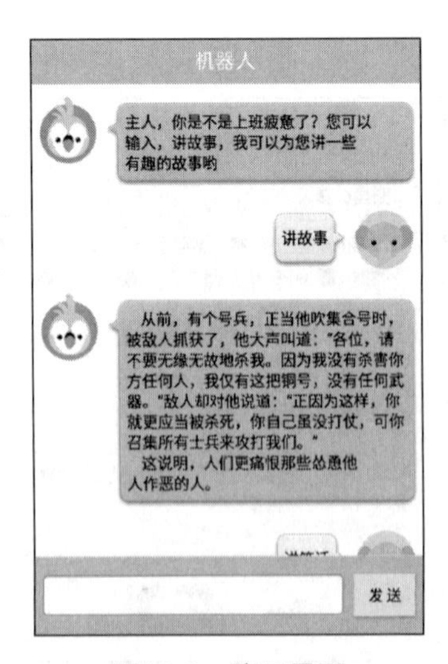

图12-6　聊天界面

接下来，通过代码来实现上述界面效果，具体步骤如下：

1. 创建项目

首先创建一个项目，将其命名为IntelRobot，指定包名为com.itheima.robot，Activity名为RobotActivity，对应布局名为activity_robot。

注意：本项目的build.gradle文件中的minSdkVersion设置为19。

2. 导入界面图片

在Android Studio中，切换到Project选项卡，在res文件夹中创建一个drawable-hdpi文件夹，将聊天界面所需要的图片bottom_bg.png、chat_left_bg_normal.9.png、chat_left_bg_pressed.9.png、chat_right_bg_normal.9.png、chat_right_bg_pressed.9.png、my_head.png、robot_head.png、send_msg_bg.9.png导入drawable-hdpi文件夹中，将项目的icon图标robot_icon.png导入mipmap-hdpi文件夹中。

3. 放置界面控件

在activity_robot.xml布局文件中，放置1个TextView控件用于显示界面标题，1个ListView控件用于显示聊天列表，1个Button控件用于显示发送按钮，1个EditText控件用于显示输入框。完整布局代码详见【文件12-1】。

扫一扫

扫码查看文件12-1

4. 创建背景选择器

聊天界面中的发送按钮被按下与弹起时，图片背景会有明显的区别，这种效果可以通过背景选择器来实现。首先选中drawable文件夹，右击选择【New】→【Drawable resource file】选项，创建一个背景选择器btn_send_selector.xml，根据图片被按下与弹起时的状态来切换它的背景颜色，当图片被按下时显示灰色背景（颜色值是“@android:color/darker_gray”），当图片弹起时显示淡蓝色背景（颜色值是“#b9f2fd”），具体代码如【文件12-2】所示。

【文件12-2】btn_send_selector.xml

```
1  <?xml version="1.0" encoding="utf-8"?>
2  <selector xmlns:android="http://schemas.android.com/apk/res/android">
3      <item android:drawable="@android:color/darker_gray"
4                                   android:state_pressed="true" />
5      <item android:drawable="@color/btn_send_bg_normal" />
6  </selector>
```

当发送按钮被按下时，程序会执行第3~4行代码，按钮的背景颜色设置为灰色（darker_gray），当发送按钮被弹起时，程序会执行第5行代码，按钮的背景颜色设置为淡蓝色（btn_send_bg_normal）。

由于btn_send_bg_normal是一个颜色值，因此需要在colors.xml文件中添加一个淡蓝色的颜色值btn_send_bg_normal，添加的具体代码如下：

```
<color name="btn_send_bg_normal">#b9f2fd</color>
```

在聊天界面中，机器人与用户的聊天内容的背景都是通过背景选择器来实现的，当点击机器人的聊天内容时，该内容的背景会由默认的浅绿色图片（chat_left_bg_normal.png）变为深绿色图片（chat_left_bg_pressed.png）。当点击用户的聊天内容时，该内容的背景会由默认的白色图片（chat_right_bg_normal.png）变为深灰色图片（chat_right_bg_pressed.png）。因此还需要在drawable文件夹中创建两个文件chat_left_selector.xml与chat_right_selector.xml，这两个文件分别用于设置机器人聊天内容的背景与用户聊天内容的背景。这两个文件的具体代码如【文件12-3】与【文件12-4】所示。

【文件12-3】chat_left_selector.xml

```
1  <?xml version="1.0" encoding="utf-8"?>
```

```
2  <selector xmlns:android="http://schemas.android.com/apk/res/android">
3      <item android:drawable="@drawable/chat_left_bg_pressed"
4                                        android:state_pressed="true" />
5      <item android:drawable="@drawable/chat_left_bg_normal" />
6  </selector>
```

【文件12-4】chat_right_selector.xml

```
1  <?xml version="1.0" encoding="utf-8"?>
2  <selector xmlns:android="http://schemas.android.com/apk/res/android">
3      <item android:drawable="@drawable/chat_right_bg_pressed"
4                                        android:state_pressed="true" />
5      <item android:drawable="@drawable/chat_right_bg_normal" />
6  </selector>
```

5. 修改清单文件

每个应用程序都会有属于自己的icon图标，同样，智能机器人项目也有自己的icon图标，因此需要在AndroidManifest.xml的<application>标签中修改icon属性，引入机器人图标，具体代码如下：

```
android:icon="@mipmap/robot_icon"
```

项目创建后所有界面都有一个默认的标题栏，该标题栏不太美观，因此需要在<application>标签中修改theme属性，去掉该标题栏，具体代码如下：

```
android:theme="@style/Theme.AppCompat.NoActionBar"
```

由于该项目需要访问网络资源，因此还需要在清单文件（AndroidManifest.xml）的<manifest>标签中添加允许访问网络资源的权限，添加的具体代码如下：

```
<uses-permission android:name="android.permission.INTERNET"/>
```

12.3.3 搭建聊天条目布局

由于聊天界面用到了ListView控件，因此需要为该控件创建一个Item界面，由于Item界面分为机器人聊天界面与用户聊天界面，因此需要创建2个聊天界面的Item，如图12-7所示。

图12-7 聊天界面Item

接下来，创建聊天列表界面的Item，具体步骤如下：

1. 创建聊天列表界面Item

在res/layout文件夹中，创建机器人聊天的Item布局文件chatting_left_item.xml与用户聊天的Item布局文件chatting_right_item.xml。

2. 放置界面控件

在chatting_left_item.xml布局文件中，放置1个ImageView控件用于显示机器人的头像，1个TextView控件用于显示机器人发送的消息，完整布局代码详见【文件12-5】。

扫一扫

扫码查看文件12-5

在chatting_right_item.xml布局文件中，放置1个ImageView控件用于显示用户的头像，1个TextView控件用于显示用户发送的消息，完整布局代码详见【文件12-6】。

扫一扫

扫码查看文件12-6

3. 修改styles.xml文件

由于机器人与用户聊天界面的Item布局文件中，聊天的文本信息具有相同的样式，为了减少程序的代码量，因此将这些样式抽取出来存放在styles.xml文件中，使用时直接调用即可。在styles.xml文件中添加的具体代码如下：

```
1  <style name="chat_content_style">
2      <item name="android:minHeight">50dp</item>
3      <item name="android:gravity">center_vertical</item>
4      <item name="android:layout_marginTop">12dp</item>
5      <item name="android:textColor">#000000</item>
6      <item name="android:textSize">15sp</item>
7      <item name="android:lineSpacingExtra">2dp</item>
8      <item name="android:clickable">true</item>
9      <item name="android:focusable">true</item>
10     <item name="android:background">#bfbfbf</item>
11 </style>
```

上述代码中，第7行中的属性lineSpacingExtra用于设置每行文本间的行间距。

12.3.4　封装聊天信息实体类

由于机器人与用户聊天的每条消息都会有消息的状态、消息的内容等属性，因此需要创建一个ChatBean类来存放消息的这些属性。接下来，在程序中创建一个ChatBean类。

在cn.itcast.robot包中创建一个ChatBean类。在该类中创建机器人与用户聊天信息的属性，具体代码如【文件12-7】所示。

【文件12-7】ChatBean.java

```
1  package cn.itcast.robot;
2  public class ChatBean {
3      public static final int SEND = 1;        //发送消息
4      public static final int RECEIVE = 2;     //接收到的消息
5      private int state;                       //消息的状态（是接收还是发送）
6      private String message;                  //消息的内容
7      public int getState() {
8          return state;
9      }
10     public void setState(int state) {
11         this.state = state;
12     }
13     public String getMessage() {
14         return message;
15     }
16     public void setMessage(String message) {
17         this.message = message;
18     }
19 }
```

上述代码中，第3~4行代码定义了两个常量，分别是SEND与RECEIVE，常量SEND的值为1，表示用户发送的消息，常量RECEIVE的值为2，表示机器人发送的消息，也就是用户接收到的消息。

第5行代码定义了一个变量state，该变量表示消息的状态，消息的状态有两种：一种是发送的消息，一种是接收的消息。

第6行代码定义了一个变量message，该变量表示消息的内容，也就是机器人发送的消息内容和用户发送的消息内容。

12.3.5 编写聊天列表适配器

由于聊天界面用了ListView控件显示聊天信息，因此需要创建一个数据适配器ChatAdapter对ListView控件进行数据适配。接下来，创建一个ChatAdapter类，具体步骤如下：

1．创建ChatAdapter类

在cn.itcast.robot包中，创建一个ChatAdapter类继承BaseAdapter类，并重写getCount()、getItem()、getItemId ()、getView()方法，这些方法分别用于获取Item总数、对应Item对象、Item对象的Id、对应的Item视图。在getView()方法中需要设置Item的布局与数据。

2．创建ViewHolder类

在ChatAdapter类中创建一个Holder类来获取Item界面上的控件，具体代码如【文件12-8】所示。

【文件12-8】ChatAdapter.java

```
1  package cn.itcast.robot;
2  ......//省略导入包
3  class ChatAdapter extends BaseAdapter {
4      private List<ChatBean> chatBeanList; //聊天数据
5      private LayoutInflater layoutInflater;
6      public ChatAdapter(List<ChatBean> chatBeanList, Context context) {
7          this.chatBeanList = chatBeanList;
8          layoutInflater = LayoutInflater.from(context);
9      }
10     @Override
11     public int getCount() {
12         return chatBeanList.size();
13     }
14     @Override
15     public Object getItem(int position) {
16         return chatBeanList.get(position);
17     }
18     @Override
19     public long getItemId(int position) {
20         return position;
21     }
22     @Override
23     public View getView(int position, View contentView, ViewGroup viewGroup) {
24         Holder holder = new Holder();
25         //判断当前的信息是发送的信息还是接收到的信息，不同信息加载不同的view
26         if(chatBeanList.get(position).getState() == ChatBean.RECEIVE) {
27             //加载左边布局，也就是机器人对应的布局信息
28             contentView = layoutInflater.inflate(R.layout.chatting_left_item,
29                     null);
```

```
30          } else {
31              //加载右边布局，也就是用户对应的布局信息
32              contentView = layoutInflater.inflate(R.layout.chatting_right_item,
33                      null);
34          }
35          holder.tv_chat_content = (TextView) contentView.findViewById(R.id.
36                  tv_chat_content);
37          holder.tv_chat_content.setText(chatBeanList.get(position).getMessage());
38          return contentView;
39      }
40      class Holder {
41          public TextView tv_chat_content; // 聊天内容
42      }
43  }
```

上述代码中，第22~39行代码根据每个Item对应的数据中属性state的值来判断加载的布局是机器人的聊天信息还是用户的聊天信息，如果属性state的值为“ChatBean.RECEIVE”，则说明是机器人的聊天信息，界面需要加载布局文件chatting_left_item，否则就是用户的聊天信息，界面需要加载布局文件chatting_right_item。设置完布局后，在第37行通过setText()方法将机器人与用户的聊天数据显示到界面上。

12.3.6 实现智能机器人通信

聊天界面主要用于展示机器人与用户的头像和聊天内容，当第一次进入智能机器人聊天应用时，首先程序会从strings.xml文件中获取机器人需要发出的欢迎信息并显示到界面上，用户接收到欢迎信息后，会与机器人进行一些互动，发送一些信息，程序会将这些信息封装到一个ChatBean对象中并显示到界面上，同时会根据用户发送的聊天内容来从图灵机器人服务器上获取机器人的回复信息，并将获取的机器人回复信息通过Json解析显示到界面上。

接下来，在项目的RobotActivity中实现聊天界面的逻辑代码，具体步骤如下：

1. 添加okhttp库

由于本项目中需要用okhttp库中的OkHttpClient类向服务器请求数据，因此将okhttp库添加到项目中。右击项目名称，选择【Open Module Settings】→【Dependencies】选项，单击右上角的绿色加号并选择Library dependency，然后找到com.squareup.okhttp3:okhttp:3.12.0库并添加到项目中。

2. 设置机器人的欢迎信息

当第一次进入智能机器人聊天应用时，机器人会随机发出一些欢迎信息，这些信息是在res/values文件夹中的strings.xml文件中存放的，存放的信息如下所示：

```
1 <string-array name="welcome">
2       <item>亲爱的，想死我了，么么哒，(✿˘◡˘)</item>
3       <item>主人，人家好无聊呀，来陪我耍吧</item>
4       <item>主人，您又来找人家耍了呀，不能耍太久哦，您还要好好复习呢</item>
5       <item>主人，自从使用了高考助手，成绩是不是提高了呢？</item>
6       <item>小主人，你是不是学习累了，您可以输入，来个笑话，我可以为您讲笑话哦</item>
7       <item>主人，你是不是上班疲惫了？您可以输入，讲故事，我可以为您讲一些有趣的故事哟</item>
```

```
8        <item>今天，我好累，不想和你聊天</item>
9        <item>小主人您复习的怎么样了</item>
10 </string-array>
```

上述代码中，每个<item>标签中对应的是一条欢迎信息，当获取欢迎信息时，会随机抽取一个<item>标签中的内容显示到界面上。

3. 编写界面交互代码

在RobotActivity中，创建5个方法initView()、showData()、sendData ()、getDataFromServer()、updateView()，分别用于获取界面控件并初始化界面数据、显示欢迎信息到界面上、用户发送信息、从服务器获取机器人的回复信息、更新界面信息，最后重写onKeyDown()方法，在该方法中实现点击后退键退出智能聊天程序的功能，具体代码如【文件12-9】所示。

【文件12-9】 RobotActivity.java

```
1  package cn.itcast.robot;
2  ...... //省略导入包
3  public class RobotActivity extends AppCompatActivity {
4      private ListView listView;
5      private ChatAdapter adpter;
6      private List<ChatBean> chatBeanList;  //存放所有聊天数据的集合
7      private EditText et_send_msg;
8      private Button btn_send;
9      //接口地址
10     private static final String WEB_SITE = "http://www.tuling123.com/openapi/api";
11     //唯一key，该key的值是从官网注册账号后获取的，注册地址：http://www.tuling123.com/
12     private static final String KEY = "3e7ac6cff6b64a7d939d09a6d6c29642";
13     private String sendMsg;                      //发送的信息
14     private String welcome[];                    //存储欢迎信息
15     private MHandler mHandler;
16     public static final int MSG_OK = 1;          //获取数据
17     @Override
18     protected void onCreate(Bundle savedInstanceState) {
19         super.onCreate(savedInstanceState);
20         setContentView(R.layout.activity_robot);
21         chatBeanList = new ArrayList<ChatBean>();
22         mHandler = new MHandler();
23         //获取内置的欢迎信息
24         welcome = getResources().getStringArray(R.array.welcome);
25         initView(); //初始化界面控件
26     }
27     public void initView() {
28         listView = (ListView) findViewById(R.id.list);
29         et_send_msg = (EditText) findViewById(R.id.et_send_msg);
30         btn_send = (Button) findViewById(R.id.btn_send);
31         adpter = new ChatAdapter(chatBeanList, this);
32         listView.setAdapter(adpter);
33         btn_send.setOnClickListener(new View.OnClickListener() {
34             @Override
35             public void onClick(View arg0) {
36                 sendData();          //点击发送按钮，发送信息
```

```
37              }
38          });
39          et_send_msg.setOnKeyListener(new View.OnKeyListener() {
40              @Override
41              public boolean onKey(View view, int keyCode, KeyEventkeyEvent) {
42              if(keyCode == KeyEvent.KEYCODE_ENTER && keyEvent.getActi on() ==
43                          KeyEvent.ACTION_DOWN) {
44                      sendData();     //点击 Enter 键也可以发送信息
45                  }
46                  return false;
47              }
48          });
49          int position = (int) (Math.random() * welcome.length - 1); //获取一个随机数
50          showData(welcome[position]); //用随机数获取机器人的首次聊天信息
51      }
52      private void sendData() {
53          sendMsg = et_send_msg.getText().toString(); //获取你输入的信息
54          if(TextUtils.isEmpty(sendMsg)) {            //判断是否为空
55              Toast.makeText(this, "您还未输任何信息哦", Toast.LENGTH_LONG).show();
56              return;
57          }
58          et_send_msg.setText("");
59          //替换空格和换行
60          sendMsg = sendMsg.replaceAll(" ", "").replaceAll("\n", "").trim();
61          ChatBean chatBean = new ChatBean();
62          chatBean.setMessage(sendMsg);
63          chatBean.setState(chatBean.SEND); //SEND 表示自己发送的信息
64          chatBeanList.add(chatBean);    //将发送的信息添加到 chatBeanList 集合中
65          adpter.notifyDataSetChanged();     //更新 ListView 列表
66          getDataFromServer();                   //从服务器获取机器人发送的信息
67      }
68      private void getDataFromServer() {
69          OkHttpClient okHttpClient = new OkHttpClient();
70          Request request = new Request.Builder().url(WEB_SITE + "?key=" + KEY +
71                                  "&info="+ sendMsg).build();
72          Call call = okHttpClient.newCall(request);
73          // 开启异步线程访问网络
74          call.enqueue(new Callback() {
75            @Override
76            public void onResponse(Call call, Response response) throws IOException
77            {
78                  String res = response.body().string();
79                  Message msg = new Message();
80                  msg.what = MSG_OK;
81                  msg.obj = res;
82                  mHandler.sendMessage(msg);
83              }
84              @Override
85              public void onFailure(Call call, IOException e) {
86              }
```

```
87          });
88      }
89      /**
90       * 事件捕获
91       */
92      class MHandler extends Handler {
93          @Override
94          public void dispatchMessage(Message msg) {
95              super.dispatchMessage(msg);
96              switch (msg.what) {
97                  case MSG_OK:
98                      if (msg.obj != null) {
99                          String vlResult = (String) msg.obj;
100                         paresData(vlResult);
101                     }
102                     break;
103             }
104         }
105     }
106     private void paresData(String JsonData) {    //Json 解析
107         try {
108             JSONObject obj = new JSONObject(JsonData);
109             String content = obj.getString("text"); // 获取的机器人信息
110             int code = obj.getInt("code");         // 服务器状态码
111             updateView(code, content);             // 更新界面
112         } catch(JSONException e) {
113             e.printStackTrace();
114             showData(" 主人，你的网络不好哦 ");
115         }
116     }
117     private void showData(String message) {
118         ChatBean chatBean = new ChatBean();
119         chatBean.setMessage(message);
120         chatBean.setState(ChatBean.RECEIVE);//RECEIVE 表示接收到机器人发送的信息
121         chatBeanList.add(chatBean);  // 将机器人发送的信息添加到 chatBeanList 集合中
122         adpter.notifyDataSetChanged();
123     }
124     private void updateView(int code, String content) {
125         //code 有很多种，如果想了解更多，请参考官网 http://www.tuling123.com
126         switch(code) {
127             case 4004:
128                 showData(" 主人，今天我累了，我要休息了，明天再来找我耍吧 ");
129                 break;
130             case 40005:
131                 showData(" 主人，你说的是外星语吗？ ");
132                 break;
133             case 40006:
134                 showData(" 主人，我今天要去约会哦，暂不接客啦 ");
135                 break;
136             case 40007:
```

```
137                showData("主人，明天再和你耍啦，我生病了，呜呜......");
138                break;
139            default:
140                showData(content);
141                break;
142        }
143    }
144    protected long exitTime;// 记录第一次点击时的时间
145    @Override
146    public boolean onKeyDown(int keyCode, KeyEvent event) {
147        if(keyCode == KeyEvent.KEYCODE_BACK
148                && event.getAction() == KeyEvent.ACTION_DOWN) {
149            if((System.currentTimeMillis() - exitTime) > 2000) {
150                Toast.makeText(RobotActivity.this, "再按一次退出智能聊天程序",
151                        Toast.LENGTH_SHORT).show();
152                exitTime = System.currentTimeMillis();
153            } else {
154                RobotActivity.this.finish();
155                System.exit(0);
156            }
157            return true;
158        }
159        return super.onKeyDown(keyCode, event);
160    }
161 }
```

上述代码中，第24行通过getStringArray()方法获取strings.xml文件中的欢迎信息，并将这些信息存放在数组welcome中。

第33~38行用于处理发送按钮的点击事件，点击“发送”按钮程序会调用sendData()方法，发送输入框中的信息并将该信息显示到聊天界面上。

第39~48行通过setOnKeyListener()方法给输入框控件添加了键盘监听器OnKeyListener，在该监听器的onKey()方法中处理点击Enter键发送信息的事件。

第49~50行通过random()方法从数组welcome的长度中获取一个随机数，这个随机数是欢迎信息在数组welcome中的位置，接着在第50行通过获取的位置获取具体的欢迎信息数据。

第52~67行创建了一个sendData()方法，用于将发送的信息显示到界面上。其中，第60~64行将发送的信息封装到ChatBean对象中，并将该对象添加到聊天信息的集合对象chatBeanList中，接着在第65行通过notifyDataSetChanged()方法更新聊天界面的数据，最后调用getDataFromServer()获取机器人回复的消息。

第68~88行创建了一个getDataFromServer()方法，用于从服务器获取机器人回复的消息。在getDataFromServer()方法中通过异步访问网络来获取机器人回复的信息，接着将获取的信息通过Handler发送到主线程中。

第92~105行创建了一个Handler类，用于接收从getDataFromServer()方法中发送的Handler消息，在该类的dispatchMessage()方法中获取Handler发送的信息，并调用paresData()方法解析获取的信息。

第106~116行代码创建了一个paresData()方法，用于解析JSON数据。在paresData()方法中根据传递的JsonData数据创建一个JSONObject对象obj，接着调用该对象的getString()方法与getInt()方法分别获取服务器返回的机器人回复信息与code值，最后调用updateView()方法更新界面信息。

第117~123行创建了一个showData()方法，用于将聊天数据显示到界面上。其中，第118~121行将接收的数据信息封装到ChatBean对象中，并将该对象添加到聊天数据集合对象chatBeanList中，接着在第122行通过notifyDataSetChanged()方法更新聊天界面的数据。

第124~143行创建了一个updateView()方法，用于更新界面上机器人的回复信息。在updateView()方法中通过switch()语句判断从服务器获取的code值，code有很多值，在该项目中只例举了几种，例如40005、40006、4004、40007等，如果想要了解更多code的值，请参考图灵机器人官网http://www.tuling123.com。根据获取的code值来调用showData()方法，显示不同的信息。

第144~160行代码重写了onKeyDown()方法，在该方法中通过keyCode的值来判断点击的是否是后退键，如果是，则判断第一次点击后退键与第二次点击的时间间隔是否大于2秒，如果大于2秒，则提示“再按一次退出智能聊天程序”，如果小于等于2秒，则直接退出该程序。

4. 运行程序

运行上述程序，输入“讲故事”文本信息并点击“发送”按钮，此时机器人会回复一段故事信息，效果如图12-8所示。

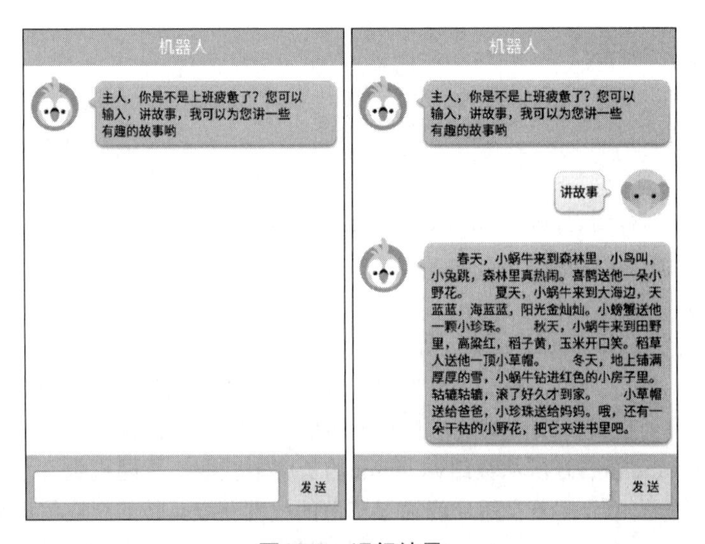

图12-8 运行结果

本 章 小 结

本章主要讲解了智能机器人聊天的功能，在实现这个功能的过程中申请了一个图灵机器人的key，根据该key并通过异步访问网络获取机器人回复的信息，接着调用Handler将获取的信息发送到主线程，并通过JSON解析将获取的聊天数据解析成字符串显示到界面上。在本项目的实现过程中，熟悉了网络请求、JSON解析、Handler处理等知识点，这些知识点会在后面的Android项目中经常使用，因此希望读者可以按照步骤完成此项目，通过熟练掌握本项目中的这些知识点，方便以后开发其他项目。

第13章 图形图像处理

学习目标：

◎掌握常用绘图类的使用，能够绘制不同的图形。

◎掌握如何使用Matrix类，为图片添加特效。

◎掌握动画的使用，实现补间动画与逐帧动画效果。

图形图像在Android应用中会经常用到，如一些程序的图标、界面的美化等都离不开图形图像。Android系统对图形图像的处理非常强大，对于2D图像，它没有沿用Java中的图形处理类，而是使用了自定义的处理类，接下来本章将针对Android常用的绘图类、图形图像特效以及动画进行讲解。

13.1 常用的绘图类

Android中常用的绘图类有Bitmap类、BitmapFactory类、Paint类以及Canvas类，通过对这几个类的使用可以分别实现创建位图、将指定资源解析为位图、创建画笔、绘制画布等功能。本节将针对这几个常用的绘图类进行详细讲解。

13.1.1 Bitmap类

Bitmap类表示位图（位图可以理解为图片的复制）。位图包括像素、长、宽、颜色等描述信息，这些信息都可以在创建位图时指定。Bitmap类提供了一些创建Bitmap对象的静态方法，具体如表13-1所示。

表 13-1 Bitmap 静态方法

方法名称	功能描述
createBitmap(int width, int height, Config config)	创建位图，width 代表要创建的图片的宽度，height 代表高度，config 代表图片的配置信息
createBitmap(int colors[], int offset, int stride,int width, int height, Config config)	使用颜色数组创建一个指定宽高的位图，颜色数组的个数为 width × height
createBitmap(Bitmap src)	使用源位图创建一个新的位图

续表

方法名称	功能描述
createBitmap(Bitmap source, int x, int y, int width, int height)	从源位图的指定坐标开始剪切指定宽高的一块图像，用于创建新的位图
createBitmap(Bitmap source, int x, int y, int width, int height,Matrix m, boolean filter)	按照 Matrix 规则从源位图的指定坐标开始剪切指定宽高的一块图像，用于创建新的位图

为了让初学者掌握如何创建一个Bitmap对象，接下来通过一段示例代码来演示，具体如下：

```
Bitmap.Config config=Bitmap.Config.ARGB_8888;
Bitmap bitmap = Bitmap.createBitmap(100, 100, config);
```

上述代码中，Config是Bitmap的内部类，用于指定Bitmap的一些配置信息，这些配置信息描述的是图片的像素是如何存储的，它会影响到图片的质量和透明度。Bitmap.Config表示Bitmap的每个像素占用的字节数，它可以取以下值：

- Config.ALPHA_8：每个像素占2个字节，只有透明度，没有颜色。
- Config.ARGB_4444：每个像素占2个字节（即16个二进制位）。
- Config.ARGB_8888：每个像素信息占用4个字节（即32个二进制位）。
- Config.565：每个像素信息占用2个字节（即16位二进制位），只存储了red、green、blue的信息，没有存储alpha信息。

13.1.2 BitmapFactory类

BitmapFactory类表示位图工厂，主要用于从不同的数据源（如文件、数据流和字节数组）中解析、创建Bitmap对象。BitmapFactory类中提供了一些静态方法来创建新的Bitmap对象，具体如表13-2所示。

表 13-2 BitmapFactory 常用方法

方法名称	功能描述
decodeFile(String pathName)	将指定路径的文件解码为位图
decodeStream(InputStream is)	将指定输入流解码为位图
decodeResource(Resources res, int id)	将给定的资源 id 解析为位图

例如，我们通过decodeResource()方法将drawable文件夹中的icon.png图片资源解码为位图，示例代码如下：

```
Bitmap bitmap = BitmapFactory.decodeResource(this.getResources(),
R.drawable.icon);
```

13.1.3 Paint类

Paint类表示画笔，主要用于描述图形的颜色和风格，如线宽、颜色、透明度和填充效果等信息。Paint类提供了一些方法用来描述图形的风格，具体如表13-3所示。

表 13-3 Paint 常用方法

方法名称	功能描述
setARGB(int a, int r, int g, int b)	设置颜色，各参数值均为 0~255 之间的整数，几个参数分别用于表示透明度、红色、绿色和蓝色的值
setColor(int color)	设置颜色

续表

方法名称	功能描述
setAlpha(int a)	设置透明度
setAntiAlias(boolean aa)	设置画笔是否使用抗锯齿功能
setTextAlign(Align align)	设置绘制文本时的文字对齐方式。参数值为 Align.CENTER、Align.LEFT、Align.RIGHT，分别表示居中，左或右对齐
setTextSize(float textSize)	设置绘制文本时的文字大小
setFakeBoldText(boolean fakeBoldText)	设置绘制文字时是否为粗体文字
setDither(boolean dither)	指定是否使用图像抖动处理，如果使用会使图像颜色更加平滑、饱满、清晰
setShadowLayer(float radius, float dx, float dy, int color)	设置阴影。radius 表示阴影的角度，dx 和 dy 表示阴影在 x 轴和 y 轴上的距离，color 表示阴影的颜色
setXfermode(Xfermode xfermode)	设置图像的混合模式

接下来定义一个画笔，并指定该画笔的颜色为红色，示例代码如下：

```
Paint paint = new Paint(); //定义一个画笔
paint.setColor(Color.RED); //设置画笔颜色
```

13.1.4　Canvas类

Canvas类代表画布，通过该类提供的方法，可以绘制各种图形（如矩形、圆形、线条等），Canvas提供的常用绘图方法如表13-4所示。

表 13-4　Canvas 常用方法

方法名称	功能描述
drawRect(Rect r, Paint paint)	使用画笔绘制矩形
drawOval(RectF oval, Paint paint)	使用画笔绘制椭圆形
drawCircle(float cx, float cy, float radius, Paint paint)	使用画笔在指定位置画出指定半径的圆
drawLine(float startX, float startY, float stopX, float stopY, Paint paint)	使用画笔在指定位置画线
drawRoundRect(RectF rect, float rx, float ry, Paint paint)	使用画笔绘制指定圆角矩形，其中 rx 表示 X 轴圆角半径，ry 表示 Y 轴圆角半径

例如，在View的onDraw()方法中使用画笔Paint在画布上绘制矩形。示例代码如下：

```
protected void onDraw(Canvas canvas) {
    super.onDraw(canvas);
    Paint paint=new Paint();                   //创建画笔
    paint.setColor(Color.RED);
    Rect rect = new Rect(40,40,200,100);       //构建矩形对象并为其指定位置、宽高
    canvas.drawRect(rect,paint);               //调用 Canvas 中绘制矩形的方法
}
```

13.2　为图像添加特效

Android为了增加用户的体验和界面的美观，不仅支持前面介绍的图形图像，而且还提供了一些额外的更高级的图形图像特效，这些图形特效可以帮助我们开发出更绚丽的UI界面。Android提供了Matrix类，它本身并不能对图形或图像进行变换，但是它与其他API结合能够控制图形图像的变换，例如旋转、缩放、倾斜等效果都能够实现。接下来通过一张表来列举Matrix实现平移、旋转、缩放和倾斜特效对应的方法，具体如表13-5所示。

表 13-5　Matrix 类中的特效方法

特效	方 法 名 称	功 能 描 述
平移	setTranslate(float dx,float dy)	指定图像在 X、Y 轴移动 dx 和 dy 的距离
	preTranslate(float dx, float dy)	使用前乘的方式计算在 X、Y 轴平移的距离
	postTranslate(float dx,float dy)	使用后乘的方式计算在 X、Y 轴平移的距离
旋转	setRotate(float degrees)	用于指定图片旋转 degrees 度
	preRotate(float degrees)	使用前乘的方式指定图片旋转 degrees 度
	postRotate(float degrees, float px, float py)	以后乘的方式控制 Matrix 以参数 px 和 py 为轴心旋转 degrees 度
缩放	setScale(float sx, float sy)	指定图像在 X 轴和 Y 轴的缩放比例为 sx 和 sy
	preScale(float sx, float sy)	以前乘的方式计算图像在 X 轴和 Y 轴的缩放比例
	postScale(float sx, float sy)	以后乘的方式计算图像在 X 轴和 Y 轴的缩放比例
倾斜	setSkew(float kx, float ky)	设置图像在 X、Y 轴的倾斜值
	preScale(float kx, float ky)	以前乘的方式设置图像在 X、Y 轴的倾斜值
	postScale(float kx, float ky)	以后乘的方式设置图像在 X、Y 轴的倾斜值

由表13-5可知，每种特效都对应了三个方法，其中setXxx()方法直接控制Matrix变换效果，而perXxx()和postXxxx()方法涉及矩阵的前乘和后乘，为了帮助大家更好地理解这两个方法的变换方式，我们举例进行说明。

例如矩阵$\boldsymbol{M}=\begin{pmatrix}0.5 & 0 & 0\\ 0 & 0 & 0\\ 0 & 0 & 0\end{pmatrix}$，通过使用preTranslate()方法在屏幕上移动(100,100)，形成矩阵$\boldsymbol{A}=\begin{pmatrix}1.0 & 0 & 100.0\\ 0 & 1.0 & 100.0\\ 0 & 0 & 0\end{pmatrix}$，此时，如果使用perXxx()和postXxx()方法设置特效的具体过程如下：

（1）调用preXxx()方法设置特效，矩阵计算过程如图13-1所示。

$$\underset{\boldsymbol{M}}{\begin{pmatrix}1.0 & 0 & 100.0\\ 0 & 1.0 & 100.0\\ 0 & 0 & 1.0\end{pmatrix}}\times\underset{\boldsymbol{A}}{\begin{pmatrix}0.5 & 0 & 0\\ 0 & 0.5 & 0\\ 0 & 0 & 1.0\end{pmatrix}}=\underset{\boldsymbol{Result}}{\begin{pmatrix}0.5 & 0 & 100.0\\ 0 & 0.5 & 100.0\\ 0 & 0 & 1.0\end{pmatrix}}$$

图13-1　前乘方式

（2）调用postXxx()方法设置特效，矩阵计算过程如图13-2所示。

$$\underset{\boldsymbol{M}}{\begin{pmatrix}0.5 & 0 & 0\\ 0 & 0.5 & 0\\ 0 & 0 & 1.0\end{pmatrix}}\times\underset{\boldsymbol{A}}{\begin{pmatrix}1.0 & 0 & 100.0\\ 0 & 1.0 & 100.0\\ 0 & 0 & 1.0\end{pmatrix}}=\underset{\boldsymbol{Result}}{\begin{pmatrix}0.5 & 0 & 50.0\\ 0 & 0.5 & 50.0\\ 0 & 0 & 1.0\end{pmatrix}}$$

图13-2　后乘方式

通过图13-1和图13-2对比可知，调用不同的平移方法，最终得到的矩阵是不一样的。

接下来，我们以图13-3所示的界面为例，讲解如何使用Matrix类对图片添加特效，具体步骤如下：

图13-3　显示图片的界面

1．创建程序

创建一个名为SpecialEffect的应用程序，指定包名为cn.itcast.specialeffect。

2．导入界面图片

将界面上需要显示的图片husky.png导入程序中的drawable文件夹中。

3．创建TranslateView类

选中cn.itcast.specialeffect包，在该包中创建一个继承自View类的TranslateView类，在该类的onDraw()方法中将图像平移到（100,100）的位置，具体代码如【文件13-1】所示。

【文件13-1】TranslateView.java

```
1     package cn.itcast.specialeffect;
2     ......//省略导包
3     public class TranslateView extends View {
4         public TranslateView(Context context) {
5             super(context);
6         }
7         public TranslateView(Context context, AttributeSet attrs) {
8             super(context, attrs);
9         }
10        public TranslateView(Context context, AttributeSet attrs, int defStyleAttr) {
11            super(context, attrs, defStyleAttr);
12        }
13        @Override
14        protected void onDraw(Canvas canvas) {
15            super.onDraw(canvas);
16            Paint paint = new Paint();        //创建画笔
17            Bitmap bitmap = BitmapFactory.decodeResource(this.getResources(),
18                                                 R.drawable.husky);
19            Matrix matrix = new Matrix(); //创建一个矩阵
20            //将矩阵向右（X轴）平移100，向下（Y轴）平移100
21            matrix.setTranslate(100,100);
22            canvas.drawBitmap(bitmap, matrix, paint);//将图片按照矩阵的位置绘制到界面上
23        }
24    }
```

上述代码中，第13~23行代码重写了onDraw()方法，该方法用于将指定的图片绘制到指定的位置。其中，第17~18行代码通过BitmapFactory类中的decodeResource()方法将drawable文件夹中的图片husky.png的id解码为Bitmap对象。第19~22行代码首先创建了一个Matrix（矩阵）对象matrix，接着调用该对象的setTranslate()方法将矩阵向右（X轴）平移100像素，向下（Y轴）平移100像素，最后通过drawBitmap()方法将图片husky.png按照矩阵的位置绘制到界面上。

4．将TranslateView类引入布局中

前面已经创建了TranslateView类，并在该类中实现了图片husky.png平移（100,100）的功能，接下来需要将TranslateView类引入到activity_main.xml中，在界面上显示平移后的图片效果。具体代码如【文件13-2】所示。

【文件13-2】activity_main.xml

```
1     <?xml version="1.0" encoding="utf-8"?>
```

```
2   <RelativeLayout xmlns:android="http://schemas.android.com/apk/res/android"
3       android:layout_width="match_parent"
4       android:layout_height="match_parent"
5       android:layout_marginBottom="5dp">
6       <cn.itcast.specialeffect.TranslateView
7           android:layout_width="wrap_content"
8           android:layout_height="wrap_content">
9       </cn.itcast.specialeffect.TranslateView >
10  </RelativeLayout>
```

5. 运行结果

运行上述程序，原图与添加平移效果后的对比图，如图13-4所示。

图13-4　原图与平移后效果图对比

如果读者对其他特效感兴趣，可以自己动手通过调用Matrix类中的其他特效（旋转、缩放、倾斜）方法实现不同的效果。

13.3　动　　画

Android系统给我们提供了两种实现动画效果的方式：补间动画和逐帧动画，其中，补间动画是对View进行一系列的动画操作，包括平移、缩放、旋转、改变透明度四种。逐帧动画是将一个完整动画拆分成一张张单独的图片，然后再将它们连贯起来进行播放，类似于动画片的工作原理。本节将针对补间动画与逐帧动画进行详细讲解。

13.3.1　补间动画

补间（Tween）动画通过对View进行一系列的图形变化来实现动画效果，其中图形变化包括平移、缩放、旋转、改变透明度等。补间动画的效果可以通过XML文件的方式定义，也可以通过代码方式定义（详见“多学一招”），一般最常用的方式是通过XML文件的方式定义动画。

在Android系统中，补间动画包括透明度渐变动画（AlphaAnimation）、旋转动画（RotateAnimation）、缩放动画（ScaleAnimation）、平移动画（TranslateAnimation），接下来分别针对这四种动画进行讲解。

1. 透明度渐变动画（AlphaAnimation）

透明度渐变动画主要通过指定动画开始时View的透明度、结束时View的透明度以及动画持续时间来实现的，在XML文件中定义透明度渐变动画的具体代码如【文件13-3】所示。

【文件13-3】alpha_animation.xml

```
<?xml version="1.0" encoding="utf-8"?>
<set xmlns:android="http://schemas.android.com/apk/res/android">
    <alpha
        android:interpolator="@android:anim/linear_interpolator"
        android:repeatMode="reverse"
        android:repeatCount="infinite"
        android:duration="1000"
        android:fromAlpha="1.0"
        android:toAlpha="0.0"/>
</set>
```

上述代码中定义了一个透明度渐变动画，这个动画效果可以使View从完全不透明到透明，动画持续时间为1秒，并且该动画可以反向无限循环。上述代码中的属性介绍如下：

- android:interpolator：用于控制动画的变化速度，可设置的值有@android:anim/linear_interpolator（匀速改变）、@android:anim/accelerate_interpolator（开始慢，后来加速）等。
- android:repeatMode：用于指定动画重复的方式，可设置的值有reverse（反向）、restart（重新开始）。
- android:repeatCount：用于指定动画重复次数，该属性的值可以为正整数，也可以为infinite（无限循环）。
- android:duration：用于指定动画播放时长。
- android:fromAlpha：用于指定动画开始时View的透明度，0.0为完全透明，1.0为不透明。
- android:toAlpha：用于指定动画结束时View的透明度，0.0为完全透明，1.0为不透明。

上述属性中的android:interpolator、android:repeatMode、android:repeatCount和android:duration属性在其他补间（Tween）动画中也可以使用，下面不再单独进行介绍。

2．旋转动画（RotateAnimation）

旋转动画是通过对View指定动画开始时的旋转角度、结束时的旋转角度以及动画播放时长来实现的，在XML文件中定义旋转动画的具体代码如【文件13-4】所示。

【文件13-4】rotate_animation.xml

```
<?xml version="1.0" encoding="utf-8"?>
<set xmlns:android="http://schemas.android.com/apk/res/android">
    <rotate
        android:fromDegrees="0"
        android:toDegrees="360"
        android:pivotX="50%"
        android:pivotY="50%"
        android:repeatMode="reverse"
        android:repeatCount="infinite"
        android:duration="1000"/>
</set>
```

上述代码中定义了一个旋转动画，旋转的角度从0°到360°，动画的持续时间为1秒，并且该动画可以反向无限循环。上述代码中的属性介绍如下：

- android:fromDegrees：指定View在动画开始时的角度。
- android:toDegrees：指定View在动画结束时的角度。

- android:pivotX：指定旋转点的X坐标。
- android:pivotY：指定旋转点的Y坐标。

需要注意的是，属性android:pivotX与android:pivotY的值可以是整数、百分数（小数）、百分数p，例如50、50%、50%p。以属性android:pivotX为例，当属性值为50时，表示在当前View左上角的X轴坐标加上50px的位置作为旋转点的X轴坐标，当属性值为50%时，表示在当前View左上角的X轴坐标加上View自己宽度的50%作为旋转点的X轴坐标。当属性值为50%p（字母p表示parent）时，表示在当前View左上角的X轴坐标加上父控件宽度的50%作为旋转点的X轴坐标。

3．缩放动画（ScaleAnimation）

缩放动画是通过对动画指定开始时的缩放系数、结束时的缩放系数以及动画持续时长来实现的，在XML文件中定义缩放动画的具体代码如【文件13-5】所示。

【文件13-5】 scale_animation.xml

```
<?xml version="1.0" encoding="utf-8"?>
<set xmlns:android="http://schemas.android.com/apk/res/android">
    <scale
        android:fromXScale="1.0"
        android:fromYScale="1.0"
        android:toXScale="0.5"
        android:toYScale="0.5"
        android:pivotX="50%"
        android:pivotY="50%"
        android:repeatMode="reverse"
        android:repeatCount="infinite"
        android:duration="3000"/>
</set>
```

上述代码定义了一个缩放动画，以View控件的中心位置为缩放点，在X轴和Y轴上分别缩小0.5倍，该动画的持续时间为3秒，并且该动画可以反向无限循环。上述代码中的属性介绍如下：

- android:fromXScale：指定动画开始时X轴上的缩放系数，值为1.0表示不变化。
- android:fromYScale：指定动画开始时Y轴上的缩放系数，值为1.0表示不变化。
- android:toXScale：指定动画结束时X轴上的缩放系数，值为1.0表示不变化。
- android:toYScale：指定动画结束时Y轴上的缩放系数，值为1.0表示不变化。
- android:pivotX：指定缩放点的X坐标。
- android:pivotY：指定缩放点的Y坐标。

4．平移动画（TranslateAnimation）

平移动画是通过指定动画的开始位置、结束位置以及动画持续时长来实现的，在XML文件中定义平移动画的具体代码如【文件13-6】所示。

【文件13-6】 translate_animation.xml

```
<?xml version="1.0" encoding="utf-8"?>
<set xmlns:android="http://schemas.android.com/apk/res/android">
    <translate
        android:fromXDelta="0.0"
        android:fromYDelta="0.0"
        android:toXDelta="100"
```

```
            android:toYDelta="0.0"
            android:repeatCount="infinite"
            android:repeatMode="reverse"
            android:duration="4000"/>
</set>
```

图13-5　补间动画界面

上述代码定了一个平移动画，该动画的起始位置为（0.0，0.0），结束位置为（100，0.0），持续时间为4秒，并且该动画反向无限循环，其中（0.0，0.0）表示View左上角的坐标，并不是屏幕像素的坐标。上述代码中的属性介绍如下：

- android:fromXDelta：指定动画开始时View的X轴坐标。
- android:fromYDelta：指定动画开始时View的Y轴坐标。
- android:toXDelta：指定动画结束时View的X轴坐标。
- android:toYDelta：指定动画结束时View的Y轴坐标。

为了让初学者看到直观效果，接下来，我们以图13-5所示的界面为例，演示四种补间动画的效果。

1．创建程序

创建一个名为Tween的应用程序，指定包名为cn.itcast.tween。

2．导入界面图片

将补间动画界面需要的图片iv_tween.png导入到程序中的drawable文件夹中。

3．放置界面控件

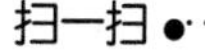

扫码查看
文件13–7

在res/layout文件夹的activity_main.xml文件中，放置1个ImageView控件用于显示图片，放置4个Button控件，分别用于显示“渐变”按钮、“旋转”按钮、“缩放”按钮以及“移动”按钮，完整布局代码详见【文件13-7】。

4．创建补间动画的4个XML文件

由于程序中定义动画的XML文件需要存放在anim文件夹中，因此在res文件夹中创建一个anim文件夹，选中该文件夹，右击选择【New】→【Drawable resource file】选项，创建一个名为alpha_animation的XML文件，在该文件中通过设置一些动画属性，实现界面图片的透明度渐变动画效果。除了透明度渐变动画之外，还需要在anim文件夹中分别创建rotate_animation.xml、scale_animation.xml和translate_animation.xml文件来实现旋转、缩放、平移动画的效果。这四种补间动画的具体代码在前面已经讲述过，此处就不再显示。

5．编写界面交互代码

由于补间动画界面底部有4个按钮需要实现点击事件，因此需要将MainActivity实现View.OnClickListener接口并重写onClick()方法，在该方法中通过调用AnimationUtils类的loadAnimation()方法来加载4种补间动画效果的XML文件，并实现界面图片的透明度渐变、旋转、缩放、平移等动画效果，具体代码如【文件13-8】所示。

【文件13-8】MainActivity.java

```
1  package cn.itcast.tween;
2  ......//省略导入包
3  public class MainActivity extends AppCompatActivity
4                                implements View.OnClickListener {
5      private Button buttonOne;
```

```
6      private Button buttonTwo;
7      private Button buttonThree;
8      private Button buttonFour;
9      private ImageView ivBean;
10     @Override
11     protected void onCreate(Bundle savedInstanceState) {
12         super.onCreate(savedInstanceState);
13         setContentView(R.layout.activity_main);
14         //初始化控件并为对应的控件添加点击事件的监听器
15         buttonOne = (Button) findViewById(R.id.btn_one);
16         buttonTwo = (Button) findViewById(R.id.btn_two);
17         buttonThree = (Button) findViewById(R.id.btn_three);
18         buttonFour = (Button) findViewById(R.id.btn_four);
19         ivBean = (ImageView) findViewById(R.id.iv_bean);
20         buttonOne.setOnClickListener(this);
21         buttonTwo.setOnClickListener(this);
22         buttonThree.setOnClickListener(this);
23         buttonFour.setOnClickListener(this);
24     }
25     public void onClick(View v) {
26         switch(v.getId()) {
27             case R.id.btn_one: //渐变按钮的点击事件
28                 Animation alpha = AnimationUtils.loadAnimation
29                         (this,R.anim.alpha_animation);
30                 ivBean.startAnimation(alpha);
31                 break;
32             case R.id.btn_two: //旋转按钮的点击事件
33                 Animation rotate = AnimationUtils.loadAnimation
34                         (this,R.anim.rotate_animation);
35                 ivBean.startAnimation(rotate);
36                 break;
37             case R.id.btn_three:// 缩放按钮的点击事件
38                 Animation scale = AnimationUtils.loadAnimation
39                         (this,R.anim.scale_animation);
40                 ivBean.startAnimation(scale);
41                 break;
42             case R.id.btn_four: //平移按钮的点击事件
43                 Animation translate = AnimationUtils.loadAnimation
44                         (this,R.anim.translate_animation);
45                 ivBean.startAnimation(translate);
46                 break;
47         }
48     }
49 }
```

上述代码中，第27~31行代码实现了“渐变”按钮的点击事件，在该事件中通过调用loadAnimation()方法加载定义渐变动画的XML文件，接着调用startAnimation()方法开始该动画。

第32~36行、第37~41行、第42~46行分别实现了“旋转”按钮、“缩放”按钮以及“平移”按钮的点击事件，这3个按钮的点击事件与“渐变”按钮的点击事件代码类似，此处不再重复介绍。

6. 运行结果

运行上述程序，分别点击界面上的“渐变”和“旋转”按钮，运行结果如图13-6所示。

分别点击界面上的“缩放”和“移动”按钮，运行结果如图13-7所示。

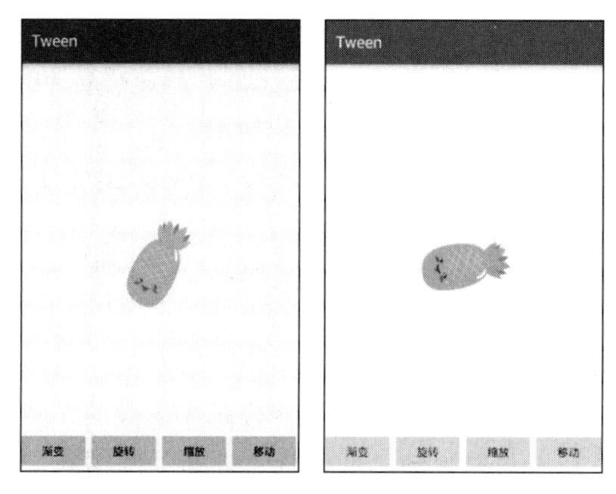

图13-6　运行结果

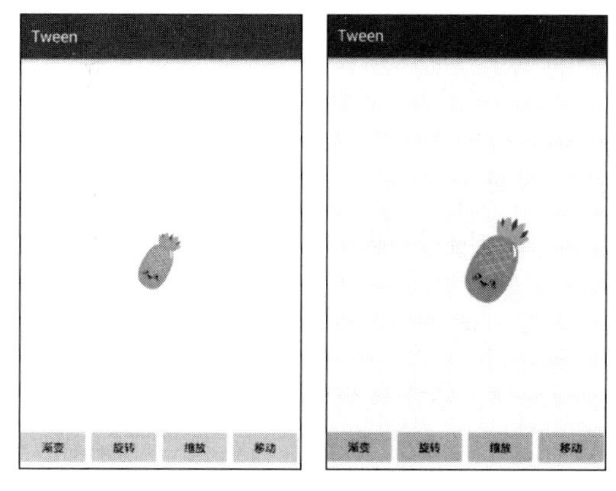

图13-7　运行结果

多学一招：通过代码实现四种补间动画效果

补间动画不仅可以在XML文件中定义，也可以在代码中定义。在代码中定义四种补间动画效果时，需要用到AlphaAnimation类、RotateAnimation类、ScaleAnimation类和TranslateAnimation类，这4个类分别用于实现渐变动画、旋转动画、缩放动画和平移动画。为了让初学者更好地掌握补间动画的用法，接下来以AlphaAnimation类实现渐变动画为例，演示如何在代码中定义补间动画，示例代码如下：

```
1  public class MainActivity extends AppCompatActivity {
2     private ImageView imageView;
3     @Override
4     protected void onCreate(Bundle savedInstanceState) {
5        super.onCreate(savedInstanceState);
6        setContentView(R.layout.activity_main);
7        imageView = (ImageView) findViewById(R.id.imageView);
8        //创建一个渐变透明度的动画，从透明度 0.0f-1.0f(完全不透明)
9        AlphaAnimation alphaAnimation = new AlphaAnimation(0.0f,1.0f);
10       alphaAnimation.setDuration(5000); //设置动画播放时长
11       alphaAnimation.setRepeatMode(AlphaAnimation.REVERSE);   //动画重复方式
12       alphaAnimation.setRepeatCount(AlphaAnimation.INFINITE); //动画重复次数
13       imageView.startAnimation(alphaAnimation);
14    }
15 }
```

上述代码中，第9行代码创建了AlphaAnimation类的实例对象，在该类的构造方法AlphaAnimation()中传递了2个参数，第1个参数表示开始动画时，界面上图片的透明度为0.0f（完全透明），第2个参数表示结束动画时，界面上图片的透明度为1.0f（完全不透明）。

第10~12行代码分别通过setDuration()方法、setRepeatMode()方法以及setRepeatCount()方法来设置动画的持续时间、动画的重复方式、动画的重复次数。

第13行代码通过startAnimation()方法开始此渐变动画。

13.3.2 逐帧动画

逐帧（Frame）动画是按照事先准备好的静态图像顺序播放的，利用人眼的“视觉暂留”原理，让用户产生动画的错觉。逐帧动画的原理与放胶片看电影的原理是一样的，都是通过播放一张一张事先准备好的静态图像来实现的。

在使用逐帧动画时，首先需要在程序的res/drawable文件夹中创建好定义帧动画的XML文件，并在该文件的<item>标签中，通过属性设置android:drawable与android:duration分别指定需要显示的图片和每张图片显示的时间，在XML文件中<item>标签的顺序就是对应图片出现的顺序。

接下来，我们以图13-8所示的界面为例，讲解如何使用逐帧动画实现Wi-Fi动态连接的效果，具体步骤如下：

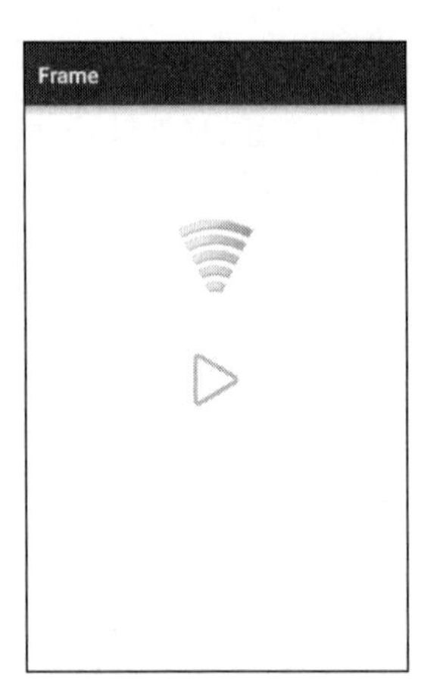

图13-8 逐帧动画界面

1. 创建程序

创建一个名为Frame的应用程序，指定包名为cn.itcast.frame。

2. 导入界面图片

将逐帧动画界面所需要的图片wifi01.png、wifi02.png、wifi03.png、wifi04.png和wifi05.png导入到程序的drawable文件夹中。

3. 放置界面控件

在res/layout文件夹的activity_main.xml文件中，放置1个ImageView控件用于显示1个Wi-Fi图片，1个Button控件用于显示1个播放动画的按钮，完整布局代码详见【文件13-9】。

扫一扫

扫码查看
文件13-9

4. 创建Frame动画资源

在程序的res/drawable文件夹中，创建一个frame.xml文件，在该文件中定义逐帧动画需要用到的Wi-Fi图片和图片显示的时间，具体代码如【文件13-10】所示。

【文件13-10】frame.xml

```
1  <?xml version="1.0" encoding="utf-8"?>
2  <animation-list xmlns:android="http://schemas.android.com/apk/res/android" >
3    <item android:drawable="@drawable/wifi01" android:duration="300"> </item>
4    <item android:drawable="@drawable/wifi02" android:duration="300"> </item>
5    <item android:drawable="@drawable/wifi03" android:duration="300"> </item>
6    <item android:drawable="@drawable/wifi04" android:duration="300"> </item>
7    <item android:drawable="@drawable/wifi05" android:duration="300"> </item>
8    <item android:drawable="@drawable/wifi06" android:duration="300"> </item>
9  </animation-list>
```

上述代码中，<animation-list>表示逐帧动画的根标签，其中，<item>标签中属性android:drawable的值表示逐帧动画要播放的Wi-Fi图片，属性android:duration的值表示每张图片显示的时间，程序会根据frame.xml文件中从上到下的顺序播放<item>标签中引用的图片。

5. 编写界面交互代码

由于逐帧动画界面的播放按钮需要实现点击事件，因此需要将MainActivity实现View.OnClick Listener接口，并重写onClick()方法，在该方法中实现播放动画与停止动画的效果。具体代码如【文件13-11】所示。

【文件13-11】 MainActivity.java

```
1  package cn.itcast.frame;
2  ......//省略导入包
3  public class MainActivity extends AppCompatActivity implements View.OnClickListener
4  {
5      private ImageView iv_wifi;
6      private Button btn_start;
7      private AnimationDrawable animation;
8      @Override
9      protected void onCreate(Bundle savedInstanceState) {
10         super.onCreate(savedInstanceState);
11         setContentView(R.layout.activity_main);
12         iv_wifi = (ImageView) findViewById(R.id.iv_wifi);
13         btn_start = (Button) findViewById(R.id.btn_play);
14         btn_start.setOnClickListener(this);
15         //获取AnimationDrawable对象
16         animation = (AnimationDrawable) iv_wifi.getBackground();
17     }
18     @Override
19     public void onClick(View v) {
20         if(!animation.isRunning()) { //如果动画当前没有播放
21             animation.start();//播放动画
22             btn_start.setBackgroundResource(android.R.drawable.ic_media_pause);
23         } else {
24             animation.stop(); //停止动画
25             btn_start.setBackgroundResource(android.R.drawable.ic_media_play);
26         }
27     }
28     @Override
29     protected void onDestroy() {
30         super.onDestroy();
31         if(animation.isRunning()){
32             animation.stop();
33         }
34         iv_wifi.clearAnimation();
35     }
36 }
```

上述代码中，第16行代码通过getBackground()方法获取控件iv_wifi控件（在布局文件中该控件的背景设置的是定义帧动画的XML文件）的背景对象，并将该对象转换为AnimationDrawable类型。

第18~27行代码重写了onClick()方法，在该方法中实现了播放动画与停止动画的操作。其中，第20~26行代码通过isRunning()判断当前动画是否正在播放，如果没有播放，则调用start()方法播放动画，并通过setBackgroundResource()方法设置播放按钮在播放动画时的背景图片。否则，调用

stop()方法停止播放动画，并设置播放按钮在停止动画时的背景图片。

第28~35行代码重写了onDestroy()方法，在该方法中判断当前动画是否正在播放，如果正在播放，则调用stop()方法停止播放动画，接着调用clearAnimation()方法清空控件的动画。

6. 运行结果

运行上述程序，点击界面上的“播放”按钮，可以看到Wi-Fi图片在不停地进行切换，运行结果如图13-9所示。

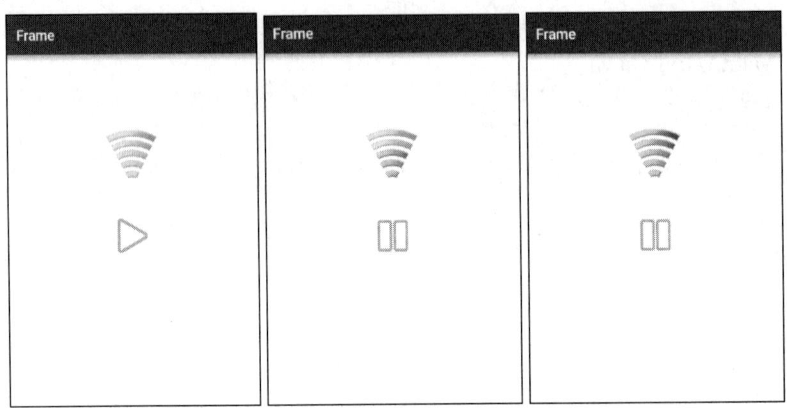

图13-9 运行结果

多学一招：通过Java代码创建逐帧动画

逐帧动画也可以在Java代码中定义，在Java代码中定义逐帧动画时需要用到AnimationDrawable类，调用该类的addFrame()方法添加需要显示的图片，示例代码如下：

```
1  public class MainActivity extends AppCompatActivity {
2      private ImageView imageView;
3      @Override
4      protected void onCreate(Bundle savedInstanceState) {
5          super.onCreate(savedInstanceState);
6          setContentView(R.layout.activity_main);
7          imageView = (ImageView) findViewById(R.id.iv);
8          AnimationDrawable a = new AnimationDrawable();// 创建 AnimationDrawable 对象
9          // 在 AnimationDrawable 中添加三帧，并为其指定图片和播放时长
10         a.addFrame(getResources().getDrawable(R.drawable.girl_1), 200);
11         a.addFrame(getResources().getDrawable(R.drawable.girl_2), 200);
12         a.addFrame(getResources().getDrawable(R.drawable.girl_3), 200);
13         imageView.setBackground(a);
14         a.setOneShot(false);          // 循环播放
15         a.start();                    // 播放 Frame 动画
16     }
17 }
```

上述代码中，第8~12行代码创建了AnimationDrawable类的对象a，接着调用addFrame()方法设置每帧的图片和显示时长，其中addFrame()方法中的第1个参数表示帧图片的Drawable对象，第2个参数表示帧图片显示的时长。

第13行代码通过setBackground()方法将创建的帧动画设置给imageView控件。

第14~15行代码首先调用setOneShot()方法设置动画效果为循环播放，接着调用start()方法播放帧动画。

本 章 小 结

本章主要讲解了常用的绘图类、为图像添加特效以及动画等知识点，通过这些知识点可以实现炫酷的Android应用界面并丰富界面的显示效果，给用户以较好的体验。由于现在企业项目中会要求实现界面中图片或者按钮等控件的炫酷动画效果，而这些炫酷效果大部分都是通过本章所学图形图像处理内容实现的，因此要求读者认真学习本章知识，达到掌握并灵活运用的效果。

本 章 习 题

一、判断题

1. Paint类表示画笔，主要用于描述图形的颜色和风格。　　（　　）
2. Android提供的Matrix类能够结合其他API对图形进行变换，例如旋转、缩放、倾斜。　　（　　）
3. Bitmap的decodeFile()方法用于从文件中解析Bitmap对象。　　（　　）

二、选择题

1. 下列关于Android动画的描述中，正确的是（　　）。（多选）
   A. Android中的动画通常分为逐帧动画和补间动画两种
   B. 逐帧动画就是顺序播放一组预定义的静态图像，形成动画效果
   C. 补间动画就是通过对场景中的对象不断进行图像变化来产生动画效果
   D. 实现补间动画时，只需要定义动画开始和结束的关键帧，其他过渡由系统自动计算补齐
2. Android提供了（　　）补间动画。
   A. 透明度渐变动画（AlphaAnimation）
   B. 旋转动画（RotateAnimation）
   C. 缩放动画（ScaleAnimation）
   D. 平移动画（TranslateAnimation）
3. Android绘制图像时最常用的类包括（　　）。
   A. Bitmap　B. BitmapFactory　C. Paint　D. Canvas
4. Android中使用Canvas类中的（　　）方法可以绘制椭圆。
   A. drawRect()　B. drawOval()　C. drawCircle()　D. drawLine()
5. 下列关于Canvas类的描述，错误的是（　　）。
   A. Canvas表示画布
   B. Canvas可以绘制各种各样的图形
   C. Canvas和Paint作用一样
   D. Canvas类的drawRect()方法用于绘制矩形

三、简答题

简述逐帧动画的工作原理。

第14章 多媒体应用开发

学习目标：

◎掌握如何使用MediaPlayer类、SoundPool类播放音频文件。

◎掌握如何使用VideoView类播放视频文件。

◎掌握如何使用MediaPlayer类与SurfaceView类播放视频文件。

随着手机硬件的不断提升，手机已经成为人们日常生活中必不可少的设备，设备里面的多媒体资源想必是很多人的兴趣所在。多媒体资源一般包括音频、视频等，Android系统针对不同的多媒体提供了不同的类进行支持。接下来，本章将针对多媒体应用中的音视频操作进行讲解。

14.1 音频的播放

14.1.1 MediaPlayer类播放音频

Android应用中播放音频文件的功能一般都是通过MediaPlayer类实现的，该类提供了全面的方法支持多种格式的音频文件，MediaPlayer类的常用方法如表14-1所示。

表 14-1 MediaPlayer 类的常用方法

方 法 名 称	功 能 描 述
setDataSource()	设置要播放的音频文件的位置
prepare()	在开始播放之前调用这个方法完成准备工作
start()	开始或继续播放音频
pause()	暂停播放音频
reset()	重置 MediaPlayer 对象
seekTo()	从指定位置开始播放音频
stop()	停止播放音频，调用该方法后 MediaPlayer 对象无法再播放音频
release()	释放与 MediaPlayer 对象相关的资源
isPlaying()	判断当前是否正在播放音频
getDuration	获取载入的音频文件的时长

接下来通过演示MediaPlayer播放音频的过程来了解MediaPlayer的使用，具体如下：

1．实例化MediaPlayer类

使用MediaPlayer类播放音频时，首先创建一个MediaPlayer类的对象，接着调用setAudioStreamType()方法设置音频类型，示例代码如下：

```
MediaPlayer mediaPlayer = new MediaPlayer(); //创建 MediaPlayer 类的对象
mediaPlayer.setAudioStreamType(AudioManager.STREAM_MUSIC);  //设置音频类型
```

上述代码中的setAudioStreamType()方法中传递的参数表示音频类型，音频类型有很多种，最常用的音频类型有以下几种：

- AudioManager.STREAM_MUSIC：音乐。
- AudioManager.STREAM_RING：响铃。
- AudioManager.STREAM_ALARM：闹钟。
- AudioManager.STREAM_NOTIFICTION：提示音。

2．设置数据源

根据音频文件存放的位置不同，将数据源的设置分为三种方式，分别为设置播放应用自带的音频文件、设置播放SD卡中的音频文件和设置播放网络音频文件，示例代码如下：

```
//1.设置播放应用自带的音频文件
mediaPlayer = MediaPlayer.create(MainActivity.this, R.raw.xxx);
//2.设置播放 SD 卡中的音频文件
mediaPlayer.setDataSource("SD 卡中的音频文件的路径");
//3.设置播放网络音频文件
mediaPlayer.setDataSource("http://www.xxx.mp3");
```

需要注意的是，播放网络中的音频文件时，需要在清单文件中添加访问网络的权限，示例代码如下：

```
<uses-permission android:name="android.permission.INTERNET"/>
```

3．播放音频文件

一般在调用start()方法播放音频文件之前，程序会调用prepare()方法或prepareAsync()方法将音频文件解析到内存中。prepare()方法为同步操作，一般用于解析较小的文件，prepareAsync()方法为异步操作，一般用于解析较大的文件。示例代码如下：

（1）播放小音频文件：

```
mediaPlayer.prepare();
mediaPlayer.start();
```

需要注意的是，使用create()方法创建MediaPlayer对象并设置音频文件时，不能调用prepare()方法，直接调用start()方法播放音频文件即可。

（2）播放大音频文件：

```
mediaPlayer.prepareAsync();
mediaPlayer.setOnPreparedListener(new OnPreparedListener){
  public void onPrepared(MediaPlayer player){
        player.start();
  }
}
```

上述代码中，prepareAsync()方法是子线程中执行的异步操作，不管它是否执行完毕，都不会影响主线程操作。setOnPreparedListener()方法用于设置MediaPlayer类的监听器，用于监听音频文件是否解析完成，如果解析完成，则会调用onPrepared()方法，在该方法内部调用start()方法播放音

频文件。

4. 暂停播放

pause()方法用于暂停播放音频。在暂停播放之前，首先要判断MediaPlayer对象是否存在，并且当前是否正在播放音频，示例代码如下：

```
if(mediaPlayer!=null && mediaPlayer.isPlaying()){
    mediaPlayer.pause();
}
```

5. 重新播放

seekTo()方法用于定位播放，该方法用于快退或快进音频播放，该方法中传递的参数表示将播放时间定在多少毫秒，如果传递的参数为0，则表示从头开始播放。示例代码如下：

```
//1.播放状态下进行重播
if(mediaPlayer!=null && mediaPlayer.isPlaying()){
   mediaPlayer.seekTo(0); //设置从头开始播放音频
   return;
}
//2.暂停状态下进行重播，要调用 start() 方法
if(mediaPlayer!=null){
   mediaPlayer.seekTo(0); //设置从头开始播放音频
   mediaPlayer.start();
}
```

6. 停止播放

stop()方法用于停止播放，停止播放之后还要调用release()方法将MediaPlayer对象占用的资源释放并将该对象设置为null，示例代码如下：

```
if(mediaPlayer!=null && mediaPlayer.isPlaying()){
   mediaPlayer.stop();                   //停止播放
          mediaPlayer.release();         //释放 MediaPlayer 对象占用的资源
          mediaPlayer = null;
}
```

14.1.2 SoundPool类播放音频

由于使用MediaPlayer类播放音频时占用的内存资源较多，且不支持同时播放多个音频，因此Android系统还提供了另一个播放音频的类——SoundPool。SoundPool即音频池，可以同时播放多个短小的音频，而且占用的资源比较少，其适合在应用程序中播放按键音或者消息提示音等。SoundPool类设置音频的常用方法如表14-2所示。

表 14-2 SoundPool 类常用方法

方法名称	功能描述
load()	加载音频文件
play()	播放音频
pause(int streamID)	根据加载的资源 ID，暂停播放音频
resume(int streamID)	根据加载的资源 ID，继续播放暂停的音频资源
stop(int streamID)	根据加载的资源 ID，停止音频资源的播放
unload(int soundID)	从音频池中卸载音频资源 ID 为 soundID 的资源
release()	释放音频池资源

接下来讲解通过SoundPool类播放音频的过程，具体介绍如下：

1．创建SoundPool对象

SoundPool类提供了一个构造方法来创建SoundPool对象，该构造方法的具体信息如下：

```
public SoundPool (int maxStreams, int streamType, int srcQuality)
```

关于SoundPool()构造方法中参数的相关介绍如下：

- maxStreams：指定可以容纳多少个音频。
- streamType：用于指定音频类型[如AudioManager.STREAM_MUSIC（音乐）、AudioManager.STREAM_RING（响铃）、AudioManager.STREAM_SYSTEM（系统音量）等]。
- srcQuality：用于指定音频的品质，默认值为0。

创建一个可以容纳10个音频的SoundPool对象，示例代码如下：

```
SoundPool soundpool = new SoundPool(10,AudioManager.STREAM_SYSTEM, 0);
```

2．加载音频文件

创建SoundPool对象后，接着调用load()方法来加载音频文件。根据传递参数的不同，有4个load()方法，具体介绍如下：

- public int load (Context context, int resId, int priority)：通过指定的资源ID加载音频文件，参数resId 表示指定的资源ID，参数priority表示播放声音的优先级。
- public int load (String path, int priority)：通过音频文件的路径加载音频，参数path表示音频文件的路径。
- public int load (AssetFileDescriptor afd, int priority)：在AssetFileDescriptor所对应的文件中加载音频。
- public int load (FileDescriptor fd, long offset, long length, int priority)：加载FileDescriptor对象中从offset开始，长度为length的音频。

通过资源ID加载音频文件alarm.wav的代码如下：

```
soundpool.load(this, R.raw.alarm, 1);
```

3．播放音频

调用SoundPool对象的play()方法可播放指定的音频。play()方法的具体信息如下：

```
play (int soundID, float leftVolume, float rightVolume, int priority,int loop,
    float rate)
```

关于play()方法中参数的相关介绍如下：

- soundID：指定要播放的音频ID，该音频是通过load()方法返回的音频。
- leftVolume：指定左声道的音量，取值范例为0.0~1.0。
- rightVolume：指定右声道的音量，取值范例为0.0~1.0。
- priority：指定播放音频的优先级，数值越大，优先级越高。
- loop：指定循环播放的次数，0表示不循环，-1表示循环。
- rate：指定播放速率，1表示正常播放速率，0.5表示最低播放速率，2表示最高播放速率。

播放raw文件夹中的sound.wav音频文件的示例代码如下：

```
soundpool.play(soundpool.load(MainActivity.this, R.raw.sound, 1), 1, 1, 0, 0, 1);
```

14.1.3 案例——弹钢琴

上一节讲解了SoundPool类的使用方法，接下来我们以图14-1所示的界面为例，讲解如何通过SoundPool类实现弹钢琴的案例，具体步骤如下：

图14-1 钢琴界面

1. 创建程序

创建一个名为SoundPool的应用程序，指定包名为cn.itcast.soundpool。

2. 导入音频文件

在res文件夹中创建raw文件夹用于存放音频文件，将music_do.mp3、music_re.mp3、music_mi.mp3、music_fa.mp3、music_so.mp3、music_la.mp3和music_si.mp3音频文件导入res/raw文件夹中。

3. 导入界面图片

在Android Studio中，切换选项卡至Project选项，在res文件夹中创建一个drawable-hdpi文件夹，将钢琴界面所需要的图片background.png、icon_do.png、icon_do_pressed.png、icon_re.png、icon_re_pressed.png、icon_mi.png、icon_mi_pressed.png、icon_fa.png、icon_fa_pressed.png、icon_so.png、icon_so_pressed.png、icon_la.png、icon_la_pressed.png、icon_si.png和icon_si_pressed.png导入drawable-hdpi文件夹中。

4. 放置界面控件

在activity_main.xml文件中放置7个ImageView控件，分别用于显示do、re、mi、fa、so、la、si等7个钢琴按键，完整布局代码详见【文件14-1】。

扫一扫

扫码查看文件14-1

5. 创建背景选择器

由于钢琴的每个键按下与弹起时的背景不同，因此需要创建一个背景选择器来实现这个效果。以创建钢琴键do的背景选择器为例，首先选中drawable文件夹，右击选择【New】→【Drawable resource file】选项，创建一个背景选择器icon_do_selector.xml，根据控件被按下与弹起时的状态切换相应的背景图片，当钢琴键do被按下时显示图片icon_do_pressed.png，当钢琴键do弹起时显示图片icon_do.png，具体代码如【文件14-2】所示。

【文件14-2】icon_do_selector.xml

```
1  <?xml version="1.0" encoding="utf-8"?>
2  <selector xmlns:android="http://schemas.android.com/apk/res/android">
3      <item android:drawable="@drawable/icon_do" android:state_pressed= "false"/>
4      <item android:drawable="@drawable/icon_do_pressed"
```

```
5            android:state_pressed="true"/>
6   </selector>
```

上述代码中，属性android:drawable表示为控件设置图片，属性android:state_pressed表示控件按下与弹起的状态。

钢琴界面除了do键之外还有6个按键，分别是re键、mi键、fa键、so键、la键、si键，创建这6个键的背景选择器的名称分别为icon_re_selector.xml、icon_mi_selector.xml、icon_fa_selector.xml、icon_so_selector.xml、icon_la_selector.xml、icon_si_selector.xml，这6个背景选择器的内容与icon_do_selector.xml文件的内容类似，将对应键的图片替换即可，在此处不再展示6个文件的具体代码。

6. 设置钢琴界面横屏显示

由于钢琴界面是横屏显示的，因此需要在AndroidManifest.xml文件中找到MainActivity对应的<activity>标签并设置属性screenOrientation的值为landscape，具体代码如下：

```
<activity android:name=".MainActivity"
    android:screenOrientation="landscape">
    ......
</activity>
```

7. 编写界面交互代码

在MainActivity中通过SoundPool类的play()方法实现播放每个钢琴按键的音乐功能，具体代码如【文件14-3】所示。

【文件14-3】MainActivity.java

```
1   package cn.itcast.soundpool;
2   ......//省略导入包
3   public class MainActivity extends AppCompatActivity implements View.OnClickListener
4   {
5       private SoundPool soundpool;
6       private HashMap<Integer,Integer> map = new HashMap<>();
7       @Override
8       protected void onCreate(Bundle savedInstanceState) {
9           super.onCreate(savedInstanceState);
10          setContentView(R.layout.activity_main);
11          //初始化界面控件，并为控件添加点击事件的监听器
12          ImageView iv_do = (ImageView) findViewById(R.id.iv_do);
13          ImageView iv_re = (ImageView) findViewById(R.id.iv_re);
14          ImageView iv_mi = (ImageView) findViewById(R.id.iv_mi);
15          ImageView iv_fa = (ImageView) findViewById(R.id.iv_fa);
16          ImageView iv_so = (ImageView) findViewById(R.id.iv_so);
17          ImageView iv_la = (ImageView) findViewById(R.id.iv_la);
18          ImageView iv_si = (ImageView) findViewById(R.id.iv_si);
19          iv_do.setOnClickListener(this);
20          iv_re.setOnClickListener(this);
21          iv_mi.setOnClickListener(this);
22          iv_fa.setOnClickListener(this);
23          iv_so.setOnClickListener(this);
24          iv_la.setOnClickListener(this);
25          iv_si.setOnClickListener(this);
26          initSoundPool();//初始化SoundPool
27      }
```

```
28     private void initSoundPool() {
29         if(soundpool == null){
30             //创建SoundPool对象
31             soundpool = new SoundPool(7, AudioManager.STREAM_SYSTEM, 0);
32         }
33         //加载音频文件，并将文件存储到HashMap集合中
34         map.put(R.id.iv_do,soundpool.load(this,R.raw.music_do,1));
35         map.put(R.id.iv_re,soundpool.load(this,R.raw.music_re,1));
36         map.put(R.id.iv_mi,soundpool.load(this,R.raw.music_mi,1));
37         map.put(R.id.iv_fa,soundpool.load(this,R.raw.music_fa,1));
38         map.put(R.id.iv_so,soundpool.load(this,R.raw.music_so,1));
39         map.put(R.id.iv_la,soundpool.load(this,R.raw.music_la,1));
40         map.put(R.id.iv_si,soundpool.load(this,R.raw.music_si,1));
41     }
42     @Override
43     public void onClick(View v) {
44         play(v.getId());
45     }
46     private void play(int i){
47         soundpool.play(map.get(i),1.0f,1.0f,0,0,1.0f); //播放音频
48     }
49     @Override
50     protected void onDestroy() {
51         super.onDestroy();
52         if(soundpool != null) {
53             soundpool.autoPause(); //暂停播放音频
54             soundpool.release();   //释放Soundpool对象占用的资源
55             soundpool = null;
56         }
57     }
58 }
```

上述代码中，12~25行代码获取了界面上7个钢琴按键控件并为这些按键设置点击事件的监听器。

第28~41行代码创建了一个initSoundPool()方法，在该方法中创建了类SoundPool的对象，并通过该对象调用load()方法加载对应的7个钢琴按键的音频文件。调用HashMap集合的put()方法，以7个按键的控件id为key，以load()方法加载音频文件的返回值为value，将7个按键的对应信息添加到HashMap集合中。

第42~45行代码重写了onClick()方法，在该方法中调用play()方法用于播放音频文件，并将点击按键的id传递到该方法中。

第46~48行代码创建了play()方法，在该方法中通过SoundPool类的对象调用play()方法播放音频。

第49~57行代码重写了onDestroy()方法，在该方法中通过调用autoPause()方法暂停播放音频，通过release()方法释放Soundpool类的对象占用的资源。

8. 运行结果

运行上述程序，在界面上点击按键“Do”，播放对应的音频，运行结果如图14-2所示。

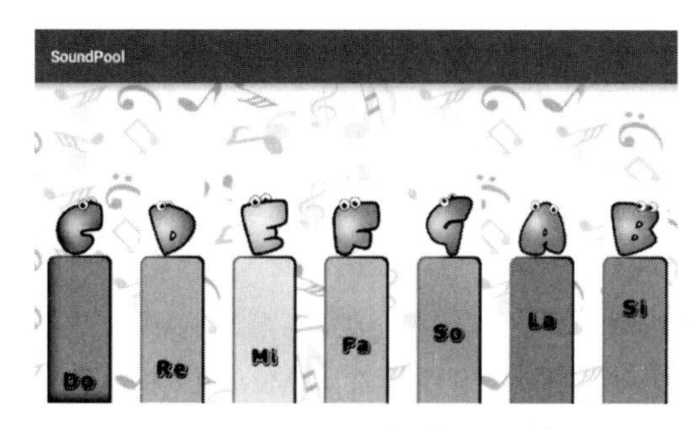

图14-2　运行结果

14.2　视 频 播 放

14.2.1　VideoView控件播放视频

播放视频与播放音频相比，播放视频需要使用视觉控件将影像展示出来。Android系统中的VideoView控件就是播放视频用的，借助它可以完成一个简易的视频播放器。VideoView控件提供了一些用于控制视频播放的方法，如表14-3所示。

表 14-3　VideoView 控件的常用方法

方 法 名 称	功 能 描 述
setVideoPath()	设置要播放的视频文件的位置
start()	开始或继续播放视频
pause()	暂停播放视频
resume()	将视频重新开始播放
seekTo()	从指定位置开始播放视频
isPlaying()	判断当前是否正在播放视频
getDuration()	获取载入的视频文件的时长

接下来讲解如何通过VideoView控件播放视频的过程，具体介绍如下：

1. 在布局文件中添加VideoView控件

如果想在界面上播放视频，则首先需要在布局文件中放置1个VideoView控件用于显示视频播放界面。在布局中添加VideoView控件的示例代码如下：

```
<VideoView
    android:id="@+id/videoview"
    android:layout_width="match_parent"
    android:layout_height="match_parent" />
```

2. 视频的播放

使用VideoView控件既可以播放本地存放的视频，也可以播放网络中的视频，示例代码如下：

```
VideoView videoView = (VideoView) findViewById(R.id.videoview);
videoView.setVideoPath("mnt/sdcard/xxx.avi");          //播放本地视频
videoView.setVideoURI(Uri.parse("http://www.xxx.avi")); //加载网络视频
videoView.start();  //播放视频
```

根据上述代码可知，播放本地视频时需要调用VideoView控件的setVideoPath()方法，将本地视频地址传入该方法中即可。播放网络视频时需要调用VideoView控件的setVideoURI()方法，通过调用parse()方法将网络视频地址转换为Uri并传递到setVideoURI()方法中。

需要注意的是，播放网络视频时需要在AndroidManifest.xml文件的<manifest>标签中添加访问网络的权限，示例代码如下：

```
<uses-permission android:name="android.permission.INTERNET"/>
```

3．为VideoView控件添加控制器

使用VideoView控件播放视频时，可以通过setMediaController()方法为他添加一个控制器MediaController，该控制器中包含媒体播放器（MediaPlayer）中的一些典型按钮，如播放/暂停（Play/ Pause）、倒带（Rewind）、快进（Fast Forward）与进度滑动器（progress slider）等。VideoView控件能够绑定媒体播放器（MediaController），从而使播放状态和控件中显示的图像同步，示例代码如下：

```
MediaController controller = new MediaController(context);
videoView.setMediaController(controller); // 为 VideoView 控件绑定控制器
```

14.2.2 案例——VideoView视频播放器

上个小节讲解了如何通过VideoView控件播放视频的相关知识，接下来我们以图14-3所示的界面为例，讲解如何通过VideoView控件实现一个视频播放器的案例，具体步骤如下：

1．创建程序

创建一个名为VideoView的应用程序，包名指定为cn.itcast.videoview。

2．导入视频文件

选中res文件夹，在该文件夹中创建一个raw文件夹，将视频文件video.mp4放入raw文件夹中。

3．放置界面控件

在activity_main.xml文件中，放置1个ImageView控件用于显示播放（暂停）按钮，1个VideoView控件用于显示视频，完整布局代码详见【文件14-4】。

扫一扫

扫码查看文件14-4

图14-3　视频播放器界面

4．编写界面交互代码

在MainActivity中创建一个play()方法，在该方法中实现视频播放的功能，具体代码如【文件14-5】所示。

【文件14-5】MainActivity.java

```
1  package cn.itcast.videoview;
2  ...... // 省略导入包
3  public class MainActivity extends AppCompatActivity implements View.OnClickListener
4  {
5      private VideoView videoView;
6      private MediaController controller;
7      ImageView iv_play;
8      @Override
9      protected void onCreate(Bundle savedInstanceState) {
10         super.onCreate(savedInstanceState);
11         setContentView(R.layout.activity_main);
```

```
12          videoView = (VideoView) findViewById(R.id.videoview);
13          iv_play = (ImageView) findViewById(R.id.bt_play);
14          //资源文件夹下的视频文件路径
15          String url = "android.resource://" + getPackageName() + "/" + R.raw.video;
16          Uri uri = Uri.parse(url);               //字符串url解析成Uri
17          videoView.setVideoURI(uri);             //设置videoview的播放资源
18          //为VideoView控件绑定控制器
19          controller = new MediaController(this);
20          videoView.setMediaController(controller);
21          iv_play.setOnClickListener(this);
22      }
23      @Override
24      public void onClick(View v) {
25          switch(v.getId()) {
26              case R.id.bt_play:
27                  play();
28                  break;
29          }
30      }
31      private void play() {
32          if(videoView != null && videoView.isPlaying()) {
33              iv_play.setImageResource(android.R.drawable.ic_media_play);
34              videoView.stopPlayback();       //停止播放视频
35              return;
36          }
37          videoView.start();                      // 播放视频
38          iv_play.setImageResource(android.R.drawable.ic_media_pause);
39          videoView.setOnCompletionListener(new MediaPlayer.OnCompletionListener() {
40              @Override
41              public void onCompletion(MediaPlayer mp) {
42                  iv_play.setImageResource(android.R.drawable.ic_media_play);
43              }
44          });
45      }
46  }
```

上述代码中，第15~20行代码通过setVideoURI()方法将视频文件的路径加载到VideoView控件上，并通过setMediaController()方法为VideoView控件绑定控制器，该控制器可以显示视频的播放、暂停、快进快退和进度条等按钮。

第23~30行代码重写了onClick()方法，在该方法中调用了play()方法用于播放视频。

第31~45行代码创建了一个play()方法，在该方法中首先通过isPlaying()方法判断当前视频是否正在播放，如果正在播放，则通过setImageResource()方法设置播放按钮的图片为ic_media_play.png，接着调用stopPlayback()方法停止播放视频，否则，调用start()方法播放视频，并设置暂停按钮的图片为ic_media_pause.png，接着通过setOnCompletionListener()方法设置VideoView控件的监听器，当视频播放完时，会调用该监听器中的onCompletion()方法，在该方法中将播放按钮的图片设置为ic_media_play.png。

5．运行结果

运行上述程序，点击界面上的“播放”按钮播放视频，当点击视频界面时，在界面底部会出现视频播放的进度条，这个进度条就是MedioController控制器显示的，运行结果如图14-4所示。

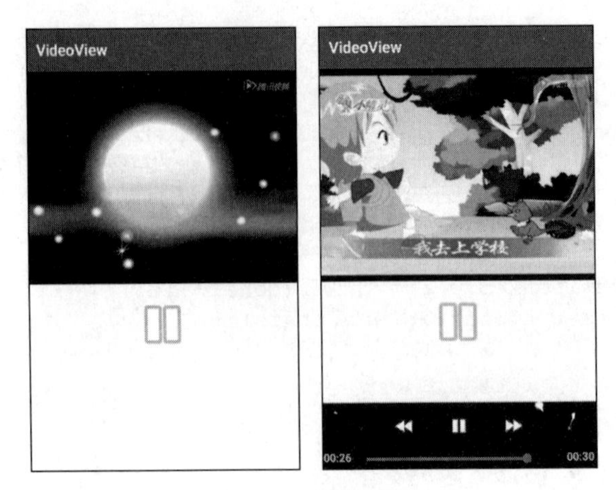

图14-4　运行结果

14.2.3　MediaPlayer类和SurfaceView控件播放视频

使用VideoView控件播放视频虽然很方便，但是在播放视频时消耗的系统内存比较大。为此Android系统还提供另一种播放视频的方式，就是将MediaPlayer类和SurfaceView控件结合使用。其中，MediaPlayer用于播放视频，SurfaceView控件用于显示视频图像。

SurfaceView继承自View，是显示图像的控件，具有双缓冲技术，即它内部有两个线程，分别用于更新界面和后台计算，当完成各自的任务后可以无限循环交替更新和计算。SurfaceView控件的这种特性可以避免画图任务繁重而造成主线程阻塞，从而提高程序的性能，因此在游戏开发中会常用到SurfaceView控件，例如游戏中的背景、人物、动画等。

接下来讲解如何使用MediaPlayer类和SurfaceView控件实现视频播放器的过程，具体介绍如下：

1. 在布局中添加SurfaceView控件

在布局文件中添加一个SurfaceView控件，示例代码如下：

```
<SurfaceView
    android:id="@+id/surfaceview"
    android:layout_width="fill_parent"
    android:layout_height="fill_parent" />
```

2. 获取界面显示容器并设置类型

在代码中通过SurfaceView控件的id找到该控件，并通过getHolder()方法获取SurfaceView控件的管理器SurfaceHolder，接着通过setType()方法设置管理器SurfaceHolder的类型，示例代码如下：

```
SurfaceView view = (SurfaceView)findViewById(R.id.sv);
SurfaceHolder holder = view.getHolder();
//设置 SurfaceHolder 类型
holder.setType(SurfaceHolder.SURFACE_TYPE_PUSH_BUFFERS);
```

SurfaceHolder是一个接口，它用于维护和管理SurfaceView控件中显示的内容。

需要注意的是，使用SurfaceView控件进行游戏开发时，需要开发者手动创建维护两个线程进行双缓冲区的管理，为了使程序更简便，可以通过setType()方法设置SurfaceHolder的类型为SurfaceHolder.SURFACE_TYPE_PUSH_BUFFERS，该类型表示SurfaceView控件不包含原生数据，用到的数据由MediaPlayer对象提供，也就是不让SurfaceView自己维护双缓冲区，而是交给

MediaPlayer底层去管理。虽然setType()方法已经过时，但是在Android 4.0版本以下的系统中必须调用该方法设置SurfaceHolder的类型。

3. 回调addCallback()方法

使用SurfaceView控件时，一般情况下还要对其创建、销毁、改变时的状态进行监听，此时就需要调用addCallback()方法，在该方法中监听Surface（Surface是一个用来画图形或图像的地方）的状态，示例代码如下：

```
holder.addCallback(new Callback() {
    @Override
    public void surfaceDestroyed(SurfaceHolder holder) {
        Log.i("TAG","surface 被销毁了 ");
    }
    @Override
    public void surfaceCreated(SurfaceHolder holder) {
        Log.i("TAG","surface 被创建好了 ");
    }
    @Override
    public void surfaceChanged(SurfaceHolder holder, int format,
        int width, int height) {
        Log.i("TAG","surface 的大小发生变化 ");
    }
});
```

关于Callback接口抽象方法的相关介绍具体如下：

- surfaceDestroyed()：Surface被销毁时调用。
- surfaceCreated()：Surface被创建时调用。
- surfaceChanged：Surface的大小发生变化时调用。

需要注意的是，SurfaceView类中内嵌了一个专门用于绘制的Surface类，SurfaceView可以控制这个Surface的格式和尺寸，以及Surface的绘制位置。可以理解为Surface是管理数据的地方，SurfaceView是展示数据的地方。

4. 播放视频

使用MediaPlayer类播放音频与播放视频的步骤类似，唯一不同的是，播放视频需要把视频显示在SurfaceView控件上，因此需要通过setDisplay()方法将SurfaceView控件与MediaPlayer类进行关联，示例代码如下：

```
MediaPlayer mediaplayer = new MediaPlayer();
mediaplayer.setAudioStreamType(AudioManager.STREAM_MUSIC); //设置视频声音的类型
mediaplayer.setDataSource(" 视频资源路径 ");  //设置视频文件路径
mediaplayer.setDisplay(holder); //SurfaceView 控件与 MediaPlayer 类进行关联
mediaplayer.prepareAsync();                    //将视频文件解析到内存中
mediaplayer.start();                           //播放视频
```

14.2.4 案例——SurfaceView视频播放器

上一节讲解了如何使用SurfaceView控件与MediaPlayer类实现视频播放的过程，接下来我们以图14-5所示的界面为例，讲解如何使用MediaPlayer类和SurfaceView控件实现一个视频播放器的案例，具体步骤如下：

图14-5 播放视频界面

1. 创建程序

创建一个名为SurfaceView的应用程序，包名指定为cn.itcast.surfaceview。

2. 放置资源文件

选中res文件夹，在该文件夹中创建一个raw文件夹，将视频文件video.mp4放入raw文件夹中。

扫一扫

扫码查看文件14-6

3. 放置界面控件

在activity_main.xml文件中放置1个SurfaceView控件用于显示视频，1个SeekBar控件用于显示视频播放的进度条，1个ImageView控件用于显示播放（暂停）按钮的图片。完整布局代码详见【文件14-6】。

4. 设置播放视频界面横屏显示

由于视频播放界面是横屏显示的，因此需要在AndroidManifest.xml文件中找到MainActivity对应的<activity>标签并设置属性screenOrientation的值为landscape，具体代码如下：

```
<activity android:name=".MainActivity"
    android:screenOrientation="landscape">
    ......
</activity>
```

5. 编写界面交互代码

由于需要监听视频界面的SurfaceView控件与SeekBar控件，因此将MainActivity实现SeekBar.OnSeekBarChangeListener接口与SurfaceHolder.Callback接口，并重写这两个接口中对应的方法，在这些方法中实现播放视频的功能，具体代码如【文件14-7】所示。

【文件14-7】MainActivity.java

```
1   package cn.itcast.surfaceview;
2   ...... //省略导入包
3   public class MainActivity extends AppCompatActivity implements
4           SeekBar.OnSeekBarChangeListener, SurfaceHolder.Callback {
5       private SurfaceView sv;
6       private SurfaceHolder holder;
7       private MediaPlayer mediaplayer;
8       private RelativeLayout rl;
9       private Timer timer;
10      private TimerTask task;
11      private SeekBar sbar;
```

```
12        private ImageView play;
13        @Override
14        protected void onCreate(Bundle savedInstanceState) {
15            super.onCreate(savedInstanceState);
16            this.requestWindowFeature(Window.FEATURE_NO_TITLE); // 去掉默认标题栏
17            setContentView(R.layout.activity_main);
18            sv = (SurfaceView) findViewById(R.id.sv);
19            // 获取 SurfaceView 的容器，界面内容是显示在容器中的
20            holder = sv.getHolder();
21            //setType() 为过时的方法，如果 4.0 以上的系统不写没问题，否则必须要写
22            holder.setType(SurfaceHolder.SURFACE_TYPE_PUSH_BUFFERS);
23            holder.addCallback(this);
24            rl = (RelativeLayout) findViewById(R.id.rl);
25            play = (ImageView) findViewById(R.id.play);
26            sbar = (SeekBar) findViewById(R.id.sbar);
27            sbar.setOnSeekBarChangeListener(this);
28            timer = new Timer();// 初始化计时器
29            task = new TimerTask() {
30                @Override
31                public void run() {
32                    if(mediaplayer != null && mediaplayer.isPlaying()) {
33                        int total = mediaplayer.getDuration(); // 获取视频总时长
34                        sbar.setMax(total); // 设置视频进度条总时长
35                        // 获取视频当前进度
36                        int progress = mediaplayer.getCurrentPosition();
37                        sbar.setProgress(progress); // 将当前进度设置给进度条
38                    } else {
39                        play.setImageResource(android.R.drawable.ic_media_play);
40                    }
41                }
42            };
43            // 设置 tast 任务延迟 500 毫秒执行，每隔 500ms 执行一次
44            timer.schedule(task, 500, 500);
45        }
46        @Override
47        public void surfaceCreated(SurfaceHolder holder) { //Surface 创建时触发
48            try {
49                mediaplayer = new MediaPlayer();
50                mediaplayer.setAudioStreamType(AudioManager.STREAM_MUSIC);
51                Uri uri = Uri.parse(ContentResolver.SCHEME_ANDROID_RESOURCE + "://" +
52                        getPackageName() + "/" + R.raw.video);// 视频路径
53                try {
54                    // 设置视频文件路径
55                    mediaplayer.setDataSource(MainActivity.this, uri);
56                }catch(IOException e) {
57                    Toast.makeText(MainActivity.this, "播放失败",
58                                        Toast.LENGTH_SHORT).show();
59                    e.printStackTrace();
60                }
61                //SurfaceView 控件与 MediaPlayer 类进行关联
62                mediaplayer.setDisplay(holder);
63                mediaplayer.prepareAsync();    // 将视频文件解析到内存中
64                mediaplayer.setOnPreparedListener(new MediaPlayer.OnPreparedListener()
65                {
66                    @Override
```

```
67                  public void onPrepared(MediaPlayer mp) {
68                      mediaplayer.start();  //播放视频
69                  }
70              });
71          } catch(Exception e) {
72              Toast.makeText(MainActivity.this, "播放失败",
73                                          Toast.LENGTH_SHORT).show();
74              e.printStackTrace();
75          }
76      }
77      @Override
78      public void surfaceChanged(SurfaceHolder holder, int format, int width,
79      int height) {//Surface 大小发生变化时触发
80      }
81      @Override
82      public void surfaceDestroyed(SurfaceHolder holder) { //Surface 注销时触发
83          if(mediaplayer.isPlaying()) {       //判断视频是否正在播放
84              mediaplayer.stop();             //停止视频
85          }
86      }
87      //播放（暂停）按钮的点击事件
88      public void click(View view) {
89          if(mediaplayer != null && mediaplayer.isPlaying()) { //视频正在播放
90              mediaplayer.pause(); //暂停视频播放
91              play.setImageResource(android.R.drawable.ic_media_play);
92          } else {
93              mediaplayer.start(); //开始视频播放
94              play.setImageResource(android.R.drawable.ic_media_pause);
95          }
96      }
97      @Override
98      public void onProgressChanged(SeekBar seekBar, int progress, boolean fromUser)
99      {}//进度发生变化时触发
100     @Override
101     public void onStartTrackingTouch(SeekBar seekBar) { //进度条开始拖动时触发
102     }
103     @Override
104     public void onStopTrackingTouch(SeekBar seekBar) { //进度条拖动停止时触发
105         int position = seekBar.getProgress(); //获取进度条当前的拖动位置
106         if(mediaplayer != null) {
107             mediaplayer.seekTo(position); //将进度条的拖动位置设置给MediaPlayer对象
108         }
109     }
110     @Override
111     public boolean onTouchEvent(MotionEvent event) { //屏幕触摸事件
112         switch(event.getAction()) {
113             case MotionEvent.ACTION_DOWN:
114                 if(rl.getVisibility() == View.INVISIBLE) {//进度条和播放按钮不显示
115                     rl.setVisibility(View.VISIBLE); //显示进度条和播放按钮
116                     //倒计时 3 秒，3 秒后继续隐藏进度条和播放按钮
117                     CountDownTimer cdt = new CountDownTimer(3000, 1000) {
118                         @Override
119                         public void onTick(long millisUntilFinished) {
120                             System.out.println(millisUntilFinished);
121                         }
```

```
122                     @Override
123                     public void onFinish() {
124                         //隐藏进度条和播放按钮
125                         rl.setVisibility(View.INVISIBLE);
126                     }
127                 };
128                 cdt.start();    //开启倒计时
129             } else if(rl.getVisibility() == View.VISIBLE) {
130                 rl.setVisibility(View.INVISIBLE); //隐藏进度条和播放按钮
131             }
132             break;
133         }
134         return super.onTouchEvent(event);
135     }
136     @Override
137     protected void onDestroy() {
138         task.cancel();                  //将TimerTask从任务队列中清除
139         timer.cancel();                 //将任务队列中的全部任务清除
140         timer = null;                   //设置对象timer为null
141         task = null;                    //设置对象task为null
142         mediaplayer.release();          //释放MediaPlayer对象占用的资源
143         mediaplayer = null;             //将对象mediaplayer设置为null
144         super.onDestroy();
145     }
146 }
```

上述代码中，第28~44行代码定义了一个Timer计时器，在该计时器的run()方法中，首先通过isPlaying()方法判断当前视频是否正在播放，如果正在播放，则调用getDuration()方法获取视频的总时长，并通过setMax()方法将总时长设置给SeekBar控件，接着通过getCurrentPosition()获取视频当前的播放位置，并通过setProgress()方法将该位置设置给SeekBar控件，如果当前视频没有播放，则将通过setImageResource()方法将播放按钮的图片设置为ic_media_play.png。第44行代码通过调用schedule()方法实现设置task任务开始时延迟500毫秒后执行，每隔500毫秒执行一次task任务。

第46~76行代码重写了surfaceCreated()方法，该方法在Surface创建时调用。在该方法中分别通过setAudioStreamType()方法设置视频声音类型，通过setDataSource()方法设置视频文件路径，通过setDisplay()方法将SurfaceView控件与MediaPlayer类进行关联，通过prepareAsync()方法将视频文件解析到内存中，通过start()方法播放视频。该方法中的内容与14.2.3小节中播放视频的代码类似。

第81~86行代码重写了surfaceDestroyed()方法，该方法在Surface销毁时调用，在该方法中首先判断当前视频是否正在播放，如果正在播放，则调用stop()方法停止视频播放。

第88~96行代码创建了一个click()方法，该方法用于实现播放（暂停）按钮的点击事件。在该方法中判断当前视频是否正在播放，如果正在播放，则调用pause()方法暂停播放并设置播放按钮的图片为ic_media_play.png，否则，调用start()方法播放视频并设置暂停按钮的图片为ic_media_pause.png。

第103~109行代码重写了onStopTrackingTouch()方法，当界面上的进度条拖动停止时会调用该方法。在该方法中首先调用getProgress()方法获取进度条的拖动位置，接着通过seekTo()方法将进度条的拖动位置设置给MediaPlayer对象。

第110~135行重写了onTouchEvent()方法，在该方法中监听了播放视频界面被按下时触发的事件（MotionEvent.ACTION_DOWN），在该事件中实现了点击视频界面显示或隐藏播放的进度条和播放（暂停）按钮。

第136~145行代码重写了onDestroy()方法，在该方法中通过cancel()方法将计时器Timer任务队列中的全部任务清除，并将对象timer与task设置为null，接着调用release()方法释放MediaPlayer对象占用的资源并将该对象设置为null。

6．运行程序

运行上述程序，界面上会横屏播放视频，运行结果如图14-6所示。

在图14-6中，触摸屏幕时视频的进度条和播放图片会隐藏，运行结果如图14-7所示。

图14-6　运行结果（1）

图14-7　运行结果（2）

需要注意的是，Android系统支持的视频格式有MP4、3GP等。如果我们使用VideoView控件和MediaPlayer类播放一些非标准的MP4或3GP视频文件时，视频将无法播放。因此建议大家用手机录制一段MP4视频或者直接用提供的视频资源进行项目测试。

多学一招：CountDownTimer类

在【文件14-7】中的onTouchEvent()方法中，使用了CountDownTimer类，该类是Android SDK中os包中的一个辅助抽象类，内部采用了Handler消息机制来实现一个倒计时的功能，在倒计时期间会定期调用用户实现的回调函数。CountDownTimer类的示例代码如下：

```
1 CountDownTimer cdt = new CountDownTimer((3000,1000) {
2     @Override
3     public void onTick(long millisUntilFinished) {
4         Log.i("TAG","每隔1S执行一次");
5     }
6     @Override
7     public void onFinish() { //3秒之后调用
8         Log.i("TAG","3S之后执行");
9     }
10 };
11 cdt.start(); // 开启倒计时器
```

上述代码中，第1行代码中的“3000”表示3秒，每隔3秒执行一次onFinish()方法，“1000”表示1秒，每隔1秒执行一次onTick()方法。第11行代码通过调用start()方法开启倒计时器。

本章小结

本章主要讲解了音频、视频的播放过程以及使用到的MediaPlayer类、SoundPool类、VideoView控件与SurfaceView控件，通过对本章知识的学习，希望读者能够开发一些简单的音乐播放器、视频播放器等软件，为以后能够开发更复杂的播放器做好准备。

本章习题

一、判断题

1. SurfaceView继承自View，它是显示图像的控件。（　　）
2. SurfaceView具有双缓冲技术。（　　）
3. 用MediaPlayer播放视频，SurfaceView显示视频时必须在子线程中更新。（　　）
4. Android中可以使用SoundPool同时播放多个音频文件。（　　）
5. 使用VideoView播放视频时，需要使用setVideoPath( )设置播放视频路径。（　　）

二、选择题

1. 下列关于多媒体应用开发的描述中，正确的是（　　）。（多选）

   A. 可以使用mediaPlayer或SoundPool播放音频

   B. 使用MediaPlayer每次只能播放一个音频，适用于播放长音乐或背景音乐

   C. 使用SoundPool可以同时播放多个短小音频，适用于播放按键音或消息提示音

   D. SoundPool和SurfaceView一起使用，还可以播放视频

2. MediaPlayer中的setAudio StreamType()方法支持的音频类型包括（　　）。（多选）

   A. 音乐　　B. 响铃　　C. 闹钟　　D. 提示音

3. 下列关于MeidiaPlayer的描述，错误的是（　　）。

   A. MediaPlayer是用于播放音频和视频的

   B. MadiaPlayer对音频文件提供了非常全面的控制方法

   C. MadiaPlayer会调用底层的音频驱动播放音频

   D. MadiaPlayer只可以播放音频，不能播放视频

三、简答题

1. 简述使用MediaPlayer播放音频的步骤。
2. 简要介绍一下SoundPool使用的场景。

四、编程题

编写一个使用SurfaceView播放视频的程序，实现当触摸屏幕时，显示播放和暂停的按钮、进度条、播放视频的当前时间以及视频的总时间，在触摸事件消失5秒后自动隐藏显示的内容。

第15章 综合项目——网上订餐

学习目标：

◎了解订餐项目的功能与模块结构。

◎掌握服务器的搭建，能够独立搭建服务器。

◎掌握店铺列表模块的开发，实现店铺界面的显示。

◎掌握店铺详情界面与购物车的开发，能够独立实现购物车功能。

◎掌握订单界面的开发，实现订单界面的效果。

为了巩固第1～14章的Android基础知识，本章要开发一款订餐项目，该项目与我们平常看到的外卖界面比较类似，展示的内容包括店铺、菜单、购物车、订单与支付等信息。为了让大家能够熟练掌握实现订餐项目功能时用到的知识点，接下来我们从项目分析开始，一步一步带领大家开发订餐项目的各个功能。

15.1 项目分析

15.1.1 项目概述

订餐项目是一个类似外卖的项目，其中包含订餐的店铺、各店铺的菜单、购物车以及订单与付款等模块。在店铺列表中可以看到店铺的名称、月销售、起送价格与配送费用、配送时间以及福利等信息，点击店铺列表中的任意一个店铺，进入到店铺详情界面，该界面主要显示店铺中的菜单，同时可以将想要吃的菜添加到购物车中，选完菜之后可以点击该界面中的“去结算”按钮，进入订单界面，在该界面核对已点的菜单信息，并通过“去支付”按钮进行付款。

15.1.2 开发环境

- 操作系统：Windows系统
- 开发工具：JDK8，Android Studio 3.2 +模拟器（夜神模拟器），Tomcat7.0.56。
- API版本：Android API 27。

注意：由于本项目使用的是在实际开发中的网络请求代码来访问Tomcat服务器上的数据，因此开发工具中的模拟器必须为第三方模拟器（如夜神模拟器、天天模拟器），如果用Android原生模拟器，则会访问不到数据。

15.1.3　模块说明

网上订餐项目主要分为两大功能模块，分别为店铺和订单，这两个模块的结构如图15-1所示。

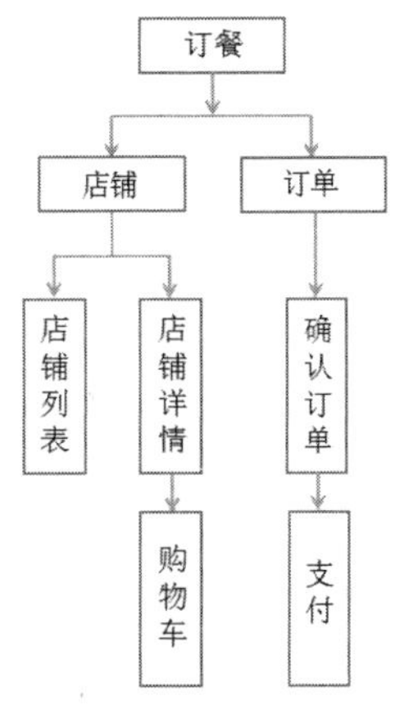

图15-1　项目模块结构

由图15-1可知，店铺模块包含店铺列表界面与店铺详情界面，店铺列表界面用于显示各个店铺的信息，店铺详情界面不仅显示店铺的详细信息，还显示各店铺中的菜单列表信息与购物车列表信息。订单模块包含确认订单界面与支付界面，确认订单界面用于显示购物车中已添加的商品信息，支付界面用于显示付款的二维码信息。

15.2　效果展示

1. 店铺界面

程序启动后，首先会进入店铺界面，该界面展示的是一些店铺信息组成的列表，界面效果如图15-2所示。

2. 店铺详情界面

点击店铺列表中任意一条目，程序都会跳转到对应的店铺详情界面，该界面展示的是店铺的公告信息、配送信息、菜单列表信息以及购物车信息，界面效果如图15-3所示。

图15-2　店铺界面

图15-3　店铺详情界面

点击菜单列表条目右侧的“加入购物车”按钮可以将菜品添加到购物车中，在界面左下角可以看到购物车中添加的菜品数量，如图15-4左图所示。

点击购物车会弹出一个已选商品的列表，该列表展示的是已点的菜品信息，点击已选商品列表中每个条目右侧的“+”或“-”按钮，分别会增加或减少对应的菜品数量。如果加入购物车的菜品总价达不到起送价时，界面右下角的按钮上会显示还差多少钱起送，否则，显示一个黄色的“去结算”按钮，界面效果如图15-4右图所示。

在图15-4所示的已选商品列表，右上角有一个清空按钮，点击该按钮会弹出一个确认清空购物车的对话框，界效果如图15-5所示。

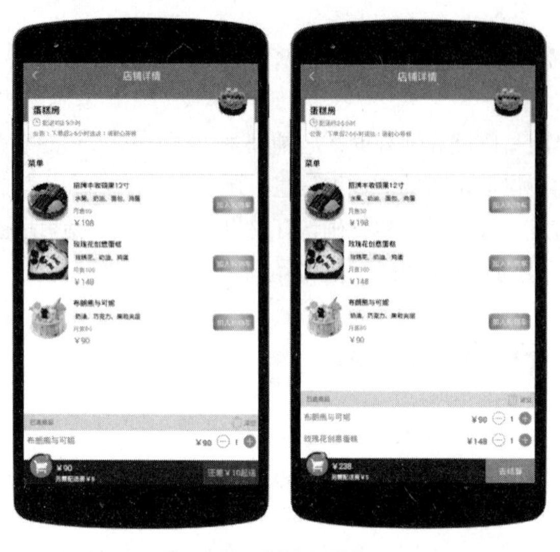

图15-4　店铺详情界面

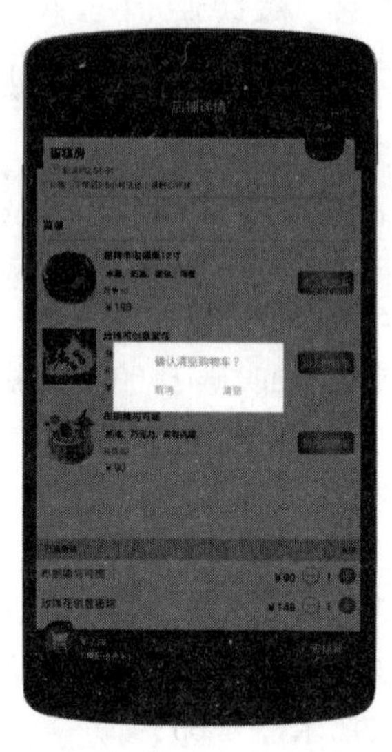

图15-5　确认清空购物车的对话框

3．菜品详情界面

在店铺详情界面中，点击菜单列表的任意一条目，都会跳转到菜品详情界面，菜品详情界面是一个对话框的样式，界面效果如图15-6所示。

4．订单界面

在店铺详情界面中，点击“去结算”按钮会跳转到订单界面，该界面通过一个列表展示购物车中的菜品信息，点击“去支付”按钮会弹出一个显示支付二维码的对话框，界面效果如图15-7所示。

图15-6　菜品详情界面

图15-7　订单界面和支付界面

15.3　服务器数据准备

本订餐项目涉及的数据存放在一个小型简易的服务器（这里以Tomcat7.0.56为例）中，服务器中存放数据的目录结构如图15-8所示。

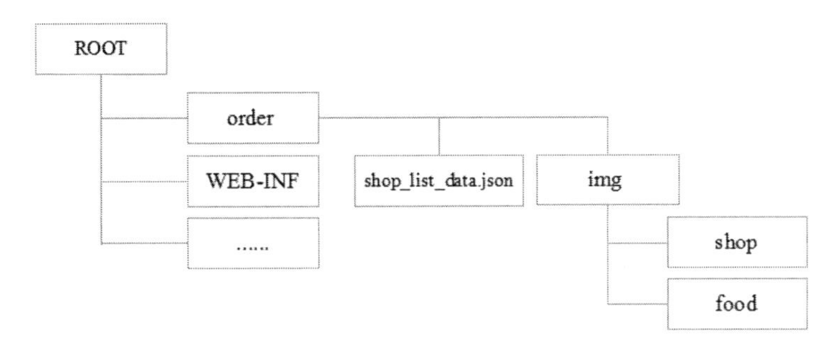

图15-8　存放数据的目录结构

在图15-8中，ROOT文件夹在apache-tomcat-7.0.56/webapps/目录下，表示Tomcat的根目录。order文件夹存放的是订餐项目用到的所有数据，其中，order/img文件夹存放的是图片资源，包含店铺图片和菜单图片。shop_list_data.json文件中存放的是店铺列表与店铺详情界面的数据，具体如【文件15-1】所示。

【文件15-1】shop_list_data.json

```
1  [
2  {
3  "id":1,
4  "shopName":"蛋糕房",
5  "saleNum":996,
6  "offerPrice":100,
7  "distributionCost":5,
8  "welfare":"进店可获得一个香草冰淇淋",
9  "time":"配送约 2-5 小时",
10 "shopPic":"http://172.16.43.20:8080/order/img/shop/shop1.png",
11 "shopNotice":"公告：下单后 2-5 小时送达！请耐心等候",
12 "foodList":[
13   {
14   "foodId":"1",
15   "foodName":"招牌丰收硕果 12 寸",
16   "taste":"水果、奶油、面包、鸡蛋",
17   "saleNum":"50",
18   "price":198,
19   "count":0,
20   "foodPic":"http://172.16.43.20:8080/order/img/food/food1.png"
21   },
22   {
23   "foodId":"2",
24   "foodName":"玫瑰花创意蛋糕",
25   "taste":"玫瑰花、奶油、鸡蛋",
26   "saleNum":"100",
27   "price":148,
28   "count":0,
29   "foodPic":"http://172.16.43.20:8080/order/img/food/food2.png"
```

```
30     },
31     {
32     "foodId":"3",
33     "foodName":"布朗熊与可妮",
34     "taste":"奶油、巧克力、果粒夹层",
35     "saleNum":"80",
36     "price":90,
37     "count":0,
38     "foodPic":"http://172.16.43.20:8080/order/img/food/food3.png"
39     }
40     ]
41 },
42 ......
43 {
44 "id":5,
45 "shopName":"上岛咖啡",
46 "saleNum":300,
47 "offerPrice":30,
48 "distributionCost":10,
49 "welfare":"下单即可获得一个￥30优惠券",
50 "time":"配送约30分钟",
51 "shopPic":"http://172.16.43.20:8080/order/img/shop/shop5.png",
52 "shopNotice":"公告：本店牛排买一送一。",
53 "foodList":[
54     {
55     "foodId":"1",
56     "foodName":"特惠双人餐",
57     "taste":"牛排、沙拉、浓汤",
58     "saleNum":"102",
59     "price":109,
60     "count":0,
61     "foodPic":"http://172.16.43.20:8080/order/img/food/food51.png"
62     },
63     {
64     "foodId":"2",
65     "foodName":"超值双人餐",
66     "taste":"牛排、法包、蔬菜沙拉",
67     "saleNum":"100",
68     "price":139,
69     "count":0,
70     "foodPic":"http://172.16.43.20:8080/order/img/food/food52.png"
71     },
72     {
73     "foodId":"3",
74     "foodName":"双人饮品",
75     "taste":"茉莉白龙王、卡布奇诺",
76     "saleNum":"70",
77     "price":69,
78     "count":0,
79     "foodPic":"http://172.16.43.20:8080/order/img/food/food53.png"
80     }
81     ]
82 }
83 ]
```

上述代码中的“foodList”节点中的数据表示各店铺中的菜单列表信息。

> **注意：** 上述文件中的IP地址需要修改为自己计算机上的IP地址，否则访问不到Tomcat服务器中的数据。如果想要启动Tomcat服务器，可以在apache-tomcat-7.0.56\bin包中找到startup.bat文件，双击该文件即可（详见第11章11.3.3小节的“多学一招”）。

15.4　店铺功能业务实现

当打开订餐项目时，程序会直接进入主界面，也就是店铺列表界面。店铺列表界面从上至下分为标题栏、广告图片和店铺列表三部分。其中，店铺列表的数据是通过网络请求从服务器上获取的JSON数据，接下来本节将针对店铺功能的相关业务进行开发。

15.4.1　搭建标题栏布局

在订餐项目中，大部分界面都有一个返回键和一个标题栏。为了便于代码重复利用，可以将返回键和标题栏抽取出来单独放在一个布局文件（main_title_bar.xml）中，界面效果如图15-9所示。

图15-9　标题栏界面

搭建标题栏界面布局的具体步骤如下：

1. 创建项目

首先创建一个工程，将其命名为Order，指定包名为cn.itcast.order，Activity名称为ShopActivity，布局文件名为activity_shop。

2. 导入界面图片

在Android Studio中，切换到Project选项卡，在res文件夹中创建一个drawable-hdpi文件夹，该文件夹主要用于存放项目中的各界面用到的图片。将项目的icon图标app_icon.png导入到mipmap-hdpi文件夹中（mipmap文件夹通常用于存放应用程序的启动图标，它会根据不同设备的分辨率对图标进行优化）。

3. 搭建标题栏布局

在res/layout文件夹中，创建一个布局文件title_bar.xml，在该布局文件中，放置2个TextView控件，分别用于显示返回键（返回键的样式采用背景选择器的方式）和界面标题（界面标题暂未设置，需要在代码中动态设置），完整布局代码详见【文件15-2】所示。

扫一扫

扫码查看文件15-2

4. 创建背景选择器

标题栏界面中的返回键在按下与弹起时，返回键会有明显的区别，这种效果可以通过背景选择器实现。首先将图片iv_back_selected.png、iv_back.png导入drawable-hdpi文件夹中，然后选中drawable文件夹，右击选择【New】→【Drawable resource file】选项，创建一个背景选择器go_back_selector.xml，根据按钮按下和弹起的状态来切换它的背景图片。这里，我们设置按钮按下时显示灰色图片（iv_back_selected.png），按钮弹起时显示白色图片（iv_back.png），具体代码如【文件15-3】所示。

【文件15-3】go_back_selector.xml

```
1  <?xml version="1.0" encoding="utf-8"?>
2  <selector xmlns:android="http://schemas.android.com/apk/res/android">
3      <item android:drawable="@drawable/iv_back_selected" android:state_
                                                            pressed="true"/>
4      <item android:drawable="@drawable/iv_back"/>
5  </selector>
```

5. 修改清单文件

每个应用程序都会有属于自己的icon图标，同样订餐项目也有自己的icon图标，因此需要在AndroidManifest.xml的<application>标签中修改icon属性，引入订餐图标，具体代码如下：

```
android:icon="@mipmap/app_icon"
```

由于项目创建后所有界面都带一个默认的标题栏，该标题栏不够美观，因此需要在AndroidManifest.xml文件的<application>标签中修改theme属性，去掉默认标题栏，具体代码如下：

```
android:theme="@style/Theme.AppCompat.NoActionBar"
```

15.4.2 搭建店铺界面布局

店铺界面是由一个标题栏、一个广告图片以及一个店铺列表组成，标题栏主要用于展示该界面的标题，广告图片主要用于展示店铺中的食物图片，店铺列表主要用于展示各店铺的信息，界面效果如图15-10所示。

图15-10　店铺界面

创建店铺界面布局的具体步骤如下：

1. 导入界面图片

将店铺界面所需图片banner.png导入drawable-hdpi文件夹中。

2. 放置界面控件

扫一扫
扫码查看文件15-4

在activity_shop.xml文件中，通过<include>标签引入title_bar.xml（标题栏）文件，放置1个ImageView控件用于显示广告图片，1个自定义的ShopListView控件用于显示店铺列表，完整布局代码详见【文件15-4】所示。

3. 创建自定义控件ShopListView

由于店铺界面上的列表滑动时，列表上方的广告图片也需要跟着滑动，因此在广告图片与列表控件的外层放置了一个ScrollView控件。同时由于显示列表的ListView控件包含在ScrollView控件中，这两个控件嵌套时，会导致列表数据显示不完整。为了解决这个问题，我们需要自定义一个ShopListView控件，首先在项目的cn.itcast.order包中创建一个views包，在该包中创建一个ShopListView类继承ListView类，具体代码如【文件15-5】所示。

【文件15-5】ShopListView.java

```
1  package cn.itcast.order.views;
2  ......//省略导入包
3  public class ShopListView extends ListView {
4      public ShopListView(Context context) {
5          super(context);
6      }
7      public ShopListView(Context context, AttributeSet attrs) {
8          super(context, attrs);
9      }
10     public ShopListView(Context context, AttributeSet attrs, int defStyle) {
11         super(context, attrs, defStyle);
12     }
13     @Override
14     protected void onMeasure(int widthMeasureSpec, int heightMeasureSpec) {
15         int expandSpec = MeasureSpec.makeMeasureSpec(Integer.MAX_VALUE >> 2,
16                                                  MeasureSpec.AT_MOST);
17         super.onMeasure(widthMeasureSpec, expandSpec);
18     }
19 }
```

15.4.3 搭建店铺Item布局

由于店铺界面使用自定义的ShopListView控件展示店铺列表的，因此需要创建一个该列表的Item界面。在该界面中需要展示店铺名称、月销售商品的数量、起送价格、配送费用、福利以及配送时间，界面效果如图15-11所示。

图15-11　店铺界面Item

创建店铺列表界面Item的具体步骤如下：

1. 创建店铺列表界面Item

在res/layout文件夹中，创建一个布局文件shop_item.xml。

2. 放置界面控件

扫一扫
扫码查看文件15-6

在shop_item.xml布局文件中，放置1个ImageView控件用于显示店铺图片，6个TextView控件分别用于显示店铺名称、月售数量、起送价格与配送费用、福利的文本信息、福利内容以及配送时间，完整布局代码详见【文件15-6】所示。

3. 创建Item界面的背景选择器

Item界面背景的四个角是圆角，并且背景在按下与弹起时，背景颜色会有明显的区别，这种效果可以通过背景选择器实现。选中drawable文件夹，右击选择【New】→【Drawable resource file】选项，创建一个背景选择器item_bg_selector.xml，根据按钮按下和弹起的状态来变换它的背景颜色。当按钮被按下时背景显示灰色（#d4d4d4），当按钮弹起时背景显示白色（#ffffff），具体代码如【文件15-7】所示。

【文件15-7】item_bg_selector.xml

```
1  <?xml version="1.0" encoding="utf-8"?>
2  <selector xmlns:android="http://schemas.android.com/apk/res/android">
3      <item android:state_pressed="true" >
4          <shape android:shape="rectangle">
5              <corners android:radius="8dp"/>
6              <solid android:color="#d4d4d4"/>
7          </shape>
8      </item>
9      <item android:state_pressed="false" >
10         <shape android:shape="rectangle">
11             <corners android:radius="8dp"/>
12             <solid android:color="#ffffff" />
13         </shape>
14     </item>
15 </selector>
```

上述代码中，shape用于定义形状，rectangle表示矩形，corners表示定义矩形的四个角为圆角，radius用于设置圆角半径，solid用于指定矩形内部的填充颜色。

4. 修改colors.xml文件

由于店铺Item界面上大部分文本信息都是灰色的，因此为了便于颜色的设置，在res/values文件夹中的colors.xml文件中添加灰色的颜色值，具体代码如下：

```
<color name="color_gray">#7e7e7e</color>
```

15.4.4 封装店铺信息实体类

由于店铺信息和菜单列表都包含很多属性，因此，我们需要创建一个ShopBean类、一个FoodBean类，分别封装店铺信息和菜单信息的属性。创建ShopBean类与FoodBean类的具体步骤如下：

1. 创建ShopBean类

选中cn.itcast.order包，在该包下创建bean包，在bean包中创建一个ShopBean类。由于该类的对象中存储的信息需要在Activity之间进行传输，因此将ShopBean类进行序列化，即实现Serializable接口。该类定义了店铺信息的所有属性，具体代码如【文件15-8】所示。

【文件15-8】ShopBean.java

```
1  package cn.itcast.order.bean;
2  ......//省略导入包
3  public class ShopBean implements Serializable {
4      private static final long serialVersionUID = 1L; //序列化时保持ShopBean类版本
                                                        //的兼容性
5      private int id;                                  //店铺Id
```

```
6      private String shopName;                              //店铺名称
7      private int saleNum;                                  //月售数量
8      private BigDecimal offerPrice;                        //起送价格
9      private BigDecimal distributionCost;                  //配送费用
10     private String welfare;                               //福利
11     private String time;                                  //配送时间
12     private String shopPic;                               //店铺图片
13     private String shopNotice;                            //店铺公告
14     private List<FoodBean> foodList;                      //菜单列表
15     public int getId() {
16         return id;
17     }
18     public void setId(int id) {
19         this.id = id;
20     }
21     public String getShopName() {
22         return shopName;
23     }
24     public void setShopName(String shopName) {
25         this.shopName = shopName;
26     }
27     public int getSaleNum() {
28         return saleNum;
29     }
30     public void setSaleNum(int saleNum) {
31         this.saleNum = saleNum;
32     }
33     public BigDecimal getOfferPrice() {
34         return offerPrice;
35     }
36     public void setOfferPrice(BigDecimal offerPrice) {
37         this.offerPrice = offerPrice;
38     }
39     public BigDecimal getDistributionCost() {
40         return distributionCost;
41     }
42     public void setDistributionCost(BigDecimal distributionCost) {
43         this.distributionCost = distributionCost;
44     }
45     public String getWelfare() {
46         return welfare;
47     }
48     public void setWelfare(String welfare) {
49         this.welfare = welfare;
50     }
51     public String getTime() {
52         return time;
53     }
54     public void setTime(String time) {
55         this.time = time;
56     }
57     public String getShopPic() {
58         return shopPic;
59     }
60     public void setShopPic(String shopPic) {
```

```
61          this.shopPic = shopPic;
62      }
63      public String getShopNotice() {
64          return shopNotice;
65      }
66      public void setShopNotice(String shopNotice) {
67          this.shopNotice = shopNotice;
68      }
69      public List<FoodBean> getFoodList() {
70          return foodList;
71      }
72      public void setFoodList(List<FoodBean> foodList) {
73          this.foodList = foodList;
74      }
75  }
```

上述代码中，第4行中的常量serialVersionUID的作用是序列化时保持ShopBean类版本的兼容性，即在版本升级时反序列化仍保持该类对象的唯一性。一般情况下，常量serialVersionUID的值默认设置为1L。

2. 创建FoodBean类

在cn.itcast.order.bean包中创建一个FoodBean类并实现Serializable接口，该类中定义了每个菜的所有属性，具体代码如【文件15-9】所示。

【文件15-9】FoodBean.java

```
1   package cn.itcast.order.bean;
2   ......//省略导入包
3   public class FoodBean implements Serializable {
4       //序列化时保持 FoodBean 类版本的兼容性
5       private static final long serialVersionUID = 1L;
6       private int foodId;                //菜的 id
7       private String foodName;           //菜的名称
8       private String taste;              //菜的口味
9       private int saleNum;               //月售量
10      private BigDecimal price;          //价格
11      private int count;                 //添加到购物车中的数量
12      private String foodPic;            //菜的图片
13      public int getFoodId() {
14          return foodId;
15      }
16      public void setFoodId(int foodId) {
17          this.foodId = foodId;
18      }
19      public String getFoodName() {
20          return foodName;
21      }
22      public void setFoodName(String foodName) {
23          this.foodName = foodName;
24      }
25      public String getTaste() {
26          return taste;
27      }
28      public void setTaste(String taste) {
29          this.taste = taste;
30      }
```

```
31     public int getSaleNum() {
32         return saleNum;
33     }
34     public void setSaleNum(int saleNum) {
35         this.saleNum = saleNum;
36     }
37     public BigDecimal getPrice() {
38         return price;
39     }
40     public void setPrice(BigDecimal price) {
41         this.price = price;
42     }
43     public String getFoodPic() {
44         return foodPic;
45     }
46     public void setFoodPic(String foodPic) {
47         this.foodPic = foodPic;
48     }
49     public int getCount() {
50         return count;
51     }
52     public void setCount(int count) {
53         this.count = count;
54     }
55 }
```

15.4.5　编写店铺列表适配器

由于店铺界面的列表是用ShopListView控件展示的，因此需要创建一个数据适配器ShopAdapter对ShopListView控件进行数据适配。创建店铺界面Adapter的具体步骤如下：

1．添加框架glide-3.7.0.jar

使用Adapter加载店铺界面图片时，由于这些图片是网络图片，因此借助Glide类将网络图片显示到界面上。在项目的libs文件夹中导入glide-3.7.0.jar包，选中glide-3.7.0.jar包，右击选择【Add As Library】选项会弹出一个对话框，单击该对话框上的【OK】按钮即可将glide-3.7.0.jar包添加到项目中。

2．创建ShopAdapter类

在cn.itcast.order包中创建adapter包，并在adapter包中创建一个继承BaseAdapter的ShopAdapter类，该类重写了getCount()、getItem()、getItemId()、getView()方法，分别用于获取Item总数、对应Item对象、Item对象的Id、对应的Item视图。为了减少缓存，在getView()方法中复用了convertView对象，具体代码如【文件15-10】所示。

【文件15-10】ShopAdapter.java

```
1 package cn.itcast.order.adapter;
2 ......//省略导入包
3 public class ShopAdapter extends BaseAdapter {
4     private Context mContext;
5     private List<ShopBean> sbl;
6     public ShopAdapter(Context context) {
7         this.mContext = context;
8     }
```

```
9       /**
10       * 设置数据更新界面
11       */
12      public void setData(List<ShopBean> sbl) {
13          this.sbl = sbl;
14          notifyDataSetChanged();
15      }
16      /**
17       * 获取Item的总数
18       */
19      @Override
20      public int getCount() {
21          return sbl == null ? 0 : sbl.size();
22      }
23      /**
24       * 根据position得到对应Item的对象
25       */
26      @Override
27      public ShopBean getItem(int position) {
28          return sbl == null ? null : sbl.get(position);
29      }
30      /**
31       * 根据position得到对应Item的id
32       */
33      @Override
34      public long getItemId(int position) {
35          return position;
36      }
37      /**
38       * 得到相应position对应的Item视图，position是当前Item的位置，
39       * convertView参数是滚出屏幕的Item的View
40       */
41      @Override
42      public View getView(int position, View convertView, ViewGroup parent) {
43          final ViewHolder vh;
44          //复用convertView
45          if(convertView == null) {
46              vh = new ViewHolder();
47              convertView=LayoutInflater.from(mContext).inflate(R.layout.shop_
48                                                                    item,null);
49              vh.tv_shop_name = (TextView) convertView.findViewById (R.id.tv_
50                                                                    shop_name);
51              vh.tv_sale_num = (TextView) convertView.findViewById (R.id.tv_
52                                                                    sale_num);
53              vh.tv_cost = (TextView) convertView.findViewById (R.id.tv_cost);
54              vh.tv_welfare = (TextView) convertView.findViewById (R.id.tv_
55                                                                    welfare);
56              vh.tv_time = (TextView) convertView.findViewById (R.id.tv_time);
57              vh.iv_shop_pic = (ImageView) convertView.findViewById (R.id.iv_
58                                                                    shop_pic);
59              convertView.setTag(vh);
60          } else {
61              vh = (ViewHolder) convertView.getTag();
62          }
```

```
63          //获取position对应的Item的数据对象
64          final ShopBean bean = getItem(position);
65          if(bean != null) {
66              vh.tv_shop_name.setText(bean.getShopName());
67              vh.tv_sale_num.setText("月售 " + bean.getSaleNum());
68              vh.tv_cost.setText("起送￥" + bean.getOfferPrice() +
69                                 "|配送￥" + bean.getDistributionCost());
70              vh.tv_time.setText(bean.getTime());
71              vh.tv_welfare.setText(bean.getWelfare());
72              Glide.with(mContext)
73                      .load(bean.getShopPic())
74                      .error(R.mipmap.ic_launcher)
75                      .into(vh.iv_shop_pic);
76          }
77          //每个Item的点击事件
78          convertView.setOnClickListener(new View.OnClickListener() {
79              @Override
80              public void onClick(View v) {
81                  //跳转到店铺详情界面
82              }
83          });
84          return convertView;
85      }
86      class ViewHolder {
87          public TextView tv_shop_name, tv_sale_num, tv_cost, tv_welfare, tv_time;
88          public ImageView iv_shop_pic;
89      }
90  }
```

上述代码中，第47行通过inflate()方法加载条目布局文件。

第49~58行通过findViewById()方法获取条目上需要设置数据的控件。

第65~76行将获取的店铺条目数据设置到条目控件上。其中第66~71行通过setText()方法将文本信息设置到界面控件上。第72~75行通过Glide类中的load()方法与into()方法将店铺图片设置到iv_shop_pic控件上。

第78~83行代码通过setOnClickListener()方法为店铺列表条目设置点击监听事件，当点击每个条目时会跳转到对应店铺的详情界面（该界面暂未创建）。

15.4.6　实现店铺界面显示功能

店铺界面主要是展示一个广告图片和店铺列表的数据信息，广告图片只是显示了一张本地图片，而店铺列表的数据是从Tomcat服务器上获取的，因此在店铺界面的逻辑代码中需要使用OkHttpClient类向服务器请求数据，获取到数据之后还需要通过gson库解析获取到的JSON数据并显示到界面上。

实现店铺界面显示的具体步骤如下：

1. 获取界面控件

在cn.itcast.order包下创建activity包。将ShopActivity类移动到cn.itcast.order.activity包中，并在该类创建界面的初始化方法init()，用于对程序中的UI控件进行初始化。

2．添加okhttp库

由于订餐项目中需要用OkHttpClient类向服务器请求数据，因此将okhttp库添加到项目中。右击项目名称，选择【Open Module Settings】→【Dependencies】选项，点击右上角的绿色加号并选择Library dependency，然后找到com.squareup.okhttp3:okhttp:3.12.0库并添加到项目中。

3．添加gson库

由于订餐项目中需要用gson库解析获取的JSON数据，因此将gson库添加到项目中。右击项目选择【Open Module Settings】→【Dependencies】选项卡，点击右上角绿色加号选择Library dependency选项，把com.google.code.gson:gson:2.8.5库添加到项目中。

4．创建Constant类

由于订餐项目中的数据需要通过请求网络从Tomcat（一个小型服务器）上获取，因此需要创建一个Constant类存放各界面从服务器上请求数据时使用的接口地址。首先选中cn.itcast.order包，在该包下创建utils包，在utils包中创建一个Constant类，并在该类中创建店铺的接口地址，具体代码如【文件15-11】所示。

【文件15-11】Constant.java

```
1  package cn.itcast.order.utils;
2  public class Constant {
3      //内网接口
4      public static final String WEB_SITE = "http:// 10.0.2.2:8080/order";
5      //店铺列表接口
6      public static final String REQUEST_SHOP_URL = "/shop_list_data.json";
7  }
```

注意：上述类中的IP地址需要修改为自己计算机上的IP地址，否则访问不到Tomcat服务器中的数据。

5．创建JsonParse类

由于程序从Tomcat服务器上获取的店铺数据是JSON类型的，因此需要在cn.itcast.order.utils包中创建一个JsonParse类用于解析从服务器上获取的JSON数据，具体代码如【文件15-12】所示。

【文件15-12】JsonParse.java

```
1  package cn.itcast.order.utils;
2  public class JsonParse {
3      private static JsonParse instance;
4      private JsonParse() {
5      }
6      public static JsonParse getInstance() {
7          if(instance == null) {
8              instance = new JsonParse();
9          }
10         return instance;
11     }
12     public List<ShopBean> getShopList(String json) {
13         Gson gson = new Gson(); // 使用gson库解析JSON数据
```

```
14          // 创建一个 TypeToken 的匿名子类对象，并调用对象的 getType() 方法
15          Type listType = new TypeToken<List<ShopBean>>() {
16          }.getType();
17          // 把获取到的信息集合存到 shopList 中
18          List<ShopBean> shopList = gson.fromJson(json, listType);
19          return shopList;
20      }
21 }
```

6. 从服务器获取数据

在ShopActivity中创建一个initData()方法，用于从Tomcat服务器上获取店铺列表数据，具体代码如【文件15-13】所示。

【文件15-13】ShopActivity.java

```
1  package cn.itcast.order.activity;
2  ......//省略导入包
3  public class ShopActivity extends AppCompatActivity {
4      private TextView tv_back,tv_title;             //返回键与标题控件
5      private ShopListView slv_list;                 //列表控件
6      private ShopAdapter adapter;                   //列表的适配器
7      public static final int MSG_SHOP_OK = 1;       //获取数据
8      private MHandler mHandler;
9      private RelativeLayout rl_title_bar;
10     @Override
11     protected void onCreate(Bundle savedInstanceState) {
12         super.onCreate(savedInstanceState);
13         setContentView(R.layout.activity_shop);
14         mHandler=new MHandler();
15         initData();
16         init();
17     }
18    /**
19      * 初始化界面控件
20      */
21     private void init(){
22         tv_back = (TextView) findViewById(R.id.tv_back);
23         tv_title = (TextView) findViewById(R.id.tv_title);
24         tv_title.setText("店铺");
25         rl_title_bar = (RelativeLayout) findViewById(R.id.title_bar);
26         rl_title_bar.setBackgroundColor(getResources().getColor(R.color.
27                                                                blue_color));
28         tv_back.setVisibility(View.GONE);
29         slv_list= (ShopListView) findViewById(R.id.slv_list);
30         adapter=new ShopAdapter(this);
31         slv_list.setAdapter(adapter);
32     }
33     private void initData() {
34         OkHttpClient okHttpClient = new OkHttpClient();
35         Request request = new Request.Builder().url(Constant.WEB_SITE +
36                                 Constant.REQUEST_SHOP_URL).build();
```

```
37          Call call = okHttpClient.newCall(request);
38          // 开启异步线程访问网络
39          call.enqueue(new Callback() {
40              @Override
41              public void onResponse(Call call, Response response) throws
42                                                               IOException {
43                  String res = response.body().string(); //获取店铺数据
44                  Message msg = new Message();
45                  msg.what = MSG_SHOP_OK;
46                  msg.obj = res;
47                  mHandler.sendMessage(msg);
48              }
49              @Override
50               public void onFailure(Call call, IOException e){
51              }
52          });
53      }
54      /**
55       * 事件捕获
56       */
57      class MHandler extends Handler {
58          @Override
59          public void dispatchMessage(Message msg) {
60              super.dispatchMessage(msg);
61              switch(msg.what) {
62                  case MSG_SHOP_OK:
63                      if(msg.obj != null) {
64                          String vlResult = (String) msg.obj;
65                           //解析获取的 JSON 数据
66                          List<ShopBean> pythonList = JsonParse.getInstance().
67                                                  getShopList(vlResult);
68                          adapter.setData(pythonList);
69                      }
70                      break;
71              }
72          }
73      }
74      protected long exitTime;//记录第一次点击时的时间
75      @Override
76      public boolean onKeyDown(int keyCode, KeyEvent event) {
77          if(keyCode == KeyEvent.KEYCODE_BACK
78                  && event.getAction() == KeyEvent.ACTION_DOWN) {
79              if((System.currentTimeMillis() - exitTime) > 2000) {
80                  Toast.makeText(ShopActivity.this, "再按一次退出订餐应用",
81                          Toast.LENGTH_SHORT).show();
82                  exitTime = System.currentTimeMillis();
83              } else {
84                  ShopActivity.this.finish();
85                  System.exit(0);
86              }
87              return true;
```

```
88          }
89          return super.onKeyDown(keyCode, event);
90      }
91 }
```

上述代码中，第39~52行代码开启了一个异步线程访问网络，从服务器上获取店铺界面数据，并将该数据通过Handler消息机制传递到主线程的MHandler类中。

第57~73行代码创建了一个MHandler类，该类用于处理从服务器获取的JSON数据。其中，第66~68行代码调用JsonParse类中的getShopList()方法将JSON数据进行解析，并将解析结果放入集合pythonList中，接着将该集合数据通过setData()方法设置到店铺界面的Adapter中，并显示到界面上。

第74~90行代码主要实现了退出订餐应用的功能，首先创建一个exitTime字段来记录第一次点击返回键的时间，当第二次点击的时间与第一次点击的时间间隔大于2秒，则提示再按一次退出订餐应用。如果小于2秒，则直接退出订餐应用。

7．修改colors.xml文件

由于店铺界面的标题栏背景颜色为蓝色，因此为了便于颜色的管理，在res/values文件夹中的colors.xml文件中添加一个蓝色的颜色值，具体代码如下：

```
<color name="blue_color">#2e8de9</color>
```

15.5　店铺详情功能业务实现

当店铺列表界面的Item被点击后会跳转到店铺详情界面，该界面主要分为三个部分，其中第一部分用于展示店铺的信息，如店铺名称、店铺图片、店铺公告以及配送时间，第二部分用于展示该店铺中的菜单列表，第三部分用于展示购物车。当点击菜单列表的“加入购物车”按钮时，会将菜品添加到购物车中，此时点击购物车会弹出一个购物车列表，在该列表中可以添加和删除购物车中的菜品。

15.5.1　搭建店铺详情界面布局

在订餐项目中，点击店铺列表条目时，程序会跳转到店铺详情界面，该界面主要用于展示店铺名称、店铺图片、配送时间、店铺公告、店铺的菜单列表、购物车以及购物车列表等信息，界面效果如图15-12所示。

创建店铺详情界面的具体步骤如下：

1．创建店铺详情界面

在cn.itcast.order.activity包中创建一个名为ShopDetailActivity的Activity，并将布局文件名指定为activity_shop_detail。

2．导入界面图片

将店铺详情界面所需图片shop_car.png、shop_car_empty.png、icon_clear.png、time_icon.png导入drawable-hdpi文件夹中。

图15-12 店铺详情界面

3．放置界面控件

在activity_shop_detail.xml布局文件中，放置1个TextView控件用于显示菜单文本信息，1个View控件用于显示一条灰色分割线，1个ListView控件用于显示菜单列表。由于店铺详情界面控件比较多，因此将其他控件分类后分别放在shop_detail_head.xml、shop_car.xml、car_list.xml布局文件中（这三个布局文件在后续会进行创建）。其中shop_detail_head.xml文件中放置的是店铺的名称、图片、公告与配送时间信息，shop_car.xml文件中放置的是购物车图片、未选购商品文本、起送价格、去结算文本等信息，car_list.xml文件中放置的是购物车的列表信息，完整布局代码详见【文件15-14】。

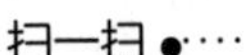

扫码查看
文件15-14

4．创建shop_detail_head.xml文件

在res/layout文件夹中创建一个布局文件shop_detail_head.xml。在该文件中，放置3个TextView控件，分别用于显示店铺名称、配送时间以及店铺公告，2个ImageView控件分别用于显示配送时间的图标和店铺的图片，完整布局代码详见【文件15-15】。

扫一扫

扫码查看
文件15-15

5．创建shop_car.xml文件

在res/layout文件夹中创建一个布局文件shop_car.xml。在该文件中，放置4个TextView控件，分别用于显示“未选购商品”、“去结算”和“不够起送价格”的文本信息与配送费用信息，同时还通过<include>标签引入了一个car.xml布局文件（该文件在后续会进行创建），该文件主要用于显示购物车图标和购物车中商品的数量。完整布局代码详见【文件15-16】。

扫一扫

扫码查看
文件15-16

在res/layout文件夹中创建一个布局文件car.xml。在该文件中，放置1个ImageView控件，用于显示购物车图片，1个TextView控件用于显示购物车中商

品的数量，完整布局代码详见【文件15-17】。

扫一扫
扫码查看文件15-17

扫一扫
扫码查看文件15-18

6．创建car_list.xml文件

在res/layout文件夹中创建一个布局文件car_list.xml。在该文件中，放置2个TextView控件，分别用于显示“已选商品”与“清空”的文本信息，1个ListView控件用于显示购物车列表，完整布局代码详见【文件15-18】。

7．修改colors.xml文件

由于店铺详情界面上的一些控件需要设置不同的背景颜色或文本颜色，因此需要在res/values文件夹中的colors.xml文件中添加需要的颜色值，具体代码如下：

```
<color name="light_gray">#d9d9d9</color>
<color name="shop_bg_color">#918b35</color>
<color name="car_gray_color">#454545</color>
<color name="account_color">#ff9500</color>
<color name="account_gray_color">#535353</color>
```

8．创建corner_bg.xml文件

由于在店铺详情界面中显示店铺名称、公告、配送时间等信息的背景是一个四个边角为圆角的矩形，因此需要在drawable文件夹中创建一个corner_bg.xml文件，在该文件中设置一个边角为圆角的矩形，具体代码如【文件15-19】所示。

【文件15-19】corner_bg.xml

```
1  <?xml version="1.0" encoding="utf-8"?>
2  <shape xmlns:android="http://schemas.android.com/apk/res/android"
3      android:shape="rectangle">
4      <solid android:color="#FFFFFF" />
5      <corners android:radius="3dp" />
6      <stroke
7          android:width="1dp"
8          android:color="@color/light_gray" />
9  </shape>
```

上述代码中，shape用于定义一个形状，如矩形（rectangle）、椭圆形（oval）、线性形状（line）、环形（ring），默认情况下的形状为矩形。solid用于指定矩形的填充颜色，corners用于定义矩形的四个边角为圆角，radius用于设置边角的圆形半径，stroke用于定义矩形的四条边的宽度和颜色。

9．创建badge_bg.xml文件

由于购物车右上角有一个显示商品数量的控件，该控件的背景是一个红色的圆形背景，因此需要在drawable文件夹中创建一个badge_bg.xml文件，在该文件中定义一个红色的圆形，具体代码如【文件15-20】所示。

【文件15-20】badge_bg.xml

```
1  <?xml version="1.0" encoding="utf-8"?>
2  <shape xmlns:android="http://schemas.android.com/apk/res/android"
3      android:shape="rectangle">
4      <gradient
5          android:endColor="#fe451d"
6          android:startColor="#fe957f"
7          android:type="linear" />
8      <corners android:radius="180dp" />
9  </shape>
```

上述代码中，通过shape定义了一个矩形（rectangle），gradient用于定义矩形中的渐变色，startColor表示渐变色开始的颜色，endColor表示渐变色结束的颜色，linear表示线性渐变。corners用于定义矩形的四个边角，radius用于设置边角的圆形半径，在此处圆形半径设置为180dp，表示整个形状设置为一个圆形。

10．修改styles.xml文件

由于在店铺详情界面上，购物车右上角显示一个商品数量的控件，该控件需要设置的属性比较多，放在布局文件中会显得文件代码量特别大，因此将这些属性抽取出来放在一个样式badge_style中。在res/values文件夹中的styles.xml文件中创建该样式，具体代码如下：

```
<style name="badge_style">
    <item name="android:layout_width">wrap_content</item>
    <item name="android:layout_height">wrap_content</item>
    <item name="android:minHeight">14dp</item>
    <item name="android:minWidth">14dp</item>
    <item name="android:paddingLeft">2dp</item>
    <item name="android:paddingRight">2dp</item>
    <item name="android:textColor">@android:color/white</item>
    <item name="android:visibility">gone</item>
    <item name="android:gravity">center</item>
    <item name="android:background">@drawable/badge_bg</item>
    <item name="android:textStyle">bold</item>
    <item name="android:textSize">10sp</item>
</style>
```

15.5.2 搭建菜单Item布局

在店铺详情界面中有一个菜单列表，该列表是用ListView控件来展示菜单信息的，因此需要创建一个该列表的Item界面，在Item界面中需要展示菜的名称、味道、月售数量、价格以及“加入购物车”按钮，界面效果如图15-13所示。

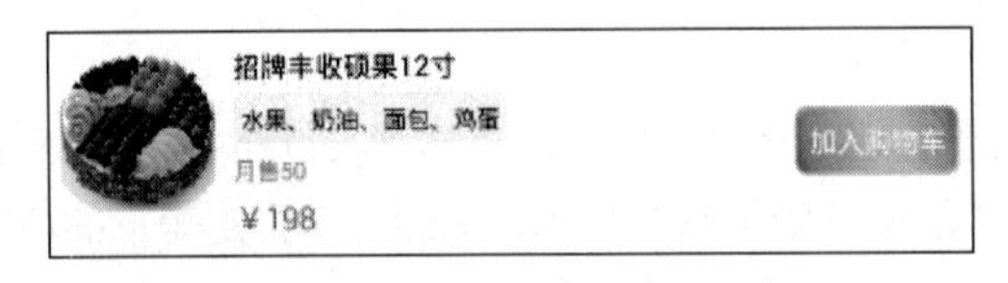

图15-13 菜单列表界面Item

创建菜单列表界面Item的具体步骤如下：

1．创建菜单列表界面Item

在res/layout文件夹中，创建一个布局文件menu_item.xml。

2．导入界面图片

将菜单列表界面Item所需图片add_car_normal.png、add_car_selected.png导入drawable-hdpi文件夹中。

3．放置界面控件

在布局文件中，放置4个TextView控件分别用于显示菜的名称、味道、月销售数量、价格，1个ImageView控件用于显示菜的图片，1个Button控件用于显示加入购物车按钮，完整布局代码详见【文件15-21】。

扫一扫

扫码查看文件15-21

4．修改colors.xml文件

由于菜单条目界面中味道控件的背景是浅灰色的，菜品价格的文本颜色是红色的，因此需要在res/values文件夹中的colors.xml文件中添加这两个颜色值，具体代码如下：

```
<color name="taste_bg_color">#f6f6f6</color>
<color name="price_red">#ff5339</color>
```

5．创建taste_bg.xml文件

菜单列表Item界面上的味道控件背景是一个四个角为圆角的矩形，因此需要在drawable文件夹中创建一个taste_bg.xml文件，在该文件中设置一个边角为圆角的矩形，具体代码如【文件15-22】所示。

【文件15-22】taste_bg.xml

```
1  <?xml version="1.0" encoding="utf-8"?>
2  <shape xmlns:android="http://schemas.android.com/apk/res/android">
3      <solid android:color="@color/taste_bg_color" />
4      <corners android:radius="3dp" />
5  </shape>
```

6．创建背景选择器

由于菜单列表Item界面被按下与弹起时，界面背景会有明显的区别，这种效果可以通过背景选择器进行实现。首先选中drawable文件夹，右击选择【New】→【Drawable resource file】选项，创建一个背景选择器menu_item_bg_selector.xml，根据Item界面被按下和弹起的状态来切换它的背景颜色，给用户一个动态效果。当Item界面被按下时背景显示灰色（taste_bg_color），当Item界面弹起时背景显示白色（@android:color/white），具体代码如【文件15-23】所示。

【文件15-23】menu_item_bg_selector.xml

```
1  <?xml version="1.0" encoding="utf-8"?>
2  <selector xmlns:android="http://schemas.android.com/apk/res/android">
3      <item android:drawable="@color/taste_bg_color" android:state_pressed="true"/>
4      <item android:drawable="@android:color/white"/>
5  </selector>
```

菜单列表Item界面上的“加入购物车”按钮被按下与弹起时，界面背景也会有明显的区别，同样也需要在drawable文件夹中创建一个背景选择器add_car_selector.xml，根据“加入购物车”按钮被按下与弹起的状态来切换它的背景图片，给用户一个动态的效果。当“加入购物车”按钮被按下时背景显示灰色图片（add_car_selected.png），当“加入购物车”按钮弹起时背景显示蓝色图片（add_car_normal.png），具体代码如【文件15-24】所示。

【文件15-24】add_car_selector.xml

```
1  <?xml version="1.0" encoding="utf-8"?>
2  <selector xmlns:android="http://schemas.android.com/apk/res/android">
3      <item android:drawable="@drawable/add_car_selected" android:state_
4                                                     pressed="true" />
5      <item android:drawable="@drawable/add_car_normal" />
6  </selector>
```

15.5.3　搭建购物车Item布局

在店铺详情界面底部有一个购物车按钮，点击该按钮会弹出一个购物车列表信息，该列表是

用ListView控件来展示购物车中添加的菜单信息，因此需要创建一个该列表的Item界面，在Item界面中需要展示菜的名称、价格、数量、添加菜的按钮以及删除菜的按钮，界面效果如图15-14所示。

图15-14　购物车界面Item

创建购物车列表界面Item，具体步骤如下：

1．创建购物车列表界面Item

在res/layout文件夹中，创建一个布局文件car_item.xml。

2．导入界面图片

将购物车列表界面Item所需图片car_add.png、car_minus.png导入drawable-hdpi文件夹。

扫一扫

扫码查看
文件15-25

3．放置界面控件

在car_item.xml布局文件中，放置3个TextView控件分别用于显示菜的名称、价格、数量，2个ImageView控件分别用于显示添加菜的按钮和删除菜的按钮，完整布局代码详见【文件15-25】所示。

4．创建slide_bottom_to_top.xml文件

由于在店铺详情界面点击购物车图片时，会从界面底部弹出购物车列表界面，这个弹出的动画效果是通过slide_bottom_to_top.xml文件实现的。接下来，在res文件夹中创建一个用于存放动画效果的anim文件夹，在该文件夹中创建slide_bottom_to_top.xml文件，具体代码如【文件15-26】所示。

【文件15-26】 slide_bottom_to_top.xm

```
1  <?xml version="1.0" encoding="utf-8"?>
2  <set xmlns:android="http://schemas.android.com/apk/res/android"
3      android:interpolator="@android:anim/accelerate_interpolator">
4      <translate
5          android:duration="500"
6          android:fromYDelta="100.0%"
7          android:toYDelta="10.000002%" />
8      <alpha
9          android:duration="500"
10         android:fromAlpha="0.0"
11         android:toAlpha="1.0" />
12 </set>
```

上述代码中，translate表示界面移动的动画效果，duration表示动画持续的时间，fromYDelta表示动画开始时，界面在Y轴坐标的位置，toYDelta表示动画结束时，界面在Y轴坐标的位置。alpha表示界面透明度的渐变动画，fromAlpha表示起始透明度，该属性的取值范围为0.0~1.0，表示从完全透明到完全不透明。toAlpha表示结束透明度，该属性的取值范围与fromAlpha属性一样。

15.5.4　搭建确认清空购物车界面布局

在购物车列表界面的右上角有一个清空购物车的图标，点击该图标会弹出一个确认清空购物

车的对话框界面，该界面主要用于展示“确认清空购物车？”的文本、“取消”按钮和“清空”按钮，界面效果如图15-15所示。

确认清空购物车？

取消　清空

图15-15　确认清空购物车界面

创建确认清空购物车界面的具体步骤如下：

1．创建确认清空购物车界面

在res/layout文件夹中，创建一个布局文件dialog_clear.xml。

2．放置界面控件

在dialog_clear.xml布局文件中，放置3个TextView控件分别用于显示“确认清空购物车？”、“取消”和“清空”，完整布局代码详见【文件15-27】。

扫一扫

扫码查看文件15–27

3．修改styles.xml文件

由于确认清空购物车界面是一个对话框的样式，并且该对话框没有标题、背景为半透明状态，因此需要在res/layout文件夹中的styles.xml文件中添加一个名为Dialog_Style的样式，具体代码如下：

```
<style name="Dialog_Style" parent="@android:style/Theme.Dialog">
    <!-- 设置界面无标题栏 -->
    <!-- 对话框浮在 Activity 之上 -->
    <item name="android:windowIsFloating">true</item>
    <!-- 设置对话框背景为透明 -->
    <item name="android:windowIsTranslucent">true</item>
    <item name="android:windowNoTitle">true</item>     <!-- 设置界面无标题 -->
    <!-- 设置窗体背景透明 -->
    <item name="android:windowBackground">@android:color/transparent</item>
    <!-- 设置对话框内容背景透明 -->
    <item name="android:background">@android:color/transparent</item>
    <!-- 设置对话框背景有半透明遮障层 -->
    <item name="android:backgroundDimEnabled">true</item>
</style>
```

15.5.5　编写菜单列表适配器

由于店铺详情界面中的菜单列表是用ListView控件展示的，因此需要创建一个数据适配器MenuAdapter对ListView控件进行数据适配。创建菜单列表界面Adapter的具体步骤如下：

1．创建MenuAdapter类

选中cn.itcast.order.adapter包，在该包中创建一个继承自BaseAdapter的MenuAdapter类，并重写getCount()、getItem()、getItemId()、getView()方法，分别用于获取Item总数、对应Item对象、Item对象的Id、对应的Item视图。同样，为了减少缓存，在getView()方法中复用了convertView对象。

2．创建ViewHolder类

在MenuAdapter类中创建一个ViewHolder类，该类主要用于定义菜单列表Item上的控件对象，当菜单列表快速滑动时，该类可以快速为界面控件设置值，而不必每次重新创建很多控件对象，从而有效提高程序的性能。

3．创建OnSelectListener接口

当点击菜单列表上的“加入购物车”按钮时，会增加购物车中菜品的数量，该数量的增加需要在ShopDetailActivity中进行，因此需要在MenuAdapter类中创建一个OnSelectListener接口，在该接口中创建一个onSelectAddCar()方法用于处理“加入购物车”按钮的点击事件，接着在

ShopDetailActivity中实现该接口中的方法，具体代码如【文件15-28】所示。

【文件15-28】MenuAdapter.java

```
1  package cn.itcast.order.adapter;
2  ......//省略导入包
3  public class MenuAdapter extends BaseAdapter {
4      private Context mContext;
5      private List<FoodBean> fbl;                         //菜单列表数据
6      private OnSelectListener onSelectListener;   //加入购物车按钮的监听事件
7      public MenuAdapter(Context context, OnSelectListener onSelectListener) {
8          this.mContext = context;
9          this.onSelectListener=onSelectListener;
10     }
11     /**
12      * 设置数据更新界面
13      */
14     public void setData(List<FoodBean> fbl) {
15         this.fbl = fbl;
16         notifyDataSetChanged();
17     }
18     /**
19      * 获取Item的总数
20      */
21     @Override
22     public int getCount() {
23         return fbl == null ? 0 : fbl.size();
24     }
25     /**
26      * 根据position得到对应Item的对象
27      */
28     @Override
29     public FoodBean getItem(int position) {
30         return fbl == null ? null : fbl.get(position);
31     }
32     /**
33      * 根据position得到对应Item的id
34      */
35     @Override
36     public long getItemId(int position) {
37         return position;
38     }
39     /**
40      * 得到相应position对应的Item视图,position是当前Item的位置,
41      * convertView参数是滚出屏幕的Item的View
42      */
43     @Override
44     public View getView(final int position, View convertView, ViewGroup parent) {
45         final ViewHolder vh;
46         //复用convertView
47         if(convertView == null) {
48             vh = new ViewHolder();
49             convertView = LayoutInflater.from(mContext).inflate
50                                     (R.layout.menu_item, null);
51             vh.tv_food_name = (TextView)convertView.findViewById(R.id.tv_food_name);
52             vh.tv_taste = (TextView) convertView.findViewById(R.id.tv_taste);
```

```
53              vh.tv_sale_num = (TextView) convertView.findViewById(R.id.tv_sale_num);
54              vh.tv_price = (TextView) convertView.findViewById(R.id.tv_price);
55              vh.btn_add_car = (Button) convertView.findViewById(R.id.btn_add_car);
56              vh.iv_food_pic = (ImageView) convertView.findViewById(R.id.iv_food_pic);
57              convertView.setTag(vh);
58          } else {
59              vh = (ViewHolder) convertView.getTag();
60          }
61          //获取position对应的Item的数据对象
62          final FoodBean bean = getItem(position);
63          if(bean != null) {
64              vh.tv_food_name.setText(bean.getFoodName());
65              vh.tv_taste.setText(bean.getTaste());
66              vh.tv_sale_num.setText("月售" + bean.getSaleNum());
67              vh.tv_price.setText("￥"+bean.getPrice());
68              Glide.with(mContext)
69                      .load(bean.getFoodPic())
70                      .error(R.mipmap.ic_launcher)
71                      .into(vh.iv_food_pic);
72          }
73          //每个Item的点击事件
74          convertView.setOnClickListener(new View.OnClickListener() {
75              @Override
76              public void onClick(View v) {
77                  //跳转到菜品详情界面
78              }
79          });
80          vh.btn_add_car.setOnClickListener(new View.OnClickListener() {
81              @Override
82              public void onClick(View view) { //加入购物车按钮的点击事件
83                  onSelectListener.onSelectAddCar(position);
84              }
85          });
86          return convertView;
87      }
88      class ViewHolder {
89          public TextView tv_food_name, tv_taste, tv_sale_num, tv_price;
90          public Button btn_add_car;
91          public ImageView iv_food_pic;
92      }
93      public interface OnSelectListener {
94          void onSelectAddCar (int position); //处理加入购物车按钮的方法
95      }
96  }
```

上述代码中，第74~79行通过setOnClickListener()方法设置菜单条目的点击事件监听器，接着通过一个匿名内类实现OnClickListener接口中的onClick()方法，onClick()方法内部实现了跳转到菜品详情界面的功能。由于菜品详情界面暂未实现，因此跳转的逻辑代码在后续创建完菜品详情界面时再添加。

第80~85行通过setOnClickListener()方法设置菜单条目中“加入购物车”按钮的点击事件监听器，接着也通过一个匿名内部类实现OnClickListener接口中的onClick()方法，在该方法中调用OnSelectListener接口中的onSelectAddCar()方法实现“加入购物车”按钮的点击事件。

15.5.6 编写购物车列表适配器

由于店铺详情界面中的购物车列表是用ListView控件展示的，因此需要创建一个数据适配器CarAdapter对ListView控件进行数据适配。创建购物车列表界面Adapter的具体步骤如下：

1. 创建CarAdapter类

选中cn.itcast.order.adapter包，在该包中创建一个CarAdapter类继承BaseAdapter类，并重写getCount()、getItem()、getItemId()、getView()方法。

2. 创建ViewHolder类

在CarAdapter类中创建一个ViewHolder类，该类主要用于创建购物车列表界面Item上的控件对象，当购物车列表快速滑动时，该类可以快速为界面控件设置值，而不必每次都重新创建很多控件对象，这样可以提高程序的性能。

3. 创建OnSelectListener接口

当点击购物车列表界面的添加或减少菜品数量的按钮时，购物车中菜品的数量会随之变化，该数量的变化需要在ShopDetailActivity中进行，因此需要在CarAdapter类中创建一个OnSelectListener接口，在该接口中创建onSelectAdd()方法与onSelectMis()方法，分别用于处理增加或减少菜品数量按钮的点击事件，接着在ShopDetailActivity中实现该接口中的方法，具体代码如【文件15-29】所示。

【文件15-29】 CarAdapter.java

```
1  package cn.itcast.order.adapter;
2  ......//省略导入包
3  public class CarAdapter extends BaseAdapter {
4      private Context mContext;
5      private List<FoodBean> fbl;
6      private OnSelectListener onSelectListener;
7      public CarAdapter(Context context, OnSelectListener onSelectListener) {
8          this.mContext = context;
9          this.onSelectListener=onSelectListener;
10     }
11     /**
12      * 设置数据更新界面
13      */
14     public void setData(List<FoodBean> fbl) {
15         this.fbl = fbl;
16         notifyDataSetChanged();
17     }
18     /**
19      * 获取Item的总数
20      */
21     @Override
22     public int getCount() {
23         return fbl == null ? 0 : fbl.size();
24     }
25     /**
26      * 根据position得到对应Item的对象
27      */
28     @Override
29     public FoodBean getItem(int position) {
30         return fbl == null ? null : fbl.get(position);
```

```
31      }
32      /**
33       * 根据 position 得到对应 Item 的 id
34       */
35      @Override
36      public long getItemId(int position) {
37          return position;
38      }
39      /**
40       * 得到相应 position 对应的 Item 视图，position 是当前 Item 的位置，
41       * convertView 参数是滚出屏幕的 Item 的 View
42       */
43      @Override
44      public View getView(final int position, View convertView, ViewGroup parent) {
45          final ViewHolder vh;
46          //复用 convertView
47          if(convertView == null) {
48              vh = new ViewHolder();
49              convertView = LayoutInflater.from(mContext).inflate(R.layout.car
50                                                                 _ item, null);
51              vh.tv_food_name = (TextView) convertView.findViewById (R.id.tv_
52                                                                  food_name);
53              vh.tv_food_count = (TextView) convertView.findViewById (R.id.tv_
54                                                                  food_count);
55              vh.tv_food_price = (TextView) convertView.findViewById (R.id.tv_
56                                                                  food_price);
57              vh.iv_add = (ImageView) convertView.findViewById(R.id.iv_add);
58              vh.iv_minus = (ImageView) convertView.findViewById(R.id.iv_minus);
59              convertView.setTag(vh);
60          } else {
61              vh = (ViewHolder) convertView.getTag();
62          }
63          //获取 position 对应的 Item 的数据对象
64          final FoodBean bean = getItem(position);
65          if(bean != null) {
66              vh.tv_food_name.setText(bean.getFoodName());
67              vh.tv_food_count.setText(bean.getCount()+"");
68              BigDecimal count=BigDecimal.valueOf(bean.getCount());
69              vh.tv_food_price.setText("￥" + bean.getPrice().multiply(count));
70          }
71          vh.iv_add.setOnClickListener(new View.OnClickListener() {
72              @Override
73              public void onClick(View view) {
74                  onSelectListener.onSelectAdd(position,vh.tv_food_
75                                              count,vh.tv_food_price);
76              }
77          });
78          vh.iv_minus.setOnClickListener(new View.OnClickListener() {
79              @Override
80              public void onClick(View view) {
81                  onSelectListener.onSelectMis(position,vh.tv_food_
82                                              count,vh.tv_food_price);
83              }
84          });
85          return convertView;
```

```
86      }
87      class ViewHolder {
88          public TextView tv_food_name, tv_food_count,tv_food_price;
89          public ImageView iv_add,iv_minus;
90      }
91      public interface OnSelectListener {
92          void onSelectAdd(int position,TextView tv_food_price, TextView tv_
93                                                                    food_count);
94          void onSelectMis(int position,TextView tv_food_price, TextView tv_
95                                                                    food_count);
96      }
97  }
```

上述代码中，第65~70行通过setText()方法将购物车条目数据设置到对应控件上。

第71~77行通过setOnClickListener()方法设置购物车中“+”按钮的点击事件监听器，接着通过一个匿名内部类重写OnSelectListener接口中的onSelectAdd()方法，实现“+”按钮的点击事件。

第78~84行通过setOnClickListener()方法设置购物车条目中“-”按钮的点击事件监听器，接着通过一个匿名内部类重写OnSelectListener接口中的onSelectMis()方法，实现“-”按钮的点击事件。

15.5.7 实现菜单显示与购物车功能

店铺详情界面主要是展示店铺信息、菜单列表信息以及购物车信息，其中在菜单列表中可以点击“加入购物车”按钮，将菜品添加到购物车中。此时点击购物车图片会从界面底部弹出一个购物车列表，该列表显示的是购物车中添加的菜品信息，这些菜品信息在列表中可以进行增加和删除。点击购物车列表右上角的清空按钮，会弹出一个确认清空购物车的对话框，点击对话框中的清空按钮会清空购物车中的数据。

实现菜单显示与购物车功能的具体步骤如下：

1. 获取界面控件

在ShopDetailActivity中创建界面控件的初始化方法initView()，用于获取店铺详情界面所要用到的控件。

2. 初始化界面Adapter

在ShopDetailActivity中创建initAdapter()方法，用于处理Adapter中的点击事件。

3. 设置界面数据

在ShopDetailActivity中创建一个setData()方法，用于设置界面数据，具体代码如【文件15-30】所示。

【文件15-30】ShopDetailActivity.java

```
1   package cn.itcast.order.activity;
2   ......//省略导入包
3   public class ShopDetailActivity extends AppCompatActivity implements View.
4   OnClickListener{
5       private ShopBean bean;
6       private TextView tv_shop_name, tv_time, tv_notice, tv_title, tv_back,
7                tv_settle_accounts, tv_count, tv_money, tv_distribution_cost,
8                tv_not_enough, tv_clear;
9       private ImageView iv_shop_pic, iv_shop_car;
10      private ListView lv_list, lv_car;
11      public static final int MSG_COUNT_OK = 1;// 获取购物车中商品的数量
```

```
12      private MHandler mHandler;
13      private int totalCount = 0;
14      private BigDecimal totalMoney;         //购物车中菜品的总价格
15      private List<FoodBean> carFoodList;   //购物车中的菜品数据
16      private MenuAdapter adapter;
17      private CarAdapter carAdapter;
18      private RelativeLayout rl_car_list;
19      @Override
20      protected void onCreate(Bundle savedInstanceState) {
21          super.onCreate(savedInstanceState);
22          setContentView(R.layout.activity_shop_detail);
23          //获取店铺详情数据
24          bean = (ShopBean) getIntent().getSerializableExtra("shop");
25          if (bean == null) return;
26          mHandler = new MHandler();
27          totalMoney = new BigDecimal(0.0);// 初始化变量 totalMoney
28          carFoodList = new ArrayList<>(); // 初始化集合 carFoodList
29          initView();             //初始化界面控件
30          initAdapter();          //初始化 adapter
31          setData();              //设置界面数据
32      }
33      /**
34       * 初始化界面控件
35       */
36      private void initView() {
37          tv_back = (TextView) findViewById(R.id.tv_back);
38          tv_title = (TextView) findViewById(R.id.tv_title);
39          tv_title.setText("店铺详情");
40          tv_shop_name = (TextView) findViewById(R.id.tv_shop_name);
41          tv_time = (TextView) findViewById(R.id.tv_time);
42          tv_notice = (TextView) findViewById(R.id.tv_notice);
43          iv_shop_pic = (ImageView) findViewById(R.id.iv_shop_pic);
44          lv_list = (ListView) findViewById(R.id.lv_list);
45          tv_settle_accounts = (TextView) findViewById(R.id.tv_settle_accounts);
46          tv_distribution_cost = (TextView) findViewById(R.id.
47                                              tv_distribution_cost);
48          tv_count = (TextView) findViewById(R.id.tv_count);
49          iv_shop_car = (ImageView) findViewById(R.id.iv_shop_car);
50          tv_money = (TextView) findViewById(R.id.tv_money);
51          tv_not_enough = (TextView) findViewById(R.id.tv_not_enough);
52          tv_clear = (TextView) findViewById(R.id.tv_clear);
53          lv_car = (ListView) findViewById(R.id.lv_car);
54          rl_car_list = (RelativeLayout) findViewById(R.id.rl_car_list);
55          //点击购物车列表界面外的其他部分会隐藏购物车列表界面
56          rl_car_list.setOnTouchListener(new View.OnTouchListener() {
57              @Override
58              public boolean onTouch(View v, MotionEvent event) {
59                  if (rl_car_list.getVisibility() == View.VISIBLE) {
60                      rl_car_list.setVisibility(View.GONE);
61                  }
62                  return false;
63              }
64          });
65          //设置返回键、去结算按钮、购物车图片、清空购物车按钮的点击监听事件
66          tv_back.setOnClickListener(this);
```

```
67            tv_settle_accounts.setOnClickListener(this);
68            iv_shop_car.setOnClickListener(this);
69            tv_clear.setOnClickListener(this);
70        }
71        /**
72         * 初始化 adapter
73         */
74        private void initAdapter(){
75            carAdapter = new CarAdapter(this, new CarAdapter.OnSelectListe ner() {
76                @Override
77                public void onSelectAdd(int position, TextView tv_food_count,
78                                                     TextView tv_food_price) {
79                    //添加菜品到购物车中
80                    FoodBean bean = carFoodList.get(position);//获取当前菜品对象
81                    //设置该菜品在购物车中的数量
82                    tv_food_count.setText(bean.getCount() + 1 + "");
83                    BigDecimal count = BigDecimal.valueOf(bean.getCount() + 1);
84                    //菜品总价格
85                    tv_food_price.setText(" ¥" + bean.getPrice().multiply (count));
86                    //将当前菜品在购物车中的数量设置给菜品对象
87                    bean.setCount(bean.getCount() + 1);
88                    Iterator<FoodBean> iterator = carFoodList.iterator();
89                    while (iterator.hasNext()) {     //遍历购物车中的数据
90                        FoodBean food = iterator.next();
91                        if (food.getFoodId() == bean.getFoodId()) {// 找到当前菜品
92                            iterator.remove();    //删除购物车中当前菜品的旧数据
93                        }
94                    }
95                    //将当前菜品的最新数据添加到购物车数据集合中
96                    carFoodList.add(position, bean);
97                    totalCount = totalCount + 1;      //购物车中菜品的总数量+1
98                    //购物车中菜品的总价格+当前菜品价格
99                    totalMoney = totalMoney.add(bean.getPrice());
100                   //将购物车中菜品的总数量和总价格通过 Handler 传递到主线程中
101                   carDataMsg();
102               }
103               @Override
104               public void onSelectMis(int position, TextView tv_food_count, TextView
105               tv_food_price) {
106                   FoodBean bean = carFoodList.get(position); //获取当前菜品对象
107                   //设置当前菜品的数量
108                   tv_food_count.setText(bean.getCount() - 1 + "");
109                   BigDecimal count = BigDecimal.valueOf(bean.getCount() - 1);
110                   //设置当前菜品总价格，菜品价格=菜品单价*菜品数量
111                   tv_food_price.setText(" ¥" + bean.getPrice().multiply(coun));
112                   minusCarData(bean, position);//删除购物车中的菜品
113               }
114           });
115           adapter = new MenuAdapter(this, new MenuAdapter.OnSelectListener() {
116               @Override
117               public void onSelectAddCar(int position) {
118                   //点击加入购物车按钮将菜添加到购物车中
119                   FoodBean fb = bean.getFoodList().get(position);
120                   fb.setCount(fb.getCount() + 1);
121                   Iterator<FoodBean> iterator = carFoodList.iterator();
```

```
122                 while (iterator.hasNext()) {
123                     FoodBean food = iterator.next();
124                     if(food.getFoodId() == fb.getFoodId()) {
125                         iterator.remove();
126                     }
127                 }
128                 carFoodList.add(fb);
129                 totalCount = totalCount + 1;
130                 totalMoney = totalMoney.add(fb.getPrice());
131                 carDataMsg();
132             }
133         });
134         lv_list.setAdapter(adapter);
135     }
136     @Override
137     public void onClick(View v) {
138       switch(v.getId()){
139           case R.id.tv_back:                   //返回按钮的点击事件
140               finish();
141               break;
142           case R.id.tv_settle_accounts: //去结算按钮的点击事件
143               //跳转到订单界面
144               break;
145           case R.id.iv_shop_car:           //购物车的点击事件
146               if(totalCount <= 0) return;
147               if(rl_car_list != null) {
148                   if(rl_car_list.getVisibility() == View.VISIBLE) {
149                       rl_car_list.setVisibility(View.GONE);
150                   } else {
151                       rl_car_list.setVisibility(View.VISIBLE);
152                       //创建一个从底部滑出的动画
153                       Animation animation = AnimationUtils.loadAnimation(
154                           ShopDetailActivity.this, R.anim.slide_bottom_to _top);
155                       //将动画加载到购物车列表界面
156                       rl_car_list.startAnimation(animation);
157                   }
158               }
159               carAdapter.setData(carFoodList);
160               lv_car.setAdapter(carAdapter);
161               break;
162           case R.id.tv_clear://清空按钮的点击事件
163               dialogClear(); //弹出确认清空购物车的对话框
164               break;
165       }
166     }
167     /**
168      * 弹出清空购物车的对话框
169      */
170     private void dialogClear() {
171         //创建一个对话框 Dialog
172         final Dialog dialog = new Dialog(ShopDetailActivity.this, R.style.
173                                                           Dialog_Style);
174         dialog.setContentView(R.layout.dialog_clear); //将布局文件加载到对话框中
175         dialog.show();                                  //显示对话框
176         //获取对话框清除按钮
```

```
177         TextView tv_clear = dialog.findViewById(R.id.tv_clear);
178         //获取对话框取消按钮
179         TextView tv_cancel = dialog.findViewById(R.id.tv_cancel);
180         tv_cancel.setOnClickListener(new View.OnClickListener() {
181             @Override
182             public void onClick(View view) {
183                 dialog.dismiss();//关闭对话框
184             }
185         });
186         tv_clear.setOnClickListener(new View.OnClickListener() {
187             @Override
188             public void onClick(View view) {
189                 if(carFoodList == null) return;
190                 for(FoodBean bean : carFoodList) {
191                     bean.setCount(0);//设置购物车中所有菜品的数量为0
192                 }
193                 carFoodList.clear();//清空购物车中的数据
194                 carAdapter.notifyDataSetChanged();    //更新界面
195                 totalCount = 0;      //购物车中菜品的数量设置为0
196                 totalMoney = BigDecimal.valueOf(0.0);//总价格设置为0
197                 carDataMsg();        //通过Handler更新购物车中菜品的数量和总价格
198                 dialog.dismiss();    //关闭对话框
199             }
200         });
201     }
202     /**
203      * 将购物车中菜品的总数量和总价格通过Handler传递到主线程中
204      */
205     private void carDataMsg() {
206         Message msg = Message.obtain();
207         msg.what = MSG_COUNT_OK;
208         Bundle bundle = new Bundle();//创建一个Bundler对象
209         //将购物车中的菜品数量和价格放入Bundler对象中
210         bundle.putString("totalCount", totalCount + "");
211         bundle.putString("totalMoney", totalMoney + "");
212         msg.setData(bundle);    //将Bundler对象放入Message对象
213         mHandler.sendMessage(msg); //将Message对象传递到MHandler类
214     }
215     /**
216      * 删除购物车中的数据
217      */
218     private void minusCarData(FoodBean bean, int position) {
219         int count = bean.getCount() - 1; //将该菜品的数量减1
220         bean.setCount(count);        //将减后的数量设置到菜品对象中
221         Iterator<FoodBean> iterator = carFoodList.iterator();
222         while(iterator.hasNext()) {         //遍历购物车中的菜
223             FoodBean food = iterator.next();
224             if(food.getFoodId() == bean.getFoodId()) {//找到购物车中当前菜的Id
225                 iterator.remove();          //删除存放的菜
226             }
227         }
228         //如果当前菜品的数量减1之后大于0，则将当前菜品添加到购物车集合中
229         if(count > 0) carFoodList.add(position, bean);
230         else carAdapter.notifyDataSetChanged();
231         totalCount=totalCount - 1;          //购物车中菜品的数量减1
```

```
232         //购物车中的总价钱=总价钱-当前菜品的价格
233         totalMoney = totalMoney.subtract(bean.getPrice());
234         carDataMsg();                        //调用该方法更新购物车中的数据
235     }
236     /**
237      * 事件捕获
238      */
239     class MHandler extends Handler {
240         @Override
241         public void dispatchMessage(Message msg) {
242             super.dispatchMessage(msg);
243             switch(msg.what) {
244                 case MSG_COUNT_OK:
245                     Bundle bundle = msg.getData();
246                     String count = bundle.getString("totalCount", "");
247                     String money = bundle.getString("totalMoney", "");
248                     if(bundle!= null) {
249                         if(Integer.parseInt(count) > 0) {//如果购物车中有菜品
250                             iv_shop_car.setImageResource(R.drawable.shop_car);
251                             tv_count.setVisibility(View.VISIBLE);
252                             tv_distribution_cost.setVisibility(View.VISIBLE);
253                             tv_money.setTextColor(Color.parseColor("#ffff ff"));
254                             //加粗字体
255                             tv_money.getPaint().setFakeBoldText(true);
256                             //设置购物车中菜品总价格
257                             tv_money.setText("￥" + money);
258                             tv_count.setText(count);  //设置购物车中菜品总数量
259                             tv_distribution_cost.setText("另需配送费￥" +
260                                     bean.getDistributionCost());
261                             //将变量money的类型转换为BigDecimal类型
262                             BigDecimal bdm = new BigDecimal(money);
263                             //总价格money与起送价格对比
264                             int result=bdm.compareTo(bean.getOfferPrice());
265                             if(-1==result) { //总价格<起送价格
266                                 //隐藏去结算按钮
267                                 tv_settle_accounts.setVisibility(View.GONE);
268                                 //显示差价文本
269                                 tv_not_enough.setVisibility(View.VISIBLE);
270                                 //差价=起送价格-总价格
271                                 BigDecimal m = bean.getOfferPrice().subtract(bdm);
272                                 tv_not_enough.setText("还差￥" + m + "起送");
273                             } else {       //总价格>=起送价格
274                                            //显示去结算按钮
275                                 tv_settle_accounts.setVisibility (View.VISIBLE);
276                                 //隐藏差价文本
277                                 tv_not_enough.setVisibility(View.GONE);
278                             }
279                         } else {               //如果购物车中没有菜品
280                             if(rl_car_list.getVisibility() == View.VISIBLE){
281                     //隐藏购物车列表
```

```
282                             rl_car_list.setVisibility(View.GONE);
283                         } else {
284                             //显示购物车列表
285                             rl_car_list.setVisibility(View.VISIBLE);
286                         }
287                         iv_shop_car.setImageResource(R.drawable.shop_
288                                                                   car_empty);
289                         //隐藏去结算按钮
290                         tv_settle_accounts.setVisibility(View.GONE);
291                         tv_not_enough.setVisibility(View.VISIBLE);
292                         //显示差价文本
293                         tv_not_enough.setText("￥" + bean.
294                                           getOfferPrice() + "起送");
295                         //隐藏购物中的菜品数量控件
296                         tv_count.setVisibility(View.GONE);
297                         //隐藏配送费用
298                         tv_distribution_cost.setVisibility(View.GONE);
299                         tv_money.setTextColor(getResources().getColor
300                                                 (R.color.light_gray));
301                         tv_money.setText("未选购商品");
302                     }
303                 }
304                 break;
305         }
306     }
307 }
308 /**
309  * 设置界面数据
310  */
311 private void setData() {
312     if(bean == null) return;
313     tv_shop_name.setText(bean.getShopName());        //设置店铺名称
314     tv_time.setText(bean.getTime());                 //设置配送时间
315     tv_notice.setText(bean.getShopNotice());         //设置店铺公告
316     //设置起送价格
317     tv_not_enough.setText("￥" + bean.getOfferPrice() + "起送");
318     Glide.with(this)
319             .load(bean.getShopPic())
320             .error(R.mipmap.ic_launcher)
321             .into(iv_shop_pic);              //设置店铺图片
322     adapter.setData(bean.getFoodList());//将菜单列表数据传递到adapter中
323 }
324 }
```

上述代码中，第56~64行实现点击购物车列表外的其他部分可隐藏显示的购物车列表功能。在这段代码中通过setOnTouchListener()方法设置购物车列表界面外边部分的触摸事件的监听器，并在该监听器中重写onTouch()方法，在该方法中通过getVisibility()方法判断购物车列表是否显示，如果显示，则通过setVisibility()方法将购物车列表设置为隐藏的状态。

第76~102行通过重写onSelectAdd()方法实现购物车条目“+”的点击事件。在onSelectAdd()方法中获取点击的购物车条目数据，并将该条目对应的菜品数量加1，接着将对应数据显示到购物车列表中。在while()循环中通过判断购物车集合数据中每个菜品的id是否与要添加的菜品id一致，如果一致，则通过remove()方法删除集合中原来存放的菜品信息，并将最新的菜品数据添加到集合中。第96~101行分别将购物车中的菜品数据加1，接着通过add()方法将购物车中的菜品总价格加上当前菜品的价格，最后调用carDataMsg()方法将购物车中菜品的总数量和总价格通过Handler传递到主线程中。

第103~113行代码通过重写onSelectMis()方法实现购物车条目中“-”的点击事件。在onSelectMis()方法中获取点击的购物车条目数据，并将该条目对应的菜品数量减1，接着将对应数据显示到购物车列表中，最后调用minusCarData()方法删除购物车集合数据中对应的菜品数据。

第116~132行通过重写onSelectAddCar()方法实现菜单条目中“加入购物车”按钮的点击事件。该方法中的逻辑代码思路与第76~102行中的onSelectAdd()方法中的代码类似，在这里就不进行详细解释。

第136~166行重写了onClick()方法，实现了店铺详情界面返回按钮、“去结算”按钮、购物车图片以及清除购物车按钮的点击事件。其中，第139~141行实现了返回按钮的点击事件，点击返回按钮，程序调用finish()方法关闭店铺详情界面。第142~144行实现了“去结算”按钮的点击事件。点击“去结算”按钮会跳转到订单界面，由于订单界面暂时未实现，因此跳转的逻辑代码在后续创建完订单界面时添加。第145~161行实现了购物车图片的点击事件。在该事件中判断购物车列表是否是显示状态，如果是，则调用setVisibility()方法隐藏购物车列表，否则，调用setVisibility()方法显示购物车列表，并通过loadAnimation()方法将该列表添加一个一个从底部滑出的动画效果。第162~164行实现了清空购物车列表按钮的点击事件，在该事件的onClick()方法中调用dialogClear()方法弹出确认清空购物车的对话框，在dialogClear()方法中实现清空购物车中的数据信息。

第170~201行创建了一个dialogClear()方法，用于弹出确认清空购物车的对话框，并实现清空购物车的功能。其中，第174行通过setContentView()方法加载了对话框界面的布局文件。第180~185行实现了对话框中取消按钮的点击事件，在该事件中通过调用Dialog类的dismiss()方法关闭对话框。第186~200行实现了对话框中清空按钮的点击事件，在该事件的onClick()方法中，首先通过for循环设置购物车中所有菜品的数量为0，接着调用clear()方法清空购物车中的数据，并调用notifyDataSetChanged()更新购物车列表界面，最后将购物车中菜品的总数量和总价格设置为0，调用carDataMsg()方法更新购物车中菜品的总数量和总价格。设置完所有信息后，调用dismiss()方法关闭对话框。

第205~214行创建了一个carDataMsg()方法，用于将购物车中菜品的总数量和总价格通过Handler传递到主线程中。在carDataMsg()方法中将表示菜品总数量的totalCount和总价格totalMoney封装到Bundle对象中，接着通过setData()方法将Bundle对象放入Message对象中，最后通过sendMessage()方法将Message对象发送到主线程中。

第218~235行创建了一个minusCarData()方法用于删除购物车中的数据。在minusCarData()方法中首先将传递过来的菜品对象中的数量减1后再放入菜品对象中，接着通过一个while循环遍历购物车中的数据，找到对应的菜品id，调用remove()方法从购物车集合数据中删除该菜品数据。删除完数据后在第229~230行判断购物车中的菜品数量count是否大于0，如果大于0，则通过add()方法将菜品数量减1的菜品对象添加到购物车数据集合中。第231~234行首先将购物车中菜品总数量减1，总价格减去当前菜品的价格，接着调用carDataMsg()更新购物车中菜品的总数量和总价格。

第239~307行创建了一个MHandler类，在该类的dispatchMessage()方法中实现更新购物车中菜品的总数量和总价格，并且根据判断购物车中是否有菜品设置界面上控件的对应信息，这段代码的逻辑比较简单，在这里就不详细解释了。

4. 修改ShopAdapter类

由于点击店铺列表界面的Item会跳转到店铺详情界面，因此需要找到【文件15-10】ShopAdapter.java中的getView()方法，在该方法中的注释"//跳转到店铺详情界面"下方添加跳转到店铺详情界面的逻辑代码，具体代码如下：

```
if (bean == null) return;
Intent intent = new Intent(mContext,ShopDetailActivity.class);
//把店铺的详细信息传递到店铺详情界面
intent.putExtra("shop", bean);
mContext.startActivity(intent);
```

15.6 菜品详情功能业务实现

点击菜单列表的Item会跳转到菜品详情界面，该界面主要用于展示菜品的名称、月销售数量和价格等信息。菜品详情界面中的数据是从店铺详情界面传递过来的。

15.6.1 搭建菜品详情界面布局

菜品详情界面主要用于展示菜的名称、月销售数量以及菜的价格，界面效果如图15-16所示。

图15-16 菜品详情界面

创建菜品详情界面的具体步骤如下：

1. 创建菜品详情界面

在cn.itcast.order.activity包中创建一个名为FoodActivity的Activity，并指定布局文件名为activity_food。

2. 放置界面控件

在activity_food.xml布局文件中，放置3个TextView控件分别用于显示菜的名称、月销售数量、价格，1个ImageView控件用于显示菜的图片，完整布局代码详见【文件15-31】所示。

扫一扫

扫码查看文件15-31

3. 修改styles.xml文件

由于菜品详情界面是以对话框样式显示的，因此在res/layout文件夹中的styles.xml文件中创建一个对话框的样式Theme.ActivityDialogStyle，具体代码如下：

```
<style name="Theme.ActivityDialogStyle" parent="Theme.AppCompat.Light.
                                                      NoActionBar">
    <!-- 设置对话框背景为透明 -->
    <item name="android:windowIsTranslucent">true</item>
```

```
        <!-- 设置对话框背景有半透明遮障层 -->
        <item name="android:backgroundDimEnabled">true</item>
        <!-- 设置窗体内容背景 -->
        <item name="android:windowContentOverlay">@null</item>
        <!-- 点击对话框外的部分关闭该界面 -->
        <item name="android:windowCloseOnTouchOutside">true</item>
        <item name="android:windowIsFloating">true</item> <!-- 浮在 Activity 之上 -->
    </style>
```

上述代码中，<style>标签中属性name定义的样式名称是Theme.ActivityDialogStyle，属性parent定义的样式继承了系统中无标题的主题样式。

4．修改AndroidManifest.xml文件

由于菜品详情界面是一个对话框，因此在清单文件（AndroidManifest.xml）中找到FoodActivity对应的<activity>标签，在该标签中引入对话框样式，具体代码如下：

```
    <activity
        android:name=".activity.FoodActivity"
        android:theme="@style/Theme.ActivityDialogStyle" />
```

15.6.2 实现菜品界面显示功能

菜品详情界面的数据是从店铺详情界面传递过来的，该界面的逻辑代码相对比较简单，主要是获取传递过来的菜品数据，并将数据显示到界面上。实现菜品界面显示功能的具体步骤如下：

1．获取界面控件

在FoodActivity中创建初始化界面控件的方法initView()。

2．设置界面数据

在FoodActivity中创建一个setData()方法，该方法用于将数据设置到菜品详情界面的控件上，具体代码如【文件15-32】所示。

【文件15-32】 FoodActivity.java

```
1  package cn.itcast.order.activity;
2  ......// 省略导入包
3  public class FoodActivity extends AppCompatActivity {
4      private FoodBean bean;
5      private TextView tv_food_name, tv_sale_num, tv_price;
6      private ImageView iv_food_pic;
7      @Override
8      protected void onCreate(Bundle savedInstanceState) {
9          super.onCreate(savedInstanceState);
10         setContentView(R.layout.activity_food);
11         // 从店铺详情界面传递过来的菜的数据
12         bean = (FoodBean) getIntent().getSerializableExtra("food");
13         initView();
14         setData();
15     }
16     /**
17      * 初始化界面控件
18      */
19     private void initView() {
20         tv_food_name = (TextView) findViewById(R.id.tv_food_name);
21         tv_sale_num = (TextView) findViewById(R.id.tv_sale_num);
```

```
22          tv_price = (TextView) findViewById(R.id.tv_price);
23          iv_food_pic = (ImageView) findViewById(R.id.iv_food_pic);
24      }
25      /**
26       * 设置界面数据
27       */
28      private void setData() {
29          if(bean == null) return;
30          tv_food_name.setText(bean.getFoodName());
31          tv_sale_num.setText("月售" + bean.getSaleNum());
32          tv_price.setText("￥" + bean.getPrice());
33          Glide.with(this)
34                  .load(bean.getFoodPic())
35                  .error(R.mipmap.ic_launcher)
36                  .into(iv_food_pic);
37      }
38 }
```

上述代码中，第12行通过getSerializableExtra()方法获取从店铺详情界面传递过来的菜品信息。第33~36行调用Glide库中的load()方法与into()方法将菜品图片显示到iv_food_pic控件上。

3. 修改MenuAdapter.java文件

由于点击菜单列表界面的Item时，会跳转到菜品详情界面，因此需要找到【文件15-28】MenuAdapter.java中的getView()方法，在该方法中的注释“//跳转到菜品详情界面”下方添加跳转到菜品详情界面的逻辑代码，具体代码如下：

```
if(bean == null)return;
Intent intent = new Intent(mContext,FoodActivity.class);
//把菜品的详细信息传递到菜品详情界面
intent.putExtra("food", bean);
mContext.startActivity(intent);
```

15.7 订单功能业务实现

在店铺详情界面，点击“去结算”按钮会跳转到订单界面，订单界面主要展示的是收货地址、订单列表、小计、配送费以及订单总价与“去支付”按钮，该界面的数据是从店铺详情界面传递过来的，点击“去支付”按钮会弹出一个二维码支付界面供用户付款。

15.7.1 搭建订单界面布局

订单界面主要用于展示收货地址、订单列表、小计、配送费、订单总价以及“去支付”按钮，界面效果如图15-17所示。

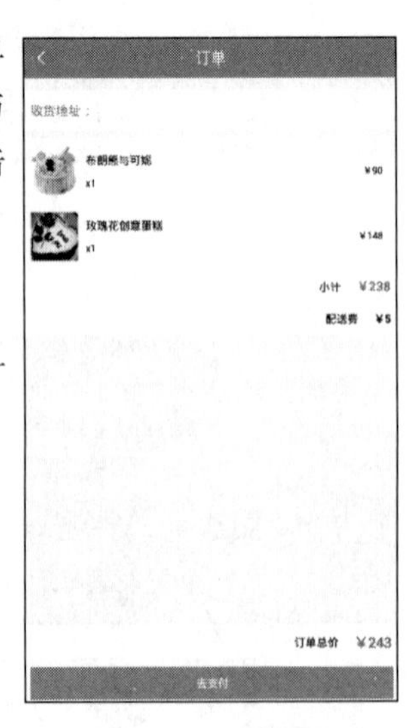

图15-17 订单界面

创建订单界面的具体步骤如下：

1. 创建订单界面

在cn.itcast.order.activity包中创建一个名为OrderActivity的Activity，并将布局文件名指定为activity_order。

2．放置界面控件

扫一扫

扫码查看
文件15-33

由于订单界面控件比较多，布局相对复杂一点，这里我们将订单界面的布局分为两部分，一部分是由标题栏、收货地址、订单列表、小计以及配送费组成，该部分控件放在order_head.xml文件中，另一部分是由订单总价、“去支付”按钮组成，该部分控件放在payment.xml文件中。在activity_order.xml文件中通过<include>标签引入这两个文件，完整布局代码详见【文件15-33】所示。

3．创建order_head.xml文件

扫一扫

扫码查看
文件15-34

在res/layout文件夹中创建一个布局文件order_head.xml，该布局文件中放置了5个TextView控件分别用于显示“收货地址：”文本、“小计”文本、“费送费用”文本、小计内容、配送费用内容，1个EditText控件用于输入收货地址，1个View控件用于显示灰色分割线，完整布局代码详见【文件15-34】所示。

4．创建payment.xml文件

扫一扫

扫码查看
文件15-35

在res/layout文件夹中创建一个布局文件payment.xml。在该文件中，放置3个TextView控件分别用于显示订单总价、“订单总价”文本信息以及“去支付”按钮，完整布局代码详见【文件15-35】所示。

5．创建背景选择器

由于订单界面的“去支付”按钮被按下与弹起时，界面背景会有明显的区别，这种效果可以通过背景选择器进行实现，首先选中drawable文件夹，右击选择【New】→【Drawable resource file】选项，创建一个背景选择器payment_bg_selector.xml，根据“去支付”按钮被按下和弹起的状态来切换它的背景颜色。当按钮被按下时背景显示灰色（account_selected_color），当按钮弹起时背景显示橙色（account_color），具体代码如【文件15-36】所示。

【文件15-36】payment_bg_selector.xml

```
1  <?xml version="1.0" encoding="utf-8"?>
2  <selector xmlns:android="http://schemas.android.com/apk/res/android">
3      <item android:drawable="@color/account_selected_color" android:
4                                                state_pressed="true"/>
5      <item android:drawable="@color/account_color"/>
6  </selector>
```

6．修改colors.xml文件

由于订单界面的背景颜色为浅灰色，“去支付”按钮弹起时，背景显示橙色，因此需要在res/values文件夹中的colors.xml文件中添加橙色颜色值，具体代码如下：

```
<color name="account_selected_color">#BDBDBD</color>
<color name="type_gray">#f8f8f8</color>
```

15.7.2　搭建订单Item布局

订单界面中使用ListView控件展示订单列表信息，因此需要创建一个Item界面。在Item界面中需要显示菜的名称、数量以及总价信息，界面效果如图15-18所示。

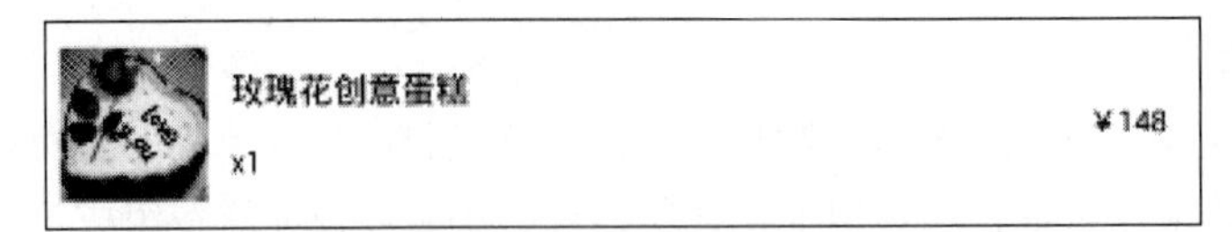

图15-18　订单界面Item

创建订单列表界面Item的具体步骤如下：

1. 创建订单列表界面Item

在res/layout文件夹中，创建一个布局文件order_item.xml。

2. 放置界面控件

扫一扫

扫码查看
文件15-37

在order_item.xml布局文件中，放置1个ImageView控件用于显示菜的图片，3个TextView控件分别用于显示菜的名称、数量以及总价格，完整布局代码详见【文件15-37】所示。

15.7.3 搭建支付界面布局

当点击订单界面的“去支付”按钮时，会弹出支付界面，该界面是一个对话框的样式，该界面上显示一个文本信息和一个二维码图片，效果如图15-19所示。

图15-19　支付界面

创建支付界面的具体步骤如下：

1. 创建支付界面

在res/layout文件夹中，创建一个布局文件qr_code.xml。

2. 导入界面图片

将支付界面所需图片qr_code.png导入drawable-hdpi文件夹中。

3. 放置界面控件

扫一扫

扫码查看
文件15-38

在布局文件中，放置1个TextView控件用于显示对话框上的文本信息，1个ImageView控件用于显示二维码图片，完整布局代码详见【文件15-38】所示。

15.7.4 搭建订单列表适配器

订单界面的订单列表信息是用ListView控件展示的，因此需要创建一个数据适配器OrderAdapter对ListView控件进行数据适配。创建订单界面Adapter的具体步骤如下：

1. 创建OrderAdapter类

在cn.itcast.order.adapter包中，创建一个OrderAdapter类继承BaseAdapter类，并重写getCount()、getItem()、getItemId()、getView()方法。

2. 创建ViewHolder类

在OrderAdapter类中创建一个ViewHolder类，该类主要用于创建订单界面Item上的控件对象，当订单列表快速滑动时，该类可以快速为界面控件设置值，而不必每次都重新创建很多控件对象，这样可以提高程序的性能，具体代码如【文件15-39】所示。

【文件15-39】OrderAdapter.java

```
1  package cn.itcast.order.adapter;
2  ......//省略导入包
3  public class OrderAdapter extends BaseAdapter {
4      private Context mContext;
5      private List<FoodBean> fbl;
6      public OrderAdapter(Context context) {
7          this.mContext = context;
8      }
9      /**
10      * 设置数据更新界面
11      */
12     public void setData(List<FoodBean> fbl) {
13         this.fbl = fbl;
14         notifyDataSetChanged();
15     }
16     /**
17      * 获取Item的总数
18      */
19     @Override
20     public int getCount() {
21         return fbl == null ? 0 : fbl.size();
22     }
23     /**
24      * 根据position得到对应Item的对象
25      */
26     @Override
27     public FoodBean getItem(int position) {
28         return fbl == null ? null : fbl.get(position);
29     }
30     /**
31      * 根据position得到对应Item的id
32      */
33     @Override
34     public long getItemId(int position) {
35         return position;
36     }
37     /**
38      * 得到相应position对应的Item视图，position是当前Item的位置，
39      * convertView参数是滚出屏幕的Item的View
40      */
41     @Override
42     public View getView(final int position, View convertView, ViewGroup parent) {
43         final ViewHolder vh;
44         //复用convertView
45         if(convertView == null) {
46             vh = new ViewHolder();
47             convertView = LayoutInflater.from(mContext).inflate(R.layout.
48                                                       order_item,null);
49             vh.tv_food_name = (TextView) convertView.findViewById(R.id.
50                                                          tvfood_name);
51             vh.tv_count = (TextView) convertView.findViewById(R.id.tv_count);
52             vh.tv_money = (TextView) convertView.findViewById(R.id.tv_money);
53             vh.iv_food_pic = (ImageView) convertView.findViewById(R.id.
54                                                          iv_food_pic);
```

```
55                convertView.setTag(vh);
56            } else {
57                vh = (ViewHolder) convertView.getTag();
58            }
59            //获取position对应的Item的数据对象
60            final FoodBean bean = getItem(position);
61            if(bean != null) {
62                vh.tv_food_name.setText(bean.getFoodName());
63                vh.tv_count.setText("x"+bean.getCount());
64                vh.tv_money.setText("￥"+bean.getPrice().multiply(BigDecimal.
65                                                valueOf(bean.getCount())));
66                Glide.with(mContext)
67                        .load(bean.getFoodPic())
68                        .error(R.mipmap.ic_launcher)
69                        .into(vh.iv_food_pic);
70            }
71            return convertView;
72        }
73        class ViewHolder {
74            public TextView tv_food_name, tv_count, tv_money;
75            public ImageView iv_food_pic;
76        }
77 }
```

15.7.5 实现订单显示与支付功能

订单界面的数据是从店铺详情界面传递过来的，该界面的逻辑代码相对比较简单，主要是获取传递过来的数据，并将数据显示到界面上。实现订单显示与支付功能的具体步骤如下：

1. 获取界面控件

在OrderActivity中创建界面控件的初始化方法init()，该方法用于获取订单界面所要用到的控件。

2. 设置界面数据

在OrderActivity中创建一个setData()方法，该方法用于将数据设置到订单界面的控件上，具体代码如【文件15-40】所示。

【文件15-40】 OrderActivity.java

```
1  package cn.itcast.order.activity;
2  ......//省略导入包
3  public class OrderActivity extends AppCompatActivity {
4      private ListView lv_order;
5      private OrderAdapter adapter;
6      private List<FoodBean> carFoodList;
7      private TextView tv_title, tv_back,tv_distribution_cost,tv_total_cost,
8                                              tv_cost,tv_payment;
9      private RelativeLayout rl_title_bar;
10     private BigDecimal money,distributionCost;
11     @Override
12     protected void onCreate(Bundle savedInstanceState) {
13         super.onCreate(savedInstanceState);
14         setContentView(R.layout.activity_order);
15         //获取购物车中的数据
```

```
16          carFoodList= (List<FoodBean>) getIntent().getSerializableExtra
17                                                          ("carFoodList");
18          //获取购物车中菜的总价格
19          money=new BigDecimal(getIntent().getStringExtra("totalMoney"));
20          //获取店铺的配送费
21          distributionCost=new BigDecimal(getIntent().getStringExtra(
22                                              "distributionCost"));
23          initView();
24          setData();
25      }
26      /**
27       * 初始化界面控件
28       */
29      private void initView(){
30          tv_title = (TextView) findViewById(R.id.tv_title);
31          tv_title.setText("订单");
32          rl_title_bar = (RelativeLayout) findViewById(R.id.title_bar);
33          rl_title_bar.setBackgroundColor(getResources().getColor(R.color.
34                                                               blue_color));
35          tv_back = (TextView) findViewById(R.id.tv_back);
36          lv_order= (ListView) findViewById(R.id.lv_order);
37          tv_distribution_cost = (TextView) findViewById(R.id.tv_distribution
38                                                                    _cost);
39          tv_total_cost = (TextView) findViewById(R.id.tv_total_cost);
40          tv_cost = (TextView) findViewById(R.id.tv_cost);
41          tv_payment = (TextView) findViewById(R.id.tv_payment);
42          // 返回键的点击事件
43          tv_back.setOnClickListener(new View.OnClickListener() {
44              @Override
45              public void onClick(View v) {
46                  finish();
47              }
48          });
49          tv_payment.setOnClickListener(new View.OnClickListener() {
50              @Override
51              public void onClick(View view) { //"去支付"按钮的点击事件
52                  Dialog dialog = new Dialog(OrderActivity.this, R.style.
53                                                           Dialog_Style);
54                  dialog.setContentView(R.layout.qr_code);
55                  dialog.show();
56              }
57          });
58      }
59      /**
60       * 设置界面数据
61       */
62      private void setData() {
63          adapter=new OrderAdapter(this);
64          lv_order.setAdapter(adapter);
65          adapter.setData(carFoodList);
66          tv_cost.setText("￥"+money);
67          tv_distribution_cost.setText("￥"+distributionCost);
68          tv_total_cost.setText("￥"+(money.add(distributionCost)));
69      }
70  }
```

上述代码中，第16、19、21行分别通过getSerializableExtra()方法、getStringExtra()方法获取从店铺详情界面传递过来的购物车中菜品的数据集合、购物车中菜品的总价格以及店铺的配送费信息。

第49~57行实现了“去支付”按钮的点击事件，在onClick()方法中通过构造函数Dialog()创建一个Dialog（对话框）对象，接着调用该对象的setContentView()方法加载Dialog的布局文件，最后通过调用show()方法显示对话框。

3. 修改ShopDetailActivity.java文件

由于点击店铺详情界面的“去结算”按钮时，会跳转到订单界面，因此需要找到【文件15-30】ShopDetailActivity.java中的onClick()方法，在该方法中的注释“//跳转到订单界面”下方添加跳转到订单界面的逻辑代码，添加的具体代码如下：

```
if (totalCount > 0) {
    Intent intent = new Intent(ShopDetailActivity.this, OrderActivity.class);
    intent.putExtra("carFoodList", (Serializable) carFoodList);
    intent.putExtra("totalMoney", totalMoney + "");
    intent.putExtra("distributionCost", bean.getDistributionCost() + "");
    startActivity(intent);
}
```

本章小结

本章主要开发了一个网上订餐项目，该项目主要分为店铺、店铺详情、菜品详情、订单等模块，店铺模块中的数据是通过异步线程访问网络从Tomcat服务器上获取的，接着调用Handler将获取的信息发送到主线程并通过JSON解析获取的数据并显示到对应的界面上。在订餐项目的实现过程中用到了异步线程访问网络、Tomcat服务器、Handler消息通信、JSON解析等知识点，这些知识点在后来开发项目中是必须要使用的，因此希望读者认真分析每个模块的逻辑流程，并按照步骤完成项目。